Cluster und die New Economic Geography

// Europäische Hochschulschriften
Publications Universitaires Européennes
European University Studies

Reihe V
Volks- und Betriebswirtschaft

Série V Series V
Sciences économiques, gestion d'entreprise
Economics and Management

Bd./Vol. 3228

PETER LANG
Frankfurt am Main · Berlin · Bern · Bruxelles · New York · Oxford · Wien

Timo Litzenberger

Cluster und die New Economic Geography

Theoretische Konzepte, empirische Tests und Konsequenzen für Regionalpolitik in Deutschland

PETER LANG
Europäischer Verlag der Wissenschaften

Bibliografische Information der Deutschen Nationalbibliothek
Die Deutsche Nationalbibliothek verzeichnet diese Publikation in der Deutschen Nationalbibliografie; detaillierte bibliografische Daten sind im Internet über <http://www.d-nb.de> abrufbar.

Zugl.: Köln, Univ., Diss., 2006

Umschlagabbildungen:

Oben links:
Verladeterminal „Schiene-LKW“. Abdruck mit freundlicher Genehmigung von Gottwald Port Technology GmbH, Düsseldorf.

Oben rechts:
Verortung der kontaktierten Branchenexperten (Darstellung des Autors).

Unten links:
Ergebnisse der Modell-Simulationen (Darstellung des Autors).

Unten rechts:
Produktionsanlage zur Herstellung chemischer Grundstoffe. Abdruck mit freundlicher Genehmigung von BayNews - der Bayer Presse Server, Leverkusen.

Gedruckt auf alterungsbeständigem, säurefreiem Papier.

D 38
ISSN 0721-3301
ISBN 3-631-55823-6

Printed in Germany 1 2 3 4 5 7

www.peterlang.de

Step back and ask, what is the most striking feature of the geography of economic activity?

The short answer is surely *concentration.*

Paul Krugman

Vorwort

Die vorliegende Arbeit wurde im Mai 2006 von der Fakultät für Wirtschafts- und Sozialwissenschaften der Universität zu Köln als Dissertation unter dem Titel „Sektoralräumliche Cluster und die Neue Ökonomische Geographie: Eine empirische Überprüfung für Branchen des Produzierenden Gewerbes in Deutschland" angenommen.

An dieser Stelle möchte ich mich für die inhaltliche Betreuung sowie das in dieses Forschungsprojekt und in mich gesetzte Vertrauen ganz herzlich bei Herrn Professor Dr. Rolf Sternberg bedanken. Dank gebührt weiterhin der Deutschen Forschungsgemeinschaft und dem Wirtschafts- und Sozialgeographischen Institut der Universität zu Köln, ohne deren finanzielle Förderung beziehungsweise infrastrukturelle Unterstützung die vorliegende Arbeit in dieser Form nicht möglich gewesen wäre. Nicht zuletzt möchte ich mich bei meiner wunderbaren Freundin Sandra und bei meiner Familie bedanken, auf die ich mich stets verlassen kann und die mir Kraft und Rückhalt geben.

Köln im Juni 2006 Timo Litzenberger

INHALTSVERZEICHNIS

ABBILDUNGSVERZEICHNIS

TABELLENVERZEICHNIS

KARTENVERZEICHNIS

Verzeichnis der Abkürzungen

AM	Agglomerationsmaß
BG	Relative Betriebsgröße
C1-C5	Interviewte Experten aus der Branche Herstellung von chemischen Grundstoffen
CES	Constant Elasticity of Substitution
CI	Clusterindex
CIR	Reduzierter Clusterindex, ohne relative Betriebsgröße
F1-F5	Interviewte Experten aus der Branche Schlachten und Fleischverarbeitung
G_a	Räumlicher Gini-Koeffizient
GP	Gleichgewichtspunkt
$G_{SÖ}$	Standörtlicher Gini-Koeffizient
G_{ST}	Standardmäßiger Gini-Koeffizient
H1-H5	Interviewte Experten aus der Branche Herstellung von Konstruktionsteilen aus Holz
IB	Relativer Industriebesatz
ID	Relative Industriedichte
ISIC	International Standard Industrial Classification
K1-K5	Interviewte Experten aus der Branche Herstellung von Kfz und Motoren
L1-L5	Interviewte Experten aus der Branche Herstellung von Teilen für Stahl- und Leichtmetallbau
M1-M5	Interviewte Experten aus der Branche Molkerei und Käserei

n	Anzahl der Merkmalsträger oder der gültigen Antworten
NACE	Nomenclature statistique des activités économiques dans la Communauté Européenne
NAT	Neue Außenhandelstheorie
NEG	New Economic Geographie
NÖG	Neue Ökonomische Geographie
NWT	Neue Wachstumstheorie
Ö1-Ö5	Interviewte Experten aus der Branche Herstellung von Möbeln
R	Region
ROR	Raumordnungsregion
S1-S5	Interviewte Experten aus der Branche Herstellung von Schuhen
T(B)	Bruchpunkt (Breakpoint)
T(S)	Erhaltepunkt (Sustainpoint)
T(Z)	Transportkostenniveau im zentralen sensiblen Modellbereich
TPK D	Transportkosten innerhalb Deutschlands
TPK EU	Transportkosten für Länder innerhalb der EU
TPK Welt	Transportkosten in Länder außerhalb der EU
Ü1-Ü5	Interviewte Experten aus der Branche Herstellung und Reparatur von Büromaschinen
U1-U5	Interviewte Experten aus der Branche Herstellung von Uhren
WS73	Verzeichnis der Wirtschaftszweige für die Statistik der Bundesanstalt für Arbeit aus dem Jahr 1973
WZ93	Klassifikation der Wirtschaftszweige, Ausgabe 1993
ZP-Modell	Zentrum-Peripherie-Modell von Paul Krugman

VERZEICHNIS DER VARIABLEN

a	Fläche
A	Index der Landwirtschaft
b	Betriebe
$c(h)$	Nachfrage nach einer Produktvariante
C_A	Konsumierte Menge der Agrargüter oder des Wohnraums
C_M	Konsumierte Menge der Industriegüter
e	Beschäftigte
E	Gesamtausgaben für Industriegüter
G	Gewinn eines Unternehmens
h	Bestimmte Produktvariante beziehungsweise bestimmtes Unternehmen
$_i$	Index der Region
I	Preisindex
$_j$	Index der Branche oder des Sektors
K	Ausstattung mit immobilen Faktoren
L	Anzahl der Arbeitskräfte insgesamt
L_A	Anzahl der Arbeitskräfte in der Landwirtschaft
L_M	Anzahl Arbeitskräfte in der Industrie
$_M$	Index der Industrie
Ma	Mengenabsatz
n	Anzahl der Unternehmen beziehungsweise der Produktvarianten
p	Preis

PK	Produktionskosten des Endprodukts
q	Preisverhältnis der regionalen Industriegüter
r	Landrente
T-1	Transportkosten in %
U	Nutzen
w	Lohn
w_R	Reallohn
$x(h)$	Produktionsmenge eines Unternehmens
Y	Einkommen beziehungsweise Ausgaben
z	Einwohner
α	Fixkosten
β	Variable Kosten
η	Lohnelastizität der Arbeitskräfte zwischen den Sektoren
θ	Anteil der Arbeitskräfte in der Agrarproduktionsfunktion
λ	Anteil der Industrie in Region 1
μ	Anteil der Zwischenprodukte in der Produktionsfunktion
π	Ausgabenanteil für Industriegüter
ρ	Substitutionsparameter
σ	Preiselastizität der Nachfrage
τ	Anteil ankommender Industrieprodukte

1 Einführung

„Ein richtiger Ökonom fängt niemals mit der Wirtschaftspolitik an, sondern mit der Wirtschaftsanalyse, er fragt sich also: ‚Wie funktioniert die Welt?' Dazu gehört fast immer die Arbeit mit Modellen, d. h. einer vereinfachten, das Prinzipielle herausarbeitenden Darstellung der realen Welt. Hat man ein Modell erarbeitet, kann man zu prüfen beginnen, wie gut es den Realitäten entspricht. Passt es einigermaßen, lässt sich nach den implizierten Größenordnungen und Wechselbeziehungen fragen. Politische Positionen entwickeln sich allenfalls aus dem Modell heraus, niemals umgekehrt."

Paul Krugman (2000a, S. 135)

1.1 Warum ein Modell-Test der Neuen Ökonomischen Geographie in konkretem raum-zeitlichen Branchenbezug notwendig ist

„Prices of immobile factors adjust so that some activities locate in central countries and others go to more remote locations, but which activities go where? It depends on industry characteristics including the cost of transporting final output [...]."

Henry G. Overman, Stephen Redding und Anthony J. Venables 2001, S. 1

Anfang der 1990er Jahre hat der Ökonom Paul Krugman die „New Economic Geography" (NEG) oder „Neue Ökonomische Geographie" (NÖG) begründet. Sein konstitutives Zwei-Regionen-Modell (vgl. Krugman 1991a,b) ermöglicht es erstmals, zirkuläre, sich selbst verstärkende räumliche Entwicklungen wirtschaftlicher Aktivitäten mathematisch formalisiert und mikroökonomisch vollständig fundiert abzubilden. In Abhängigkeit weniger modellexogener Variablen, wie unter anderen den Transportkosten oder der Preiselastizität der Nachfrage, kann es auch bei gleich ausgestatteten Regionen modellendogen zu einer Gleichverteilung des Leitsektors „Industrie" in beiden Regionen oder aber zu einer Ballung in einer Region kommen. Obwohl einige Kritiker Krugman vorwerfen, dass er lediglich „new wine in old bottles" (Schmutzler 1999, S. 358) verkaufe und seine Einsichten seit Jahrzehnten bekannt seien, fand durch ihn der Faktor „Raum" wieder Beachtung im Mainstream der Ökonomie (vgl. Ottaviano/Thisse 2005; Kawka 2003; Dymski 1996).

In der Folge entstanden eine Reihe von Weiterentwicklungen und Variationen des Krugmanschen Modells (vgl. zur Darstellung und Diskussion jeweils mehrer Modelle Henderson 2005; Baldwin et al. 2003; Roos 2002; Fujita/Krugman/Venables 1999). Mittlerweile ist die Theoriebildung weitgehend abgeschlossen (vgl. Ottaviano 2003) und die einzelnen Modelle, die unter dem Begriff der NÖG geführt werden, widersprechen sich in ihren räumlichen Ergebnissen zum Teil diametral.

Obwohl unklar ist, welches Modell für welchen raum-zeitlichen Kontext von empirischer Relevanz ist, findet sich in der Literatur eine wachsende Anzahl von aus einzelnen Modellen abgeleiteten Handlungsempfehlungen für Regionalpolitik (vgl. Pflüger/Südekum 2005; Baldwin et al. 2003; Ottaviano 2003; Lammers 1999 oder Puga 1999). Um die Wirklichkeit mit lenkenden Eingriffen verbessern zu können, ist aber nicht nur die Kenntnis der Wirkungsweisen eines Modells notwendig, sondern auch dessen empirische Relevanz. Nur wenn beides gegeben ist, lassen sich zielführende politische Handlungsempfehlungen geben.

Zwar liegen mittlerweile auch einige empirische Studien vor, die einzelne Zusammenhänge und Annahmen der Modelle testen (vgl. zum Beispiel Brakman/Garretsen/Schramm 2005; Davis/Weinstein 2004; Mion 2003; De Bruyne 2002; Nitsch 2001; Baldwin et al. 2000 oder Haaland et al. 1999), allerdings ist nicht zuletzt wegen ihrer sich widersprechenden Ergebnisse der Test von kompletten Modellen notwendig. Ein solcher muss – wie von Krugman (1998) selbst gefordert – aus folgenden Gründen differenziert nach verschiedenen Branchen in einem konkreten raum-zeitlichen Kontext erfolgen.

Erstens sind die Modellprognosen „räumliche Ballung“ oder „Gleichverteilung“ für „die Industrie“ nicht überprüfbar. „It can be argued that looking at aggregate trends is misleading. Since locational determinants differ across industries, specialisation trends will also vary across industries.“ (Brülhart 1998, S. 788) Die „Industrie“ setzt sich aus einer Reihe einzelner Branchen des Produzierenden Gewerbes zusammen. Diese sind räumlich höchst ungleich verteilt und auch die Entwicklung ihrer räumlichen Konzentration verläuft uneinheitlich (vgl. Braunerhjelm/Borgman 2004; Midelfart Knarvik et al. 2002; Devereux/Griffith/Simpson 1999; Amiti 1998; Dumais/Ellison/Glaeser 1997). In Abhängigkeit ihrer Besonderheiten treten in einigen Wirtschaftszweigen räumliche Ballungen auf, in anderen dagegen nicht (vgl. Porter 2003; 1998; Steinle/Schiele 2002; Overman/Redding/Venables 2001)

Zweitens beeinflussen lokal vorhandene physische Besonderheiten die Standortentscheidung von Unternehmen. Roos (2005) schätzt den Einfluss der „Geographie“ auf die Raumstrukur der wirtschaftlichen Aktivitäten in Deutschland auf bis zu 36%. Ellison und Glaeser 1999 beziffern ihn für die Industrie in den USA auf insgesamt mindestens 20%, mit großen Unterschieden zwischen den einzelnen Industriebranchen. Die Branchen, in denen Standortentscheidungen hauptsächlich auf naturräumliche Faktoren zurückzuführen sind, können bei einer empirischen Prüfung der NÖG – ob für das gesamte Produzierende Gewerbe oder für einzelne Branchen –

nicht berücksichtigt werden. Ihre räumliche Verteilung liegt außerhalb der Begründungszusammenhänge der Modelle (vgl. Schmutzler 1999, S. 356).

Drittens sind die Agglomerationskräfte zwischen Unternehmen der gleichen Branche stärker, als zwischen Unternehmen verschiedener Branchen: „Obwohl der Einfluss unterschiedlicher ökonomischer Ursachen der Ungleichverteilung bislang nur durch Plausibilitätsüberlegungen dargelegt werden konnte und noch nicht als statistisch gesichert gelten kann, ist feststellbar, dass die intra-sektoralen Skaleneffekte weitaus bedeutender sind, als die inter-sektoralen Effekte“ (Helmstädter 1996, S. 100). Auch intra-industrieller Handel, das heißt der interregionale Austausch von Produkten aus gleichen Branchen, kann durch komparative Vorteile einer gesamten Volkswirtschaft beziehungsweise des gesamten Produzierenden Gewerbes nicht erklärt werden (Venables 1998a. S. 1).

Viertens ist auch die „Input-Seite“ der Modelle für die gesamte Industrie kaum sinnvoll zu ermitteln. Die exogenen Modellvariablen in den jeweiligen Branchen des Produzierenden Gewerbes sind auch innerhalb eines konkreten raum-zeitlichen Bezugsrahmens höchst unterschiedlich ausgeprägt. Beispielsweise lassen sich für die Preiselastizität der Nachfrage – als einer der exogenen Variablen – plausible Durchschnittswerte nur für einzelne Produktgruppen und nicht für die gesamte Industrie berechnen (vgl. Neumann 1983).

Aus diesen Gründen muss eine empirische Prüfung der Modelle differenziert nach Branchen erfolgen. Gleichzeitig steht einer Differenzierung der theoretischen Erkenntnisse der NÖG nach einzelnen Wirtschaftszweigen nichts im Wege: „Many of the same insights carry over with suitable reinterpreation to issues involving the geographical concentration of particular industries and provide an explanation of the observed clustering of industries“ (Fujita/Krugman/Venables 1999, S. 304).

1.2 Forschungsfragen und Forschungsdesign

„Durch die bewusste Beschränkung auf wesentliche, den räumlichen Differenzierungsprozess bestimmende Faktoren [...] leisten Theorien und Modelle einen entscheidenden Beitrag, den Wirkungsmechanismus und die Dynamik ökonomischer Systeme zu erklären. Es ist unverzichtbare Forderung der Geographie, die erstellten Raummodelle mit der Realität zu konfrontieren."

Ludwig Schätzl (2003, S. 21)

Das übergeordnete Ziel dieser Arbeit ist es, die Prognosefähigkeit repräsentativer NÖG-Modelle in Bezug auf die tatsächliche räumliche Verteilung wirtschaftlicher Aktivitäten empirisch zu testen. Dazu wird ein Soll-Ist-Vergleich in einem konkreten raum-zeitlichen Kontext durchgeführt. Der „Ist-Zustand" umfasst die Analyse der räumlichen Verteilung von insgesamt zehn Branchen des Produzierenden Gewerbes in Deutschland. Ein Querschnittsvergleich analysiert für das Jahr 2002 die Verteilung von vier Branchen mit besonders starker räumlicher Konzentration und von vier Branchen, deren Standorte sich in Deutschland besonders dispers darstellen. Beide Extreme stellen mögliche Modellgleichgewichte in der NÖG dar. Zusätzlich betrachtet ein Längsschnittvergleich eine Branche, deren räumliche Verteilung zwischen 1987 und 2002 besonders stark zugenommen und eine Branche, deren räumliche Verteilung im gleichen Zeitraum besonders stark abgenommen hat. Die Beschränkung des Referenzrahmens auf deutsche Regionen bietet neben der Verfügbarkeit kleinräumiger disaggregierter Branchendaten einen weiteren Vorteil: Die generell in der NÖG wirkenden Kräfte sind auf subnationaler Ebene stärker ausgeprägt, als auf internationaler Ebene (vgl. Brakman/Garretsen/Schramm 2005; Baldwin et al. 1999; Davis/Weinstein 1999, 1996). Dies erleichtert die Überprüfung der Wirkungszusammenhänge der Modelle.

Der „Soll-Zustand" umfasst die von ausgewählten NÖG-Modellen prognostizierten räumlichen Gleichgewichte für die acht Branchen der statischen Analyse im Jahr 2002 und für die zwei Branchen der dynamischen Analyse in den Jahren 1987 und 2002. Mittels eines Abgleichs der Modellergebnisse mit der Realität, das heißt mit der tatsächlichen Verteilung der Branchen im Raum, lässt sich die empirische Relevanz dieser NÖG-Modelle ermitteln. Nur falls sich ein Modell als empirisch robust erweist, können daraus Handlungsempfehlungen zur gezielten Steuerung von Raumstrukturen abgeleitet werden.

Der empirische Test von Modellen der NÖG, steht in der Tradition des Konzepts des kritischen Rationalismus (vgl. Popper 1994). Allerdings ergibt sich durch die ausgewählten Branchen des Produzierenden Gewerbes in Deutschland zwischen 1987 und 2002 ein konkreter Raum-Zeit-Bezug. Somit geht diese Arbeit nicht von der Prüfung einer Allgemeingültigkeit der Theorien aus, sondern folgt mit seiner raum-zeitlichen Beschränkung der Mehrzahl der Forschungsansätze in den Sozialwissenschaften (vgl. Friedrichs 1990, S. 64f.). Die übergeordnete Forschungsfrage dieser Arbeit lautet damit:

Ist die NÖG zur Erklärung der räumlichen Verteilung von Branchen im gewählten raum-zeitlichen Kontext relevant?

Aus dieser Fragestellung leiten sich einige Folgefragen ab, die sich in „Fragen des Soll-Zustandes“ und „Fragen des Ist-Zustandes“ unterteilen lassen.

Zur Erfassung des Ist-Zustandes, als dem Referenzrahmen zur Überprüfung der Modellprognosen, stellen sich folgende Fragen:

Welche Branchen sind zum empirischen Test der NÖG geeignet?

Nicht alle Branchen sind zur empirischen Prüfung der Modelle geeignet. Sie müssen verschiedene Anforderungen erfüllen, damit die in den Modellen der NÖG postulierten Wirkungszusammenhänge zur Geltung kommen und ihre exogenen Variablen sinnvoll erfasst werden können. Weiterhin muss ihre räumliche Verteilung auf die möglichen Modellgleichgewichte, das heißt den Soll-Zustand übertragbar sein.

Wie lässt sich die räumliche Verteilung der Branchen in Deutschland messen und wie stellt sie sich dar?

Viele der in der Literatur existierenden Maßzahlen zur Messung räumlicher Konzentration und der Maßzahlen zur Identifizierung von sektoral-räumlichen Clustern haben Schwächen. Mittels einer geeigneten neu zu entwickelnden Maßzahl soll die sektoral-räumliche Konzentration aller Branchen in Deutschland ermittelt werden und als Auswahlkriterium der acht Branchen des statischen Vergleiches und der beiden Branchen des dynamischen Vergleiches dienen. Weiterhin sollen Ausmaß und Lage der sektoral-räumlichen Cluster in Deutschland identifiziert werden.

Die Forschungsfragen zur Ermittlung der Modellprognosen beziehungsweise des Soll-Zustandes sind:

Welches Modell ist zur Prognose der Raumstruktur der Branchen des Produzierenden Gewerbes in Deutschland geeignet?

Angesichts der Nähe der NÖG zu verwandten Theorien wie der Neuen Außenhandelstheorie und der Neuen Wachstumstheorie, aber auch wegen der Umstrittenheit des Begriffs selbst, sind die Eigenschaften der NÖG zu klären. Erst dann lässt sich anhand der Annahmen, Modellhypothesen und Gleichgewichte eines Modells klären, ob es für die NÖG „repräsentativ" ist. Weiterhin stellt sich bei der Auswahl eines NÖG-Modells, die Frage, ob seine Annahmen und Ergebnisse auf den gewählten Untersuchungsgegenstand (Ist-Zustand) übertragbar sind. Zudem widersprechen sich die Zusammenhänge zwischen den exogenen Variablen und räumlichen Gleichgewichten der einzelnen Modelle zum Teil diametral, so dass mehrere NÖG-Modelle zur empirischen Prüfung herangezogen werden müssen.

Welche Variablen sind zur Simulation der Modelle zu erheben?

Nach der Auswahl eines oder mehrerer Modelle ist zu untersuchen, welche exogenen Variablen die Gleichgewichte der zu prüfenden Modelle beeinflussen und welche nicht.

Wie stellen sich die Parameter der exogenen Variablen in den einzelnen Branchen dar?

Die Werte der exogenen Modellvariablen sind zum überwiegenden Teil branchenabhängig. Weil vergleichbares sekundärstatistisches Material für diese Variablen meist nicht vorliegt, bildet die empirische Ermittlung der branchendifferenzierten Parameter einen der Schwerpunkte dieser Arbeit.

Welche Gleichgewichte liefern die Modelle für die einzelnen Branchen?

Rechnerunterstütze Simulationen liefern in Abhängigkeit der empirisch erfassten exogenen Parameter verschiedene Modellgleichgewichte für die einzelnen Branchen und Jahre.

Nach der Ermittlung und des Abgleichs des Ist- und des Soll-Zustandes kann die genannte übergeordnete Forschungsfrage beantwortet werden. Nur im Fall der empirischen Relevanz der Modelle schließt sich folgende letzte Forschungsfrage an:

Welche konkreten politischen Implikationen lassen sich aus den Modellen ableiten?

1.3 Aufbau der Arbeit

Der Aufbau dieser Arbeit orientiert sich an den oben formulierten Forschungsfragen. Der erste theoretische Teil dieser Arbeit (Kapitel 2) dient zur Beschreibung der NÖG und ist eine Vorraussetzung zur Auswahl der zur empirischen Prüfung heranzuziehenden Modelle. Die Auswahl und Darstellung der Modelle geschieht im zweiten theoretischen Teil dieser Arbeit, in Kapitel 3. Die anschließenden empirischen Kapitel 4 und 5 befassen sich mit der Ermittlung eines Referenzrahmens (Ist-Zustand) und der Erhebung der exogenen Modellvariablen. Letztere sind Vorraussetzung zur Berechnung der Modellgleichgewichte (Soll-Zustand) in Kapitel 6.

Kapitel 2 stellt die Modellmerkmale der NÖG zusammen und beschreibt ihre Theoriegeschichte. Anschließend widmet sich das Kapitel der Diskussion der Annahmen, der Modellierungstricks, der Wirkungszusammenhänge und der Gleichgewichte, bevor es den aktuellen Stand der empirischen Tests und die Möglichkeiten politischer Handlungsempfehlungen wiedergibt.

Kapitel 3 gibt einen Überblick über die Modelle der NÖG und begründet die Auswahl der Modelle von Krugman (1991a,b), Helpman (1998) und Puga (1999) zur empirischen Prüfung. Im restlichen Teil des Kapitels werden diese Modelle beschrieben und die zu ihrer empirischen Prüfung notwendigen exogenen Modellvariablen identifiziert und zusammengestellt.

Kapitel 4 beschreibt das genutzte sekundärstatische Datenmaterial und es werden Maßzahlen zur Messung der räumlichen Konzentration sowie zur Identifizierung und Messung der Stärke von sektoral-räumlichen Clustern entwickelt. In diesem Kapitel werden weiterhin die für einen Modelltest der NÖG geeigneten Branchen des Produzierenden Gewerbes ausgewählt und ihre räumlichen Cluster auf Ebene der bundesdeutschen Stadt- und Landkreise kartiert.

Kapitel 5 stellt die Methodik bei der empirischen Ermittlung der exogenen Modellvariablen detailliert dar, beschreibt die Operationalisierung der Variablen und geht ausführlich auf die Ergebnisse der Erhebung ein.

Kapitel 6 stellt die Vorgehensweise und Ergebnisse der Simulationen der drei Modelle für die einzelnen Branchen vor.

Im abschließenden Kapitel 7 führt ein statischer und ein dynamischer Soll-Ist-Vergleich zur Bewertung des empirischen Gehaltes der ausgewählten Modelle. Darauf aufbauend schließt sich die Ableitung politischer Implikationen an. Am Ende des Kapitels und der Arbeit steht eine Zusammenfassung der zentralen Ergebnisse anhand der im vorherigen Kapitel 1.2 formulierten Forschungsfragen.

1.4 Begriffsklärungen

Um Missverständnisse im Verlauf der Arbeit zu vermeiden, werden im Folgenden verschiedene Begriffe erläutert, die entweder synonym oder antonym verwendet werden.

Sektor, Wirtschaftszweig, Branche, Zweisteller, Dreisteller, Viersteller und Fünfsteller

Die wirtschaftlichen Aktivitäten einer Volkswirtschaft lassen sich nach dem klassischen Verständnis Fourastiés (1954) in drei „Sektoren" unterteilen. Den primären Sektor stellen die Land- und Forstwirtschaft sowie Fischerei dar. Die Urgewinnung, das Verarbeitende Gewerbe, die Versorger und die Bauwirtschaft sind dem sekundären Sektor zugeordnet; Dienstleistungen machen den tertiären Sektor aus.[1] Davon abzugrenzen sind die Begriffe „Wirtschaftszweig" und „Branche", die wiederum synonym verwendet werden. Sie signalisieren eine tiefere Untergliederung der drei Sektoren selbst. Die Bezeichnungen „Zweisteller", „Dreisteller", „Viersteller" und „Fünfsteller" leiten sich aus der Systematik der Wirtschaftszweige des Statistischen Bundesamtes ab und geben die Tiefe der Untergliederung der Sektoren nach Branchen beziehungsweise Wirtschaftszweigen wieder (siehe für eine Erläuterung der Systematik der Wirtschaftszweige des Statistischen Bundesamtes anhand der hier verwendeten Datensätze Kapitel 4.2).

Industrie und Produzierendes Gewerbe

Die Begriffe „Industrie" und „Produzierendes Gewerbe" bezeichnen in dieser Arbeit den sekundären Sektor. Sie werden synonym verwendet und entsprechen dem englischen „manufacturing". Sie sind nicht zu verwechseln mit dem englischen Begriff

---

[1] Damit unterscheidet sich die Einteilung der Sektoren von Fourastié, der die Urgewinnung dem primären Sektor zuordnet. Diese Arbeit orientiert sich dagegen am Statistischen Bundesamt, das die Urgewinnung mit dem Verarbeitenden Gewerbe zum Produzierenden Gewerbes zusammenfasst (vgl. Statistisches Bundesamt 2005b).

„industry“, der auch für „Branche“ beziehungsweise „Wirtschaftszweig“ aus allen drei Sektoren stehen kann.

Betrieb und Unternehmen

Betriebe sind „örtlich getrennte Niederlassungen der Unternehmen, einschließlich der zugehörigen oder in der Nähe liegenden Verwaltungs- und Hilfsbetriebe“ (Statistisches Bundesamt 2003a, S. 184). Dagegen sind Unternehmen als rechtlich selbstständige Einheiten definiert. Auf Grund der Datenlage (siehe Kapitel 4.2) werden die örtliche Trennung der Betriebe mit der rechtlichen Selbstständigkeit der Unternehmen gleichgesetzt und die Begriffe synonym verwandt.

Räumliche Konzentration, räumliche Spezialisierung und Agglomeration

Räumliche Konzentration bezeichnet die (höhere) Dichte bestimmter wirtschaftlicher Aktivitäten in einem Teilraum in Bezug zur Dichte der gleichen wirtschaftlichen Aktivitäten im übergeordneten Gesamtraum. Davon ist die räumliche Spezialisierung klar zu trennen. Sie bezeichnet den (größeren) Anteil bestimmter wirtschaftlicher Aktivitäten an den gesamten wirtschaftlichen Aktivitäten eines Teilraumes in Bezug zum Anteil bestimmter wirtschaftlicher Aktivitäten an den gesamten wirtschaftlichen Aktivitäten des übergeordneten Gesamtraumes. Weiterhin ist im Folgenden unter einer „Agglomeration“ eine räumliche Konzentration wirtschaftlicher Aktivitäten zu verstehen, ohne dass sich diese räumliche Konzentration auf eine bestimmte Branche beschränkt. In der NÖG stellt die „Agglomeration“ aller Branchen des Produzierenden Gewerbes in einer Region ein mögliches Gleichgewicht der Modelle dar. Da diese Arbeit zur empirischen Prüfung der Modelle einzelne Branchen heranzieht, stellt die „räumliche Konzentration“ einer Branche in einer Region das Pendant zum Modellgleichgewicht „Agglomeration“ dar. In Bezug auf die Modellgleichgewichte – und nur da – werden die beiden Begriffe „Agglomeration“ und „räumliche Konzentration“ deshalb synonym verwendet.[2]

2 Siehe Kapitel 4.3 für eine detaillierte Darstellung der Abgrenzung und Zusammenhänge zwischen räumlicher Konzentration, räumlicher Spezialisierung, Cluster und Agglomeration.

2 Die Neue Ökonomische Geographie

„Wollen wir es ganz genau nehmen, und interessieren uns infolgedessen die Rückwirkungen einer Standortwahl auf die Lage aller übrigen Standorte [...], so geraten wir in das Gebiet der allgemeinen Standortlehre, die Rückwirkungen verwandeln sich genau besehen in Wechselwirkungen [...]: wir stehen vor der Interdependenz aller Standorte. Der Gleichgewichtszustand des Standortsystems läßt sich infolgedessen nicht mehr zeichnen, sondern nur noch in einem praktisch unauflösbaren Gleichungssystem darstellen. Nicht die Gleichungen zwar, aber die Bedingungen, die sie ausdrücken sind wohl wissenswert."

August Lösch (1940, S. 4f.)

2.1 Einführung

Mit oben stehendem Zitat nahm August Lösch die Entwicklung der Modelle vorweg, die seit 1991 unter dem Begriff der „Neuen Ökonomischen Geographie" („New Economic Geography") zusammengefasst werden. Die einzelnen volkswirtschaftlichen Modelle der NÖG untersuchen, unter welchen Bedingungen sich die wirtschaftlichen Aktivitäten eines Leitsektors – im Allgemeinen die Industrie – räumlich konzentrieren, beziehungsweise unter welchen Bedingungen eine bestehende Konzentration dieses Leitsektors erhalten bleibt (vgl. Krugman 2000b, S. 50).

Dabei argumentiert die NÖG nicht mit physisch-geografischen Standortausstattungen so genannter „erster Natur"[3], wie Bodenschätzen, Nähe zum Meer, Verkehrsgunst oder klimatischen und landschaftlichen Reizen (vgl. für den Einfluss dieser Determinanten auf die Standortentscheidung zum Beispiel Roback 1982). Ausschlaggebend sind die von Menschen gemachten ökonomischen Standortunterschiede „zweiter Natur", die sich aus der Interaktion von steigenden Skalenerträgen, Transportkosten und den Verflechtungsbeziehungen zwischen Unternehmen beziehungsweise zwischen Unternehmen und Arbeitnehmern ergeben.[4] Die daraus resultierenden kumulativen Prozesse sind mikrofundiert, das heißt sie werden mit den ökonomischen Optimierungen der beteiligten Wirtschaftssubjekte begründet (vgl. für eine umfassende Darstellung der NÖG Baldwin et al. 2003; Roos 2002; Fujita/Krugman/Venables

---

3 Der Begriff bezieht sich auf einen Artikel Krugmans (1993a), in dem wiederum der Historiker William Cronon (1991) zitiert wurde. Dieser beschreibt die erstaunliche Entwicklung Chicagos, das sich trotz seiner unzureichenden natürlichen Standortvorteile, den „first nature advantages", zu einer Metropole entwickelt hat.

4 Den Einfluss weicher Standortfaktoren, wie der „von Menschen gemachten" Lebensqualität (vgl. dazu zum Beispiel Florida 2002) beachten die Modelle der NÖG nicht.

1999, für eine Einführung Brakman/Garretsen/van Marrewijk 2001 und für Überblicksartikel Neary 2001; Schmutzler 1999; Ottaviano und Puga 1998).

Paul Krugman formulierte 1991 in Anhang A seiner Monografie „Geography and Trade" (1991a) das erste, später als „Zentrum-Peripherie-Modell" (ZP-Modell) bekannt gewordene Modell der NÖG.[5] Nach 1991 gab es eine Vielzahl von Modifikationen und Weiterentwicklungen, welche die grundsätzlichen Eigenschaften des ZP-Modells aber stets beibehielten (vgl. Lammers/Stiller 2000). Schließlich konstatiert Ottaviano (2003, S. 665) der NÖG „its first theoretical consolidation".

Dagegen beschränkt sich die empirische Prüfung der Modelle bisher meist auf Einzelaspekte und hat noch nicht den Status einer Konsolidierung erreicht, „so dass dringender Bedarf nach weiterer empirischer Forschung besteht" (vgl. Roos 2003, S. 114).[6] Trotzdem werden aus den Modellen bereits konkrete Politikempfehlungen abgeleitet (vgl. zum Beispiel Ottaviano 2003; Baldwin et al. 2003).

Der verbleibende Teil von Kapitel 2 stellt die theoretischen Grundlagen der NÖG, ihre bisherige empirische Überprüfung sowie mögliche politische Implikationen eingehend vor. Er ist wie folgt gegliedert: Kapitel 2.2 zeigt die gemeinsamen Merkmale der Modelle und beschreibt die Theoriegeschichte der NÖG. In Kapitel 2.3 werden die von den Modellen genutzten Annahmen und Modellierungstricks eingehend erörtert. Kapitel 2.4 befasst sich mit den in der NÖG wirkenden zentripetalen und zentrifugalen Kräften und Kapitel 2.5 schildert die daraus resultierenden möglichen Modellgleichgewichte. Diese eingehende Diskussion ist eine notwendige Voraussetzung zur Identifizierung und Auswahl der für die NÖG „repräsentativen" Modelle in Kapitel 3. Schließlich wird in Kapitel 2.6 der aktuelle Stand der empirischen Prüfung der NÖG genannt, bevor in Kapitel 2.7 die Möglichkeiten politischer Handlungsempfehlungen betrachtet werden.

---

[5] Davis und Weinstein (1999) betrachten bereits das Modell von Krugman 1980 als NÖG-Modell, obwohl ihm wichtige Eigenschaften, wie zum Beispiel die modellendogene Bestimmung der Standorte der ökonomischen Aktivitäten, fehlen (siehe dazu Kapitel 2.2.2).

[6] Der Titel der Konferenz „New Economic Geography – Closing the Gap between Theory and Empirics", die vom 14.-15. Oktober 2004 im Hamburger Weltwirtschafts-Archiv stattfand, beschreibt die Situation ziemlich treffend.

2.2 Grundsätzliches zur Neuen Ökonomischen Geographie

„The reliance on very special – and sometimes opposite – assumptions makes this literature appear as collection of special cases."

Diego Puga (1999, S. 305)

2.2.1 Modellmerkmale

Aus der großen Anzahl von Modellen, die unter dem Begriff der NÖG geführt werden, (siehe Kapitel 3.2 für eine aktuelle Übersicht der verschiedenen Modelle) ergeben sich zwei grundsätzliche Schwierigkeiten: Zum einen gibt es kein Universalmodell, das für alle regionalen Ebenen oder für alle Volkswirtschaften anwendbar ist und zum anderen ist nicht ganz klar, welche Eigenschaften ein Modell überhaupt haben muss, um der NÖG zugeordnet zu werden.

Allerdings werden in der Literatur einige Merkmale genannt, die allen Modellen der NÖG gemein sind (vgl. Baldwin et al. 2003; Roos 2002; Fujita/Thisse 2002; Brakman/Garretsen/van Marrewijk 2001; Neary 2001; Schmutzler 1999; Fujita/Krugman/Venables 1999). Diese umfassen die Modellannahmen, die „Kniffe"[7] der Modellierung, die Art der zentripetalen und zentrifugalen Kräfte sowie die möglichen räumlichen Gleichgewichte.

Die Modellannahmen sind im Allgemeinen relativ restriktiv. Meist existieren lediglich zwei Regionen, zwei Sektoren und zwei Arten von Wirtschaftssubjekten. Die beiden Regionen sind homogen und verfügen über eine gleiche Faktorausstattung. Die Sektoren teilen sich auf in den Leitsektor „Industrie", der transportierbare differenzierte Produkte herstellt, und in den Residualsektor „Landwirtschaft", der meist nicht handelbare homogene Güter produziert. Beim Transport der Industrieprodukte in eine andere Region fallen Kosten an. Der Transport der in der Landwirtschaft produzierten Güter ist je nach Modell entweder kostenfrei oder nicht möglich. Im Industriesektor wird mit steigenden Skalenerträgen produziert, in der Landwirtschaft mit konstanten. Als Wirtschaftssubjekte treten in beiden Sektoren Arbeitnehmer, die zugleich als Konsumenten fungieren, und Unternehmen auf. Der Produktionsfaktor der Industrieunternehmen beschränkt sich zumeist auf Arbeitskräfte. Diese sind räumlich

[7] Fujita, Krugman und Venables (1999, S. 6) sprechen von „Modeling Tricks".

mobil. Dagegen wird von den Produktionsfaktoren der Unternehmen des Residualsektors in der Regel angenommen, dass sie räumlich immobil sind.

Trotz vereinfachender Kniffe in der Modellierung, wie der Marktform der Monopolistischen Konkurrenz nach Dixit und Stiglitz (1977), der Eisbergtransportkosten nach Samuelson (1952) und einer Ad-hoc-Dynamisierung der Wirtschaftssubjekte, sind die Gleichungssysteme der Modelle meist nur numerisch lösbar.

Baldwin et al. (2003, S. 33ff.) und Ottaviano (2003, S. 667 ff.) identifizieren sieben grundsätzliche Eigenschaften der Wirkungsweise und Gleichgewichte des Modells von Krugman (1991); Schmutzler (1999, S. 357) und Stiller (2000, S. 575) deren vier. Davon ausgehend lassen sich unter Zuhilfenahme der eingangs im Kapitel genannten Literatur folgende Gemeinsamkeiten aller Modelle der NÖG bezüglich ihrer Mechanismen und Ergebnisse zusammenfassen:

- In den Modellen wirken zentripetale und zentrifugale Kräfte gleichzeitig auf die räumlich mobilen Produktionsfaktoren. Dabei stehen ökonomische Mechanismen zweiter Natur im Mittelpunkt.[8]

- Zentripetale Kräfte oder Agglomerationskräfte verstärken sich über Nachfrage- und/oder Absatzverflechtungen selbst. Eine solche Kraft resultiert aus dem Heimmarkteffekt oder „home market effect" (Fujita/ Krugman/ Venables 1999, S. 55): Ein durch Zufall induzierter beziehungsweise exogen vorgegebener größerer lokaler Markt, führt zu einer mehr als proportionalen Ansiedlung der Industrie in der Region.

- Als zentrale zentrifugale Kraft wirken die Transportkosten, die zur Versorgung der peripheren Region anfallen (siehe zu den drei bisher genannten Punkten Kapitel 2.4).

- Das Zusammenspiel von zentrifugalen und zentripetalen Kräften wird durch die Parameter der exogenen Variablen bestimmt. Deren Anzahl variiert zwar zwischen den Modellen, umfasst aber immer die Substitutionselastizität zwischen den Industrieprodukten, den Ausgabenanteil für Industriegüter und die Transportkosten der Industriegüter (siehe dazu Kapitel 2.3).

---

8 Physische Standortvorteile, wie Lagegunst oder natürliche Ressourcen, aber auch kulturelle Besonderheiten, Know-how oder die politischen Ebene spielen in den Modellen keine oder eine nur untergeordnete Rolle (vgl. Fujita/Krugman/Venables 1999; siehe dazu auch Kapitel 3.2).

- Im letztlich durch die Parameter der exogenen Modellvariablen bestimmten langfristigen Gleichgewicht, ist der mobile Sektor entweder in einer Region vollständig konzentriert oder er verteilt sich gleichmäßig auf beide Regionen. In einigen Modellen sind auch partielle Agglomerationen möglich, so dass in der Peripherie noch ein geringer Anteil des mobilen Sektors verbleiben kann (siehe zu diesem und zu den folgenden Punkten Kapitel 2.5).

- In einigen Modellen gibt es für bestimmte Parameterniveaus der exogenen Variablen ein so genanntes „Overlap" (Ottaviano 2003, S. 668), in dem sowohl Gleichverteilung als auch Agglomeration gleichzeitig mögliche Gleichgewichte darstellen. An den Grenzen des Overlaps können marginale Veränderungen der exogenen Parameter zu einem katastrophalen Zusammenbruch oder zu einer Ad-hoc-Bildung von Agglomeration führen.

- Bei allen Übergängen von Gleichverteilung zu Agglomeration – ob katastrophal oder kontinuierlich – bestimmt bereits ein infinitesimaler Anfangsvorteil, welche Region sich zum industriellen Zentrum und welche sich zur Peripherie entwickelt. Das langfristige Gleichgewicht ist damit pfadabhängig.

- Der Zusammenhang zwischen den exogenen Variablen (z.B. den Transportkosten) und der Art des Gleichgewichtes ist je nach Modell verschieden. In Abhängigkeit des gewählten Modells kommt eine Agglomeration entweder bei hohen, niedrigen oder bei mittleren Transportkosten zu Stande.

Mit den dargestellten Gemeinsamkeiten kann die NÖG beschrieben und zugleich von anderen Theorien abgegrenzt werden. Allerdings ist Letzteres, wie das folgende Kapitel 2.2.2 unter anderem zeigt, vor allem in Bezug auf verwandte Theorien, wie sie die „Neue Außenhandelstheorie" und die „Neue Wachstumstheorie" darstellen, nicht immer eindeutig möglich (siehe dazu auch die Modelle des Kapitels 3.2.5).

2.2.2 Theoriegeschichte

„Leider kümmert sich die theoretische Nationalökonomie noch immer viel zu wenig um räumliche Beziehungen und um Einflüsse des Räumlichen [...].“

Walter Christaller (1933, S. 17)

Wie jeder wissenschaftliche Fortschritt steht auch die NÖG „auf den Schultern von Giganten“ (Bernhard von Chartres, um das Jahr 1130). Als Vorgänger der NÖG sind vor allem die „Neoklassische Theorie“ und die „Neue Außenhandelstheorie“ zu nennen. Aber auch Erkenntnisse klassischer Polarisationstheorien fließen in die NÖG mit ein. Dabei resultiert der entscheidende Fortschritt gegenüber den genannten Theorien aus der Gleichzeitigkeit von drei Eigenschaften: Die NÖG ist erstens in der Lage, modellendogen erklären zu können, warum es zu intra-industriellem Handel kommt. Zweitens sind die Modelle mikrofundiert und mathematisch sauber formuliert und drittens umfassen die Modellergebnisse eine größere Bandbreite möglicher wirtschaftlicher Verteilungen im Raum als die meisten anderen regionalen Wachstums- und Entwicklungstheorien (vgl. für eine Übersicht letztgenannter Theorien Schätzl 2003, S. 135-244).

Dazu stellt Abbildung 1 eine Auswahl von Wachstums- und Entwicklungstheorien und die aus ihnen resultierenden möglichen Raumstrukturen gegenüber. Die Neoklassische Theorie geht einzig von der Möglichkeit einer langfristigen Gleichverteilung wirtschaftlicher Aktivitäten aus (vgl. Osmanovic 2000, S. 249; Brülhart 1998. Vgl. für eine knappe Darstellung der Neoklassischen Theorie Schätzl 2003, S. 136-143). Polarisationstheorien wie die der Wachstumspole von Francois Perroux (1964, 1955) oder die regionale Polarisation von Gunnar Myrdal (1957) münden dagegen in disparitätischen Raumstrukturen. Auch bei der „Polarization-Reversal-Theorie“ von Alfred O. Hirschman (1958), ist – wie der Name schon sagt – die Entwicklung vorgegeben. Dagegen können in der NÖG dauerhafte Gleichverteilung oder Ballung mit oder ohne Anpassungsprozesse mögliche Modellergebnisse sein.

Die Neoklassische Theorie als ein Vorläufer der NÖG war zumindest bis Anfang der 1980er Jahre die populärste in der Nationalökonomie. Solange sie sich aber nicht vom Ballast der restriktiven Annahmen „konstante Skalenerträge“ und „vollständiger Wettbewerb“ befreien konnte, musste die Variable „Raum“ bedeutungslos bleiben. Erst der „Mainstream II“ (Dymski 1996, S. 445) in der Ökonomie hob diese Restriktionen auf. Wegbereiter des „zweiten Hauptstromes“ war das Modell der Marktform der Chamberlinschen Monopolistischen Konkurrenz von Avinash K. Dixit und Joseph E.

Stiglitz (1977). Mit diesem Modell war die Ökonomie erstmals in der Lage, unvollkommene Märkte und nicht-konstante Skalenerträge mathematisch und mikrofundiert zu formulieren. Ungleichgewichtige Entwicklungen wirtschaftlicher Aktivitäten im Raum wurden damit modellierbar. Trotzdem verlassen die Mainstream-II-Ökonomen die Methodologie des ökonomischen Establishments nicht. Wie die Neoklassiker stützen sie ihre Modelle auf den „Homo Oeconomicus", rationale Erwartungen und mathematisch formalisierte Marktgleichgewichte.

Abbildung 1: Regionale Wachstums- und Entwicklungstheorien (Auswahl) und resultierende Raumstrukturen

Raumstruktur	Theorie	Vertreter (Auswahl)
Ausgleich	- Neoklassik	Samuelson, Heckscher-Ohlin
Polarisation	- Wachstumspole - regionale Polarisation - Zentrum-Peripherie-Modell - Industriedistrikte - Cluster	Schumpeter, Perroux, Boudeville Myrdahl Prebisch Marshall Lasuén, Porter
Polarisation *dann* Ausgleich	- Wirtschaftsstufentheorie - Polarisation-Reversal-Hyp. - Industr. Wachstumspfade	Friedman Richardson, Hirschman Storper und Walker
Polarisation *oder* Ausgleich	- Neue Außenhandelstheorie - Neue Wachstumstheorie - Neue Ökonomische Geographie	Krugman, Venables Romer Krugman, Helpman, Fujita

Quelle: Eigene Auswahl und Darstellung nach Schätzl 2003, S. 135-243.

Daneben beinhaltet die NÖG Einsichten aus verschiedenen Polarisationstheorien. Eine entscheidende Rolle spielt dabei das Konzept der Industriedistrikte von Alfred Marshall (1919). Zum einen wird der in den Modellen der NÖG zentrale Heimmarkteffekt (siehe dazu Kapitel 2.4) bereits bei Marshall (1919, S. 29) wie folgt beschrieben: „And yet a large country has her own advantages. Her large area gives greater facilities for the development of those great industrial districts in which, as we shall see presently, concentrated specialization is now carried to its highest extent: and such districts have generally a better approach to her own large markets than the industrial districts of a small country can have to foreign markets, even if their frontiers are not beset by import duties." Zum anderen stützt sich Krugmans ZP-Modell (1991a,b) explizit auf die von Marshall beschriebenen Lokalisationsvorteile, die aus einem spezialisierten Arbeitskräftereservoir und aus Verflechtungsbeziehungen zwischen Unternehmen resultieren. Er hält zugleich Wissensüberflüsse („Spillover") – im Gegensatz beispielsweise zu Scott (1988) – für empirisch unbedeutend[9] (vgl. Krugman 1991a, S. 52-67) und vor allem schwer zu modellieren[10] (vgl. Krugman 2000b, S. 59. Vgl. zu den Schwierigkeiten der empirischen Messung von Wissensüberflüssen Hahn 1993, S. 435ff.).

Auch der Einfluss der Entwicklungstheorien der 1950er und 1960er Jahre darf nicht unterschätzt werden. Sie haben außer der Kritik an den Ergebnissen des Neoklassischen Modells noch mehr mit dem ökonomischen Mainstream II gemeinsam. Myrdal (1957), Hirschman (1958) und Perroux (1964, 1955) nehmen die offensichtlichen Disparitäten zwischen Entwicklungs- und Industrieländern zum Anlass, induktive Gleichgewichtstheorien zu formulieren (vgl. Schätzl 2003, S. 158f.). Die Arbeiten berücksichtigen – teilweise implizit – unvollkommene Märkte und steigende externe Skalenerträge. Allerdings ließen sich die beiden Faktoren vor dem Modell von Dixit und Stiglitz (1977) nur unbefriedigend mathematisch modellieren. Somit fehlten den Entwicklungstheorien für die Anerkennung unter etablierten Ökonomen die für eine klassische ökonomische Theorie notwendigen konstituierenden Merkmale der Mikrofundiertheit und der mathematischen Formalisierung der Gleichgewichte (vgl. Brakman/Garretsen/van Marrewijk 2001, S. 56).

Neben den in oben stehender Abbildung 1 genannten Theorien verdient auch die deutsche Forschungstradition in der Regionalökonomie an dieser Stelle Erwähnung. Sowohl von Thünen (1826), Launhardt (1882), Weber (1909), Christaller (1933) und Lösch (1940) als auch die darauf aufbauenden Arbeiten (zum Beispiel Isard 1956, Moses 1958 oder Alonso 1964) haben mit mehr oder weniger formalisierten Modellen versucht, Aspekte der räumlichen Organisation der Wirtschaft zu erklären. Auch wenn

---

9 Auch Gordon und McCann (2005) gehen davon aus, dass die Bedeutung von Wissensspillovern und informellen Netzwerken im Allgemeinen überschätzt wird. Empirische Befunde für die Stadt London lassen die Autoren schlussfolgern, dass selbst für Branchen der Hochtechnologie eher „agglomeration economies of transportation and common labour pools" für die räumliche Ballung von Unternehmen verantwortlich sind (Gordon/McCann 2005, S. 52).

10 Die Schwierigkeiten bei der Modellierung von Wissensüberflüssen werden in den Modellen mit Lieferbeziehungen zwischen den Unternehmen umgangen (siehe dazu Kapitel 3.2.3). In ihnen kann der Anteil der Zwischenprodukte in der Produktionsfunktion den Part des Inputs von Wissen aus verwandten Unternehmen durchaus übernehmen.

Christaller und Lösch Profitmaximierung der Unternehmen annehmen, unterbleibt jedoch eine mikrofundierte Unterfütterung der Standortentscheidungen aller Wirtschaftssubjekte mit Marginalbedingungen.[11]

Somit liegt der Hauptunterschied zwischen der NÖG und den genannten traditionellen Arbeiten zum einen darin, dass „a microeconomic foundation of geography does not exist in [traditional] regional economics" (Brakman/Garretsen/van Marrewijk 2001, S. 33) und zum anderen in einer der NÖG eigenen „modelling strategy that exploits the same technical tricks that have played such a large role in the ‚new trade' and ‚new growth' theories" (Krugman 1998, S. 7).

Wie die NÖG sind die Neue Wachstumstheorie (NWT) und die Neue Außenhandelstheorie (NAT) dem Mainstream II der Ökonomie zuzurechnen, da ihre Modelierungskniffe und Annahmen zu einem großen Teil übereinstimmen (vgl. für eine komparative Übersicht der Annahmen der drei Theorien Brülhart 1998). Krugman selbst (1998, S. 15) bezeichnet die NWT zudem als „sister genre" während die NAT – von Krugman (1979a; 1979b, 1980, 1983) selbst begründet – als die direkte Vorläufer-Theorie der NÖG gilt (vgl. Krieger-Boden 1999, S. 235).

Neue Wachstumstheorie – NWT

Die klassische Wachstumstheorie basiert auf dem von Robert M. Solow (1956) und Trevor Swan (1956) entwickeltem Grundmodell. In ihr bleiben auch bei Berücksichtigung unterschiedlicher physisch-geografischer oder institutioneller landesspezifischer Charakteristika (vgl. dazu Gallup/Sachs/Mellinger 1999) langfristige Wachstumsdifferenzen modellexogen vorgegeben (vgl. für eine Darstellungen des Solow-Modells Farmer/Wendner 1998, S. 45-106; Barro/Sala-i-Martin 1998, S. 17-67; Bröcker 1994, S. 31-35). Dieser Mangel in der Erklärungsfähigkeit führte Ende der 1980er Jahre zur Entstehung der Neuen Wachstumstheorie (vgl. Hahn 1993, S. 433).[12] Die verschiedenen Ansätze der NWT endogenisieren den technischen Fortschritt, indem sie externe Effekte durch Akkumulation von ökonomisch relevantem Humankapital (vgl. Romer 1990; 1986; Barro 1990) oder dynamische Lerneffekte (vgl. Lucas 1988) modellieren.

---

[11] Nicht zuletzt daraus resultiert die Annahme exogen vorgegebener Marktpreise oder Austauschverhältnisse von Produktionsfaktoren (vgl. Brakman/Garretsen/van Marrewijk 2001, S. 31-33).

[12] Beobachtungen der Divergenz wirtschaftlicher Entwicklungen zwischen Regionen spielten eine untergeordnete Rolle, da insgesamt „die Konvergenzthese des Solow-Modells nicht empirisch widerlegt ist" (Bröcker 2002, S, 188. Vgl. für eine Diskussion und empirische Messung der Konvergenz Barro/Martin-i-Sala 1998, S.443–537).

Damit sind die Modelle offen dafür, endogenes Wachstum in *einer* Volkswirtschaft zu erklären. Wie bereits angeklungen, stellt die NWT – wie die NÖG und die NAT – kein geschlossenes Theoriegebilde dar. Den Modellen der NWT sind aber folgende Charakteristika gemein (vgl. Koschatzky 2002, S. 6):

- Akkumulierende Produktionsfaktoren (meist Wissen oder Humankapital)
- Positive Externalitäten, steigende Skalenerträge und unvollkommene Märkte
- Endogene Erklärung des technischen Fortschrittes

Die regionale Variante der NWT erklärt Wachstumsunterschiede zwischen Ländern oder Regionen (vgl. Sternberg 2001, S. 166). Auch hier existieren mehrere Modelle (vgl. für eine ausführliche Diskussion einzelner Modelle Farmer/Wendner 1999, S. 133-187; Barro/Sala-i-Martin 1998, S. 163-332). Sie unterscheiden sich zum einem bezüglich der Annahmen, die die steigenden Skalenerträge, externen Effekte und letztlich die Akkumulation von Produktionsfaktoren verursachen, und zum anderen hinsichtlich der vorherrschenden Tendenz zur Konvergenz oder Divergenz zwischen den Regionen (vgl. für eine Klassifizierung der Modelle nach ihren räumlichen Wirkungen Martin/Sunley 1998). In den regionalen Modellen, in denen steigende Skalenerträge für endogenes Wachstum sorgen (zum Beispiel im 2-Länder-Modell von Grossman/Helpman 1991), wirkt – wie in den Modellen der NÖG – der Wunsch nach Produktvielfalt. „Sonst würde man als Markgleichgewicht eine unsinnige Welt mit nur einem Produzenten des Weltoutput erhalten.“ (Bröcker 2002, S. 186). Die Modellergebnisse hängen letztlich vom „komplizierten Zusammenspiel“ der Faktormobiltät, der räumlichen Ausbreitung externer Effekte (der Innovation und des Wissens) und der zu- beziehungsweise abnehmenden Skalenerträge der Produktionsfaktoren ab (Bröcker 2002, S. 188. Vgl. für eine empirische und methodische Kritik Hahn 1993). Trotz dieser Ähnlichkeiten zur NÖG bemängeln Brakman, Garretsen und van Marrewijk (2001, S. 52), dass in den Modellen der NWT durch unterschiedliche Eigenschaften der Regionen oder Länder exogen begründet wird, welche Räume sich zum Zentrum beziehungsweise zur Peripherie entwickeln.

Neue Außenhandelstheorie – NAT

Nach der klassischen Theorie verursachen absolute oder komparative Kostenvorteile, die aus technologischen Unterschieden oder aus unterschiedlichen Faktorausstattungen herrühren, inter-industrielle Handelsströme. Dieser Handel führt zur Spezialisierung eines Landes auf die Güter, mit dessen Produktionsfaktoren es entweder besser ausgestattet ist oder die es effizienter nutzt (vgl. Krugman/Obstfeld 2004; Siebert 2000). Anlass der Entstehung der NAT war die empirisch augenscheinliche Tatsache, dass ein Großteil des Welthandels nicht zwischen verschiedenen, sondern innerhalb gleicher Branchen stattfindet. Ausgehend von gegebenen nationalen beziehungsweise regionalen Faktorausstattungen, versucht die NAT diesen intra-industriellen Handel und damit die Agglomeration von Industrie in einem Land als dessen Counterpart (vgl. Puga 1999, S. 304) zu erklären (vgl. Martin/Sunley 1996, S. 262. Vgl. für eine Übersicht zur empirischen Validität der NAT Amiti 1998). Dabei brachte die NAT „increasing returns, imperfect competition, and multiple equlibria firmly into the mainstream" (Krugman 2000b, S. 49). Wie die NWT und die NÖG stellt auch die NAT kein geschlossenes Theoriegebilde dar (vgl. für eine detaillierte Analyse unvollständigen Wettbewerbs auf den internationalen Handel Krugman/Obstfeld 2004, S. 172-220; Siebert 2000, S. 99-133). Im ersten, die NAT begründenden Modell von Paul Krugman (1979a) kommen zwei Länder zu Wohlfahrtszuwächsen durch Handel, ohne dass komparative Kostenvorteile vorliegen. Vorraussetzung dafür, dass intra-industrieller Warenaustausch entsteht, ist der Konsumentenwunsch nach Produktvariationen. Die Produkte innerhalb einer Industrie sind imperfekte Substitute. Deshalb herrscht unvollständiger Wettbewerb. Die durch den Handel zwischen den beiden Ländern entstandenen größeren Absatzmärkte ermöglichen die Nutzung steigender Skalenerträge in der Produktion. Im Modell von Krugman (1980) führen unterschiedliche Präferenzen zu einer überproportionalen Spezialisierung der Länder auf die Produkte, die die heimischen Konsumenten bevorzugen. Um steigende Skaleneffekte und unvollständigen Wettbewerb zu modellieren, greift Krugman in beiden Modellen auf Dixit und Stiglitz (1977) zurück. Durch steigende Skalenerträge entsteht der Anreiz, nur in der Region mit der größeren Nachfrage zu produzieren. Dies zieht den Export der Güter nach sich, „what has become known as the ‚home market' effect" (Krugman 2000b, S. 53; Amiti 1998, S. 46).

Dazu schreibt Garretsen (2003, S. 7): „The proto-model of geographical economics which Krugman developed in 1991 strongly resembles his own model of 1980. Nearly all features of the earlier model resurface 11 years later: transportation costs, increasing returns of scale, and the convenient analysis of the market form of imperfect competition."[13] Auch das NAT-Modell von Krugman und Venables (1990) ist in sei-

---

[13] Allerdings existieren auch NAT-Modelle, die mit vollständiger Konkurrenz arbeiten (vgl. Helpman 1984; Helpman/Krugman 1985). Dort vergrößert entweder das Vorhandensein von Unternehmen den regionalen (Absatz-)Markt und kann so einen selbstverstärkenden Prozess auslösen, oder es entstehen regionale Wissensüberflüsse, von denen die lokalen Unternehmen profitieren. Anfängli-

nen Annahmen dem ZP-Modell sehr ähnlich. Allerdings wird dort, im Gegensatz zum Krugman-Modell von 1980, ein nicht-linearer Zusammenhang zwischen der räumlichen Verteilung und Transportkosten entwickelt. Krugman und Venables führen in eine Welt von zwei Ländern A und B zwei verschiedene Sektoren ein. Im ersten Sektor herrscht vollständiger Wettbewerb. Der zweite Sektor, die Industrie, produziert unter monopolitischer Konkurrenz und steigenden unternehmensinternen Skalenerträgen. Beide Güter sind handelbar. Der einzige grundsätzliche Unterschied zu Krugmans ZP-Modell ist die Annahme einer internationalen Immobilität der Produktionsfaktoren. Sehr hohe Transportkosten führen bei Krugman/Venables (1990) zur Autarkie. Dann stellt jedes Land einen Anteil an Industriegütern entsprechend seiner Ausstattung an Produktionsfaktoren her. In Abbildung 2 ist die Ausstattung der Produktionsfaktoren im Verhältnis 70 zu 30 auf die Länder A und B aufgeteilt. Bei hohen Transportkosten verteilt sich die gesamte Güterproduktion dementsprechend auf beide Länder. Sinken die Transportkosten auf ein mittleres Niveau, gewinnt das Land A mit der anfänglich höheren Ausstattung einen größeren Anteil an Industrieproduktion hinzu. Dieser sinkt jedoch bei weiter fallenden Transportkosten wieder auf den Anteil der Faktorausstattung (0,7) ab.[14]

Im Prinzip unterscheidet sich dieses Modell – wie auch die NAT als solche – von der NÖG nur durch die Immobilität der Wirtschaftssubjekte: „[M]obility really sets geographical economics apart from new trade theory, upon which so much of the core model [das heißt das NÖG-Modell von Krugman (1991a,b)] is based“ (Brakman/Garretsen/van Marrewijk 2001, S. 86). Auf Grund ihrer Immobilität treffen die Wirtschaftssubjekte in der NAT keine Standortentscheidung. Deshalb bleiben Marktgröße und die Entscheidung über Zentrum und Peripherie durch die relative Größe des Landes exogen vorgegeben. Ohne die Annahme der Immobilität der Produktionsfaktoren, verkomplizieren sich die Gleichungssysteme in den Modellen und sind nicht mehr analytisch lösbar. Aus diesem Grund beantwortet Garretsen (2003, S. 7) die Frage warum es von 1979 bis 1991 dauerte, bis Krugman Mobilität in die Modelle einführte, wie folgt: „[I]t is my surmise that he bought his first PC at the end of the 1980s, or at least a package of simulation software“.

che Vorteile in den genannten unternehmens- und/oder regionsinternen Skaleneffekten führen dann zu einer Pfadabhängigkeit in der Wirtschaftsentwicklung. Welches Land zum Zentrum wird und letztlich die Skalenvorteile realisiert, ist exogen vorgegeben.

14 Man beachte die Ähnlichkeit zu der Bifurkation der NÖG in Abbildung 7 B2!

Abbildung 2: Anteile an der Industrie-Produktion

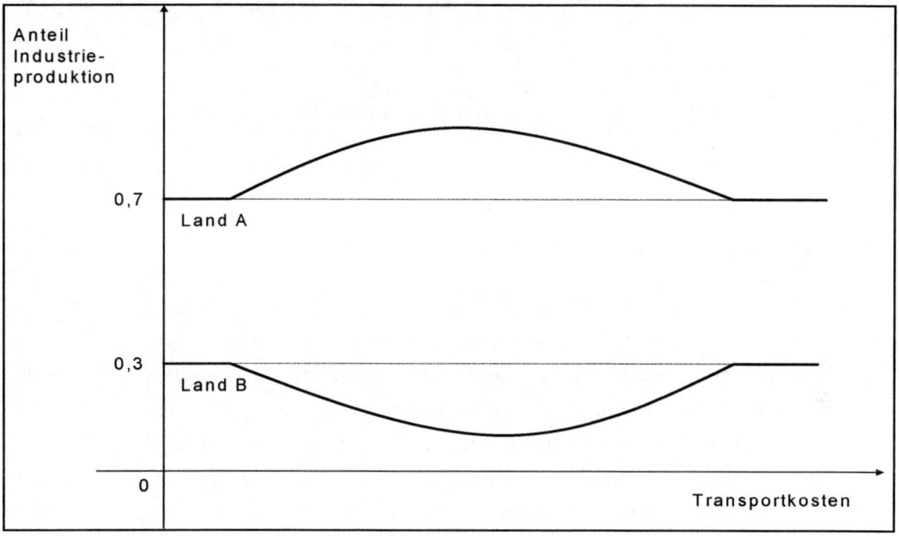

Quelle: Eigene Darstellung nach Ottaviano/Puga 1998, S. 711.

Zusammenfassend lässt sich feststellen, dass die NÖG frühe Einsichten der klassischen Polarisationstheorien in der Tradition der Neoklassischen Theorie mathematisch mikrofundiert formalisiert. Sie ist damit – wie auch die NWT und NAT – dem Mainstream-II der Ökonomie zuzurechnen, wobei die NWT und insbesondere die NAT auf Grund der beinahe identischen Annahmen und Modellierung zumindest einiger ihrer Modelle als Wegbereiter der NÖG anzusehen sind.

2.3 Annahmen und Modellierung

„Modelling Tricks: Dixit-Stiglitz, Icebergs, Evolution, and the Computer [...] : assumptions that reflect not so much a realistic view of how the world works as a judgement about what will make the analysis of geographical issues manageable without doing so much damage to the relevance of that analysis."

Masahisa Fujita, Paul Krugman und Antony J. Venables (1999, S. 6)

2.3.1 Raum und Transportkosten

In den Modellen der NÖG wird der Raum als homogen angenommen. Es gibt keine Standortvorteile[15], und auch die Ausstattungen mit Produktionsfaktoren sind im Anfangszustand gleich. Allerdings sind die Modelle durchaus in der Lage, unterschiedliche Ausstattungen an sowohl fixen als auch mobilen Produktionsfaktoren zu berücksichtigen.[16] Sie tun es deshalb nicht, weil es gerade Ziel und Zweck der NÖG ist, die Verteilung der mobilen Produktionsfaktoren modellendogen erklären zu können und Anfangsvorteile auszuschließen.[17] Meist gibt es nur zwei Regionen, zwischen denen symmetrische Transportkosten anfallen. Innerhalb einer Region sind die Transportkosten null. Die Region ist damit als ein Punkt im Raum modelliert. Bei Modellen mit vielen Regionen oder einem kontinuierlichem Raum[18] (siehe Kapitel 3.2.1) ändert sich nichts Grundlegendes, außer dass die Transportkosten zu einzelnen Regionen nun entfernungsabhängig modelliert werden können.

Die Transportkosten sind als „Eisbergkosten" nach Paul Samuelson (1952) modelliert. Beim Transport zwischen den Regionen „schmilzt" ein Teil der Produkte weg. Es müssen $T>1$ Einheiten weggeschickt werden, damit eine Einheit am Bestimmungsort ankommt. Dabei beinhaltet T nicht nur die Differenz der zwischen „C.I.F. – cost, insurance, freight" und „F.O.B. – free on board" bei der Verschickung zwischen den

---

15 In einigen Modellen zur Erklärung von Stadtsystemen finden allerdings auch Lagegunst und Verkehrsknotenpunkte („Hubs") Berücksichtigung (vgl. dazu Fujita/Krugman/Venables S. 117-234).

16 In den Modellen von Helpman (1998) und Puga (1999) – siehe Kapitel 3.5 und Kapitel 3.6 – existiert die exogene Variable K_i, die für die Ausstattung der Region i mit immobilen Produktionsfaktoren steht. Auch im ZP-Modell ist die Annahme ungleicher Verteilung des fixen Produktionsfaktors Landarbeiter auf die Regionen ohne weiteres möglich (Krugman 1991a, S. 103).

17 Noch weiter geht das Modell von Krugman (1993a). Es zeigt, dass sich ein Zentrum auch bei relativer Lageungunst entwickeln kann.

18 Ein kontinuierlicher Raum liegt bei einer unendlich hohen Anzahl von unendlich kleinen Regionen vor.

Regionen, sondern auch die politischen, kulturellen und soziologischen Kosten, die zur Raumüberwindung anfallen (vgl. Brakman/Garretsen/van Marrewijk 2001, S. 82). Dies umfassen neben den eigentlichen Kosten für den (Straßen)-Transport, die Aufwendungen für Zölle, Quoten, Verwaltungskosten und Informationsaustausch.

Diese Art der Modellierung des Raumes und der Transportkosten hat Nachteile, aber auch Vorteile. Güßefeldt (2003a, S. 89) bezeichnet „die Operationalisierung des geographischen Raumes in allen NEG-Theoremen, die schließlich erst zur Namensgebung geführt hat, [als] inakzeptabel primitiv“ (Güßefeldt 2003a, S. 105). Er bemängelt weiter die Probleme bei der Darstellung der Transportkosten, da sie „erdräumliche Distanz“ und „geographischen Raum“ nicht berücksichtigt (vgl. Güßefeldt 2003b, S. 10). Transportkosten werden als exogen betrachtet, anstatt wie bei von Thünen (1826) von der endogen Industrieverteilung und den Entfernungen abzuhängen. Ferner entstehen „durch Skalenerträge“ bei Konzentrationen auf Anbieterseite oder Nachfragerseite Kostendegressionen, die in der NÖG unberücksichtigt bleiben. Die Beispiele von „Güterverteilungszentren“ oder „Kopplungskäufen“ illustrieren Güßefeldts Argumentation (2003a S. 84f.). Auf der anderen Seite hat die Art der Modellierung den großen Vorteil der Vereinfachung. Zum einen kommen die Modelle ohne expliziten Transportsektor aus. Damit entfällt eine komplizierte Modellierung der Gewinnverwendung oder der Standortentscheidung dieses Sektors (vgl. Brakman/Garretsen/van Marrewijk 2001, S. 80ff.). Und zum anderen sind, falls es notwendig ist, auch komplexere Raumstrukturen und Transportkostenstrukturen modellierbar: „As long as you are willing to rely on numerical examples, however, the new economic geography style of model can easily handle any number of regions, with whatever ‚geometry' of transport costs one likes.“ (Krugman 1998, S. 13).

2.3.2 Mikrofundierung, Ad-hoc-Dynamik und Pfadabhängigkeit

In den Modellen interagieren die Wirtschaftssubjekte Haushalte und Unternehmen miteinander. Ein Staat existiert nicht.[19] Haushalte sind zugleich Arbeitnehmer und Konsumenten. Sie erwirtschaften sich ein Einkommen aus Lohnarbeit. Es wird nicht gespart. Das Einkommen wird komplett verkonsumiert, wobei eine Cobb-Douglas-Nutzenfunktion dafür sorgt, dass mit steigendem Konsum auch der individuelle Nut-

[19] Eine Ausnahme bildet zum Beispiel das Modell von Roos (2001c), der öffentliche Güter einführt (siehe dazu auch Kapitel 3.2.5).

zen zunimmt. Die Wirtschaftssubjekte verteilen sich auf meist zwei Sektoren. In einem Leitsektor, meist als Industrie oder „manufacturing“ bezeichnet, und in einen „Residualsektor der Volkswirtschaft“ (Güßefeldt 2003, S. 82), der „Landwirtschaft“ beziehungsweise „agriculture“ genannt wird. Die Beschäftigten und Unternehmen im Leitsektor sind räumlich mobil, im Residualsektor sind sie es nicht. Die Unternehmen des immobilen Sektors sind Preisnehmer, die des mobilen Sektors betreiben Gewinnmaximierung. Wegen der in ihrer Produktionsfunktion eingebauten Kostendegression, versuchen Letztere soviel wie möglich zu produzieren. Für einen mobilen Haushalt ist die Region am attraktivsten, in der er am meisten Güter konsumieren kann, beziehungsweise in der sein Reallohn am höchsten ist. Für mobile Unternehmen ist die Region mit dem größten Gewinn die attraktivere. Dies sind die Anreize zur Veränderung der räumlichen Struktur in den Modellen. Sie basieren auf Rationalität, Nutzen- und Gewinnmaximierung, sind auf das jeweilige Kalkül der einzelnen Wirtschaftssubjekte zurückzuführen und damit mikrofundiert.[20]

Allerdings wandern Wirtschaftssubjekte und Haushalte nicht sofort. Zuerst bleiben sie in der Region, die ihnen die Anfangsverteilung exogen zuweist. Erst wenn sich das Modell im kurzfristigen Gleichgewicht befindet (siehe dazu Kapitel 2.5.1), entscheiden Haushalte beziehungsweise Unternehmen ad hoc, welche Region ihnen den größeren Nutzen beziehungsweise die höheren Gewinne bietet. Dann genügt schon ein sich infinitesimal auf die Nutzenfunktion beziehungsweise die Gewinnfunktion der Wirtschaftssubjekte auswirkender regionaler Unterschied, um die Wanderungsbewegung auszulösen. Ist die Wanderungsrichtung einmal eingeschlagen, kommt die Bewegung erst im langfristigen Gleichgewicht zum Erliegen, in dem sich die Industrie entweder symmetrisch auf beide Regionen verteilt oder in einer der beiden Regionen konzentriert.[21] Dann kann der Anfangsvorteil entfallen und das System bleibt stabil. Es spielt dabei auch keine Rolle, ob dieser Anfangsvorteil, durch die Wanderung eines Haushaltes, eines Unternehmens oder etwa durch Lagegunst gegeben war: „[T]he main function of a hub [als Proxy für Lageggunst] in city location is catalytic. […] Our model, in other words, finds nothing paradoxical in the fact that the Erie Canal made

[20] Nach Dymski sind auf Mikrofundiertheit basierende endogene Entwicklungen „at best half the story“. Aus ihnen lasse sich kein makroökonomischer Rahmen ableiten, weil staatliches Handeln „the other half“ der Erklärungsansätze bei der Entstehung von Agglomerationen ausmacht (1996, S. 446).

[21] Dymski (1996, S. 444) bemängelt die Annahme vollkommener Mobilität von Unternehmen, da sie nur bei vollständiger Information und absolut effizienten Kapitalmärkten funktioniert.

New York – and is now no more than a tourist attraction“ (Fujita/Krugman/Venables 1999, S. 236).

Bei der Beantwortung der Frage, ob eine Region von Industriekonzentration oder Entleerung geprägt sein wird, führt die Ad-hoc-Dynamisierung der Modelle zu einer unbefriedigenden Abhängigkeit von einer meist unbestimmten oder auf den „historischem Zufall“ (vgl. Krugman 1991c) zurückgeführten initialen Ungleichmäßigkeit (vgl. Ottaviano/Puga 1998, S. 718). Kritisiert werden die Ad-hoc-Dynamisierung und die aus ihr resultierende Pfadabhängigkeit weiterhin, weil sie die rationalen Erwartungen der Wirtschaftssubjekte, dass die persönliche Migrationsentscheidung die zukünftigen Löhne beeinflussen kann, nicht berücksichtigt. Krugman wies schon 1991 auf diese Schwäche hin (1991a, S. 29f.; 1991b, S. 492). Zugleich hielt er die Möglichkeit der selbsterfüllenden Prophezeiung für wenig relevant: „[T]he assumption of rational expectations seems to presume a degree of information and sophistication that is unreasonable“ (Krugman 1991a, S. 29). In seinem Aufsatz „History vs. Expectations“ (1991c) sowie im Anhang B von „Geography and Trade“ ersetzte Krugman die Ad-hoc-Dynamik mit einer linearisierten Dynamisierung, von der er allerdings auch nicht sehr viel hält (1991a, S. 116)[22]: „Ideally, this analysis would be based on an explicit dynamization of the formal core-peripherie-model […]. In practise, this is too difficult; to make the problem tractable, it is necessary to assume a linearity that is strictly speaking inconsistent with that model.” Somit bleibt es bei der Ad-hoc-Dynamisierung in den Modellen der NÖG und die „geography of an economy therefore evolves in a way that reflects history and accident, but not expectations of the future“ (Krugman 2000b, S. 52).

Allerdings bestätigen auch komplexere Ansätze die Ergebnisse der Ad-hoc-Dynamisierung: Baldwin (1999) und Ottaviano (1999) untersuchten die mögliche bewusste Beeinflussung der Lohnunterschiede durch die Wirtschaftssubjekte. Die Autoren führten dynamische Analysen durch, die den durch Wanderung induzierten Lohn mikrofundiert berücksichtigen. Baldwin tat dies teilweise numerisch, Ottaviano vereinfachte und linearisierte sein Modell. Beide Autoren kommen zu den gleichen Ergebnissen wie das ZP-Modell. Auch Fujita, Krugman und Venables (1999, S. 8) kons-

[22] Krugman (1991a, Anhang B; 1991c) stellt dabei den historischen Zufall als initialen Anfangsvorteil einer Region, der Erwartungshaltung zukünftiger Entwicklung der Wirtschaftssubjekte entgegen. Abhängig von der internen Struktur der Wirtschaft und den sich daraus ergebenen Anpassungskosten eines Regionswechsels, können sich die Erwartungen selbst erfüllen und die historisch bedingten Vorteile einer Region wettmachen. In diesem Fall dreht sich die Entwicklung zu Gunsten der Peripherie und diese wird zum Zentrum.

tatierten, dass eine komplexere Dynamisierung nicht zu anderen Ergebnissen führt: „The basic dynamic approach in our first model [Ad-hoc-Dynamisierung im ZP-Modell] turns out to be identical to the ‚replicator dynamics' now considered respectable among economic game theory". Wie bei den vereinfachenden Eisbergtransportkosten ist der Grund für die Ad-hoc-Dynamisierung damit pragmatischer Art. Sie vermeidet eine verkomplizierende Modellierung, die wegen der Nichtlinearität der auftretenden Differentialgleichungssysteme nicht analytisch durchführbar wäre und liefert zugleich dieselben Modellergebnisse wie komplexere Ansätze.

2.3.3 Dixit und Stiglitz, Monopolistische Konkurrenz und konstante Substitutionselastizitäten

Im industriellen Leitsektor der Modelle der NÖG herrscht die Marktform der Chamberlinschen Monopolistischen Konkurrenz (vgl. Chamberlin 1933). Formalisiert wurde sie durch das Modell von Dixit und Stiglitz (1977). Das Modell wurde daraufhin „a workhorse in many areas of economics" (Krugman 1998, S. 10) und führt in Verbindung mit Eisbergtransportkosten und Faktormobilität zu einer identischen mathematischen Struktur der NÖG-Modelle (vgl. Robert-Nicoud 2005, S. 201). Diese Marktform enthält Eigenschaften eines Konkurrenzmarktes sowie eines Monopols. Viele Anbieter treffen hier auf viele Nachfrager. Die Anbieter haben gleichwohl einen gewissen Spielraum bei der Preissetzung. Dies liegt an der Heterogenität der Güter und der Präferenzen der Nachfrager für die Produktvarianten des Marktes. Die teilweise Substituierbarkeit beschränkt die Preissetzungsmacht der Anbieter (vgl. Wied-Nebbelling/Schott 2001, S. 252). Durch die Symmetrieannahmen des Chamberlinschen Modells sind alle Unternehmen inklusive ihrer Nachfrage- und Kostensituationen identisch. Auch die Präferenzen der Konsumenten und die Möglichkeiten zur Substitution zwischen verschiedenen Produktvarianten gleichen sich. Auf Grund der großen Anzahl von Anbietern hat der einzelne Unternehmer einen zu vernachlässigenden Einfluss auf den Absatz seiner Konkurrenz. Er geht deshalb davon aus, dass die Konkurrenz auf seine Preissetzung nicht reagiert. Der Preis entspricht den Durchschnittskosten und liegt über den Grenzkosten.

Im Modell von Dixit und Stiglitz spielt die Substitutionselastizität σ eine entscheidende Rolle. Sie gibt bei konstantem Nutzenniveau des Konsumenten an, um wie viel Prozent die Nachfrage nach einer Produktvariante zu Gunsten der anderen Varianten sinkt (steigt), wenn der Preis dieser Produktvariante um ein Prozent steigt (sinkt). Die Variable σ hat in den Modellen der NÖG drei verschiedene Funktionen inne: Sie gibt erstens die Substitutionselastizität und die Preiselastizität der Nachfrage an, zweitens ist sie ein inverses Maß sowohl für den Wunsch der Konsumenten nach Produktvielfalt als auch drittens für die Höhe der internen Skalenerträge in der Produktion der Unternehmen. Mit dieser Variablen ist die gesamte Angebots- und Nachfragestruktur festgelegt. Diese Vereinfachung kritisieren Lai und Trefler (2002, S. 39): „[T]he dual role played by σ as both a preference parameter and a mark-up parameter must be divorced. Separate preference and mark-up parameters are needed".

Eine weitere vereinfachende Annahme ist die Konstanz von σ für alle Produktvarianten, Einkommensbereiche, Preisbereiche und Preisänderungen (vgl. Dixit/Stiglitz 1977, S. 298f.; Brakman/Garretsen/van Marrewijk 2001, S. 74ff.; Fujita/Krugman/Venables 1999, S. 6f.). Die Annahme einer CES-Funktion[23] hat unter anderem eine symmetrische Produktion zur Folge: Jedes Unternehmen produziert eine einzige Variante und hat die gleiche Kosten- und Produktionsfunktion, weswegen sich gesamtwirtschaftliche Produktionsfunktionen aggregieren lassen. Dies wird von Dymski als „not logically possible" (1996, S. 444) wie folgt kritisiert (ebd., S. 450): „[I]ncreasing returns are generated by production functions with fixed costs and constant marginal cost; and aggregation in the face of industry-specific fixed costs is especially hazardous".[24] Durch die konstante Preiselastizität werden zudem die Preise unabhängig von der Distanz des Konsums zur Produktion gesetzt. Diese geografische Konstanz kritisiert Güßefeldt. Nach Lösch (1940, S. 94, zit. in Güßefeldt 2003, S. 105) sei die Preiselastizität der Nachfrage wegen der Transportkosten distanzabhängig. Aus diesem Grund könne sie auch nicht mit der Substitutionselastizität gleichgesetzt werden.

Letztendlich ist auch die Nutzung des Modells von Dixit und Stiglitz (1977) als pragmatische Herangehensweise zu sehen, denn „imperfect competition is notoriously hard to embed in a general-equilibrium story" (Krugman 2000b, S. 51). Die Operationalisierung der „Monopolistischen Konkurrenz" mit konstanter Nachfrageelastizität macht eine Modellierung dieser Marktform überhaupt erst möglich. „This simple price elasticity of demand is the main advantage of the Dixit-Stiglitz approach as it greatly simplifies the price setting behaviour of monopolistically competitive firms." (Brak-

---

[23] Constant Elasticity of Substitution

[24] Auch Wied-Nebbeling und Schott (2001, S. 253) gehen in die gleiche Richtung: „Wieso sollten Anbieter, die unterschiedliche Güter herstellen, identische Kostenfunktionen haben? Außerdem ist fraglich, warum die Substitutionsbeziehungen zwischen allen Produkten gleich stark sein sollten. Vielmehr ist anzunehmen, dass sie zwischen den einzelnen Gütern unterschiedlich stark sind".

man/Garretsen/van Marrewijk 2001, S. 72) Dadurch vermeiden die NÖG-Modelle die Einbindung verkomplizierender Oligopolmodelle unter gleichzeitiger Berücksichtigung steigender Skalenerträge (vgl. Fujita/Krugman/Venables 1999, S. 7). Allerdings ist mit dieser Art der Modellierung auch die interne Struktur der NÖG festgelegt. Die auf Dixit und Stiglitz basierenden Modelle stehen stets im Zielkonflikt zwischen dem Agglomeration fördernden Hang zur regionalen Produktvielfalt und der Ausnutzung kostensenkender Größenvorteile.

2.4 Zentripetale vs. zentrifugale Kräfte

„Increasing returns and transport costs: The Fundamental Trade-Off of a Spatial Economy."

Masahisa Fujita und Jaques-Francois Thisse (2002, S. 93)

Neben dem generellen Abwägen zwischen den Vorteilen durch steigende Skalenerträge und den Nachteilen erhöhter Transportkosten durch die Produktion an nur einem Ort (vgl. Fujita/Thisse 2002, S. 93–132), existieren in den Modellen der NÖG weitere Mechanismen. Je nachdem ob die Agglomeration fördernden zentrifugalen oder die Agglomeration verhindernden zentripetalen Einzelmechanismen in der Summe überwiegen, kommt es zu einer räumlichen Ballung oder Gleichverteilung der wirtschaftlichen Aktivitäten des mobilen Sektors.

Grundsätzlich gehen die Modelle von Kräften zweiter Natur aus. Abbildung 3 gibt eine mögliche Einteilung der (zentripetalen) Kräfte vor. Die Externalitäten lassen sich auf Größenvorteile, Verbundvorteile oder Verflechtungsvorteile zurückführen. Diese werden wiederum nach betriebsinternen und betriebsexternen Ersparnissen unterschieden.[25] Innerbetriebliche positive Externalitäten schlagen sich in Kostenvorteilen und daraus resultierenden Wettbewerbsvorteilen für den einzelnen Betrieb nieder, was zu einem betrieblichen Größenwachstum durch Produktionsausweitung oder Unternehmenszusammenschlüssen führt. Auf Grund der Einführung von Fixkosten in die Produktionsfunktion der Unternehmen wirken in den Modellen der NÖG Größenvor-

[25] In der Realität ist eine scharfe Trennung zwischen betriebsextern und betriebsintern nicht immer möglich. Die Grenzen sind bei langfristigen Vertragsbindungen, Joint-Ventures oder Absprachen fließend.

teile der horizontalen Integration oder „Ecomomics of Scale“. Zudem sind die betriebsexternen Ersparnisse von großer Bedeutung. Da diese gleichzeitig regionsintern wirken, kommt es nicht primär zu einem betrieblichen Größenwachstum, sondern zu einer lokalen Ansiedlung weiterer Betriebe.

Abbildung 3: Ursachen räumlicher Ballung zweiter Natur

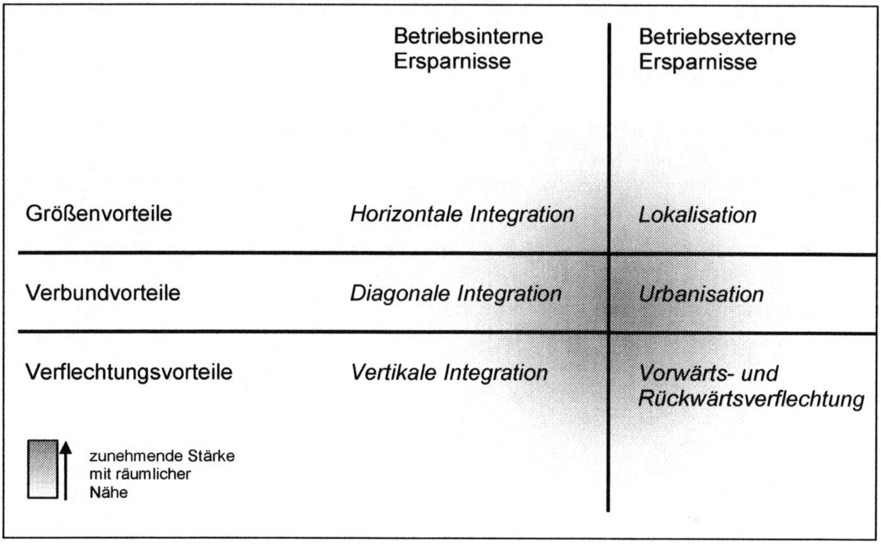

Quelle: Eigene Darstellung nach Parr et al. 2002, S. 676f..

Externe Größenvorteile entstehen durch räumliche Konzentration von Betrieben aus der gleichen Branche. Hoover (1937) bezeichnete sie als „localization economies“. Diese Lokalisationsvorteile nehmen mit dem Ausmaß der sektoral-räumlichen Konzentration zu, da mit steigender Anzahl von Betrieben aus einer Industrie auch Wissensspillover zwischen den Betrieben und das Angebot an Facharbeiterreservoirs sowie spezialisierten Dienstleistungs- und Reparaturbetrieben potenziell zunehmen (vgl. Parr et al. 2002, S. 677). Externe Verbundvorteile, oder nach Hoover Urbanisationsvorteile („urbanization economies“), treten zwischen unterschiedlichen Branchen auf. Sie resultieren zum Beispiel aus der Möglichkeit, lokal vorhandene Infrastruktur, öffentlichen Einrichtungen oder Dienstleistungen gemeinsam nutzen zu können. Externe Verflechtungsvorteile, beziehungsweise Vorwärts- und Rückwärtsverflechtungen, treten bei Betrieben auf, deren Produkte Teil einer gemeinsamen Wertschöpfungskette sind. Räumliche Nähe erleichtert Informations- und Materialflüsse und vereinfacht die Koordination zwischen Zulieferern und Abnehmern und senkt die Transportkosten.

In den Modellen der NÖG wirken sowohl Marktgrößeneffekte (Urbanisationsvorteile), spezialisierte Arbeitsmärkte (Lokalisationsvorteile) als auch Lieferantenbeziehungen (Vorwärts- und Rückwärtsverflechtung). Interagierende Wirtschaftssubjekte sind dabei Haushalte und Unternehmen, die über „linkages" miteinander verbunden sind.[26] Diese Kopplungseffekte[27] sind die Ursache für einen kumulativen Prozess, wie er in Abbildung 4 beispielhaft dargestellt ist.

Abbildung 4: Selbstverstärkender regionaler Kreislauf und seine Hemmnisse

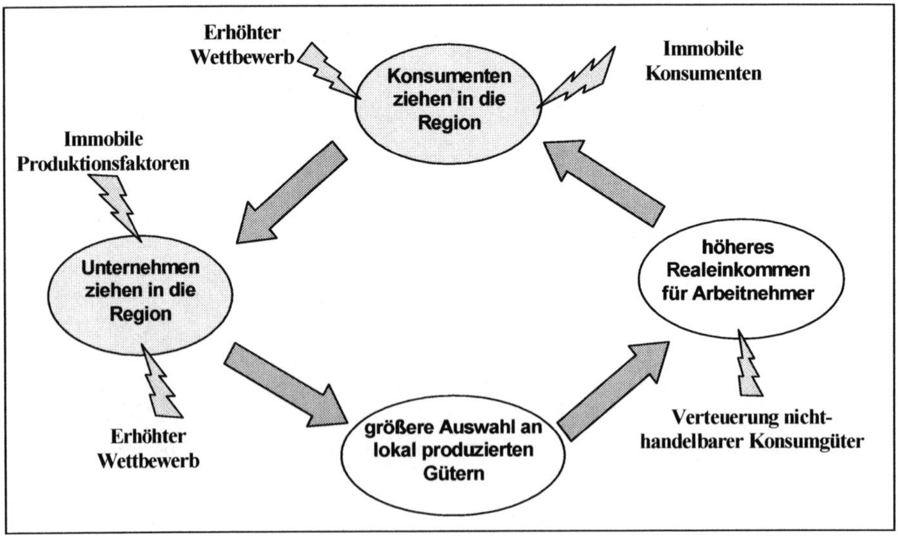

[26] Entgegen der ursprünglichen Intention Hirschmans (1958), der von „linkages" nur zwischen Unternehmen ausgeht.

[27] Fujita und Krugman (1996, S. 507) und Roos (2002 S. 84f.) bezeichnen den Zusammenhang zwischen „Konsumenten ziehen in die Region" und „Unternehmen ziehen in die Region" wegen der erhöhten Nachfrage nach lokal produzierten Gütern als „Rückwärtskopplung". Für Arbeitnehmer bestehen Anreize ihre Arbeitskraft dort anzubieten, wo Unternehmen sind. Dies wird als „Vorwärtskopplung" bezeichnet (Krugman 2000, S. 54). Allerdings sind Arbeitnehmer auch zugleich Konsumenten und damit selbst Nachfrager. Aus dieser Perspektive ließe sich der Anreiz, in der Nähe der Produzenten zu leben, auch als Rückwärtskopplung bezeichnen. Da die Richtung der Kopplungseffekt von der Nachfrager/Anbieter-Perspektive abhängt, wird im Folgenden lediglich von „Kopplung" beziehungsweise „Kopplungseffekten" gesprochen.

Angenommen das Realeinkommen ist im dargestellten Kreislauf (Region 1) höher als in der nicht abgebildeten Region 2. Dies hätte zur Folge, dass einzelne Konsumenten von Region 2 in Region 1 ziehen, da dort ihr Konsum und folglich ihr Nutzen größer ist. Den Konsumenten, die zugleich Arbeitnehmer sind, folgten Unternehmen. Sie täten dies zum einen, weil der Absatzmarkt in Region 1 größer ist, und zum anderen weil dort mehr Arbeitskräfte verfügbar sind. Jedes Unternehmen stellt eine Produktvariante her. Da für den lokalen Absatzmarkt keine Transportkosten anfallen, sind die Lebenshaltungskosten in der Region am niedrigsten, in der die meisten Unternehmen sitzen. Dies erhöht das Realeinkommen und der Kreislauf beginnt von Neuem.[28] Den dargestellten Kopplungseffekten in Abbildung 4 wirken zentripetale Kräfte entgegen. Sind sie stärker als die Zentrifugalkräfte, können sie bei Gleichverteilung der wirtschaftlichen Aktivitäten das Einsetzen eines sich selbst verstärkenden Prozesses verhindern. Zentripetale Kräfte resultieren zum einen aus der Transportkosten verursachenden Versorgung immobiler Konsumenten mit Industriegütern in der Peripherie und zum anderen aus dem Wettbewerb im Zentrum. Steigt die Zahl der Unternehmen in einer Region, verringert sich ihr lokaler Absatz und die Preise für die Produktionsfaktoren steigen. Wettbewerb gibt es auch bei den Konsumenten: Je mehr Arbeitnehmer in einer Region vorhanden sind, desto niedriger sind die gezahlten Löhne und desto teurer werden nicht-handelbarer Güter wie Mieten und Dienstleistungen (vgl. dazu die Modelle von Livas Elizondo/Krugman 1996 oder Helpman 1998).

Zwar existiert eine Vielzahl möglicher Zentripetal- und Zentrifugalkräfte in den Modellen (siehe dazu Kapitel 3.2.3 und Kapitel 3.2.4), ihre Wirkung lässt sich jedoch mit einem der folgenden drei Effekte beschreiben:[29]

Heimmarkteffekt

Durch die Größe des lokalen Absatz- oder Beschaffungsmarktes für Unternehmen werden deren Produktionsmenge und Gewinne überproportional positiv beeinflusst.

---

[28] Dieser dargestellte Prozess orientiert sich am Modell von Krugman (1991a,b). Andere Modelle (zum Beispiel Krugman und Venables (1995; 1996), Venables (1996), Puga (1996a; 1999) betonen die Kopplungseffekte zwischen Unternehmen. In diesen Fällen ist es für ein Unternehmen vorteilhaft, sich in der Nähe der am eigenen Wertschöpfungsprozess beteiligten Betriebe anzusiedeln.

[29] Diese Einteilung orientiert sich an der Analyse des Krugman-Modells 1991 von Sternberg (2001, S. 163f.; siehe dazu auch Kapitel 3.4, Abbildung 9). Gleichzeitig erfährt die Definition der drei Effekte eine Erweiterung, so dass sie für die zentripetalen und zentrifugalen Kräfte aller NÖG-Modelle offen ist. Eine Ausnahme bildet lediglich die zentrifugale Kraft, die durch die Transportkosten verursachende Versorgung immobiler Konsumenten mit Industriegütern in der Peripherie entsteht. Sie lässt sich nicht unter Tabelle 1 subsumieren.

Bei unvollständiger Elastizität des Arbeitsangebotes – eine Annahme, die allen NÖG-Modellen gemein ist[30] – schlägt sich der Heimmarkteffekt sowohl in steigenden Exporten als auch in steigenden regionalen Löhnen (vgl. Brakman/Garretsen/van Marrewijk 2001, S. 46) und damit in steigenden regionalen Einkommen Y_i nieder.

Preisindexeffekt

Durch die Anzahl lokal produzierter Güter wird die Summe der Preise für Konsum- und Zwischenprodukte in Region i – der so genannte Preisindex I_i – reduziert. In der Region gehen die Lebenshaltungskosten der Konsumenten zurück. Ihr Reallohn steigt. In der Folge können Unternehmen die Nominallöhne reduzieren. Dies und niedrige Beschaffungskosten der Zwischenprodukte führen zu sinkenden regionalen Produktionskosten.

Wettbewerbseffekt

Mit der Anzahl der lokal produzierenden Unternehmen steigen die Preise der regional vorhandenen Produktionsfaktoren während der regionale Absatz eines einzelnen Unternehmens sinkt. Mit steigender Anzahl der lokal ansässigen Haushalte nehmen die regionalen Preise mobiler und immobiler Güter zu während die regionalen Löhne sinken. Ferner können durch eine wachsende Anzahl von Wirtschaftssubjekten in einer Region i negative externe Effekte, wie zum Beispiel Stauungskosten entstehen, die ebenfalls die Profite der Unternehmen G_i und oder den Nutzen der Haushalte U_i mindern.

Die drei Effekte sind abhängig von der Anzahl der Wirtschaftssubjekte in einer Region. Neben den immobilen Wirtschaftsubjekten wird die gesamte Zahl der Unternehmen und Haushalte in den Regionen von der Variable λ bestimmt. Sie entspricht dem Anteil der mobilen Wirtschaftssubjekte in Region 1 an den gesamten mobilen Wirtschaftssubjekten aus beiden Regionen.[31] In Tabelle 1 werden die drei Effekte, ihre Formalisierung, ihr Entstehen in den Unternehmen und Haushalten sowie ihre räumlichen Auswirkungen zusammengefasst. Dabei wirken Heimmarkt-, Preisindex- und Wettbewerbseffekt gleichzeitig auf die beiden Wirtschaftssubjekte ein, die ersten beiden Agglomeration fördernd, der letzte Dispersion fördernd. Das Modell-

[30] Zwar können die Arbeitskräfte in den Modellen zwischen Regionen und Sektoren vollkommen mobil sein, trotzdem bleibt deren Gesamtmenge begrenzt. Damit ist die Elastizität des Arbeitsangebotes unvollständig.

[31] Hier und im Folgenden ist immer Region 1 die Referenzregion für λ.

gleichgewicht hängt davon ab, welche Effekte überwiegen. Dieses vorauszusagen ist nicht trivial, da sich einzelne Effekte über die „Kopplung“ der Wirtschaftssubjekte Unternehmen und Haushalt selbstverstärken können: zum Beispiel beim Heimmarkteffekt. Dort verursachen gestiegene Produktionsmengen über steigende Gewinne höhere Nominallöhne. Diese führen zu gesteigerter Nachfrage und damit wiederum zu höheren Produktionsmengen, usw.

Tabelle 1: Heimmarkt-, Preisindex- und Wettbewerbseffekt

	formalisiert	Effekt in **Unternehmen** durch	Effekt in **Haushalten** durch	**räumliche Wirkung**
Heimmarkteffekt	$dY_1/d\lambda>0$	steigende Nachfrage und steigende Produktionsmengen	steigende Nominallöhne	zentripetal
Preisindexeffekt	$dI_1/d\lambda<0$	sinkende Beschaffungspreise und sinkende Nominallöhne	steigende Reallöhne	zentripetal
Wettbewerbseffekt	$dU_1/d\lambda<0$ bzw. $dG_1/d\lambda<0$	sinkende Nachfrage, steigende Beschaffungspreise, externe Effekte	sinkende Nominallöhne, steigende Preise, externe Effekte	zentrifugal

2.5 Gleichgewichte

„Technically speaking, location displays hyteresis whenever several stable equilibria coexist under the same parameter values.“

Frédéric Robert-Nicoud (2005, S. 219)

2.5.1 Kurzfristige und langfristige Gleichgewichte

Die Modelle der NÖG unterscheiden kurzfristige und langfristige Gleichgewichte. Kurzfristige Gleichgewichte sind erreicht, wenn die regionalen Arbeits- und Gütermärkte geräumt sind. Die modellendogenen Variablen nehmen dann Werte an, die das Gleichungssystem der Modelle erfüllen. Dabei können auch die Löhne, Gewinne, Einkommen oder der Nutzen der Wirtschaftssubjekte zwischen den Regionen völlig unterschiedlich sein.

Bei einem langfristigen Gleichgewicht kommt die Ad-hoc-Dynamik der Wirtschaftssubjekte ins Spiel. Sie löst auf Grund der Nutzenunterschiede[32] zwischen den Regionen eine Wanderbewegung der Wirtschaftssubjekte aus. Vorraussetzung ist dafür allerdings immer die vorherige Erfüllung der Gleichungssysteme. Somit ist ein langfristiges Gleichgewicht auch immer ein kurzfristiges, umgekehrt aber nicht. Ein langfristiges Gleichgewicht stellt sich nach Abschluss der Wanderbewegung ein. Diese kommt zum Erliegen, wenn einer der drei folgenden Fälle auftritt:

GP1: die Nutzenunterschiede $U1$-$U2$ zwischen den Regionen sind null und eine Zunahme (Abnahme) der Anzahl der Wirtschaftssubjekte einer Region hat negative (positive) Auswirkungen auf den Nutzen in der gleichen Region.
Für Region 1 gilt: $U1-U2=0$ und $dU1/d\lambda 1<0$
(siehe dazu die Gleichgewichtspunkte GP1 in Abbildung 5, A, C und D).
Für Region 2 gilt: $U1-U2=0$ und $dU2/d(1-\lambda)<0$.

GP2: Es sind keine Wirtschaftssubjekte in einer Region vorhanden und der Nutzenunterschied für diese Region ist negativ.
Für Region 1 gilt: $\lambda=0$ und $U1-U2<0$
(siehe GP2 in Abbildung 5, B und C).
Für Region 2 gilt: $1-\lambda=0$ und $U2-U1<0$.

GP3: Alle Wirtschaftssubjekte befinden sich in einer Region und haben positive Nutzendifferenzen.
Für Region 1 gilt: $\lambda=1$ und $U1-U2>0$
(siehe GP3 in Abbildung 5, B und C).
Für Region 2 gilt: $1-\lambda=1$ und $U2-U1>0$.

Abbildung 5 zeigt den Zusammenhang zwischen dem Kurvenverlauf der kurzfristigen Gleichgewichte und der langfristigen Verteilung der Industrie. Die Ordinaten der vier

---

[32] Die Konsumenten wandern ad hoc bei Nutzenunterschieden, die Unternehmen bei Gewinnunterschieden.

Graphen A bis D messen die Nutzendifferenzen zwischen den beiden Regionen.[33] Sie stehen in Abhängigkeit von λ, dem Anteil des mobilen Sektors (der Industrie) in Region 1. Jeder Punkt auf den Kurven kennzeichnet ein kurzfristiges Modellgleichgewicht. Dabei beschreiben die Graphen A bis D alle möglichen Kurvenverläufe der kurzfristigen Gleichgewichte aus den Zwei-Regionen-Modellen der NÖG:

Abbildung 5: Kurzfristige und langfristige Gleichgewichte

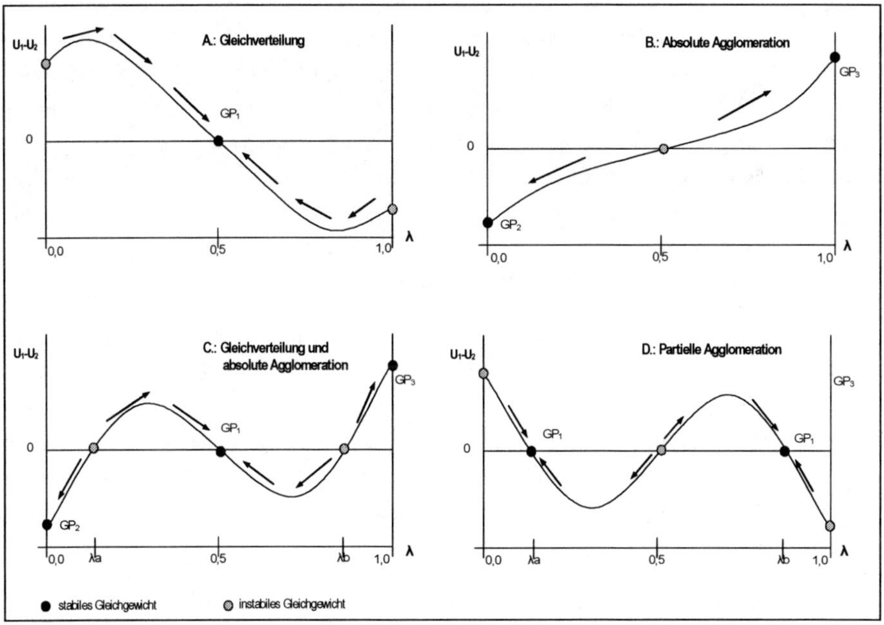

In Graph A führt der Verlauf der kurzfristigen Gleichgewichte zu einem langfristigen Gleichgewicht der industriellen Gleichverteilung. Beim linken instabilen Gleichgewicht (bei λ=0) ist keine Industrie in Region 1 vorhanden. Da aber der Nutzen in Region 1 größer ist als in Region 2 (U_1-U_2>0), beginnen die Wirtschaftssubjekte in die Region 1 zu wandern bis das langfristige Gleichgewicht GP_1 erreicht ist. Dort sind die Nutzenunterschiede zwischen den Regionen ausgeglichen. Der Wanderungsprozess kommt zum Erliegen. Die mobilen Wirtschaftssubjekte sind symmetrisch auf beide Regionen verteilt (λ=0,5). Wären in einem anfänglichen kurzfristigen Gleichgewicht

33 Es ließen sich auch die Reallohnunterschiede (vgl. dazu Fujita/Krugman/Venables 1999), oder die Gewinnunterschiede (vgl. Puga 1999) eintragen.

dagegen alle Wirtschaftssubjekte in Region 1 konzentriert (rechtes instabiles Gleichgewicht in Graph A bei λ=1,0), würde eine Wanderbewegung aus Region 1 in Region 2 einsetzen, da in Letzterer der Nutzen höher liegt. Wieder stoppt die Wanderung bei GP_1, wo die Nutzenunterschiede gleich null sind. GP_1 ist damit ein langfristig stabiles Gleichgewicht.

In Graph B ist das Gleichgewicht bei λ=0,5 instabil. Eine marginale Änderung von λ genügt und die Gleichverteilung bricht zusammen. Wenn aus irgendeinem Grund ein einzelnes Wirtschaftssubjekt von Region 1 in Region 2 zieht, befinden wir uns links des instabilen Gleichgewichtspunktes (λ<0,5). Für die in Region 1 verbliebenen Wirtschaftssubjekte ist nun der Nutzen in Region 2 mit U_1-U_2<0 größer. Die Wanderung kommt in Gang und stoppt erst im langfristigen Gleichgewicht GP_2. Region 1 ist mit λ=0 industriell vollständig entleert. Zieht oben angesprochenes, einzelnes erstes Wirtschaftssubjekt stattdessen zufällig aus Region 2 in Region 1, wird GP_3 erreicht und Region 1 bekommt die gesamte Industrie. Damit entscheidet der Anfangsvorteil darüber, welche Region die Agglomeration bekommt.

In Graph C sind drei langfristige Gleichgewichte möglich. Eine Anfangsverteilung der Industrie mit $\lambda a>\lambda>\lambda b$ resultiert im langfristigen Gleichgewicht GP_1. Die Industrie ist gleichverteilt. Bei $\lambda<\lambda a$ wird GP_2 erreicht; Region 1 ist entleert. $\lambda>\lambda b$ führt zu GP_3, der Agglomeration in Region 1. Bei einer Anfangsverteilung auf genau einem instabilen Gleichgewicht $\lambda=\lambda a$ oder $\lambda=\lambda b$, hängt es wieder von der Richtung der ersten marginalen Wanderungsbewegung ab, ob GP_2 oder GP_1 beziehungsweise GP_1 oder GP_3 erreicht werden.

Graph D zeigt den Verlauf kurzfristiger Gleichgewichte, aus dem langfristig stabile, partielle Agglomerationen resultieren. Verteilungen der Industrie mit λ<0,5 (λ>0,5) führen zum Gleichgewicht GP_1 bei λa (GP_1 bei λb). Die Gleichgewichte bei λ=0 und λ=1,0 sind beide instabil. Ausgehend von λ=0,5 entscheidet wiederum die erste marginale Wanderungsbewegung, ob λa oder λb erreicht wird.

Damit sind alle in den Modellen der NÖG möglichen langfristigen Gleichgewichte beziehungsweise Aufteilungen der Industrie zwischen den beiden Regionen beschrieben.

2.5.2 Bifurkation, Bruchpunkt und Erhaltepunkt

„Das Bifurkationsdiagramm enthält komprimiert die Hauptaussage des Modells."

Michael Roos (2002, S. 98)

Die Quintessenz jeder Modelldiskussion der NÖG ist das Bifurkationsdiagramm. Es fasst die Verläufe der kurzfristigen Gleichgewichte bei unterschiedlichen Transportkostenniveaus zusammen, so dass ein Zusammenhang zwischen dem Anteil des mobilen Sektors in einer Region λ und der Höhe der Transportkosten hergestellt wird.[34]

Am Beispiel des ZP-Modells von Krugman (1991a,b) soll dies verdeutlicht werden. Dort verursachen hohe Transportkosten mit T>T(S) ceteris paribus den Kurvenverlauf „A: Gleichverteilung" aus Abbildung 5 oben. Mittlere Transportkosten mit T(B)<T<T(S) führen zu Graph „C: Gleichverteilung und absolute Agglomeration" und niedrige Transportkosten mit T<T(B) zu Graph „B: Absolute Agglomeration". Die drei Graphen integriert die Bifurkation in Abbildung 6.

Abbildung 6: Bifurkation des ZP-Modells

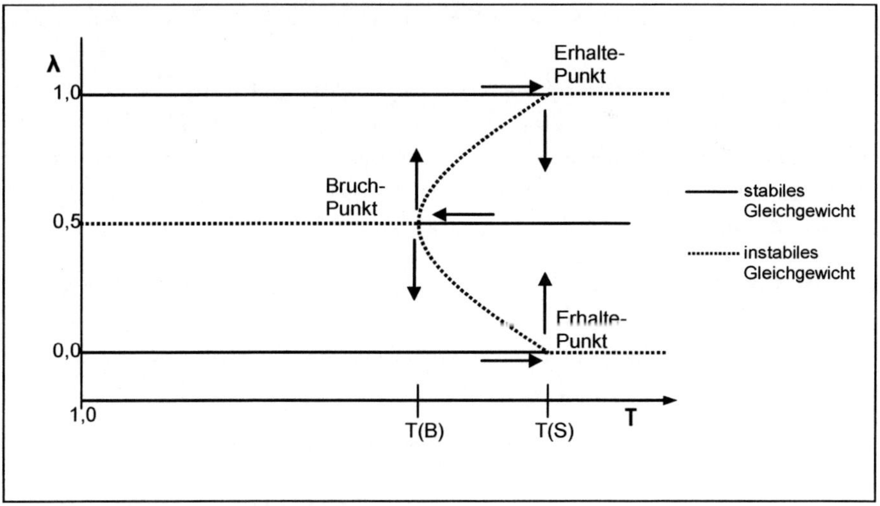

Quelle: Eigene Darstellung nach Fujita, Krugman und Venables 1999, S. 8.

[34] Es ist auch möglich, anstatt der Transportkosten andere exogene Modellvariablen auf der Abszisse der Bifurkation abzutragen.

Aus hohen Transportkosten resultiert im ZP-Modell Graph A (siehe Abbildung 5 oben). Dort liegt eine Gleichverteilung der Industrie in beiden Regionen vor (GP_1 bei λ=0,5). Sinkt das Transportkostenniveau in Abbildung 6 auf und unter das Transportkostenniveau T(S), ändert sich im Modell der Verlauf der Kurven der kurzfristigen Gleichgewichte von A nach C (siehe Abbildung 5 oben). Das Gleichgewicht GP_1 bleibt dabei stabil. Reduziert sich das Transportkostenniveau dagegen weiter auf unter T(B), ändert sich der Kurvenverlauf im Modell von C nach B. Das Gleichgewicht bei λ=0,5 ist nun instabil. Die Verteilung bricht bei der kleinsten Nutzendifferenz zwischen den Regionen katastrophal zusammen. Die Wirtschaftssubjekte wandern so lange, bis ein neues Gleichgewicht entweder in Region 1 (bei λ=1,0) oder Region 2 (bei λ=0) erreicht ist. Das Transportkostenniveau T(B), bei dem die Gleichverteilung instabil wird (siehe Abbildung 6), wird als Bruchpunkt oder „Break-Point" bezeichnet (Fujita/Krugman/Venables 1999, S. 41).

Ausgehend von niedrigen Transportkosten liefert das ZP-Modell den Kurvenverlauf B aus Abbildung 5 oben. Die Industrie ist entweder in Region 2 (GP_2) oder Region 1 (GP_3) vollständig konzentriert. Das Gleichgewicht bei λ=0,5 ist instabil. Steigt das Transportkostenniveau auf T(B) wechselt der Kurvenverlauf des Modells von B nach C. Die Agglomeration bei GP_2 oder GP_3 bleibt stabil. Erst bei einem weiteren Anstieg der Transportkosten auf über T(S) kann sich die Agglomeration nicht mehr halten. Der Kurvenverlauf ändert sich von C nach A. Das Gleichgewicht wird instabil und bricht katastrophal zusammen. Es bildet sich eine Gleichverteilung der Industrie mit λ=0,5 heraus. Das Transportkostenniveau T(S) in Abbildung 6 oben kennzeichnet den so genannten Erhaltepunkt oder „Sustain-Point" (Fujita/Krugman/Venables 1999, S. 41). Bis zu ihm bleibt bei ansteigenden Transportkosten eine Agglomeration stabil.

Allerdings zeigt die oben stehende Bifurkation nur *einen* möglichen Zusammenhang zwischen der Verteilung der Industrie und den Transportkosten auf. Insgesamt können die Modelle in drei schematische Klassen eingeteilt werden, die in Abbildung 7[35] dargestellt sind:

A: Modelle mit Agglomeration bei niedrigen Transportkosten

B: Modelle mit Agglomeration bei mittleren Transportkosten

C: Modelle mit Agglomeration bei hohen Transportkosten

---

[35] Abbildung 7 verzichtet aus Gründen der Übersichtlichkeit auf die Darstellung der instabilen Gleichgewichte bei λ=0 und λ=1,0.

Innerhalb der drei Grundschemata A, B und C lassen sich wiederum Bifurkationen mit diskontinuierlichen und Bifurkationen mit graduellen Änderungen von λ unterscheiden.

A1, B1 und C1 (siehe Abbildung 7) zeigen die Fälle abrupter Übergänge, wie sie für das Zentrum-Peripherie-Modell beschrieben wurden. In diesen „Tomahawk"-Bifurkationen (vgl. Fujita, Krugman, Venables 1999, S. 41) existieren jeweils mindestens ein Bruchpunkt T(B), bei dem die symmetrischen Gleichgewichte instabil werden (für in A1 fallende Transportkosten), und mindestens ein Erhaltepunkt T(S), bis zu dem sich bereits etablierte Agglomerationen halten können (für in A1 steigende Transportkosten). Für Transportkostenniveaus zwischen T(B) und T(S) entsteht ein so genannter „Overlap" (Ottaviano 2003, S. 668). In ihm ist eine „hysteresis" (Robert-Nicoud 2005, S. 219) der Modellergebnisse gegeben: Sowohl Gleichverteilung als auch Agglomeration sind stabile mögliche Modellgleichgewichte. Über- oder unterschreitet das Transportkostenniveau die Bruchstellen T(B) oder T(S), kommt es – die entsprechende Richtung der Transportkostenveränderung vorausgesetzt – zu einer augenblicklichen Umkehrung der ehemaligen Raumstrukturen, gleich einer Katastrophe.

Dagegen sind die „Gabel-Bifurkationen" A2, B2 und C2 durch kontinuierliche, graduelle Übergänge gekennzeichnet. In A2 liegt der Breakpoint T(B) dort, wo die Gleichverteilung zusammenbricht und in eine „Gabelung" übergeht. Ab diesem Transportkostenniveau wachsen die räumlichen Disparitäten graduell. Ausgehend von hohen Transportkosten sorgt die Reduzierung dieses Kostenfaktors für eine stetig zunehmende regionale Agglomeration. Umgekehrt liegt der klassische Erhaltepunkt T(S) bei sehr niedrigen Transportkosten. Steigen sie, löst sich die absolute Agglomeration (λ=1,0 oder λ=0,0) graduell auf.

Die vorausgehenden Ausführungen haben gezeigt, dass sich die Modelle der NÖG durch eine Fülle von Zusammenhängen zwischen den Parametern der exogenen Variablen und den daraus resultierenden Raumstrukturen auszeichnen. Wie Abbildung 7 zu entnehmen ist, widersprechen sich diese Zusammenhänge für ein und dieselben Transportkosten zum Teil diametral. Aus diesem Grund muss eine empirische Prüfung der NÖG die drei prinzipiell möglichen Bifurkationsschemata A, B und C berücksichtigen und auch entsprechende Modelle auswählen (siehe zur Modellauswahl Kapitel 3).

Abbildung 7: Bifurkationschemata in der Neuen Ökonomischen Geographie

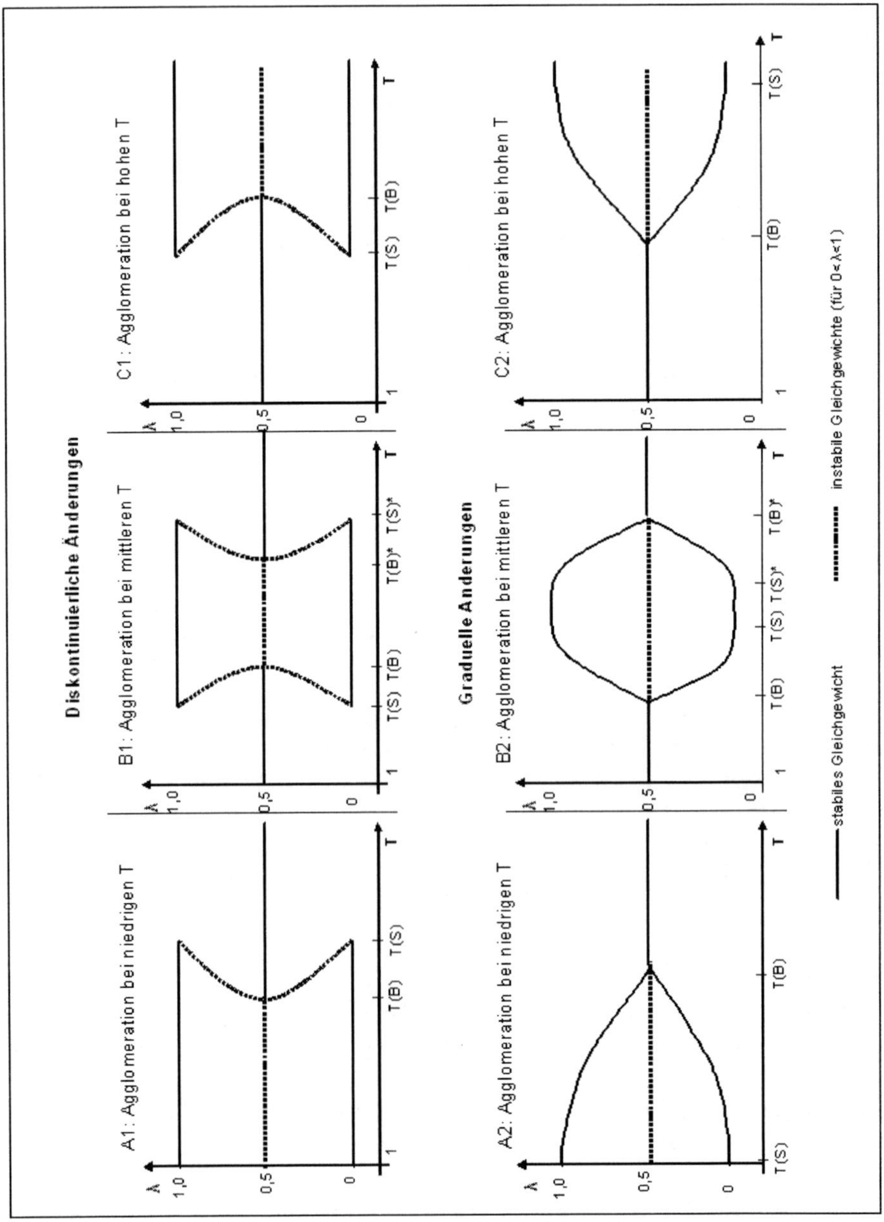

2.6 Empirische Evidenz

„However, serious empirical work – which will probably require detailed micro studies of particular industries – still remains to be carried out."

Paul Krugman (1998, S. 15)

2.6.1 Zu den Schwierigkeiten der empirischen Prüfung

„Die empirische Relevanz des [im ZP-Modell] beschriebenen Mechanismus zur Erklärung realer Agglomerationen kann bisher nur schwer beurteilt werden, da es kaum empirische Arbeiten gibt, die diese Frage untersucht haben."

Michael Roos (2001a, S. 9)

Nach Brülhart (1998, S. 780) gibt es zwei Möglichkeiten ökonomische Theorien zu testen: Erstens die Überprüfung der einem Modell zu Grunde liegenden Annahmen und Mechanismen und zweitens der Vergleich der vorhergesagten und der tatsächlichen Resultate einer Theorie oder eines Modells. Während eine Reihe empirischer Arbeiten Teilaspekte der Modellmechanismen, wie etwa die Auswirkungen des Marktpotenzials prüfen (siehe Kapitel 2.6.2), mangelt es an Studien, die die Prognosen der NÖG-Modelle direkt testen (vgl. Brakman/Garretsen/Schramm 2002). Das unterstreicht auch Osmanovic (2000, S. 249): „Empirische Untersuchungen basierend auf den theoretischen Modellen der New Economic Geography liegen bisher nicht vor". Ebenfalls fehlt eine direkte Überprüfung des Einflusses der Veränderung der Transportkosten und anderer exogener Modellvariablen auf Industrieagglomerationen anhand eines bestimmten NÖG-Modells (vgl. Roos 2001a). Dies gilt auch für die so genannte „U-These" des Zusammenhangs zwischen Transportkosten und Konzentration (vgl. Brühlhardt 1998). Diese Lücken empirischer Prüfung zu schließen wird seit langem gefordert (vgl. Fujita/Krugman/Venables 1999, Ottaviano/Puga 1998), denn aus Tests einzelner Teil-Zusammenhänge, die in den Modellen postuliert werden, lassen sich „kaum allgemeine Aussagen über die empirische Relevanz der Neuen Ökonomischen Geographie" ableiten (Roos 2003, S.15). Diese Lücke zumindest teilweise zu schließen, ist das Ziel der vorliegenden Arbeit.

Dabei ist eine empirische Prüfung der Modelle der NÖG mit folgenden Problemen behaftet:

- Die wenigen exogenen Variablen sind schwierig zu operationalisieren. Vor allem Transportkosten, Preiselastizität der Nachfrage und Anteil der Zwischenprodukte lassen sich gesamtwirtschaftlich kaum sinnvoll erfassen.

- Die Modelle der NÖG beziehen sich lediglich auf Determinanten „zweiter Natur“ (Zugang zu Märkten, Zulieferern und Ideen). Weitere Ursachen „erster Natur“ (physische Vorteile) und „Soziale Infrastruktur“ (Institutionen und ökonomisches Umfeld des wirtschaftenden Individuums) können die Determinanten „zweiter Natur“ überlagern (Overman/Redding/Venables 2001, S. 11).[36]

- Auf Grund der Existenz multipler Gleichgewichte können reale Beobachtungen auch diametraler Raumstrukturen modellkompatibel sein. Dies gilt insbesondere für den Bereich des Overlaps.

Den genannten Schwierigkeiten begegnet die vorliegende Arbeit erstens mit einer Erfassung der exogenen Modellparameter differenziert nach Branchen (siehe Kapitel 5), zweitens einer Vorauswahl der Wirtschaftszweige, in denen Agglomerationskräfte vor allem zweiter Natur eine Rolle spielen (siehe Kapitel 4.6) sowie drittens der Modellprüfung anhand mehrerer Branchen, so dass unter Umständen der gesamte Bereich einer Bifurkation abgedeckt werden kann (siehe dazu Kapitel 7.1.1, Abbildung 57).

2.6.2 Empirische Tests

In der Literatur existieren zahlreiche empirische Studien, die die Relevanz von Standortfaktoren zweiter Natur testen, sich aber nicht explizit auf die NÖG beziehen.[37] Diese Arbeiten finden im Folgenden keine Berücksichtigung, da sie sonst den vorliegenden Rahmen bei Weitem sprengen würden (vgl. Ellison/Glaeser 1999; 1997 oder Sachs/Mellinger 1999. Für eine Auswahl solcher Studien und empirischer Tests auch der Determinanten „erster Natur“ und „soziale Infrastruktur“ vgl. Overman/Redding/Venables 2001). Die Arbeiten, die sich explizit auf den Referenzrahmen NÖG bei ihren Tests beziehen, unterscheiden sich nach der Größe der vorliegenden Raumeinheiten. Von Gemeinden (vgl. Güßefeldt 2003b) bis hin zu „Weltregionen“ (vgl. Forslid/Haaland/Midelfart Knarvik 1999) sind praktisch alle räumlichen Maß-

---

[36] Gallup, Sachs und Mellinger (1999) finden einen Zusammenhang zwischen physischer Ausstattung eines Landes und seiner ökonomischen Wachstumsraten. Eine positive Korrelation besteht zwischen Wachstumsraten und Küstennähe, eine negative zwischen Wachstumsraten und dem Vorkommen von Malaria, welche wiederum nur in Tropenländern auftritt.

[37] Ohne sich explizit auf die Modelle der NÖG zu beziehen, testet beispielsweise Chung den Heimmarkteffekt per se (2004), Fingleton (2004) stellt den Erklärungsgehalt des Heimmarkteffektes dem von Urbanisationseffekten gegenüber und Defever (2004) kombiniert in seinem ökonometrischen Modell die Determinanten erster und zweiter Natur sowie soziale Infrastruktur.

stabsebenen vertreten. Auch der Grad der Aggregation der Industrie und damit die Anzahl der Branchen variiert, genauso wie die Länge der untersuchten Periode. In Tabelle 2 wird eine chronologische Übersicht über die einzelnen Studien, die getesteten Teilhypothesen und deren Ergebnisse gegeben.

Hanson (1998a; 1997; 1996) bezieht sich auf das Modell von Livas Elizondo und Krugman (1996). Ein Absinken des Lohnes mit wachsender Entfernung von der industriellen Agglomeration konnte für Mexiko nachgewiesen werden. Der Zusammenhang zwischen prognostizierter abnehmender industrieller Konzentration und fortschreitender Handelsliberalisierung ist jedoch nur schwach ausgeprägt. Letztgenannten Zusammenhang kann Nitsch (2001) für das gleiche Modell in 13 europäischen Ländern im Untersuchungszeitraum von 1870 bis 1990 nur für die Jahre von 1970 bis 1990 bestätigen.

Redding und Venables (2000) überprüfen zwei Zusammenhänge im Modell von Krugman und Venables (1995). Sie bestätigen die positiven Wirkungen sowohl von Kopplungseffekten als auch vom Zugang zu fremden Märkten auf die Nominallöhne in der Industrie anhand von 101 Ländern. Auch Knaap (2004) untermauert diese Zusammenhänge. Sie fallen auf der Ebene der USA-Bundesstaaten jedoch schwächer aus als bei Redding und Venables (2000). Békés (2004) identifiziert anhand einer aus dem Modell von Fujita/Krugman/Venables (1999, Kapitel 15a) abgeleiteten Gewinnfunktion Kopplungsbeziehungen zwischen Unternehmen als Hauptursache der Industriekonzentration in Ungarn. Auch das Marktpotenzial innerhalb Ungarns, aber viel stärker noch das der Nachbarländer, beeinflusst die Standortentscheidung der Unternehmen.

Die Studie von Hanson (1998b) stützt am Beispiel der USA die These des Helpman-Modells (1998), wonach ein positiver Zusammenhang zwischen dem Marktpotenzial beziehungsweise der Nähe zum Zentrum und der Höhe des Nominallohns besteht.

Roos (2002; 2001b) sowie Brakman, Garretsen und Schramm (2002) konstatieren eine mehr oder weniger stark ausgeprägte positive Korrelation zwischen dem Marktpotenzial und den Nominallöhnen einer Region. Dies tut auch Mion (2003), der die Marktpotenzialfunktion mit raum-zeitlichen Paneldaten italienischer Regionen schätzt. De Bruyne (2002) weist für die 43 belgischen Kreise einen insgesamt positiven Zusammenhang zwischen Marktpotenzial und Beschäftigtenzahl nach.

Tabelle 2: Empirische Tests der Neuen Ökonomischen Geographie

Studie	Daten	Hypothesen	Ergebnisse
		Maßstabsebene: Subnationale Regionen	
Güßefeldt (2003b)	426 hessische Gemeinden mit Konzentration auf Osthessen, 1993 - 1999, Einzelhandel	Positive Korrelation zwischen Marktpotenzial und räumlicher Konzentration des Einzelhandels	Der Zusammenhang wird im Grundsatz unterstützt
Davis/Weinstein (2004)	144 Japanische Städte, 1932, 1938, 1948, 1969, 8 Branchen	Multiple Gleichgewichte existieren	These wird verworfen
De Bruyne (2002)	43 belgische Kreise, 1991	Positive Korrelation zwischen Beschäftigtenzahl und Marktpotenzial einer Region	NÖG wird unterstützt, auch wenn Erklärungsgehalt nicht auszureichen scheint
Roos (2002, 2001b)	327 westdeutsche Kreise, 1992-1996	Positive Korrelation zwischen Nominallöhnen und Marktpotenzial einer Region	NÖG wird unterstützt, aber Zusammenhang schwach
Brakman/Garretsen/ Schramm (2002)	441 deutsche Kreise (114 Stadtkreise und 37 Bezirke), 1994/95	Positive Korrelation zwischen Nominallöhnen und Zentrumsnähe	Der Zusammenhang wird im Grundsatz unterstützt, Schätzung der exogenen Modellparameter
Hanson (2000, 1998b)	3075 U.S. Counties, 1970-1990	positive Korrelation zwischen Marktpotenzial und Nominallöhnen einer Region	NÖG wird unterstützt. Schätzung der exogenen Modellparameter.
Mion (2003)	103 italienische Provinzen, 1991-1998	Positive Korrelation zwischen Marktpotenzial und Industriekonzentration	Der Zusammenhang wird unterstützt, Schätzung exogener Modellparameter.
Garcia Pires (2001)	47 NUTS-3-Regionen Festland-Spaniens, 1981-83; 1988-90; 1993-95	Zusammenhang Marktpotenzial und Nominallöhne	Schätzung der exogenen Modellparameter. Marktpotenzial-Hypothese wird bestätigt
Hanson (1996)	32 mexikanische Bundesstaaten, 1970-1988, Bekleidungsindustrie	Löhne nehmen mit Entfernung vom Zentrum ab, Strukturbruch nach Handelsliberalisierung	Vereinbar mit NÖG, aber Evidenz für Strukturbruch schwach
Hanson (1997)	32 mexikanische Bundesstaaten, 1965-1988, 9 Branchen	wie bei Hanson (1996)	Vereinbar mit NÖG, aber auch mit polit-ökonomischer Erklärung
Hanson (1998a)	32 mexikanische Bundesstaaten, 1980-1993, 54 Branchen	Handelsliberalisierung führt zu Verlagerung von Industrien in Grenzregion	Vereinbar mit NÖG, aber Verlagerung begann bereits vor der Liberalisierung
Békés (2004)	7 Regionen in Ungarn, 1992-2001	Kopplungsbeziehungen und Marktpotenzial sind relevante Agglomerationskräfte	Zusammenhänge der NÖG bestätigt
Brakman/Garretsen/ Schramm (2005)	39 europäische NUTS-2-Regionen, 1992-2000, 18 Branchen	U-förmiger Zusammenhang zwischen Transportkosten und räumlicher Verteilung von Industrien	Schätzung der exogenen Modellparameter, Zusammenhang kann nur auf lokaler Ebene bestätigt werden
Head/Mayer (2005)	57 Regionen in der EU, 1985-2001, 13 Branchen	Erreichung des Gleichgewichtes im ZP-Modell über Anpassung der Löhne und das Marktpotenzials	Das Gleichgewicht wird über die Anpassung regionaler Löhne erreicht
Niebuhr (2004)	205 europäische Regionen, 1975-2000, 6 Sektoren	Grenzregionen innerhalb der EU profitieren von EU-Integration	Schätzung der exogenen Modellparameter, Hypothese wird bestätigt, aber Integrationseffekte sind gering
Knaap (2004)	48 Staaten der USA, 1997	Positive Wirkung von Kopplungseffekten und Marktzugang auf die Nominallöhne in der Industrie	Schätzung der exogenen Modellparameter. NÖG wird schwach unterstützt
		Maßstabsebene: Staaten	
Haaland et al. (1999)	13 europäische Länder, 1985 und 1992, 35 Branchen	Marktpotenzial und Kopplungseffekte verursachen Industriekonzentration	Marktpotenzial stärker als Kopplungseffekte.
Nitsch (2001)	13 europäische Länder, 1870-1990	Urbane Konzentration nimmt mit zunehmender Handelsoffenheit ab	Hypothese nur für 1970-1990 bestätigt, Zusammenhang insgesamt nicht robust
Marques (2004)	25 EU-Länder, 1990-1999, 16 Branchen	U-förmiger Zusammenhang zwischen Transportkosten und räumlicher Verteilung von Industrien	Zusammenhang ist nur für bestimmte Branchen relevant
Redding/Venables (2000)	101 Länder, 1996	Positive Wirkung von Kopplungseffekten und Zugang zu fremden Märkten auf die Nominallöhne in der Industrie	Hypothese auf mittlerem Korrelationsniveau bestätigt
		Maßstabsebene: Supranationale Regionen	
Forslid/Haaland/ Midelfart Knarvik (1999)	10 Weltregionen, 1992, 14 Branchen	U-förmiger Zusammenhang zwischen Transportkosten und räumlicher Verteilung von Industrien	U-These gilt für einige Industrien mit starken Kopplungseffekten und hohen Skalenerträgen
Balwin et al. (2000)	10 Weltregionen, 1992, 14 Branchen	Einfache NAT- und NÖG-Modelle reichen nicht, um die räumlichen Implikation der EU-Integration zu fassen	Die Zusammenhänge der NTT/NÖG werden bestätigt und um komparative Vorteile ergänzt

Quelle: Eigene, stark erweiterte Darstellung nach Roos 2003, S. 14.

Zwar testen Davis und Weinstein (1996) kein bestimmtes NÖG-Modell, aber die Autoren kommen auf internationaler Ebene zum gleichen Ergebnis wie de Bruyne für Belgien. In ihrer Studie von (1999) weisen Davis und Weinstein den Heimmarkteffekt in Japan in 8 von 19 Wirtschaftszweigen der Industrie statistisch signifikant nach. Als die zwei Hauptgründe für die bessere Erklärungskraft der NÖG auf regionaler Ebene nennen die Autoren niedrigere Transportkosten und höhere Faktormobilität innerhalb eines Landes.

Auch Brakman, Garretsen und Schramm (2005) bestätigen, dass Agglomeration relativ kleinräumig bis zu einer Entfernung von maximal 170 Kilometern und somit bestenfalls auf oder zwischen benachbarten NUTS-2-Regionen stattfindet. Grundlage war eine Schätzung der Lohngleichung aus dem Modell von Puga (1999), aus denen die Autoren die exogenen Parameter des Modells ableiten, um damit den theoretischen Grad der Agglomeration des Zwei-Regionen-Modells zu bestimmen.

Güßefeldt (2003b) arbeitet noch kleinräumiger. Er schätzt Transportkosten für den Einzelhandel in Osthessen anhand von Fahrtzeiten. Den Marktgrößen nähert er sich mittels eines modifizierten „Huff-Modells" (vgl. auch Güßefeldt 2002), in das die Fahrtzeiten sowie die Attraktivität der Orte (abgebildet über Einzelhandelsumsätze) einfließen. In seinen Schlussfolgerungen stellt er einen Zusammenhang zwischen sinkenden Transportkosten und einer Zunahme von Konzentration des Osthessischen Einzelhandels, das heißt dem Verschwinden von Unterzentren, fest.

Niebuhr (2004) testet die Vorhersage des Modells von Brülhart, Crozet und Koenig (2004). Danach profitiert die Grenzregion eines Landes von der ökonomischen Integration mit dem angrenzenden Land stärker als die Nicht-Grenzregion. Die Hypothese kann zwar anhand von 208 Regionen der EU bestätigt werden, die Integrationseffekte sind aber geringer als theoretisch erwartet.

Datengrundlage für Head und Mayer (2005) sind Löhne und Beschäftigtenzahl von 13 Branchen in 57 europäischen Regionen auf NUTS-0- und NUTS-1-Ebene. Die Autoren leiten aus dem Modell von Krugman (1991) zwei theoretische Fälle zur Erreichung der langfristigen Gleichgewichte ab. Im ersten Fall werden die regionalen Faktorpreise als ausgeglichen vorausgesetzt und die Unternehmen suchen sich ihren Standort nach der höchsten regionalen Nachfrage aus. Im anderen Fall werden die Gewinne der Unternehmen als ausgeglichen und gegeben vorausgesetzt und der maximale regionale Lohn bestimmt den Standort der Arbeitnehmer und damit den der Produktion. Anhand beider Fälle und der regionalen Gewinngleichung zeigen die Autoren, dass sich das Marktpotenzial der Regionen bei gegebenen identischen regionalen Faktorpreisen nicht angleicht, was im Widerspruch zum ZP-Modell steht. Andererseits gleichen sich die Löhne dem gegebenen Marktpotenzial an, so dass die Autoren die regionale Lohnanpassung als Pfad zur Erreichung eines langfristigen Gleichgewichts identifizierten.

Insgesamt bestätigen die verschiedenen bisher genannten empirischen Studien vor allem auf kleinräumlicher Ebene die Bedeutung des Marktpotenzials und des Heimmarkteffektes als zentralen Wirkungszusammenhang der Modelle der NÖG.

Davis und Weinstein (2004) überprüfen, ob gemäß der Vorhersage des ZP-Modells multiple Gleichgewichte existieren. Einwohnerzahlen und Branchendaten von 114 japanischen Städten vor und nach den Bombardierungen des Zweiten Weltkrieges belegen eine starke Tendenz zur Erholung nach dem exogenen Schock der Zerstörungen, was auf die Existenz von nur einem Gleichgewicht beziehungsweise die Nicht-Existenz eines Overlaps hinweist.

Hanson (2000; 1998b) und in der Folge Garcia Pires (2001), Brakman/Garretsen/Schramm (2002; 2005 siehe oben), Mion (2003), Niebuhr (2004) und Knaap (2004) schätzen anhand raum-zeitlicher Daten die Lohngleichungen beziehungsweise die Marktpotenzialgleichungen aus NÖG-Modellen. Aus diesen Gleichungen leiten sie die Höhe der exogenen Variablen ab. Allerdings ist nicht zu erwarten, dass diese Vorgehensweise „eine gute Basis zur Schätzung der strukturellen Parameter ist." (Roos 2002, S. 178). Sie sind zum Beispiel bei Pires (2001, S. 20) „inconsistent with theory". Dies ist auch nicht verwunderlich, da die exogenen Parameter a) nach Branchen differenziert werden müssen, b) als wirklich exogen zu betrachten und deshalb Ausgangspunkt und nicht das Resultat einer empirischen Prüfung sind und c) nicht einzelne (vereinfachte) Gleichungen zu überprüfen sind, sondern das gesamte Modell.

Diesen Ansprüchen und dieser Arbeit am nächsten kommen die Tests der Wissenschaftler an der Norwegischen Handelshochschule in Bergen. Zunächst differenzieren Haaland et al. (1999) nach 35 Industrie-Branchen in 13 Ländern. Über die Arbeitskraft- und Humankapitalintensität, die Produktivität, das Marktpotenzial, die Verflechtungsbeziehungen und die Handelskosten versuchen sie, einen statistischen Zusammenhang zu der räumlichen Konzentration der Branchen abzuleiten. Im Ergebnis wird vor allem die Lokalisierung der Nachfrage als stärkste Determinante der räumlichen Verteilung für zumindest einige der untersuchten Industrien identifiziert. Aber auch intra-industrielle Verflechtungsbeziehungen und spezialisierte Arbeitsmärkte haben einen signifikant positiven Einfluss auf die räumliche Konzentration. Der Einfluss der Skalenerträge auf die räumliche Konzentration ist dagegen negativ. In einem nächsten Schritt nutzen Forslid, Haaland und Midelfart Knarvik (1999) ein numerisches Gleichgewichtsmodell von Forslid et al. (1999), das die Erde in 10 Weltregionen einteilt und mit extern erhobenen Daten für 14 Branchen kalibriert ist. Ziel ist es, einen U-förmigen Zusammenhang zwischen der räumlichen Branchenverteilung und den Transportkosten nachzuweisen. Dabei werden Verflechtungsbeziehungen (über Input-Output-Tabellen), Handelskosten, Skalenerträge und Faktorintensitäten branchenspezifisch geschätzt. Eine darauf basierende Simulation zeigt, welche Folgen die Europäische Integration auf die räumliche Verteilung der Branchen haben könnte. Für einige Industrien mit hohen Skalenerträgen und starken Kopplungsbeziehungen kann der U-förmige Zusammenhang nachgewiesen werden.

Zu dem gleichen Ergebnis kommt Marques (2004) für ihr aus verschiedenen NÖG-Modellen entwickeltes Modell. Sie schätzt anhand der Daten für 16 unterschiedliche Industriebranchen eine Marktpotenzialfunktion. Für einige Branchen kann ein U-förmiger Zusammenhang nachgewiesen werden. Insgesamt, also auf Ebene des BIP, befindet sich die räumliche Struktur der EU auf der divergierenden Seite des „U".

Baldwin et al. (2000) nutzen die Methodik von Forslid, Haaland und Midelfart Knarvik (1999), um die Auswirkungen der Europäischen Integration auf Nichtmitgliedsländer zu untersuchen. Sie kommen zu dem Schluss, dass die Zusammenhänge eines NAT-Modells von Puga und Venables (1997) – welches sich auf die Standardannahmen der NÖG, das heißt auf das Modell von Venables (1996) bezieht – zum Teil valide sind. Für die Textilindustrie wurde ein katastrophaler Zusammenbruch prognostiziert. Laut den Autoren bleibt der Erklärungsgehalt einfacher NAT- und NÖG-Modelle für internationale Zwecke allerdings beschränkt. Ihnen fehlt auf Grund der angenommenen Symmetrie der Regionen das wichtige Element komparativer Kostenvorteile durch unterschiedliche Faktorausstattung. Allerdings ist es vorrangiges Ziel von Baldwin et al. (2000, S.1) „a simulation study of industrial location" durchzuführen.

Zwar nutzen Haaland et al. (1999), Forslid, Haaland und Midelfart Knarvik (1999), Baldwin et al. (2000) und Marques (2004) unter anderem Bausteine aus Modellen der NÖG, um ihre Simulationsmodelle zu entwickeln, aber eine direkte empirische Prüfung eines Modells der NÖG liegt dort ebenfalls nicht vor. Auch fehlen Studien, die die Bedeutsamkeit der Modelle der NÖG relativ zu anderen Agglomerationstheorien behandeln, bisher gänzlich (vgl. Roos 2003, S. 15).

2.7 Politische Umsetzung

„Eine Bedeutungszunahme der Neuen Ökonomischen Geographie als Grundlage für Politikempfehlungen setzt allerdings die Überprüfung ihrer empirischen Erklärungskraft voraus."

Silvia Stiller (2000, S. 578)

2.7.1 Die Modelle in der Raumwirtschaftspolitik – Was können sie leisten?

„Whether there is too much or too little agglomeration in the absence of regional policy intervention is not clear."

Diego Puga (2002, S. 400)

Ein ökonomisches Raumsystem verfügt nach Schätzl (1994, S. 12) über die Systemelemente Struktur, Mobilität und Dynamik. In den Modellen der NÖG determinieren die Höhe und die Veränderung der exogenen Variablen die wirtschaftliche Struktur von Regionen und ihre Dynamik. Das dritte Systemelement – die Mobilität – ist in der NÖG modellexogen bestimmt. Produktionsfaktoren werden entweder als mobil oder als immobil angenommen. Im Falle der Mobilität wandern Haushalten und Unternehmen ad hoc als Reaktion auf regionale Nutzen- oder Gewinndifferenzen. Wie das Modell von Puga (1999) zeigt, führen unterschiedliche Annahmen über das Mobilitätsniveau der Wirtschaftssubjekte zu verschiedenen räumlichen Strukturen (siehe Kapitel 3.6). Somit können sowohl die exogenen Modellvariablen als auch der Grad der Mobilität der Produktionsfaktoren als Stellschrauben für die Steuerung der Struktur und Dynamik eines Raumsystems dienen. Über diesen Zusammenhang sind die Modelle der NÖG prinzipiell geeignet, Handlungsempfehlungen für Raumwirtschaftspolitik zu geben, und so ökonomische Raumsysteme bewusst zu gestalten.

Die Eingriffe des Staates können den Zielen „Stabilität", „Wachstum", „Gerechtigkeit" und „Ökologie" verpflichtet sein (vgl. Schätzl 1994, S. 21; Maier/Tödtling 2002, S. 178ff.).[38] Allerdings sind Eingriffe zur Steigerung von Effizienz beziehungsweise zur Ausräumung von Marktversagen von Seiten politisch handelnder Akteure vor allem wegen Informationsproblemen und der „Anmaßung staatlichen Wissens" prinzipiell schwierig zu rechtfertigen (vgl. Fritsch/Wein/Ewers 2003, S. 370ff.). Abge-

---

[38] Damit decken sich die Ziele der Regionalpolitik weitgehend mit denen der Wirtschaftspolitik, die „Konjunkturelle Stabilität", „Ausgewogenes Wachstum", „Verteilungsgleichmaß" und „Entscheidungsbeteiligung" als Ziele hat (Teichmann 2001, S. 56–126).

sehen davon, liefern die Modelle der NÖG – wie auch die der NWT – keine eindeutige theoretische Begründung für Regionalpolitik aus Effizienzgesichtspunkten (vgl. Bröcker 1994 S. 47).[39] „Welfare analysis is still at infant stage and this hampers their policy applications“ (Ottaviano 2003, S. 672). Die auf Krugman (1991a,b) beruhenden Modelle der NÖG sind „keine geeignete Grundlage“ für die Ableitung allokativ begründeter Handlungsempfehlungen (Pflüger/Südekum 2005, S. 32). Weil die Agglomerationsvorteile und -nachteile in den Nutzenfunktionen der Wirtschaftssubjekte internalisiert sind, kann für die aus den Modellen resultierenden räumlichen Verteilungen kein Marktversagen unterstellt werden (vgl. Lammers/Stiller 2000). Auftretende externe Effekte sind allein pekuniärer Art. Unter dem Gesichtspunkt der Allokationseffizienz ist deshalb innerhalb der Modellwelt der NÖG nichts gegen eine räumliche Ungleichheit (oder Gleichheit) einzuwenden (vgl. Bröcker 2002, S. 192).

Dies trifft umso mehr zu, weil auch die Wohlfahrtseffekte auf die Peripherie nicht eindeutig geklärt sind. Einerseits nehmen im Zentrum Lohnniveau und Wohlfahrt zu (vgl. Fujita/Krugman/Venables 1999), aber anderseits kann auch die Peripherie besser dastehen als bei einer Gleichverteilung. Dass eine solche Zentrum-Peripherie-Struktur keine Gewinn-Verlust-Situation widerspiegeln muss, illustriert zum Beispiel das Modell von Martin und Ottaviano (1999). Zwar haben Pflüger und Südekum einen „alternativen Modellrahmen“ (2005, S. 43) entwickelt, der eine allokationstheoretische Begründung für regionalpolitische Interventionen in Abhängigkeit der bestehenden Transportkosten ableitet, aber diese theoretischen Ergebnisse gelten nicht für die NÖG-repräsentativen-Modelle (siehe dazu Kapitel 3.1).[40]

Aus diesem Grund folgt diese Arbeit der Empfehlung Sternbergs (2001, S. 177), wonach staatliche Eingriffe nicht aus Effizienzgesichtspunkten, sondern lediglich aus ausgleichsorientierten Zielen abzuleiten sind. Zumal die für Regionalpolitik „wesentliche[n] Motive [...] nicht in ökonomischen, sondern in sozialen Zielsetzungen“ liegen (Maier/Tödtling 2002, S. 179) und die Verringerung regionaler Disparitäten ein Ziel

---

39 Natürlich kann es für eine Region ökonomisch vorteilhaft sein, zum Zentrum zu werden. Welche Region dies allerdings im Gesamtraum ist, hat jedoch keine Auswirkung auf die Wohlfahrt insgesamt.

40 Pflüger und Südekum 2005 arbeiten im Unterschied zu den klassischen Dixit-Stiglitz-Modellen mit einer quasilineraren Nutzenfunktion.

von Raumwirtschaftspolitik ist, das sowohl auf der Ebene der EU als auch deutschlandweit angestrebt wird (vgl. Schätzl 1994).[41]

Allerdings sind die am Ende dieser Arbeit abgeleiteten politischen Implikationen (siehe Kapitel 7.3) sowohl für das Ausgleichziel als auch für das Ziel optimaler Ressourcenallokation offen. Die Empfehlungen dienen der bewussten gestalterischen Beeinflussung räumlicher Strukturen. Mit ihnen lässt sich die räumliche Konzentration wirtschaftlicher Aktivitäten steuern. Dies kann bereits heute geschehen, um regionale Disparitäten auszugleichen. Sobald die aus den Modellen der NÖG resultierende optimale Allokation theoretisch eindeutig geklärt ist, können sie auch dazu genutzt werden.

2.7.2 Probleme bei der Ableitung von Handlungsempfehlungen

In der Literatur finden sich bereits konkrete Politikempfehlungen, die meist auf dem ZP-Modell basieren. Lammers (1999, S. 18) leitet für „zunehmende Integration“ und „interregionale Transportkostenreduktion“ differenzierte regionalpolitische Schlussfolgerungen ab. Puga (1999) begründet anhand des ZP-Modells die Erfolglosigkeit von Infrastrukturmaßnahmen zum Angleich der wirtschaftlichen Verhältnisse des Mezzogiorno und Norditaliens. Für eine in „der Ausgangssituation“ benachteiligte Region rechtfertigt Krieger-Boden (1995, S. 204) zur Erreichung „günstiger Entwicklungspfade“ regionalpolitische Maßnahmen zur Verbesserung der Industriestruktur. Nach Fujita, Krugman und Venables (1999, S. 303) könnten eine einzelne Region oder ein einzelnes Land versuchen, über die Zahlung von Subventionen möglichst viel Industrie anzusiedeln und damit die eigene Entwicklung zum Zentrum zu erzwingen: „Although in principle it may not be in a country's interest to push a policy of 'industry grabbing' too far, our simulations suggest that, within the relevant range, there are gains to grabbing as many as you can“.[42] Puga (2002) diskutiert die Folgen Europä-

---

[41] Das deutsche Raumordnungsgesetz (Fassung 06/2004, §2, Abs 2) schreibt vor: „Gleichwertige Lebensverhältnisse in allen [deutschen] Teilräumen herzustellen, [...]die räumlichen und strukturellen Ungleichgewichte zwischen den bis zur Herstellung der Einheit Deutschlands getrennten Gebieten auszugleichen [und] die räumlichen Voraussetzungen für den Zusammenhalt in der Europäischen Gemeinschaft und im größeren Europäischen Raum zu schaffen.“

[42] Daraus leitet Bröcker (1994) ein Gefangenen-Dilemma in Form eines Subventionswettlaufes ab. Allerdings müssen die Auswirkungen politischer Maßnahmen eine „certain critical mass“, sozusagen den „threshold“ der Agglomerationsrente überschreiten (vgl. Baldwin et al. 2003, S. 277). Deswegen genügen kleine Steuerdifferenzen nicht, um einer bestehenden Agglomeration gefährlich

ischer Regionalpolitik anhand des ZP Modells und seines eigenen Modells von 1999. Pflüger und Südekum (2005) finden anhand ihres eigenen Modells allokative Begründungen für regionale Politik je nach vorherrschendem Transportkostennniveau.

Nach Ottaviano (2003, S. 665) ist die Theoriebildung abgeschlossen. Es ist deshalb notwendig „to take the models literally and ask what their exact policy implications are". Er (2003, S. 669-671) sowie Baldwin et al. (2003, S. 227-242) leiten aus dem Krugman-Modell (1991) sechs beziehungsweise fünf detaillierte Implikationen für Regionalpolitik ab (siehe Kapitel 2.7.3). Die in allen genannten Arbeiten empirisch ungesicherten Empfehlungen (siehe Kapitel 2.6) scheinen bereits Eingang in konkrete Politik zu finden: „It is mainstream economists – including those who are spearheading the 'new economic geography' within economics – who seem to have the policymakers' ears whether it be the World Bank, national government, regional and local states, or development organisations" (Martin/Sunley 2001, S. 157). Bestrebungen dieser Art sind gerade wegen ihrer noch ausstehenden empirischen Relevanz „bestenfalls verfrüht" (Roos 2001a, S. 4).

Welchen Zielen Regionalpolitik sich auch verpflichtet fühlen mag, die mittels theoretischer Überlegungen aus den Modellen der NÖG abgeleiteten Empfehlungen müssen empirisch abgesichert sein. Nur wenn die Modelle der Wirklichkeit Stand halten, lassen sich aus ihnen politische Handlungsempfehlungen ableiten, die auch den gewünschten und nicht etwa einen gegenteiligen Effekt erzielen. Dazu sind vorab drei entscheidende Fragen zu klären:

1. Sind die Wirkungszusammenhänge der NÖG empirisch relevant?

Neary (2001) warnt davor, auf Grund unrealistischer Modellannahmen, Politikableitungen machen zu wollen. Weiterhin integrieren die Modelle der NÖG nur eine limitierte Anzahl von Agglomerationsvorteilen und -nachteilen. Andere, vor allem nicht-wirtschaftliche Faktoren, die Einfluss auf die räumliche Struktur (und Dynamik) nehmen können, bleiben außen vor. Es ist zu prüfen, ob trotz dieser Eingeschränktheit die von der NÖG genannten Variablen und die von ihnen abhängenden Wirkungszusammenhänge überhaupt Ausschlag gebend für die räumliche Distribution wirtschaftlicher Aktivitäten sind.

---

zu werden. Aus diesem Grund kommt es auch nicht zu einem „race to the bottom" zwischen den Ländern der EU (vgl. Garretsen 2003, S. 12).

2. Welches Modell ist das richtige?

„Die generellen wirtschaftspolitischen Schlussfolgerungen der Neuen Wachstumstheorie müssen allerdings vor dem Hintergrund der großen Abhängigkeit der Modellergebnisse von den jeweiligen Modellannahmen relativiert werden“ (Hahn 1993, S. 435). Dieses Zitat lässt sich eins zu eins auf die NÖG übertragen. Auf Grund der unterschiedlichen Zusammenhänge zwischen den exogenen Variablen und der räumlichen Struktur in den verschiedenen Modellen der NÖG können sich die Handlungsempfehlungen für Regionalpolitik in Abhängigkeit des gewählten Referenzmodells widersprechen. So würde man beispielsweise zur Erreichung einer räumlichen Gleichverteilung aus dem Modell von Krugman (1991a,b) folgern, die Transportkosten zu senken. Zöge man dagegen Helpman (1998) als Referenzmodell heran, müsste man sie zur Erreichung des gleichen Ziels erhöhen.

3. Wo im Modell befinden wir uns?

Vorausgesetzt die Zusammenhänge eines Modells sind empirisch robust, bleibt immer noch offen, an welcher Stelle einer Bifurkation sich eine Volkswirtschaft oder Branche befindet. Links und rechts des Scheitelpunktes eines U-förmigen Gabeldiagrammes kann die gleiche Veränderung einer exogenen Variable – etwa die Senkung der Transportkosten durch Ausbau von Infrastruktur – entgegengesetzte räumliche Wirkungen haben (siehe dazu Abbildung 7 B1 oder B2). Folgendes Zitat von Krugman (1991a, S. 97-98) macht dies anschaulich: „Again at a guess I would suppose that we are now on the good part of the U, not the bad: that railroads and steamships led to deindustrialization of the periphery [...]. But we cannot be sure – and service industries, whose products are still difficult to transport, may recapitulate the history of manufactures.”

Die vorliegende Arbeit versucht die erste Frage danach, ob die Wirkungszusammenhänge der NÖG empirisch relevant sind, durch die Beantwortung der zweiten, der nach dem richtigen Modell, zu klären. Falls ein Modell existiert, das die räumliche Verteilung deutscher Industrien erklären kann, liegt zumindest ein Indiz zur positiven Beantwortung von Frage eins vor. Dann lässt sich auch Frage drei, wo im Modell wir uns befinden, zumindest für die hier untersuchten Branchen klären: Durch die Ermittlung der exogenen Variablen und der zugehörigen räumlichen Verteilung von acht plus zwei Wirtschaftszweigen des Produzierenden Gewerbes, können zehn verschiedene Punkte auf einem Bifurkationsdiagramm bestimmt werden. Daraus lässt sich die Form der Bifurkation ableiten und – falls es sich um ein U-förmiges Gabeldiagramm handelt –gegebenenfalls erkennen, ob sich ein Wirtschaftszweig auf dem „good part of the U“ (Krugman 1991a, S. 97) befindet.

2.7.3 Implikationen für Regionalpolitik aus den Modellen der NÖG

„For policy analysis to proceed, the first step is precisely to take the models literally."

Gianmarco I. P. Ottaviano (2003, S. 671)

Die NÖG ist grundsätzlich zur Ableitung regionalpolitischer Instrumente und Strategien geeignet (vgl. Martin 1998). Ottaviano (2003) unterscheidet zwischen direkten und indirekten Instrumenten. Direkte Maßnahmen umfassen die Beeinflussung der Nutzenfunktionen der Wirtschaftssubjekte durch Steuern, Subventionen, Infrastruktur, Marktaufsicht und Marketing. Unter indirekten Maßnahmen ist die Veränderung der exogenen Modellvariablen zu verstehen. Mit beiden kann eine Industriekonzentration initiiert, beschleunigt, verlangsamt, gestoppt oder aufgelöst werden.

Baldwin et al. (2003, S. 227-242) und Ottaviano (2003, S. 669-671) nehmen die räumlichen Grundaussagen des ZP-Modells wörtlich und leiten daraus fünf beziehungsweise sechs Implikationen für ausgleichende Regionalpolitik ab. Da sich je nach Modell die Zusammenhänge zwischen den exogenen Variablen und der räumlichen Verteilung unterscheiden, ist es notwendig, diesbezüglich zu differenzieren. Abbildung 7 oben und Abbildung 8 zeigen die drei grundlegenden räumlichen Zusammenhänge der NÖG-Modelle auf und können damit als modellspezifisches Analysewerkzeug zur Ableitung von Implikationen für Regionalpolitik dienen. Diese Unterscheidung bietet gegenüber der Arbeit an einem Modell den Vorteil, die teilweise gegensätzlichen Folgen identischer Maßnahmen je nach gültigem Zusammenhang aufzeigen zu können. Damit wird sichergestellt, dass Politik erst dann tätig wird, wenn empirisch abgesichert ist, welcher Modellzusammenhang für welchen Raum oder welche Branchen gilt.

Auf den Ordinaten von Abbildung 8 ist die Agglomerationsrente (Rente) eines Unternehmens im mobilen Leitsektor in Abhängigkeit von der Höhe der Transportkosten T auf den Abszissen dargestellt. Die Agglomerationsrente ist der in monetären Einheiten ausgedrückte Vorteil, den der Standort „Zentrum" gegenüber dem Standort „Peripherie" für ein Wirtschaftssubjekt bietet (vgl. Baldwin et al. 2003, S. 36).

In einem Modell, das von Agglomeration bei niedrigen Transportkosten ausgeht (siehe Abbildung 8 A), ist für Werte $1<T<T_1$ die Agglomerationsrente größer null und erreicht ein Maximum bei $T_1/2$. Bei diesem Transportkostenniveau ziehen die Wirtschaftssubjekte einen Vorteil aus dem Wohnen oder Produzieren in der Agglomeration. Die räumliche Ballung ist stabil. Steigen die Transportkosten, wird die

Agglomerationsrente ab $T > T_1$ negativ. Dann ist es vorteilhaft, in die Peripherie zu wandern. Die Agglomeration löst sich auf. In Modellen mit diskontinuierlichen Übergängen entspricht T_1 dem „Erhaltepunkt" T(S) (siehe A1 in Abbildung 7 oben). Bei Modellen mit kontinuierlichen Übergängen liegt T_1 auf dem Erhaltepunkt T(B), dem Übergang zwischen (partieller) Agglomeration und Gleichverteilung (siehe Abbildung 7 A2, oben). Im Ursprung der Abszisse, bei $T=1$, ist die Überwindung räumlicher Distanzen vollkommen kostenfrei. Der Standort eines Unternehmens spielt in diesem Extremfall keine Rolle mehr. Die Agglomerationsrente sinkt hier auf null (vgl. Ottaviano 2003, S. 668). Da sie nicht negativ wird, bleibt die Agglomeration bestehen.

Abbildung 8: Agglomerationsrenten im Leitsektor

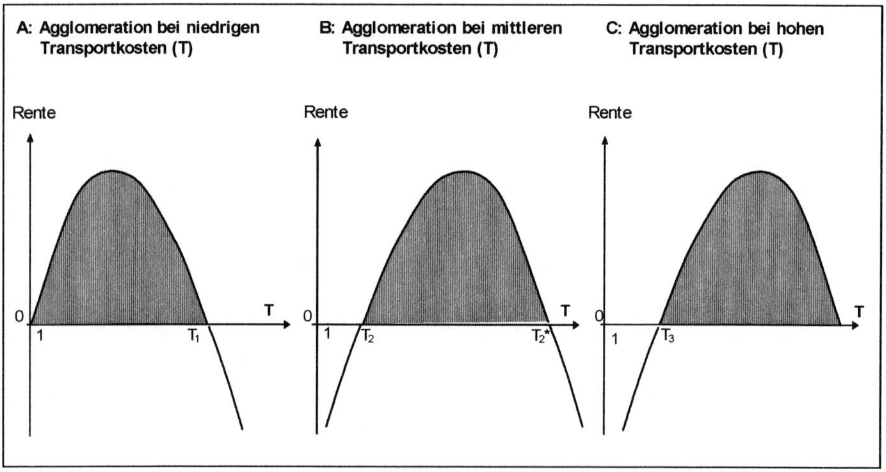

Quelle: Eigene modifizierte und stark erweiterte Darstellung auf Grundlage von Ottaviano 2003, S. 668.

Im Fall von Agglomeration bei mittleren Transportkosten (siehe Abbildung 8 B) existieren mit $T=T_2=T_2^*$ zwei Transportkostenniveaus, bei denen die Agglomerationsrente negativ wird. Damit kann sich eine bestehende Agglomeration sowohl bei sinkenden, als auch steigenden Transportkosten auflösen (siehe dazu auch B1 und B2 in Abbildung 7 oben). Schließlich bleibt der Fall von Agglomeration bei hohen Transportkosten (siehe Abbildung 8 B beziehungsweise C1 und C2 in Abbildung 7). Unter der Annahme sinkender Transportkosten wird die Agglomerationsrente bei T_3 negativ, und die räumliche Ballung löst sich auf. Ab einem gewissen Niveau sorgen auch steigende Transportkosten für ein Abnehmen der Agglomerationsrente, da die Versendung der Industriegüter aus einer Region in die andere, die Vorteile aufzuwiegen beginnt. Allerdings wird die Rente selbst bei $T=\infty$ nicht negativ.

Damit sind die folgenden, die Regionalpolitik beeinflussenden „six key implications: regional side effects; trade interaction effects, threshold effects, lock-in effects, selection effects and coordination effects“, die Ottaviano (2003, S. 669 – 671) für das ZP-Modell ableitet, im Prinzip auf alle Modelle der NÖG übertragbar:

1. Einfluss impliziter Regionalpolitik („regional side effects“)

Politiker aus verschiedenen Fachressorts beeinflussen unkoordiniert mit direkten Maßnahmen die Nutzenfunktionen der Wirtschaftssubjekte und mit indirekten Maßnahmen die Parameterwerte der exogenen Modellvariablen. Sie betreiben implizite Regionalpolitik, ohne sich der räumlichen Wirkungen ihres Handelns bewusst zu sein.

2. Einfluss des Grades der Handelsliberalisierung („trade interaction effects“)

Die Wirksamkeit von regionalpolitischen Maßnahmen hängt vom Grad der Handelsliberalisierung, das heißt auf subnationaler Ebene von der Höhe der Transportkosten ab. In Abbildung 7 A liegt für $T>T_1$ ein Transportkostenniveau vor, bei dem räumliche Gleichverteilung herrscht (in B für $T<T_2$ und $T>T_2^*$ sowie in C für $T<T_3$). Bei Gleichverteilung ist der Nutzen der Wirtschaftssubjekte in beiden Regionen identisch. Eine Agglomeration und damit eine Agglomerationsrente existieren nicht. Somit ist es relativ einfach mit Anreizen, zum Beispiel durch Steuererleichterung oder Subventionen, einen Teil der Unternehmen von einer Region in die andere zu locken.

Bei existierenden Agglomerationen variiert die Höhe der Rente mit dem Niveau der Transportkosten. Um Unternehmen zum Verlassen der Agglomeration zu bewegen, müssen die staatlich gesetzten Anreize die Agglomerationsrenten der Unternehmen mehr als kompensieren. Somit ist auch die notwendige Intensität einer politischen Maßnahme von den Transportkosten abhängig.

3. Einfluss der Schwellenwerte („threshold effects“)

Im Falle diskontinuierlicher Übergänge (siehe A1, B1 und C1 in Abbildung 7 oben) bricht eine bestehende Gleichverteilung beim Erreichen eines Bruchpunktes T(B) zusammen beziehungsweise bleibt eine Agglomeration bis zum Erhaltepunkt T(S) bestehen. Politikmaßnahmen, die es nicht schaffen, die Transportkosten (oder die anderen exogenen Variablen) über die Schwellenwerte T(S) beziehungsweise T(B) zu hieven, bleiben wirkungslos.

Ein anderer Schwellenwert wurde bereits angesprochen: Nur wenn die Anreize zum Umzug in die Peripherie, etwa durch Subventionen oder Steuererleichterungen, die Agglomerationsrente für die Unternehmen im Zentrum überschreiten, können die Maßnahmen Wirkung zeigen und es kann gelingen, Industrie zu verlagern.

4. Einfluss des Anfangsvorteils („selection effects")

Durch die Pfadabhängigkeit in den Modellen kann eine zeitlich begrenzte und sogar einmalige Regionalpolitik dauerhaft festlegen, welche Region das Zentrum bekommt. Da – ausgehend von einer Gleichverteilung – die Regionen bei T(B) identisch sind, kann die Subvention den entscheidenden Anfangsvorteil einer Region ausmachen, um einen selbstverstärkenden Prozess auszulösen und die Agglomeration dort entstehen zu lassen.

5. Einfluss der Pfadabhängigkeit („lock-in effects")

Eng verbunden mit dem Einfluss des Anfangsvorteils und des Schwellenwertes ist der Einfluss der Pfadabhängigkeit. Bei einer bestehenden Agglomeration muss die Peripherie eine Subvention zahlen, um die Agglomeration aus dem Zentrum zu stehlen. Diese muss über der Agglomerationsrente liegen, um eine Verlagerung der Unternehmen in die Peripherie attraktiv zu machen. Sind alle Unternehmen umgezogen, bildet sich im neuen Zentrum – der ehemaligen Peripherie – wiederum eine Agglomerationsrente heraus. Dann kann die Subvention abgesetzt werden und die Verteilung bleibt stabil. Allerdings müssen für diese Umkehr der Raumstruktur ungleich mehr Mittel aufgewendet werden als für die Etablierung eines Anfangsvorteils.

6. Einfluss der Erwartungen („coordination effect")

Bei diskontinuierlichen Übergängen existieren Überschneidungen stabiler, unterschiedlicher, langfristiger Gleichgewichte (siehe A1, B1 und C1 in Abbildung 7 oben). In diesen Overlaps zwischen T(B) und T(S) hängt es von den Erwartungen der Wirtschaftssubjekte ab, ob sich eine Gleichverteilung beziehungsweise ob und wo sich eine Agglomeration etabliert (vgl. Baldwin et al. 2003). Die Politik muss zur Beeinflussung der unternehmerischen und privaten Standortentscheidung nicht unbedingt Subventionen oder Steuererleichterungen heranziehen. Auch Marketing-Strategien, Imagekampagnen oder bloße Absichtserklärungen können ausreichen, sich selbst erfüllende Erwartungen im Sinne regionaler Entwicklungskonzepte zu manipulieren.

Anhand der empirisch gewonnenen Ergebnisse bezüglich der Validität der im folgenden Kapitel 3 ausgewählten Modelle, werden in Kapitel 7.3 konkrete Empfehlungen für diese sechs bisher lediglich theoretisch begründeten Implikationen abgeleitet.

3 Die empirisch zu prüfenden Modelle

„After more than a decade since the seminal contribution by Krugman, 1991a, the new wave of general equilibrium models in spatial economics, sometimes dubbed 'new economic geography' (henceforth, simply NEG), has now reached its first theoretical consolidation."

Gianmarco I. P. Ottaviano (2003, S. 665)

3.1 Einführung

Nach der Konsolidierung der Theoriebildung in der NÖG existiert eine Vielzahl von Modellen, die sich in den getroffenen Annahmen, der Art der Modellierung und den möglichen Gleichgewichtszuständen unterscheiden (siehe Tabelle 3. Vgl. auch Baldwin et al. 2003; Roos 2002; Fujita/Krugman/Venables 1999). Trotzdem bleibt das Zentrum-Peripherie-Modell von Krugman (1991a,b) grundlegend. Es zog eine Reihe von Modellen nach sich, z. T. von Krugman selbst, die die Annahmen und Modellergebnisse dieses Basismodells verändert oder erweitert haben.

Mit Hilfe der in den oben stehenden Kapiteln 2.3 und 2.4 ausgeführten Eigenschaften sollen für die NÖG typische Modelle zur empirischen Prüfung ausgewählt werden. Dazu werden im folgenden Kapitel 3.2 die wichtigsten Modelle der NÖG vorgestellt und nach „Mehr-Regionen-Modellen", „Stadtmodellen", „Modellen mit alternativen Zentripetalkräften", „Modellen mit alternativen Zentrifugalkräften" und „sonstigen Modellen" geordnet. In Kapitel 3.3 erfolgt ein Prämissenvergleich und eine Begründung zur Auswahl der Modelle von Krugman (1991a,b), Helpman (1998) und Puga (1999). Die anschließenden Kapitel 3.4 bis 3.6 beschreiben die Modelle. Das Modell von Krugman wird dabei besonders ausführlich behandelt, da es Grundlage und Vergleichsmodell für Helpman und Puga ist. Die detaillierte Darstellung der Modellierung, Gleichungen und Gleichgewichte der ausgewählten Modelle sind notwendig, um die exogenen, zur empirischen Prüfung notwendigen Variabeln zu identifizieren. Dies geschieht in Kapitel 3.7. Die Notationen der Variablen und Gleichungen sind in dieser Arbeit für alle Modelle vereinheitlicht (siehe Anhang A für eine Gegenüberstellung der Variablenbezeichnung dieser Arbeit und der drei Modelle).

3.2 Modelle der NÖG

"Afterwards, too, solvable variants of the model have been found, and numerous refinements have been made. In the core, though, the main message of all these later models is still the same as in Krugman (1991)."

Harry Garretsen (2003, S. 15)

3.2.1 Mehr-Regionen-Modelle

„We have seen that much of what we learned from the core-periphery model survives a relaxation of the unrealistic assumption that there are only two regions."

Masahisa Fujita, Paul Krugman und Antony J. Venables (1999, S. 95)

Das ZP-Modell von Paul Krugman (1991a,b), das die NÖG begründet hat, betrachtet lediglich zwei homogene Regionen. Diese restriktive Annahme gibt Krugman (1993b) kurz darauf selbst wieder auf. Er führt erst drei (vgl. dazu Fujita/Krugman/Venables 1999, S. 79ff.), dann zwölf Regionen ein (vgl. dazu Fujita/Krugman/Venables 1999, S. 79ff.. Vgl. für ein ähnliches Vorgehen Brakman et al. 1996). Die Anordnung der Regionen erfolgt auf äquidistante Weise: Bei drei Regionen wird ein gleichschenkliges Dreieck und bei zwölf Regionen ein Ring modelliert. Bei dieser Rennbahn-Ökonomie („racetrack economy", Fujita/Krugman/Venables 1999, S. 82) ist jede Region wie ein Kettenglied ausschließlich mit ihren beiden Nachbarregionen verbunden. Solange die Transportkosten zwischen den Regionen bekannt sind, lassen sich die Modelle auf eine beliebig hohe diskrete Zahl von Regionen erweitern (vgl. Brakman/Garretsen/van Marrewijk 2001, S. 120). Die Notation der Gleichungssysteme für mehrere Regionen erfolgt dann in Matrizenschreibweise (vgl. dazu den Appendix A in Puga 1999).

Einen Schritt weiter gehen die Modelle von Krugman (1993a,c) sowie Fujita, Krugman und Venables (1999, S. 85ff). Hier wird auf Basis des ZP-Modells ein stetiger Raum als eindimensionale Linie beziehungsweise zweidimensionale Scheibe kreiert. Krugman (1993a) postuliert, dass in der jeweiligen Mitte des Raumes die natürliche Lagegunst („first nature advantage") am größten ist. Im Modell 1993c ist die Lagegunst durch Wegkreuzungen, so genannte „hubs", gegeben. Wie im ZP-Modell sind bei beiden Modellen die Beschäftigten in der Landwirtschaft räumlich gleichmäßig verteilt und immobil, während die Industriebeschäftigten sich abhängig vom Lohnniveau prinzipiell an einem beliebigen Ort konzentrieren können. Trotzdem kann der Standort dieser „metropolis" (vgl. Krugman 1993a) in gewissen Maße von diesem Punkt abweichen, wenn das endogen geschaffene Marktpotenzial („second nature advantage") groß genug ist, die ungünstigere Lage zu kompensieren. Das Modell erklärt, in welchen Fällen sich aus einer zufälligen, verkehrstechnisch nicht optimalen Stadtgründung – wie es im angeführten Beispiel der Stadt Chicago der Fall war – trotzdem eine stabile Zentrum-Peripherie-Struktur herausbilden kann.

Die Erweiterung des ZP-Modells um mehrere Regionen verkompliziert die Ergebnisfindung erheblich. Trotzdem bestätigen numerische Simulationen die Gleichgewichte „Agglomeration bei niedrigen Transportkosten" und „Gleichverteilung bei hohen Transportkosten" (vgl. Fujita/Krugman/Venables 1999, S. 95; siehe dazu auch Tabelle 3). Im Ergebnis zeigen alle genannten Mehr-Regionen-Modelle abhängig von der Höhe der Transportkosten selten drei, meist aber zwei stabile Zentren oder eben eine symmetrische Aufteilung der Industrie auf alle Regionen.[43] Auch bei den Modellen mit kontinuierlichem Raum bleibt die Grundaussage von Krugman (1991a,b) bestehen, so lange dessen weitere Annahmen beibehalten werden: Fujita, Krugman und Venables (1999, S. 85ff.) verwenden einen Ansatz des Mathematikers Alan Turing aus der Evolutionsbiologie („Turing-Ansatz"), um auf einer Scheibenwelt analytisch die Aussagen des ZP-Modells zu bestätigen.

3.2.2 Stadtmodelle

Fujita und Krugman (1995) entwickeln in Anlehnung an von Thünen (1826) das Modell eines isolierten Staates mit homogenen Agrargütern und unvollständigem Wettbewerb im Industriesektor. Arbeitnehmer sind zwischen den beiden Sektoren mobil. Zur Produktion des Agrargutes ist der immobile Produktionsfaktor Land notwendig. Im Unterschied zum Mehr-Regionen-Modell Krugmans (1993a) wird damit ein Bodenmarkt eingeführt. Der Raum ist als stetige eindimensionale Linie modelliert, auf dem sich in Abhängigkeit von den Konsumentenpräferenzen für Industriegüter und deren Transportkosten ein oder mehrere Zentren herausbilden können. Ein Sinken der Transportkosten führt zu einer Ausweitung des landwirtschaftlichen Hinterlandes und einer Migration der Bevölkerung aus den Städten.[44] Fujita und Hamaguchi (2001) entwickeln das Modell weiter, indem sie die zur Produktion der

[43] Eine Ausnahme bildet das Modell von Brakman et al. (1996), in dem zusätzlich eingeführte Stauungskosten im Zentrum zu einer Agglomeration bei mittleren Transportkosten führen.

[44] Wie im Modell von Helpman (1998) führt die Modellierung eines Bodenmarktes zu Agglomeration bei hohen Transportkosten.

Industriegüter notwendigen Zwischenprodukte einführen. In Abhängigkeit von den Transaktionskosten der Zwischenprodukte kann es nun zu zwei industriell unterschiedlichen Strukturen in der Stadtentwicklung kommen. Bei hohen Transportkosten der Zwischenprodukte bilden sich „integrierte“ Städte, in denen alle (Zwischen-)Industrien angesiedelt sind. Bei niedrigen Transportkosten bilden sich auf die Herstellung der Zwischenprodukte spezialisierte Städte. Nur im letzten Fall kann ein Bevölkerungswachstum zur Entstehung neuer Städte führen.

Fujita und Mori (1996) beziehen ebenfalls Lagegunst in ihr Modell mit ein und zeigen, dass die Existenz eines Hafens eine wichtige (Anfangs-)Voraussetzung für die Entstehung großer Städte ist. Um diesen Anfangsvorteil zu kompensieren und die Peripherie zu industrialisieren, schlagen die Autoren eine zeitweise Erhöhung der Transportkosten zwischen dem Zentrum und der Peripherie, das heißt die Einführung von Schutzzöllen vor. Ein ähnliches Modell ist in Kapitel 13 von Fujita, Krugman und Venables (1999, S. 227-236) zu finden. Die Autoren zeigen analytisch, dass Knotenpunkte im Transportsystem Ausgangsorte für die Entstehung großer Städte sind, und der Vorteil dieser Mittelpunktfunktion vor allem in der kritischen Phase der Stadtentstehung relevant ist. Sie belegen diese Pfadabhängigkeit empirisch mit dem historischen Vorhandensein von Häfen in allen großen Städten der Welt, auch wenn dort die Bedeutung des Schiffstransports heute oftmals stark zurückgegangen oder sogar verschwunden ist.[45]

Fujita und Mori (1997) entwickeln ein dynamisches Modell, welches in Abhängigkeit der Preiselastizitäten und der Transportkosten von Industrie- und Agrargütern, die Entstehung eines oder mehreren Zentren vorhersagt. Das dynamische Element dieses Modells ist jedoch nicht die Veränderung der Transportkosten, sondern das Bevölkerungswachstum. Das Nachfolge-Modell von Fujita, Krugman und Mori (1999) – identisch mit Fujita Krugman und Venables (1999 S., 191-213) – führt neben homogenen Agrargütern mit Transportkosten beliebig viele verschiedene Industrien mit jeweils unterschiedlichen Transportkosten und Größenvorteilen ein. Letztere verursachen in den jeweiligen Industrien verschiedene Grade der räumlichen Konzentration. Aus den Industriestandorten entwickelt sich dann ein hierarchisches Stadtsystem, in

[45] Dazu kann angemerkt werden, dass es Städten ohne Schiffsanbindung im Heiligen Römischen Reich Deutscher Nation administrativ verwehrt wurde, über eine bestimmte Einwohnerzahl zu wachsen. In Krisenzeiten konnte wegen der schlechten Verkehrstechnik und Infrastruktur die Versorgung der Bevölkerung durch Lebensmitteltransporte über Land nicht sichergestellt werden. Mit dieser staatlichen Intervention wäre für mitteleuropäische Städte die nach Dymski „other half of the story“ (1996, S. 446) genannt.

dem die Anzahl der lokal vorhandenen Industrien den Rang der Städte determiniert. Die in dem Modell aufgezeigten Entwicklungspfade der Stadtstrukturen gleichen denen der Besiedlung des amerikanischen Westens im 19. und 20. Jahrhundert. Auch hier betrachten die Autoren nicht die Effekte der Veränderung der Transportkosten, sondern die einer Bevölkerungszunahme.

Stelder (2005; 2002) entwickelt die „Rennbahn-Ökonomie" weiter und betrachtet den Raum wie ein geografisches Informationssystem. Auf einer Fläche ist eine Menge von Punkten, die jeweils einen Ort repräsentieren, gleichmäßig verteilt. Die Punkte sind über rechtwinklige und diagonale Transport-Linien miteinander verbunden und bilden so ein engmaschiges Gitter. Dieses Gitter passt Stelder an die reale Ausdehnung Europas an. Für einen Warentransport entlang der Gitterlinien fallen Kosten an, die sich je nach den geografischen Gegebenheiten (Meer, Gebirge, gute oder schlechte Infrastruktur) variieren lassen. Zusammen mit der Variation der Transportkosten sowie der beiden anderen im ZP-Modell relevanten exogenen Variablen (siehe Kapitel 3.4.6) nähern sich die Modellergebnisse den realen Standorten und Größen der Städte in Europa an.

Prinzipiell prognostizieren Modelle mit sehr vielen Regionen oder einem kontinuierlichen Raum, wie viele Agglomerationen sich wo (relativ zueinander) bilden (vgl. Urban 2001, S. 149). Damit sind sie geeignet, die Entwicklung von Städtesystemen zu beschreiben. Allerdings ist den meisten Stadtmodellen gemein, nicht die Transportkosten als Determinante der Raum-Strukturen in den Mittelpunkt zu stellen, sondern die Lagegunst von Regionen oder die Veränderung der Bevölkerungszahl (siehe dazu Tabelle 3).

3.2.3 Modelle mit alternativen Zentripetalkräften

"There are many potential forces of agglomeration and dispersion."

Elhanan Helpman (1998, S. 34)

Verschiedene Modelle der NÖG nutzen Agglomerationskräfte, die aus Verflechtungsbeziehungen zwischen Unternehmen aus unterschiedlichen Branchen oder zwischen Unternehmen aus einer gemeinsamen Wertschöpfungskette resultieren. Kopplungen zwischen Unternehmen einer Wertschöpfungskette dienen bei Krugman und Venables (1995) als zentripetale Kraft. In ihrem Zwei-Länder-Modell sind die Arbeitnehmer regional immobil und sektoral mobil. Lediglich ein gewisser Prozentsatz der Produktion des Industriesektors entfällt auf Endprodukte. Der Rest geht als Vorleistung in den Produktionsprozess ein. Bei sehr hohen, das heißt prohibitiven Kosten des Transportes, stellt ein Land sowohl Agrar- als auch Industriegüter her. Bei mittleren Transportkosten kommen die Verflechtungsvorteile der Industrie zum Tragen und es bildet sich ein Zentrum heraus. Auf Grund der regionalen Immobilität der Arbeitnehmer steigen die Löhne dort an. Fallen die Transportkosten weiter auf ein niedriges Niveau, nimmt die Bedeutung der Transportkosten einsparenden Zulieferbeziehungen gegenüber den Lohnunterschieden ab. Letztere liegen in der Peripherie niedriger und machen sie als Standort wieder attraktiv. Die Industrieverteilung beider Region konvergiert und gleicht sich vollständig an.

Venables (1996) führt eine Zuliefer- und eine Endproduktindustrie mit kompletten Input-Output-Strukturen ein. Die Industriesektoren sind damit Teil einer gemeinsamen Wertschöpfungskette. Daneben existiert ein Agrarsektor mit sinkenden Skalenerträgen. Wieder sind die Arbeitnehmer zwischen den beiden Ländern immobil, aber sektoral mobil. Dieser zentrifugalen Kraft wirken die Verflechtungsvorteile der beiden Industrien entgegen. Eine Reduktion der Transportkosten auf ein mittleres Niveau führt dazu, dass beide Industrien vollständig in einem Land konzentriert sind. Die Nähe zum Endverbraucher wird unwichtiger und die räumlich organisatorische Nähe zu den Unternehmen der gleichen Wertschöpfungskette gewinnt an Bedeutung. Dies erzeugt einen kumulativen Prozess, der die Löhne im Zentrum auf Grund der höheren Nachfrage nach Arbeitskraft ansteigen lässt. Ein weiteres Absinken der Transportkosten hat allerdings eine Aufwertung der Peripherie zur Folge und die Industrie wandert zurück, bis ein Zustand der Gleichverteilung erreicht ist.

Bei der Abwandlung des Venables-Modells durch Krugman und Venables (1996) sind die beiden Sektoren nicht mehr ausschließlich Teil einer Wertschöpfungskette, sondern gleichzeitig Endprodukt für den Konsum und können als Zwischenprodukt in die eigene und jeweils andere Industrie eingehen. Wieder ist Arbeitskraft in den beiden Modellen regional immobil, sie kann jedoch zwischen den Sektoren wechseln. Auf die Modellierung der Landwirtschaft wird verzichtet. Bei niedrigen Transportkosten konzentriert sich die Produktion der beiden Branchen in jeweils einer Region.

Puga und Venables (1996) modellieren drei Länder, neun Industriesektoren und einen Agrarsektor. Die Industrien sind mit Input-Output-Matrizen verbunden. Sobald in den industrialisierten Regionen steigende Löhne (die Arbeitnehmer sind immobil) die Verflechtungsvorteile negativ kompensieren, findet eine Verlagerung der Produktion in die Peripherie statt. Bei Immobilität der Arbeitskräfte muss der gestiegene Arbeitskräftebedarf in der Agglomeration aus der Landwirtschaft kommen. Die Löhne steigen, was als Zentripetalkraft wirkt. Damit ist der Zusammenhang zwischen Transportkosten und der Industriekonzentration U-förmig. Sind die Arbeitskräfte hingegen mobil, gleichen sich die Lohndifferenzen zwischen Zentrum und Peripherie aus. Die Agglomeration bleibt dann auch bei niedrigen Transportkosten stabil.

Venables (1998b) erweitert das Modell von Krugman und Venables (1996) auf ein Kontinuum von Industrien mit unvollständigem Wettbewerb. Die zentrale Frage ist, ob sich die Anzahl der Industrien gleichmäßig auf beide Länder verteilt, selbst wenn die einzelnen Branchen in einem der beiden Länder vollständig konzentriert sind. Bei hohen Transportkosten verfügt jede Region über eine identische Ausstattung an Industrien. Bei mittleren Transportkostenniveaus kommt es auf Grund von Nachfrageeffekten zu einer ungleichen Aufteilung der verschiedenen Industrien auf beide Länder, wobei die einzelnen Industrien auch vollständig in einer der beiden Regionen konzentriert sein können. Die regionale Immobilität der Arbeitnehmer und die daraus resultierenden, regional verschiedenen Lohnhöhen, verhindern eine vollständige Agglomeration, in dem Sinne, dass alle Industrien in einem der beiden Länder konzentriert sind. Sinken die Transportkosten weiter, suchen die Unternehmen die Nähe zu anderen Unternehmen aus dem gleichen Sektor, um die Vorteile aus Zulieferverflechtungen zu nutzen. Gleichzeitig vermeiden sie die Nähe branchenfremder Unternehmen, um den Wettbewerb um Produktionsfaktoren zu umgehen. Bei sehr niedrigen Transportkosten spezialisieren sich die Länder vollständig, und der Anteil der Industrie sowie Einkommen und Beschäftigung sind in beiden Ländern identisch.

Auch Fujita, Krugman und Venables (1999, S. 283-308) untersuchen das „Industrial Clustering“ zwischen Ländern. Wiederum sind die Arbeitskräfte interregional immobil und intersektoral mobil. In einer ersten Modellversion produzieren zwei gleiche Länder mit einem Produktionsfaktor in zwei Industriesektoren, die symmetrisch mit einer Input-Output-Matrix miteinander verbunden sind (vgl. auch Krugman/Venables 1996). Die stabilen Gleichgewichte – jedes Land verfügt über die Hälfte jedes Industriesektors oder in jedem Land ist ausschließlich ein Sektor lokalisiert – sind davon abhängig, ob die inter- oder intra-industriellen Verflechtungen dominieren. In jedem Fall findet Agglomeration nur bei niedrigen Transportkosten statt. Die Einführung eines zweiten regional immobilen Produktionsfaktors wirkt den zentripetalen Effekten aus den Verflechtungsbeziehungen entgegen. Billigere Beschaffungspreise in der Peripherie sorgen dafür, dass Agglomeration nur bei mittleren Transportkosten möglich wird. Dies trifft auch auf eine dritte Modellalternative zu, in der nur ein mobiler Produktionsfaktor (Arbeit), aber dafür eine diskrete Zahl von intra-industriell verbunden Branchen berücksichtigt werden.

Puga (1999) entwickelt das Modell von Puga und Venables (1996) weiter. Im Unterschied auch zu Venables (1996) wird bei diesem Modell aber nicht mit einer Input-Output-Matrix gearbeitet, sondern hinsichtlich der Modellierung von Zulieferbeziehungen auf die Vorgehensweise von Venables und Krugman (1995) zurückgegriffen. In Pugas Zwei-Regionen-Modell sind alle Arbeitskräfte sektoral mobil. Den Part der regional und sektoral gebundenen „Farmer“ aus dem ZP-Modell übernimmt nun der Produktionsfaktor Land, der ausschließlich in die Produktionsfunktion des Agrargutes eingeht. Puga (1999) orientiert sich in der Modellierung dieser alternativen Zentripetalkraft an seinem eigenem Modell von 1996 (siehe dazu Kapitel 3.2.4). Er unterscheidet ferner zwei Modellfälle: interregionale Mobilität und interregionale Immobilität der Arbeitskräfte. Im ersten Fall kommt es zu Agglomeration bei niedrigen Transportkosten. Dagegen stellen sich bei interregionaler Immobilität Lohnunterschiede zwischen den beiden Regionen ein. Höhere Löhne im Zentrum wirken dann als zentrifugale Kraft den zentripetal wirkenden Verflechtungsvorteilen entgegen. Bei niedrigen Transportkosten reduzieren sie das Ausmaß der Agglomeration (vgl. Ottaviano/Puga 1998, S. 720). Eine Konzentration wirtschaftlicher Aktivitäten findet in diesem Modellfall dann nur bei mittleren Transportkostenniveaus statt. Das Bifurkationsdiagramm zeigt einen U-förmigen Verlauf.

Bei Baldwin (1999) entsteht Agglomeration durch die Akkumulation von Kapital. Räumlich immobile Arbeiter in der Industrie[46] schaffen nicht-handelbare Investitionsgüter als Vorraussetzung für die Produktion neuer (Konsum-)Industriegüter. Abnehmende Skalenerträge des Kapitals sorgen dafür, dass im Gleichgewicht keine neue Akkumulation mehr stattfindet. Je nach Anzahl der lokalen Unternehmen stehen sich die Vorteile durch die kumulierten lokalen Investitionsgüter und die Nachteile durch den Wettbewerb am Absatz und Beschaffungsmarkt im Maximierungskalkül der Unternehmen gegenüber. Bei niedrigen Transportkosten dominieren die Vorteile des lokalen Kapitalstocks und es kommt zur Agglomeration.

---

[46] Baldwin (1999) kritisiert wie Ottaviano (1999) das Arbeitnehmerkalkül des ZP-Modells, welches sich nur an aktuellen Wohlfahrtsunterschieden orientiert. Beide Autoren kommen jedoch in ihren dynamischen Analysen, die auch den zukünftigen Lohn berücksichtigen, zu ähnlichen Ergebnissen wie das ZP-Modell.

Martin und Ottaviano (1999) zielen mit ihrem Modell explizit auf Akkumulation von Human-Kapital ab. Hier werden Elemente von Romer (1990) und dem NÖG-Modell von Martin und Rogers (1995; siehe dazu auch Kapitel 3.2.5) verbunden. Zwischen Forschungseinrichtungen, und Unternehmen entstehen wechselseitige positive externe Effekte, die für eine Spezialisierung der Regionen in innovative und produzierende Regionen sorgen (vgl. auch Ottaviano/Puga 1998, S. 716f.). Bei fortschreitender wirtschaftlicher Integration, also sinkenden Transportkosten, kommt es zu Agglomeration, wobei eine Wohlfahrtsanalyse zeigt, dass davon auch die Peripherie profitieren kann.

Diese Arbeit lässt die Vielzahl weiterer Modelle, die wie die Modelle von Baldwin (1999) und Martin und Ottaviano (1999) Elemente der NWT mit der NÖG verbinden, an dieser Stelle und bei Auswahl zur empirischen Prüfung unberücksichtigt. Sie sind nicht repräsentativ für die in der NÖG wirkenden Agglomerationskräfte. Einen Überblick über weitere Modelle dieser Art bieten Baldwin et al. (2003) oder Roos (2002).

3.2.4 Modelle mit alternativen Zentrifugalkräften

Laut dem Modell von Asilis und Rivera-Batiz (1994) haben Arbeitnehmer Präferenzen für ein Leben in der Peripherie, da sie dort Umweltverschmutzung vermeiden und so eine höhere Lebensqualität genießen können. Im eigentlichen Sinne existieren keine Regionen, sondern eine Stadt mit umliegender Peripherie, in der Agrargüter produziert werden. Abnehmende Transportkosten führen zu einem Wachstum der Produktion in der Stadt, aber auch zu höherer Umweltbelastung, so dass es nie zu einer vollständigen Agglomeration kommen kann.[47]

In dem bereits in Kapitel 3.2.1 erwähnten Modell von Brakman et al. (1996; vgl. auch Brakman/Garretsen/van Marrewijk 2001, S. 196 ff.) wird der Ansatz von Krugman (1993b) beziehungsweise Fujita, Krugman und Venables (1999, S. 82ff.) um Stauungskosten erweitert. Diese negativen externen Effekte entstehen, wenn sich eine große Zahl von Produktionsstätten in räumlicher Nähe zueinander befindet. Mit der Anzahl der Unternehmen steigen sowohl Fixkosten als auch die marginalen Kosten eines individuellen Produzenten. Diese zentrifugale Kraft verteuert die Herstellung von Industriegütern im Zentrum und macht so die Peripherie als Produktionsstätte att-

---

[47] Dazu merkt Schmutzler (1999, S. 365) kritisch an, dass nicht unbedingt jeder Arbeitnehmer Präferenzen für die Peripherie hegt. Wegen des Vorhandenseins öffentlicher und privater Infrastruktur kann es auch Präferenzen für die Agglomeration als Wohnort geben.

raktiver. Eine vollständige Konzentration der Industrie kommt nur sehr selten vor. In den meisten Fällen ist auch im Hinterland zumindest etwas Industrie zu finden, so dass es im Gegensatz zum Originalmodell von Krugman (1993b) nicht zu einer Alles-oder-nichts-Verteilung, sondern selbst bei mittlerem Transportkostenniveau nur zu partieller Agglomeration in den Regionen kommt.

Im Modell von Puga (1996a) sind sowohl Landarbeiter als auch Industriearbeiter sektoral und regional mobil. Der immobile Produktionsfaktor Land ersetzt die immobilen Landarbeiter als zentrifugale Kraft. Da das Land bewirtschaftet werden muss, bleiben immer einige Arbeitskräfte in der Peripherie, woraus eine stetige Nachfrage nach Industriegütern auch in der Peripherie resultiert. Ansonsten entspricht das Modell in seinen Grundeigenschaften dem ZP-Modell.

Im Modell von Livas Elizondo und Krugman (1996) existieren drei Regionen: zwei Regionen innerhalb eines Landes und eine Region, die den Rest der Welt repräsentiert. Die Transportkosten sind im nationalen Handel niedriger als im Außenhandel. Arbeitnehmer sind nur innerhalb der Nation mobil. Die Autoren führen Pendlerkosten und städtische Mieten als zentrifugale Kräfte in ihr Modell ein. Der Raum wird als eine Gerade dargestellt, deren einzelne Abschnitte Stadt und Peripherie repräsentieren. Innerhalb der Abschnitte ist die Bevölkerung gleichmäßig verteilt, während die Produktion auf dem jeweiligen Mittelpunkt der Abschnitte stattfindet. Wohnen und landwirtschaftliche Produktion verknappen den limitierten Faktor Land. Gleichzeitig fallen für die Arbeitnehmer, um zur Arbeit zu gelangen, distanzabhängige Pendlerkosten an. Das Wohlfahrtkalkül der Arbeitnehmer sorgt für einen Ausgleich der Pendlerkosten und der Miethöhe in den Regionen. Ein Anwachsen der Agglomeration vergrößert die „Länge“ der Stadt und erhöht somit Pendlerkosten und Mieten. Dies wiederum begrenzt das Wachstum der Agglomeration. Sinken die Transportkosten des Außenhandels, erhöht sich dessen Bedeutung für die nationalen Unternehmen. Gleichzeitig geht der Anteil des nationalen Marktes und der lokalen Nachfrage für die Unternehmen zurück. Dann kann sich eine bestehende Agglomeration wegen ihres Kostennachteils durch hohe Mieten und Löhne auflösen.

Wooton und Ludema (1997) lösen die Vereinfachung der vollkommenen Mobilität der Industriearbeiter im ZP-Modell auf (vgl. dazu auch Venables 1996). Industriearbeiter sind nur teilweise räumlich mobil, da sie Präferenzen für eine der beiden Modell-Regionen aufweisen. Die Autoren agumentieren, dass es deswegen trotz einer fortschreitenden Europäischen Integration zu unterschiedlichen Löhnen zwischen den europäischen Ländern kommen kann, was als zusätzliche zentrifugale Kraft wirkt. Lediglich bei mittleren Transportkosten sind die zentripetalen Kräfte stark genug, um Agglomerationen entstehen zu lassen.

Höhere Preise nicht-handelbarer Güter in Agglomerationen im Vergleich zur Peripherie sind die zentrifugalen Kräfte im Modell von Helpman (1998). Der Agrarsektor aus dem ZP-Modell wird durch einen Wohnungssektor mit vollständigem Wettbewerb ersetzt. Im Zentrum wirken höheren Mietpreise zentrifugal und die Verfügbarkeit lokal produzierter Produktvarianten zentripetal. Sinkende Transportkosten der Industriegüter sorgen für eine Aufwertung der Peripherie, da dort nun neben dem Wohnen und auch das Konsumieren importierter Industriegüter billig wird. Dieses Ergebnis widerspricht dem Grundmodell von Krugman (1991a,b), welches bei sinkenden Transportkosten eine räumliche Ballung der Industrie in einer Region voraussagt.

Fujita, Krugman und Venables (1999, S. 97-115) lösen zwei vereinfachende Annahmen des ZP-Modells auf: Sie führen erstens Transportkosten für das Agrargut ein und heben zweitens die Annahme der Homogenität des Agrargutes auf. Die Einführung von Transportkosten – unter Beibehaltung der Annahme der Homogenität – hat zur Folge, dass sich die Preise und Löhne im Agrarsektor in den Regionen unterscheiden können. Niedrige Transportkosten im Agrarsektor erzeugen die gleichen Ergebnisse wie das ZP-Modell. Sehr hohe Agrar-Transportkosten wirken als zusätzliche zentrifugale Kraft und machen eine Agglomeration unmöglich. Dann existiert kein Bruchpunkt und die symmetrische Verteilung der Industrie auf beide Regionen bleibt bei allen Transportkostenniveaus erhalten. Dagegen sind für niedrige und mittlere Transportkostenniveau des Agrar- und des Industriegutes Agglomerationen möglich. In einem zweiten Schritt heben die Autoren die Homogenität des Agrargutes auf. Eine Agglomeration der Industrie bei niedrigen Transportkosten wird nun verhindert, da die Vorteile räumlicher Nähe in der Industrie durch höhere Kosten für Importe von Produktvarianten der Agrargüter aufgehoben werden. Agglomeration findet dann ausschließlich bei mittleren Transportkostenniveaus statt.

Fan, Treyz und Treyz (2000) formulieren ein NÖG-Modell, das die Ansätze verschiedener NÖG-Modelle zusammenführt, in punkto der grundsätzlichen Modellierung jedoch dem ZP-Modells entspricht. Wie bei Fujita, Krugman und Venables (1999, S. 181-207) kann das Modell hierarchische Urbane Systeme mit verschieden großen Städten erzeugen. In mehreren Regionen und Industrien mit interindustriellen Transaktionen (vgl. dazu auch das Modell von Fujita/Krugman/Venables 1999, S. 283-307) sind die Produktionsfaktoren vollkommenen mobil – sowohl zwischen Regionen als auch Industrien. Auch Kapital wird wie bei Baldwin (1999) als Produktionsfaktor berücksichtigt. Der Produktionsfaktor Land wirkt wie in den Modellen Helpmans (1998) oder Pugas (1999) als disperse Kraft. Gleichwohl führt analog zum ZP-Modell eine Reduktion der Transportkosten zu Agglomeration. Simulationen mit 8 beziehungsweise 50 Regionen zeigen, dass das Modell in der Lage ist, Systeme mit Städten unterschiedlicher Größe und Wirtschaftsstrukturen entstehen zu lassen. Dabei hängen die Ergebnisse jedoch nicht nur von der Ausgangssituation ab, sondern auch von der Anpassungsgeschwindigkeit der Wirtschaft.

Im „footloose entrepreneur model“ von Forslid und Ottaviano (2003, S. 3) sind einfache Arbeitnehmer zwischen den Sektoren „Landwirtschaft“ und „Industrie“ mobil, aber interregional immobil. Die hochqualifizierten „Entrepreneure“ arbeiten ausschließlich in der Industrie und sind „footloose“, also regional mobil. Mit Hilfe dieser Modifikation gelingt es den Autoren, eine analytisch lösbare und „qualitatively identical“ Version des ZP-Modells zu entwickeln.

3.2.5 Sonstige Modelle

Bei den hier vorgestellten Ansätzen handelt es sich um Gleichgewichtsmodelle, die sich insgesamt zwar der NÖG zuordnen lassen, die aber in einzelnen Aspekten der Modellierung, der in ihnen wirkenden Zusammenhänge oder der Gleichgewichte von den in den Kapiteln 2.2 bis 2.5 vorgestellten grundsätzlichen Eigenschaften der NÖG abweichen.

Das NAT-Modell von Krugman (1980) kann als Vorgänger-Modell des ZP-Modells betrachtet werden. Es unterscheidet sich im Prinzip nur durch die Annahme der Immobilität der Wirtschaftssubjekte. Diese hat aber zur Folge, dass die Marktgröße und die Entscheidung über Zentrum und Peripherie durch die relative Größe des Landes exogen vorgegeben bleiben (siehe Kapitel 2.2.2 oben).

Im Modell von Martin und Rogers (1995) beeinflusst sowohl die intra- als auch die interregionale Infrastruktur die Standortentscheidung von Unternehmen. Bei niedrigen Transportkosten zwischen den Ländern auf Grund guter interregionaler Infrastruktur, konzentrieren sich Unternehmen in dem Land mit der besten nationalen Infrastruktur. In eine ähnliche Richtung gehen Markusen und Venables (1996), die das Verhältnis zwischen nationalen und multinationalen Unternehmen in Abhängigkeit von der Technologie- und Faktorausstattung zwischen Ländern modellieren. Eigentlich eher der NAT zuzurechnen, lässt sich im Modell aber auch ein indirekter Zusammenhang zwischen Transportkosten und Agglomerationsniveau ableiten. Mit steigenden Transportkosten zwischen den Ländern nimmt der Anteil der multinationalen Unternehmen in beiden Ländern zu. Dies verringert den Handel und damit die Möglichkeit der industriellen Agglomeration in nur einem Land.

Roos (2002, S. 193-220; 2000) entwickelt ein Zwei-Regionen-Modell, bei dem steigende Skalenerträge in der Herstellung nicht-handelbarer Dienstleistungen die Ballung von hochqualifizierten Arbeitnehmern in einer Region verursachen. Das Modell untersucht die Effekte politischer Maßnahmen wie Minimumlöhne, Fortbildung und Umverteilungssteuern auf das interregionale Gleichgewicht.

In einem anderen Zwei-Regionen-Modell führt Roos (2002, S. 221-250; 2001c) Konsumgüter, Wohnraum und ein öffentliches Gut ein. Die Bereitstellung öffentlicher Güter durch die unabhängigen regionalen Verwaltungen hängt von der Zahl und Steuerkraft der interregional mobilen Arbeiter ab. Sie ist die zentripetale Kraft im Modell. Dem Angebot öffentlicher Güter steht die Knappheit von Wohnraum gegenüber. Roos zeigt, dass der Wunsch der Regionalverwaltungen, das Zentrum in die eigene Region zu ziehen, zu strategischem Verhalten, einem Überangebot an öffentlichen Gütern und zu allokativen Ineffizienzen führt. Nicht die Transportkosten bestimmen in seinem Modell die Gleichgewichte, sondern die Höhe der regionalen Steuersätze.

Die Auswirkungen von Steuern und öffentliche Gütern auf das langfristige Gleichgewicht zwischen zwei Ländern fokussieren auch Anderson und Forslid (1999). Dabei entspricht der Zusammenhang zwischen Transportkosten und Agglomeration exakt dem des ZP-Modells. In die gleiche Richtung gehen auch Baldwin und Krugman (2002). In ihrem Zwei-Länder-Modell existieren ein Agrarsektor, in den ausschließlich die Arbeitskraft immobiler „workers“ eingeht sowie ein Industriesektor, der den Input sowohl von Arbeitern als auch „entrepreneurs“ benötigt. Die hochqualifizierten Entrepreneure sind räumlich mobil. Die Struktur ist damit ähnlich zum ZP-Modell und auch Agglomeration stellt sich bei niedrigen Transportkosten ein. Da das Zentrum Agglomerationsvorteile bietet, deren Höhe auch vom Transportkostenniveau abhängt, können dort höhere Steuern verlangt werden als in der Peripherie. Spieltheoretische Überlegungen belegen, dass ein Steuerwettbewerb zwischen Zentrum und Peripherie nicht automatisch zu einer ruinösen Abwärtsspirale führen muss.

In dem numerischen EURORA[48]-Modell von Forslid et al. (1999) wird die Welt in 10 Regionen und 14 Branchen unterteilt, die über Input-Output-Matrizen verbunden sind. So können darin Verflechtungsbeziehungen verarbeitet werden. Forslid et al. (1999) nehmen für zwölf Branchen Monopolistische Konkurrenz und steigende Skalenerträge an. Gleichzeitig sind die Produktionsfaktoren Kapital und qualifizierte Arbeitskräfte zwischen den Weltregionen immobil, womit gilt: „The model is based on both traditional trade theory and more recent theory of international trade and economic geography. In this way it captures comparative advantage effects as well as agglomeration and clustering effects of structural changes or policy events" (Forslid et al. 1999, S. 1). Die Autoren versuchen so die Auswirkungen fortschreitender Europäischer Integration auf die räumliche Verteilung des Produzierenden Gewerbes zu prognostizieren. Modell-Simulationen bestätigen, dass die qualitativen Aussagen einfacher theoretischer Modelle in komplexeren Modellen erhalten bleiben (vgl. Haaland et al. 1999).

Holmes und Stevens (2004) erklären in ihrem internationalen Modell die Größe von Unternehmen sowie die Spezialisierung von Städten auf Dienstleistungen oder Industrie. Sie nutzen dabei nicht die Marktstruktur nach Dixit und Stiglitz, sondern unterstellen den Unternehmen Monopolmacht im lokalen Markt sowie Preisnehmerschaft in Exportmärkten. Auch in ihrem Modell machen niedrige Transportkosten die Produktion an einem Ort erst möglich. Auf Grund der höheren Lohnkosten in großen Städten konzentriert sich die Industrie in der Peripherie, während Dienstleistungen in den Großstädten verbleiben.

Einige Autoren nutzen eine quasilineare Nutzenfunktion, um ihre Modelle analytisch lösbar zu machen: Ottaviano, Tabuchi und Thisse (2002) bestätigen in ihrem Modell den Zusammenhang zwischen Transportkosten – die sie zudem nicht als Eisbergtransportkosten modellieren – und Agglomeration des ZP-Modells. Eine zusätzliche Einführung von städtischen Stauungskosten führt zu Agglomeration nur bei mittleren Transportkosten. Brülhart, Crozet und Koenig (2004) erklären in ihrem Drei-Regionen Modell die Auswirkungen der Europäischen Integration auf Grenzregionen innerhalb der EU. Auch dieses Modelle kommt zu den gleichen Ergebnisse wie das ZP-Modell: Hohe Transportkosten führen zu einem symmetrischen Gleichgewicht, niedrige zu absoluter Agglomeration. Pflüger und Südekum (2005) verwenden zur Modellierung der Mobilität der Arbeitskräfte den Ansatz des „footloose Entrepreneur" von Forslid

[48] European Regional Analysis

und Ottaviano (2003). Zusätzlich führen sie wie Helpman (1998) einen begrenzten Bestand an Wohnraum als zentrifugale Kraft ein. Die Autoren nutzen ihr Modell zur Wohlfahrtsanalyse. In Abhängigkeit der Transportkosten leiten sie für die U-förmige Bifurkation des Modells Empfehlungen zur Verbesserung der Allokationseffizienz ab.

Die Verwendung einer quasilinearen Nutzenfunktion in den genannten Modellen zieht eine Reihe von Veränderungen in der Modellierung nach sich, was Transportkosten, Preisindizes und Nachfrageelastizitäten betrifft. Mit dem Abweichen vom für die NÖG grundlegenden Modell der Monopolistischen Konkurrenz à la Dixit und Stiglitz (1977), welches mit einer Cobb-Douglas-Nutzenfunktion arbeitet, werden auch „some of the crucial features of the original CP model [ZP-Modell]" von Krugman (1991a,b) aufgegeben (Forslid/Ottaviano 2003, S. 230f.).

3.3 Modellauswahl

„Models are unrealistic by definition."

J. Peter Neary (2001, S. 548)

Um zur empirischen Prüfung geeignet zu sein, müssen die auszuwählenden Modelle die drei folgenden Vorraussetzungen erfüllen:

A. Das Modell muss „repräsentativ" für die NÖG sein und die in den Kapiteln 2.2 bis 2.5 vorgestellten theoretischen Modelleigenschaften aufweisen.

B. Das jeweilige Modell muss auf das in dieser Arbeit gewählte Forschungsdesign, die zur Verfügung stehenden Daten sowie das Produzierende Gewerbe in Deutschland von 1987 bis 2002 übertragbar sein.

C. Weiterhin sollen alle grundsätzlich möglichen Zusammenhänge zwischen exogenen Variablen und der Art der langfristigen Verteilung der Wirtschaftsaktivitäten – das sind Agglomeration jeweils bei hohen, mittleren und niedrigen Transportkosten (siehe Abbildung 7 oben) – berücksichtigt werden.

Dazu werden die im vorherigen Kapitel beschriebenen Modelle in Tabelle 3 überblicksartig zusammengefasst. Zudem wird aufgezeigt, bei welchem Transportkostenniveau in den einzelnen Modellen Agglomeration entsteht.[49]

Zwar erfüllen die Mehr-Regionen- und die Stadtmodelle die oben stehenden Vorraussetzungen A und B, sie werden aber zur empirischen Prüfung nicht herangezogen. Ziel dieser Arbeit ist es zu klären, ob die räumliche Konzentration von deutschen Industriebranchen mit den Vorhersagen der NÖG übereinstimmt. Wo eine solche Konzentration stattfindet, steht dabei nicht im Mittelpunkt des Erkenntnisinteresses. Zum Erreichen des Forschungsziels genügt die denkbar einfachste Modellierung des Raumes mit nur zwei Regionen[50], denn „adding more locations complicates the details, but leaves the basics unchanged“ (Krugman 1993b, S. 296).

Von den Modellen mit „alternativen Zentripetalkräften“ (siehe Tabelle 3) erfüllen diejenigen, die mit Verflechtungsmatrizen zwischen Industrien und Regionen arbeiten, oben genannte Voraussetzung B nicht. Sie müssen zur empirischen Prüfung ausgeschlossen werden, da regionalisierte Daten für einzelne Industrien in Deutschland nicht flächendeckend vorliegen und eine Erfassung im Rahmen dieser Arbeit nicht zu leisten ist. Lediglich die in Krugman und Venables (1995) sowie in Puga (1999) modellierten Lieferverflechtungen über betriebsinterne Vor- und Endprodukte vermeiden den Rückgriff auf Matrizen. Martin und Ottaviano (1999) sowie Baldwin (1999) erfüllen dagegen Voraussetzung A nicht, da sie in ihren Modellen mit Elementen der NWT arbeiten. Auf Grund der für die NÖG untypischen Argumentation über F&E- beziehungsweise Kapitalakkumulation scheiden auch sie für eine empirische Prüfung aus. Bei den Modellen mit alternativen Zentrifugalkräften (siehe Tabelle 3) erfüllt das Modell von Fujita, Krugman und Venables (1999, S. 97-115) die Vorraussetzung A und B nicht. Die Autoren führen heterogene Agrargüter ein. Dadurch verliert das Modell seine Repräsentativität. Außerdem würde eine Differenzierung des Sekundärsektors zusätzlich zu den Industrie-Branchen angesichts der resultierenden Kombinationsmöglichkeiten den Rahmen dieser Arbeit sprengen.

---

[49] Modelle, die in Kapitel 3.2 mehrmals genannt werden, sind in Tabelle 3 nur einer Rubrik zugeordnet.

[50] Der in Kapitel 4 dargestellte Ist-Zustand lässt sich problemlos mit dem Zwei-Regionen-Fall der Modelle abgleichen. Je größer die räumliche Konzentration einer Branche, desto eher entspricht dieser Zustand einer ausgeprägten ZP-Struktur. Umgekehrt stimmt eine relative Gleichverteilung einer Branche mit dem Modellgleichgewicht überein, in dem die beiden Regionen einen gleichen Industrieanteil besitzen.

Tabelle 3: Übersicht über die Modelle der Neuen Ökonomischen Geographie

Jahr	Autor	Besonderheit	Aggl.
1991a,b	Krugman	ZP-Modell	N
		Mehrere Regionen	
1993a	Krugman	ZP-Modell mit Raum als Linie oder Scheibe und Lagegunst in der Mitte	N
1993b	Krugman	ZP-Modell mit mehreren Regionen: Rennbahn-Ökonomie	N
1993c	Krugman	ZP-Modell mit Raum als Scheibe und Lagegunst an Wegkreuzungen (Hubs)	N
1996	Brakman et al.	Rennbahn mit Stauungskosten und verschiedene Agglomerationsniveaus	M
1999, S. 79-85	Fujita/Krugman/Venables	ZP-Modell mit mehreren Regionen: Rennbahn-Ökonomie	N
1999, S. 85-95	Fujita/Krugman/Venables	ZP-Modell mit Raum als kontinuierliche Scheibe: Turing-Ansatz	N
		Städtesysteme	
1995	Fujita/Krugman	ZP-Modell erweitert zu Stadtsystem mit Raum als Linie mit Lagegunst	H
1996	Fujita/Mori	Städtesystem mit Raum als Linie mit Lagegunst durch Häfen	N
1997	Fujita/Mori	Städtesystem mit Raum als Linie mit Lagegunst und Bevölkerungswachstum	k.A.
1999, S. 227-236	Fujita/Krugman/Venables	Städtesystem mit Raum als Linie mit Lagegunst durch Häfen	k.A.
1999	Fujita/Krugman/Mori	Städtesystem mit Raum als Linie mit Lagegunst und Bevölkerungswachstum	k.A.
1999, S. 180-213	Fujita/Krugman/Venables	Städtesystem mit Raum als Linie mit Lagegunst und Bevölkerungswachstum	k.A.
2001	Fujita/Hamaguchi	Städtesystem mit Raum als Linie mit Lagegunst und Zwischenprodukten	H
2002, 2005	Stelder	GIS-Raum als Gitter. Erklärt Größe und Lage realer Städte	N
		Alternative Zentripetalkräfte	
1995	Krugman/Venables	Industriesektor produziert Vor- und Endprodukte. Immobile Arbeitnehmer	M
1996	Venables	Zwei Sektoren mit Zwischen- und Endprodukten. Immobile Arbeitnehmer	M
1996	Krugman/Venables	Industrien beliefern sich gegenseitig. Immobile Arbeitnehmer	N
1996	Puga/Venables	Zulieferverflechtungen. Immobile Arbeitnehmer	N, M
1998b	Venables	Kontinuum von verflochtenen Industrien. Immobile Arbeitnehmer	M
1999	Martin/Ottaviano	Verflechtung zwischen F&E und Unternehmen	N
1999	Puga	Vor- und Endprodukte. Zentrifugal: Produktionsfaktor Land.	N, M
1999	Baldwin	Akkumulation von Kapital. Immobile Arbeitnehmer	N
1999, S. 283-308	Fujita/Krugman/Venables	Verflechtungen zwischen Industrien. Immobile Arbeitnehmer	N, M
		Alternative Zentrifugalkräfte	
1994	Asilis/Rivera-Batiz	Präferenzen der Arbeitnehmer für Peripherie	N
1996a	Puga	Land als Produktionsfaktor. Sektoral und regional mobile Arbeitnehmer	N
1996	Livas Elizondo/Krugman	Pendlerkosten und Mieten. Transportkosten im Innen- und Außenhandel	H
1997	Wooton/Ludema	Unvollständige Mobilität der Arbeitnehmer, versch. Agglomerationsniveaus	M
1998	Helpman	Verteuerung immobiler Güter im Zentrum	H
1999, S. 97-115	Fujita/Krugman/Venables	Heterogene Agrargüter und Transportkosten für Agrargüter	M
2000	Fan/Treyz/Treyz	Produktionsfaktor Land. Mehrere Industrien und Regionen	N
2003	Forslid/Ottaviano	Immobile Arbeitnehmer, „footlose Entrepreneur". Analytisch lösbar.	N
		Sonstige	
1980	Krugman	Vorgänger des ZP-Modells aus der NAT mit immobilen Arbeitskräften	M
1995	Martin/Rogers	Regionale Infrastruktur und Standortwahl Multinationaler Unternehmen	N
1996	Markusen/Venables	Standortwahl Multinationaler Unternehmen	N
1999	Anderson/Forslid	Öffentliche Güter. Auswirkungen internationale Steuerharmonisierung	N
1999	Forslid et al.	Regionen mit komparativen Vorteilen. Immobile Arbeitnehmer	M
2000	Roos	Dienstleistungen und politische Maßnahmen	k.A.
2001c	Roos	Öffentliche Güter als zentripetale Kraft. Mobile Arbeitnehmer	k.A.
2002	Baldwin/Krugman	Internat. Steuerharmonisierung, quasilineare Nutzenfunktion	N
2002	Ottaviano/Tabuchi/Thisse	Quasilineare Nutzenfunktion, Stauungskosten	N, M
2004	Holmes/Stevens	Lokale Monopolmacht und intern. Preisnehmerschaft bei Unternehmen	N
2004	Brühlhart/Crozet/König	Quasilinerare Nuzenfunktion. 3 Regionen: Zentrum, Grenzregion und Ausland	N
2005	Pflüger/Südekum	Quasilineare Nutzenfunktion, immobiler Hausbestand, "footlose Entrepreneur"	M

N: Agglomeration bei niedrigenTransportlkosten
M: Agglomeration bei mittleren Transportkosten
H: Agglomeration bei hohen Transportkosten
k.A.: keine Angabe, da nicht im Fokus des Modells

Das Modell von Fan, Treyz und Treyz (2000) scheidet ebenfalls aus, weil es mit Verflechtungsmatrizen arbeitet und damit Vorraussetzung B nicht erfüllt ist.

Die „sonstigen Modelle“ sind nicht repräsentativ für die NÖG (Voraussetzung A), was wichtige Aspekte der Modellierung, der untersuchten Zusammenhänge und/oder der Gleichgewichte betrifft (siehe 3.2.5). Die Modelle von Pflüger und Südekum (2005), Brülhart, Crozet und Koenig (2004), Holmes und Stevens (2004), Ottaviano, Tabuchi und Thisse (2002) sowie Baldwin und Krugman (2000) nutzen Modellierungsansätze, die der Cobb-Douglas-Nutzenfunktion beziehungsweise der Marktform der Monopolistischen Konkurrenz widersprechen. Die Modelle von Forslid et al. (1999), Markusen und Venables (1996) und Krugman (1980) verwenden Elemente der NAT. Roos (2001c, 2000) sowie Anderson und Forslid (1999) arbeiten mit Dienstleistungen oder öffentlichen Gütern. Die Modelle von Martin und Rogers (1995) sowie von Markus und Venables (1996) weichen bezüglich der Modellierung der Transportkosten beziehungsweise ihrem Erklärungsziel deutlich vom Standard der NÖG ab. Zudem sind beide Modelle explizit international ausgerichtet und nicht auf Deutschland übertragbar.[51] Damit verbleiben für den Zusammenhang „Agglomeration bei mittleren Transportkosten“ (siehe Abbildung 7 B oben) drei Modelle: Krugman und Venables (1995), Wooton und Ludema (1997) und Puga (1999).

Zwei Gründe sprechen für die Auswahl des Models von Puga (1999). Zum einen ist es variabler als die drei anderen Modelle: Für einen unendlich hohen Wert der Lohnelastizität zwischen den Sektoren kann es die Ergebnisse seines Vorgänger-Modells von Krugman und Venables (1995) erzeugen (vgl. Puga 1999, S. 316). Unter der Annahme, dass keine Zwischenprodukte in die Produktionsfunktion eingehen, liefert es die Ergebnisse von Puga (1996a). Zugleich ist das Modell in der Lage, sowohl immobile als auch mobile Arbeitskräfte zu berücksichtigen. Zum anderen verwendet nur das Model von Puga (1999) Verflechtungsbeziehungen zwischen Unternehmen – während Wooton und Ludema (1997) sowie Asilis und Rivera-Batiz (1994) lediglich auf die im ZP-Modell angegebenen Zentripetalkräfte zurückgreifen.

Von Agglomeration lediglich bei niedrigen Transportkosten (siehe Abbildung 7 A oben) gehen Krugman (1991a,b), Asilis und Rivera-Batiz (1994), Puga (1996a) sowie Forslid und Ottaviano (2003) aus. Das Modell von Puga (1996a) ist bereits in Puga (1999) enthalten. Asilis und Rivera-Batiz (1994) arbeiten den Zusammenhang zwi-

[51] Im Gegensatz zu den meist international ausgerichteten NÖG-Modellen gehen die Annahmen der drei genannten Modelle über die Immobilität von Arbeitskräften hinaus.

schen Transportkostenveränderung und Agglomeration nur unvollständig aus. Forslid und Ottaviano (2003) liefern die qualitativ gleichen Ergebnisse wie das ZP-Modell. Aus diesen Gründen wird das „originale“ ZP-Modell zur Prüfung herangezogen. Es ist das grundlegende repräsentative Modell der NÖG. Dazu schreibt Urban 2001, S.149: „The core-periphery model is very stylized and specific. [...] Extensions include transport cost on agricultural goods, increase in the number of production factors, alternative assumptions on worker mobility, inclusion of several industrial sectors or intermediate good suppliers, etc. The basic results appear to be astonishingly robust”.

Agglomeration bei hohen Transportkosten (siehe Abbildung 7 C oben) liegen bei Livas Elizondo und Krugman (1996) sowie Helpman (1998) vor. In beiden Modellen sorgt die zentrifugale Kraft immobiler Güter für eine Aufwertung der Peripherie, so dass sich bei niedrigen Transportkostenniveaus Industrieballungen auflösen. Gegen das Modell von Livas Elizondo und Krugman (1996) spricht sein Erkenntnisziel – die Entstehung von Großstädten in Entwicklungsländern, durch „forward und backward linkages that arise when manufacturing tries to serve a small domestic market“ zu erklären (1996, S. 137). Auf Grund seines internationalen Fokus’ ist es von weniger einfach auf deutsche Industrien übertragbar als das Modell von Helpman.

Damit stehen die empirisch zu prüfenden repräsentativen Modelle fest: Für Agglomeration bei niedrigen Transportkosten ist es Krugman (1991a,b), für Agglomeration bei mittleren Transportkosten Puga (1999) und für Agglomeration bei hohen Transportkosten Helpman (1998).

3.4 Das Modell von Krugman 1991

„The original core-periphery model [...] may have seemed rather specific in its focus: It was about regional agglomeration within a country, and about agriculture versus manufacturing as an aggregate. Now we have seen [...] that many of the same insights carry over with suitable reinterpretation to issues involving the geographical concentration of particular industries, and provide an explanation of the observed clustering of industries.“

Masahisa Fujita, Paul Krugman und Anthony J. Venables (1999, S. 303f.)

3.4.1 Allgemeines

Aufbauend auf der Modellierung der Marktform der Monopolistischen Konkurrenz von Avinash Dixit und Joseph Stiglitz (1977) formulierte Paul Krugman 1980 ein Modell, mit dem er den Außenhandel zwischen zwei Ländern beschrieb. Durch den Übertrag dieses Modells auf subnatioanle Regionen und die Einführung von interregionaler Mobilität des Produktionsfaktors Arbeit wurde dieses Außenhandelsmodell zum Zentrum-Peripherie-Modell (1991a,b) – im Folgenden „Krugman (1991)“ oder „ZP-Modell“. Das ZP-Modell taucht in Krugmans Werk „Geography and Trade“ in zwei Versionen auf: Einmal in Kapitel 1, S. 14-29 als „abgespeckte“, wie er es nennt „lite version“ (vgl. Krugman 1991a, S. 101) eines „Model of Geographic Concentration“ (vgl. ebd. S. 14) und schließlich als vollständiges mathematisches Gleichgewichtsmodell im Appendix A (vgl. ebd. S. 101-113). Diese mathematische Version war das grundlegend Neue und der „Akzeptanzkatalysator“ für den (neuerlichen) Einzug geografischer Aspekte in die Ökonomie (vgl. Güßefeldt 2003).

In dem Modell wird die vollständige Miniaturwelt einer geschlossenen Volkswirtschaft mit den Wirtschaftssubjekten private Haushalte und Unternehmen beschrieben (siehe Abbildung 9). Vom Staat und Ausland wird abstrahiert. In einem homogenen Raum, der aus zwei Regionen besteht, existieren zwei Sektoren: Industrie, und Landwirtschaft. Sie sind anfänglich gleichmäßig auf beide Regionen verteilt. Die Industrie unterliegt der Marktform der Monopolistischen Konkurrenz. Dort wird unter der Annahme steigender Skalenerträge produziert. Die Unternehmen versuchen deshalb mit nur einem Betrieb und Standort den gesamten Markt, das heißt beide Regionen mit ihrer jeweiligen Produktvariante zu versorgen. Im Fall hoher Transportkosten zwischen den Regionen ist dies allerdings zu teuer und die Industrie bleibt in gleichen Anteilen auf beide Regionen verteilt. Das Transportkostenniveau, ab dem sich die Industrie in nur einer Region konzentriert, sinkt mit der Höhe der realisierbaren Skalenerträge in der Produktion. Hohe Skalenerträge können dann realisiert werden, wenn die Präferenzen der Konsumenten nach Abwechslung, das heißt der Erhältlichkeit verschiedener Produktvarianten, gering sind. In diesem Fall sind die Preiselastizität der Nachfrage und damit die Substituierbarkeit zwischen den Produktvarianten hoch. Die Kosteneinsparung durch die Produktion großer Mengen, macht die Versorgung mit Industriegütern aus nur einer Region auch bei relativ hohen Transportkosten möglich.

Abbildung 9: Die kumulativen Prozesse im Modell von Krugman 1991

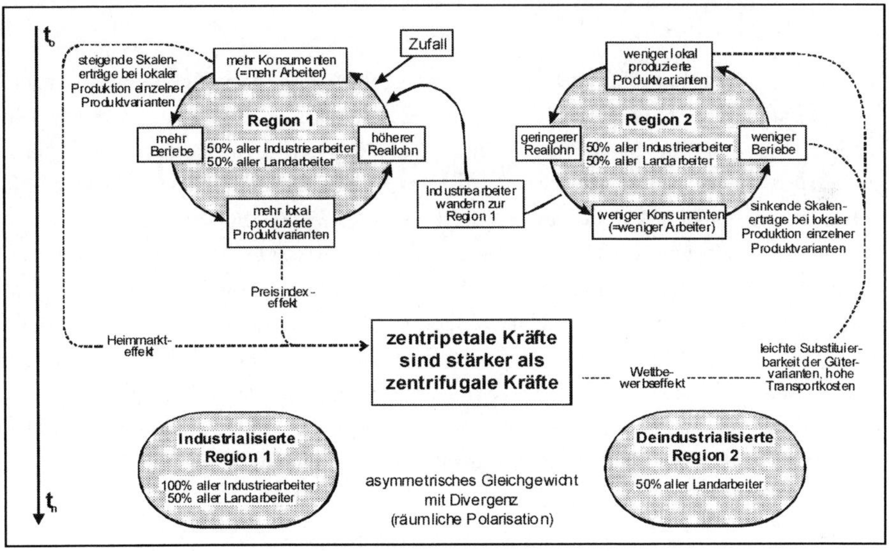

Quelle: Sternberg 2001, S. 163.

Die zentrifugalen Kräfte resultieren zum einen aus der Modellierung des Agrarsektors. Agrarprodukte sind homogen und werden unter der Annahme vollständiger Konkurrenz produziert. Die Landarbeiter sind „schollenpflichtig", das heißt räumlich immobil und zu jeweils 50% fix auf die Regionen verteilt. Da alle Arbeitskräfte zugleich Konsumenten sind, müssen sie sowohl mit Agrar- als auch mit Industriegütern versorgt werden. Der Transport der homogenen Agrargüter verursacht annahmegemäß keine Kosten. Werden jedoch alle Industriegüter in nur einer Region (Zentrum) produziert, müssen die Landarbeiter in der anderen Region (Peripherie) versorgt werden. Es fallen Transportkosten an. Dies wirkt einer ausschließlichen Produktion im Zentrum entgegen und zwar umso stärker, je mehr Menschen im landwirtschaftlichen Sektor arbeiten. Zum anderen stellt sich mit einer steigenden Zahl von Unternehmen im Zentrum eine Konkurrenz um Arbeitskräfte und um die lokalen Absatzmärkte ein. Dieser „Wettbewerbseffekt" wirkt ebenfalls in Richtung Gleichverteilung der Industrie (siehe zu den einzelnen „Effekten" Kapitel 2.4). Andererseits verstärkt sich mit der Ansiedlung der mobilen Industriearbeiter – auch sie sind Konsumenten – die Nachfrage nach Industrieprodukten. Diese sind lokal billiger, da keine Transportkosten anfallen. Dies wirkt als eine zentripetale Kraft auf die Konsumenten (Preisindex- oder Reallohneffekt). Wegen der höheren lokalen Nachfrage können Unternehmen interne Skalenerträge ausnutzen und machen größere Gewinne. Diese geben sie umgehend über gestiegene Nominallöhne an ihre Arbeitkräfte weiter, was wiederum den lokalen Markt vergrößert (Heimmarkteffekt).

Für die Migrationsentscheidung der Arbeitnehmer ist im kurzfristigen Gleichgewicht der regionalen Güter- und Arbeitsmärkten die Differenz der Reallöhne zwischen den beiden Regionen maßgeblich. Je nachdem ob die zentrifugalen oder zentripetalen Kräfte überwiegen, resultiert ein langfristiges Gleichgewicht, in dem die Industrie entweder zu gleichen Anteilen auf beide Regionen verteilt (die Reallohndifferenz ist null und die Haushalte wandern nicht) oder in einer der beiden Regionen konzentriert ist (die Reallohndifferenz ist ungleich null und die Haushalte wandern. Siehe dazu Kapitel 2.5.1). Auf Grund der Pfadabhängigkeit der Entwicklung durch die dem Modell inhärenten, sich selbstverstärkenden Prozesse, bestimmt die Richtung des ersten Standortwechsels durch die Haushalte, welche Region die gesamte Industrie bekommt. Diese Wanderungsrichtung (in Abbildung 9 von Region 2 nach Region 1) ist wegen der anfänglichen Homogenität der Regionen rein zufallsabhängig.

3.4.2 Modellierung des Raumes, der Mobilität und der Transportkosten

In Krugmans ZP-Modell (1991, S. 101ff.)[52] gibt es zwei Regionen Ost und West – im Folgenden Region i, mit i=1 oder 2. Dort werden Agrar- und Industriegüter produziert. Die Regionen sind homogen. Standortvorteile jeglicher Art sind nicht vorhanden. Der einzige Produktionsfaktor ist Arbeitskraft. Die Arbeitnehmer sind sektoral immobil.

Die Beschäftigten im Agrarsektor L_A verteilen sich gleichmäßig mit einem jeweiligen konstanten Anteil von $(1-\pi)/2$ der Gesamtbeschäftigten L auf beide Regionen. Die Landarbeiter sind interregional immobil.

---

[52] Eine sehr detaillierte Beschreibung und Ableitung aller mathematischen und technischen Details des Modells findet sich bei Fujita/Krugman/Venables 1999, S. 45-77; Brakman/Garretsen/van Marrewijk 2001, S. 59-99 und Baldwin et al. 2003 S. 9-66.

Im Anfangsgleichgewicht verteilen sich auch die Industriearbeiter gleichmäßig mit jeweils $\pi L/2$ auf beide Regionen[53], wandern jedoch ad hoc, das heißt sofort in die Region, in der ihnen ein höheres Realeinkommen geboten wird.

Bei der Verschickung der Industriegüter zwischen den Regionen fallen Transportkosten an. Krugman modelliert die Transportkosten nach der „Eisbergfunktion" (vgl. Samuelson 1952): Bei der Beförderung der Industriegüter „schmilzt" ein Teil der Güter weg. Nur ein Prozentsatz $\tau=1/T<100\%$ kommt am Bestimmungsort an. Der Parameter T kennzeichnet dabei den Anteil an Industriegütern der losgeschickt wird, damit genau eine Einheit am Bestimmungsort ankommt. Die Transportkosten sind symmetrisch, das heißt die Richtung des Transports zwischen den Regionen spielt keine Rolle ($T=T_{1,2}=T_{2,1}$). Für Agrargüter fallen keine Transportkosten an.

3.4.3 Modellierung der Produktion

In den Sektoren Industrie und Landwirtschaft ist Arbeitskraft der einzige Produktionsfaktor. Agrargüter sind homogen. „To save notation" (Krugman 1991a, S. 103) dienen sie als „Numeraire". Ihr Preis wird auf eins normiert. Die Agarproduktionsfunktion ist durch konstante Skalenerträge gekennzeichnet. Um ein Agrargut mehr zu produzieren, muss auch ein Landarbeiter mehr eingesetzt werden. Die Marktform ist die der vollständigen Konkurrenz. Der Lohnsatz entspricht dem marginalen Preis und ist ebenfalls eins. Auf Grund dieser Modellierung stimmt der Anteil der Ausgaben für Agrargüter an den Gesamtausgaben ($1-\pi$) mit dem Anteil der in der Landwirtschaft Beschäftigten an den Gesamtbeschäftigten überein.

Industriegüter sind teilweise substituierbar und unterliegen der Marktform der Chamberlinschen beziehungsweise dixit-stiglitzschen Monopolischen Konkurrenz. In die Kostenfunktion der verschiedenen industriellen Produktvarianten h geht ein Fixkostenfaktor α ein. Zusammen mit den variablen Kosten β legt er die für die regionsspezifische Produktionsmenge einer Variante $x(h)_i$ notwenigen Kosten fest. Diese lassen sich mit dem Arbeitseinsatz L_{Mi} ausdrücken:

$$\text{K1:} \quad L_{Mi} = \alpha + \beta x(h)_i \quad \text{oder} \quad x(h)_i = -\frac{\alpha}{\beta} + \frac{1}{\beta} \times L_{Mi}$$

---

[53] Analog entspricht π dem Ausgabenanteil für Industriegüter, mit $0<\pi<1$.

Abbildung 10 zeigt die Kostenverläufe der Unternehmen. Der Fixkostenanteil α sorgt für steigende firmeninterne Skalenerträge. Mit steigender Produktionsmenge $x(h)_i$ in einer Region sinken die Durchschnittskosten und nähern sich den Grenzkosten β an.

Abbildung 10: Kostenverläufe bei internen Skalenerträgen

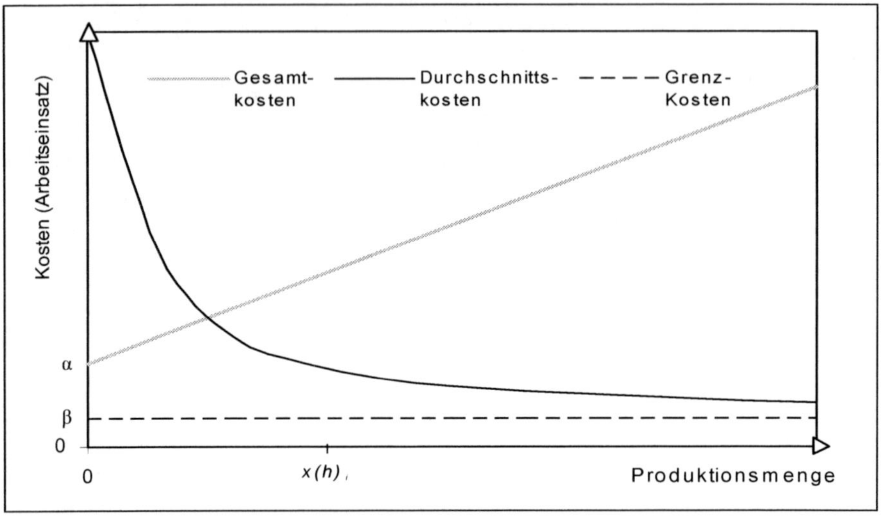

Jedes Unternehmen produziert mit internen Skalenerträgen nur eine Produktvariante h und verfügt über eine gewisse Preissetzungs- und damit Monopolgewalt. Ab einer großen Zahl von Unternehmen ist „the cross elasticity [zwischen den Produktvarianten] neglible" (Dixit/Stiglitz 1977, S. 298) und die Preiselastizität der Nachfrage σ ist für die einzelnen Produktvarianten konstant. In seinem Gewinnmaximierungskalkül setzt ein Unternehmer den regionalen Preis p_i über den monetären Grenzkosten βw (Arbeitseinsatz mal Lohnsatz) fest. Der regionale Preis mit konstantem Preisaufschlag $\sigma/(\sigma\text{-}1)$ beträgt im Modell der Monopolistischen Konkurrenz nach Dixit und Stiglitz (1977, S. 299):

K2: $$p_i = \frac{\sigma}{\sigma - 1}\beta w_i$$

Durch freien Marktzutritt sinken die Gewinne G eines einzelnen Unternehmens im Gleichgewicht auf null. Die Bedingung der Nullgewinne lautet „Preis gleich Durchschnittskosten":

K3: $G_i = xp_i - L_{Mi}w_i = 0$ beziehungsweise $p_i = \alpha w_i / x + \beta w_i$

Zusammen mit K2 lässt sich daraus die Produktionsmenge eines jeden Unternehmens ableiten:

K4: $$x = \frac{\alpha(\sigma - 1)}{\beta}$$

Sie ist wie α, β und σ in beiden Regionen gleich groß. Da die Nachfrage nach Arbeit dem Arbeitsangebot in einer Region entspricht (von Pendlerbewegungen und Arbeitslosigkeit wird also abgesehen), können mit steigender Anzahl von Arbeitskräften in einer Region L_{Mi} auch mehr Produktvarianten n_i in einer Region hergestellt werden.

K5: $$n_i = \frac{1}{\sigma\alpha} L_{Mi}$$

3.4.4 Modellierung der Nachfrage

Die Nutzenfunktion eines repräsentativen Haushaltes modelliert Krugman mit einer für alle Konsumenten einheitlichen Cobb-Douglas-Nutzenfunktion. Der Nutzen U hängt vom Konsum der Agrargütern C_A und Industriegütern C_M ab:

K6: $$U = C_M^{\pi} C_A^{(1-\pi)}$$

Dabei ist π der Anteil des Einkommens, der für Industriegüter und $(1-\pi)$ der Anteil, der für Agrargüter ausgegeben wird. Wegen $(1-\pi)+\pi=1$ ist die Konsumfunktion linear homogen, das heißt die Skalenelastizität beträgt eins. Deshalb steigt mit proportional steigendem Konsum beider Faktoren, auch der Nutzen für den Konsumenten proportional.

In der formalen Darstellung der Monopolistischen Konkurrenz von Dixit und Stiglitz (vgl. 1977, S. 299) ergibt sich der aggregierte Konsum der Industriegüter C_M als CES-Funktion:

K7: $$C_M = \left[\sum_{h=1}^{n} c(h)^{\rho}\right]^{\frac{1}{\rho}} = \left[\sum_{h=1}^{n} c(h)^{\frac{\sigma-1}{\sigma}}\right]^{\frac{\sigma}{\sigma-1}}$$

Da der Konsument Angebotsvielfalt wünscht („love-of-variety effect"), nimmt mit dem Konsum einer steigenden Anzahl n verfügbarer Produktvarianten h der aggregierte Konsum C_M und damit die Wohlfahrt des Konsumenten zu. Die Höhe des aus der Verfügbarkeit zahlreicher Produktvarianten resultierenden zusätzlichen Konsums, ist null, falls die Produkte absolut homogen und damit vollständig substituierbar sind. Mit den Unterschieden zwischen den Produktvarianten, steigt der Anreiz zu konsumieren. Die Substituierbarkeit der Produktvarianten gibt der Substitutionsparameter ρ an. Er hängt mit der Preiselastizität der Nachfrage σ wie folgt zusammen: (vgl. Dixit/Stiglitz 1977, S. 298):

K8: $$\sigma = \frac{1}{1-\rho} \quad \text{beziehungsweise} \quad \rho = (\sigma - 1)/\sigma$$

Monopolistische Konkurrenz liegt vor, falls ρ zwischen null und eins beziehungsweise falls σ zwischen eins und plus unendlich liegt. Die Produktvarianten sind dann nichtperfekte Substitute. Für $lim\ \rho \rightarrow 1$ und $lim\ \sigma \rightarrow \infty$ geht die CES-Funktion in eine Cobb-Douglas-Funktion über (vgl. Wied-Nebbeling/Schott 2001). Die Produkte sind für die Konsumenten homogen. Der Nutzen hängt nun ausschließlich von der konsumierten Gesamtmenge und nicht mehr von der Aufteilung der Industriegüter in möglichst viele Varianten ab. Es gilt $C_M = \sum c(h)$. In diesem Fall liegt keine Monopolistische Konkurrenz mehr vor, da der Preissetzungsspielraum eines Unternehmens null ist. Für $\rho \leq 0$ und $\sigma \leq 1$ sind die Produktvariationen komplementär, da bei unveränderter Budgetrestriktion gilt: $dc(h=l)/dp(h \neq l) < 0$.[54]

In einer CES-Funktion bleibt die Nachfrageelastizität σ der differenzierten Produkte in zweierlei Hinsicht konstant: Erstens für alle Preise einer Produktvariable und zweitens zwischen den Produktvarianten. Im Modell Monopolistischer Konkurrenz von Dixit und Stiglitz (1977) entspricht der Absolutwert der Preiselastizität der Nachfrage immer der Substitutionselastizität der Güter (vgl. Wied-Nebbeling/Schott 2001). Die aggregierten Preise der Industriegüter sind als Preisindex I definiert. Bei einem fixen Budget für Industrieprodukte πY, sorgen fallende Preise der Produktvarianten, für eine gesteigerte Nachfrage nach Produktvarianten und damit gesteigerten Konsumentennutzen. Es gilt: $U = \pi Y / I$ mit einem Preisindex:

K9: $$I = \left(\sum_{h=1}^{n} p^{1-\sigma} \right)^{1/(1-\sigma)}$$

---

[54] Die Gleichung K7 ist für $\rho=0$ und $\sigma=1$ nicht definiert.

Das für Industrieprodukte ausgegebene Einkommen πY limitiert die Nachfrage nach einer Produktvariante h mit $\pi Y = \sum p(h)c(h)$. Aus K7, K8 und K9 lässt sich die optimale Nachfrage nach einer Produktvariante $c(h)$ ableiten (vgl. für die detaillierten Rechenschritte Brakman/Garretsen/van Marrewijk 2001, S. 70-71):

K10: $c(h) = (\pi Y I^{\sigma-1})p(h)^{-\sigma}$

Die für den Konsumenten optimale Nachfrage nach einer Produktvariante ist abhängig vom Einkommen Y, dem Anteil der Ausgaben für Industriegüter π, dem Preis für das individuelle Industriegut $p(h)$ und dem Preisindex für Industriegüter I. Dabei wird der Term $\pi Y I^{\sigma-1}$ als konstant betrachtet. Der individuelle Unternehmer nimmt diese Größen als gegeben an. Zwar beinhaltet der Preisindex I auch den Preis seiner eigenen Produktvariation, jedoch schon bei mehr als 200 Unternehmen beziehungsweise Varianten ist die Möglichkeit einer Beeinflussung des Preisindex „virtually undetectable" (Brakman/Garretsen/van Marrewijk 2001, S. 76). In Abbildung 11 ist der konstante Term gleich eins gesetzt ($\pi Y I^{\sigma-1}=1$). Der Kurvenverlauf der Nachfrage nach einer Produktvariante *c(h)* ist jeweils für verschiedene Werte von ρ (beziehungsweise σ) dargestellt.

Abbildung 11: Nachfragekurven der Produktvarianten

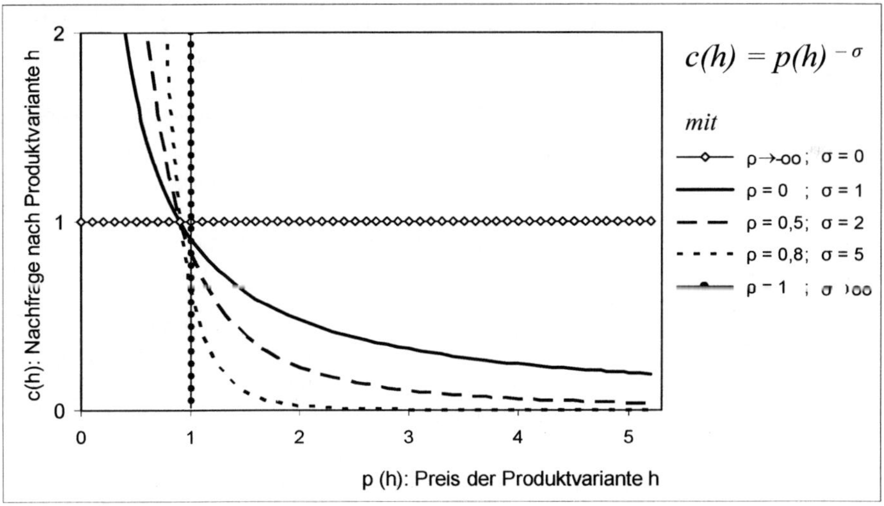

Quelle: Eigene Darstellung nach Brakman/Garretsen/van Marrewijk 2001, S. 72.

Die Nachfragekurve für $\rho=-\infty$ ($\sigma=0$) ist eine Gerade, da sie vollkommen unabhängig vom Preis verläuft. Dort und auch für Werte $\rho<0$ ($\sigma<1$) liegt eine Monopolsituation vor: Die Unternehmen können ihre Preise setzen, da Preiserhöhungen nur zu unterproportional weniger Nachfrage führt. Die Marktform der monopolitischen Konkurrenz liegt nur bei Nachfragekurven vor, die zwischen der Kurve für $\rho=0$ ($\sigma=1$) und der Gerade für $\rho=1$ ($\sigma=\infty$) verlaufen. Bei Letzterer führt eine infinitesimal kleine Preiserhöhung zu einem totalen Nachfrageausfall. Generell gilt: Je höher die Substitutionselastizität zwischen den Produktvarianten ρ (Preiselastizität der Nachfrage σ) ist, desto schneller fällt bei einer Preissteigerung die Nachfrage nach einer Variante h.

3.4.5 Kurzfristige und langfristige Gleichgewichte

Um ein kurzfristiges Modellgleichgewicht zu erreichen, müssen die regionalen Märkte geräumt sein. Der Agrargütermarkt ist per se geräumt: Der Ausgabenanteil für landwirtschaftliche Produkte entspricht dem Anteil der Landarbeiter und damit der Produktion in der Landwirtschaft (siehe Kapitel 3.4.3 oben). Auf den Arbeitsmärkten herrscht per definitionem Vollbeschäftigung; hier geschieht die Anpassung über die regionalen Löhne. In den regionalen Märkten für Industriegüter müssen die regionalen Löhne zusammen mit den regionalen Preisen ein Niveau erreichen, das das Güterangebot und die Güternachfrage der Industrie für die gesamte miniaturisierte Volkswirtschaft ins Gleichgewicht bringt.

Die Nachfrage nach einer Produktvariante $c(h)=(\pi Y I^{\sigma-1})p(h)^{-\sigma}$ (siehe Gleichung K10) ist abhängig von den Variablen Preiselastizität der Nachfrage σ, dem Ausgabenanteil für Industriegüter π, dem Preis der Variante p, dem Preisindex I (als den Vergleichspreisen aller anderen Produktvarianten) sowie dem verfügbaren Einkommen Y.

Das verfügbare Einkommen wird in der Produktion der Landwirtschaft und Industrie erwirtschaftet. Der exogen vorgegebene Ausgabenanteil für landwirtschaftliche Güter in Höhe von $1\text{-}\mu$ legt die Anzahl der Landarbeiter und damit die produzierte Agrargütermenge fest. Wegen ihrer Immobilität arbeiten in jeder Region immer $(1\text{-}\mu)L/2$ Landarbeiter. Die Marktform der polypolistischen Konkurrenz sorgt für Nullgewinne in der Landwirtschaft. Auch in der Industrie reduzieren sich durch den freien Marktzutritt die Gewinne der Unternehmen in beiden Regionen auf null. Somit besteht das regionale Einkommen Y_i in beiden Regionen ausschließlich aus den Löhnen, die sowohl in der Agrar- als auch in der Industrie-Produktion verdient werden. Das gesamte Einkommen aus der Landwirtschaft Y_A ergibt sich aus dem Produkt des Lohnsatzes der Landarbeiter – dieser dient allerdings als Numeraire und wird im Modell gleich eins gesetzt – und dem totalen Arbeitseinsatz der Landarbeiter. Es gilt: $Y_A=(1\text{-}\pi)L/2$. In beiden Regionen ist Y_A konstant und gleich hoch. Das Einkommen in der Industrie setzt sich aus dem regionalen Lohnsatz w_i und den regional verfügbaren Arbeitskräften zusammen. Es gilt: $Y_M=w_iL_{Mi}$. Der Anteil der Industriearbeiter in Region 1 an allen in der Industrie arbeitenden soll im Folgenden mit λ bezeichnet werden, so dass gilt: $L_{M1}=\lambda\pi L$. Damit stehen die Einkommen in beiden Regionen fest:

K11: $Y_1 = w_1\lambda\pi L + (1\text{-}\pi)L/2$ und

K12: $Y_2 = w_2(1\text{-}\lambda)\pi L+1/2(1\text{-}\pi)L$

Der optimale Preis wird durch das Gewinnmaximierungskalkül eines Unternehmens festgelegt. Er beträgt $p_i=\sigma/(\sigma\text{-}1)\beta w_i$ (siehe Gleichung K2). Damit sind die regionalen Preise proportional zu den regionalen Löhnen.

Dies führt dazu, dass sich auch der Preisindex, als die Summe der Preise aller Industriegüter, zwischen den Regionen unterscheidet. Dabei spielen noch zwei weitere Faktoren eine Rolle (vgl. dazu auch Brakman/Garretsen/van Marrewijk 2001, S. 87):

- Der Transport zwischen Region verteuert ein Produkt um den Faktor T-1 (siehe Kapitel 3.4.2 oben).
- Die Anzahl der in einer Region produzierten Varianten ergibt sich aus $n_i=\pi L_{Mi}/\alpha\sigma$ (siehe Gleichung K5) mit $L_{M1}=\lambda\pi L$ und $L_{M2}=(1\text{-}\lambda)\pi L$.

Zusammen mit K9 lassen sich aus den drei genannten Bedingungen die beiden regional unterschiedlichen Preisindices für Region 1 und Region 2 ableiten:

K13: $$I_1 = \left(\frac{\sigma\beta}{\sigma-1}\right)\left(\frac{\pi L}{\alpha\sigma}\right)^{1/1-\sigma}\left(\lambda w_1^{1-\sigma} + (1-\lambda)T^{1-\sigma}w_2^{1-\sigma}\right)^{1/1-\sigma}$$

K14: $$I_2 = \left(\frac{\sigma\beta}{\sigma-1}\right)\left(\frac{\pi L}{\alpha\sigma}\right)^{1/1-\sigma}\left((1-\lambda)w_2^{1-\sigma} + \lambda T^{1-\sigma}w_1^{1-\sigma}\right)^{1/1-\sigma}$$

Die Nachfrage nach einer Produktvariante kommt aus beiden Regionen. Die Nachfrage aus Region 1 für ein Produkt aus Region 1 $c(h)_{1,2}$ erhält man durch Einsetzen der Gleichungen K2 (mit i=1), K11 und K13 in die Gleichung K5:

$$\text{K15:}\quad c(h)_{1,1} = (\pi Y_1 I_1^{\sigma-1}) p(h)_1^{-\sigma} = \pi\beta^{-\sigma}\left(\frac{\sigma-1}{\sigma}\right)^{\sigma} Y_1 w_1^{-\sigma} I_1^{\sigma-1}$$

Weitgehend analog ergibt sich die Nachfrage aus Region 2 für ein Produkt aus Region 1. Der Preis beträgt in Region 2 $Tp(h)_1$. Daneben werden K12 und K14 in die Gleichung K5 eingesetzt:

$$\text{K16:}\quad c(h)_{1,2} = (\pi Y_2 I_2^{\sigma-1})(Tp(h)_1)^{-\sigma} = \pi\beta^{-\sigma}\left(\frac{\sigma-1}{\sigma}\right)^{\sigma} Y_2 w_1^{-\sigma} T^{-\sigma} I_2^{\sigma-1}$$

Im Gleichgewicht muss die Gesamtnachfrage aus beiden Regionen $c(h)_1 = c(h)_{1,R1} + c(h)_{1,R2}$ dem optimalen Güterangebot $x = \alpha(\sigma\text{-}1)/\beta$ (siehe Gleichung K4) entsprechen. Aufgelöst nach dem regionalen Lohnsatz w_i resultiert aus K4=K15+K16:

$$\text{K17:}\quad w_1 = \frac{\sigma-1}{\sigma}\beta^{(\sigma-1)/\sigma}\left(\frac{\pi}{a(\sigma-1)}\right)^{1/\sigma}(Y_1 I_1^{\sigma-1} + Y_2 T^{1-\sigma} I_2^{\sigma-1})^{1/\sigma}$$

Da das 2-Regionen Modell symmetrisch angelegt ist gilt für w_2:

$$\text{K18:}\quad w_2 = \frac{\sigma-1}{\sigma}\beta^{(\sigma-1)/\sigma}\left(\frac{\pi}{a(\sigma-1)}\right)^{1/\sigma}(Y_2 I_2^{\sigma-1} + Y_1 T^{1-\sigma} I_1^{\sigma-1})^{1/\sigma}$$

Über das System der sechs Gleichungen K11, K12, K13, K14, K17 und K18 lässt sich das kurzfristige Gleichgewicht bestimmen. Die Variablen π (Ausgabenanteil für Industriegüter), σ (Preiselastizität der Nachfrage), α (Fixkosten), β (variable Kosten), L (Anzahl der Arbeitskräfte insgesamt) und T (Transportkosten) sind dabei exogen. Ihre Parameter werden von außen in das Modell „eingespeist" und bleiben konstant. Sie bestimmen, welche Werte die modellendogenen Variablen w_1, w_2, I_1, I_2, Y_1, Y_2 sowie λ, der Anteil der Industrie(-Arbeiter) in Region 1, annehmen müssen, damit das Gleichungssystem erfüllt ist, und sich die regionalen Arbeitsmärkte und Gütermärkte im Gleichgewicht befinden. Da das System mit sechs Gleichungen und sieben endogenen Variablen unterbestimmt ist, lassen sich die Reallöhne in beiden Regionen als Funktion von λ nur numerisch ermitteln.

Die Graphen in Abbildung 12 stellen die Reallohndifferenzen $w_{R1}\text{-}w_{R2}$ (mit $w_{Ri}=w_i/I_i^{\sigma}$) als Funktion von λ dar. Dabei repräsentiert jeder Punkt auf den Kurven eine Situation, in der alle Gleichgewichtsbedingungen erfüllt sind. Dort ist λ kurzfristig konstant. Allerdings nur so lange, bis der repräsentative Arbeitnehmer „ad hoc" zu wandern beginnt. Dies geschieht, falls sein persönlicher Nutzen U – gemessen an den regionalen Reallohndifferenzen – in der potenziellen Zuzugsregion höher ist. Sobald die

Faktorwanderung zum Erliegen kommt, ist ein langfristiges stabiles λ und damit Gleichgewicht erreicht.

Abbildung 12: Transportkosten und interregionale Allokation im Modell von Krugman 1991

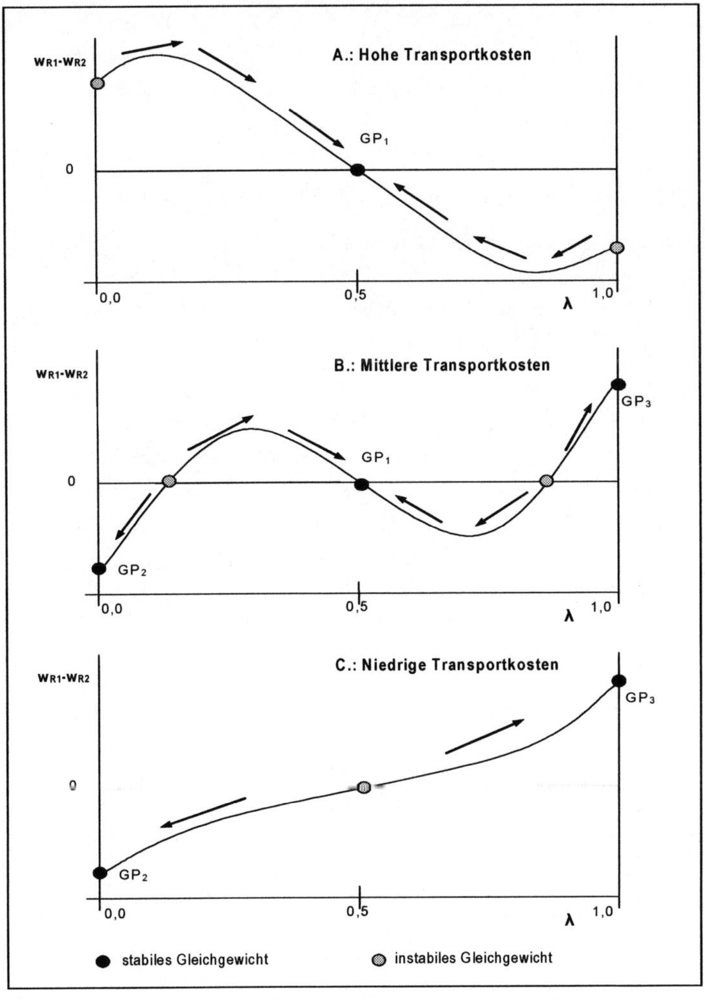

Quelle: Eigene Darstellung nach Fujita/Krugman/Venables 1999, S. 66-67.

Für verschiedene Werte der exogenen Transportkosten T ändern sich die Kurvenverläufe der kurzfristigen Gleichgewichte. In Abbildung 12 ist für drei unterschiedliche

Transportkostenniveaus ceteris paribus jeweils die Höhe der Reallohndifferenzen zwischen den beiden Regionen w_{R1}-w_{R2} in Abhängigkeit von λ, dem Industrieanteil in Region 1, dargestellt.

Es entstehen drei Arten langfristiger Gleichgewichte:[55]

a) GP_1: Die Reallöhne sind in beiden Region gleich hoch und eine Zunahme (Abnahme) der Anzahl der Wirtschaftssubjekte lässt den Lohn in Region 1 sinken (steigen).

b) GP_2: Alle Industriearbeiter sind aus Region 1 weggezogen und der Reallohn ist dort geringer als in Region 2.

c) GP_3: Alle Industriearbeiter wohnen in Region 1 und der Reallohn ist dort höher als in Region 2.

Bei hohen Transportkosten (Kurve A) liegt das langfristige Gleichgewicht bei λ=0,5 (GP1). Die Industrie ist dispers verteilt. Mittlere Transportkosten (Kurve B) sorgen für drei mögliche Gleichgewichtspunkte: GP_1: Gleichverteilung mit λ=0,5, GP_2: völlige Entleerung der Region 1 mit λ=0 oder GP_3: vollständige Agglomeration in Region 1 mit λ=1,0. Bei niedrigen Transportkosten (Kurve C) fällt die Möglichkeit der Gleichverteilung weg und die Industrie ballt sich in einer der beiden Region (GP_2 oder GP_3).

3.4.6 Erhaltepunkt, Bruchpunkt und Bifurkation

Erhaltepunkt T(S) und Bruchpunkt T(B) (siehe Kapitel 2.5.2 oben) lassen sich durch Einsetzen in das folgende vereinfachte Gleichungssystem[56] bestimmen (die vereinfachten Gleichungen sind jeweils mit einem * markiert):

---

[55] Siehe für die formalen Bedingungen auch Kapitel 2.5.1. Da Krugman auf die Reallöhne rekurriert, ist dort und in Abbildung 5 oben der Term U_1-U_2 durch die Differenz der Reallöhne w_{R1}–w_{R2} zu ersetzen.

[56] Die Konstante aus K13 und K14 wurde hier gleich eins gesetzt (normalisiert). Dies erleichtert die Berechnung, lässt die Zusammenhänge aber unverändert. Es gilt: $\left(\frac{\sigma\beta}{\sigma-1}\right)\left(\frac{\pi L}{\alpha\sigma}\right)^{1/1-\sigma}=1$

K11: $Y_1 = w_1\lambda\pi L + (1-\pi)L/2$

K12: $Y_2 = w_2(1-\lambda)\pi L + 1/2(1-\pi)L$

K13*: $I_1 = \left(\lambda w_1^{1-\sigma} + (1-\lambda)T^{1-\sigma} w_2^{1-\sigma}\right)^{1/1-\sigma}$

K14*: $I_2 = \left((1-\lambda)w_2^{1-\sigma} + \lambda T^{1-\sigma} w_1^{1-\sigma}\right)^{1/1-\sigma}$

K17*: $w_1 = (Y_1 I_1^{\sigma-1} + Y_2 T^{1-\sigma} I_2^{\sigma-1})^{1/\sigma}$

K18*: $w_2 = (Y_2 I_2^{\sigma-1} + Y_1 T^{1-\sigma} I_1^{\sigma-1})^{1/\sigma}$

Der Erhaltepunkt T(S) gibt an, bis zu welchem Transportkostenniveau eine bestehende Agglomeration stabil ist. Liegt eine absolute Konzentration der Industrie in Region 1 mit λ=1,0 vor, wird das vereinfachte Gleichungssystem mit folgenden Werten erfüllt:

$w_1=1$, $Y_1=(1+\pi)L/2$, $Y_2=(1-\pi)L/2$, $I_1=1$, $I_2=T$ und

K19: $w_2 = \left(\frac{1+\pi}{2}T^{1-\sigma} + \frac{1-\pi}{2}T^{\sigma-1}\right)^{1/\sigma}$

(vgl. Fujita/Krugman/Venables 1999, S. 69ff.). Falls der Reallohn in Region 2 höher ist ($w_{R2}=w_2/I_2>w_{R1}=1$), setzt eine Wanderbewegung aus Region 1 ein und die Agglomeration löst sich auf. Nur wenn gilt: $w_{R2}<1$, gibt es keine Anreize umzuziehen und eine räumliche Konzentration ist von Dauer. Mit der Umformung $(w_{R2})^\sigma=(w_2/T)^\sigma$ lässt sich das Transportkostenniveau T(S) (numerisch) bestimmen. Dabei ist $(w_{R2})^\sigma$ und damit w_{R2} eine Funktion von T:

K20: $f(T) = (w_{R2})^\sigma = \frac{T\pi\sigma}{2}\left((1+\pi)T^{\sigma-1} + (1-\pi)T^{-(\sigma-1)}\right) < 1$

Für alle Werte T, für die gilt: $w_{R2}<1$ beziehungsweise $(w_{R2})^\sigma<1$, „hält" die Agglomeration. Ab einem Transportkostenniveau T, für das gilt: $f(T)=w_{R2}=1$, bricht sie zusammen. Dort liegt T(S) (siehe Abbildung 13 A).[57]

Ebenso gilt für die Konstante in K17 und K18: $\frac{\sigma-1}{\sigma}\beta^{(\sigma-1)/\sigma}\left(\frac{\pi}{a(\sigma-1)}\right)^{1/\sigma}=1$

[57] Krugman (1991a, S. 108f.) bestimmt den Erhaltepunkt nicht über die regionalen Reallöhne, sondern über die Verkäufe („sales") der Unternehmen in den Regionen. Das Ergebnis ist das gleiche.

Abbildung 13: Erhaltepunkt und Verläufe von f(T) im Modell von Krugman 1991

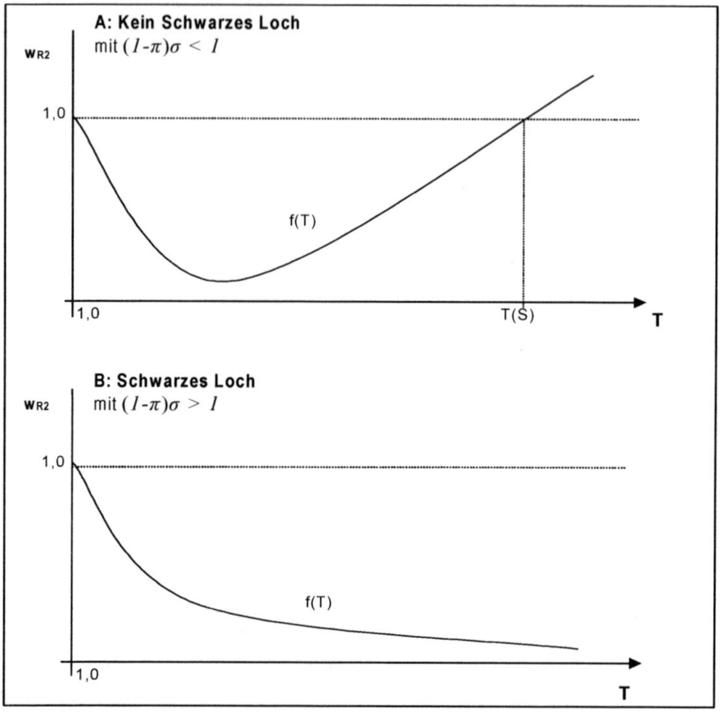

Quelle: Eigene Darstellung nach Fujita/Krugman/Venables 1999, S. 71; Brakman/Garretsen/van Marrewijk 2001, S. 125f..

Allerdings existiert mit $\sigma(1-\pi)<1$ eine Kombination der Parameter π und σ, für die die Gleichung K20 bei allen Transportkostenniveaus T kleiner als eins bleibt. In diesem Fall sind die zentripetalen Kräfte so stark, dass eine Konzentration der Industrie immer bestehen bleibt, mit $f(T)>1$ für alle T (siehe Abbildung 13 B). Wenn man so will, ist ein „Schwarzes Loch" vorhanden. Ist dagegen die „Kein-Schwarzes-Loch-Bedingung" („assumption of no black holes")[58] erfüllt und es gilt: $\sigma(1-\pi)>1$, kommt eine Gleichverteilung der Industrie ab dem Transportkostenniveau T(S) zu Stande (siehe Abbildung 13 A).

---

[58] Fujita, Krugman und Venables (1999, S. 58-59) leiten die Kein-Schwarzes-Loch-Bedingung nicht über T(S), sondern a priori über eine Limitierung der zentripetalen Kräfte ab.

Daneben existiert ein Transportkostenniveau T(B) bei dem (ceteris paribus der restlichen Variablen) eine bestehende Gleichverteilung der Industrie zusammenbricht. Dies ist der Fall, sobald ein infinitesimaler Zuwachs des Anteils der Wirtschaftssubjekte in Region 1 zu einer positiven Veränderung des relativen Reallohns in Region 1 führt und damit gilt: $dw_1/d\lambda>0$.[59]

Dagegen gilt bei einer symmetrischen Verteilung der Industrie auf beide Regionen (durch Einsetzen in K11, K12 und K13* bis K18* oder vgl. Fujita/Krugman/Venables 1999, S. 72):

$\lambda=(1-\lambda)=0{,}5$ und damit $w_1=w_2=1$, $Y_1=Y_2=0{,}5$ und $I_1=I_2=(0{,}5(1+T^{1-\sigma})^{1(1-\sigma)}$

Für diesen speziellen Fall ist das Modell spiegelbildlich-symmetrisch und auf die Indexierung der Regionen kann verzichtet werden (siehe dazu die Schnittpunkte der Kurven mit der Geraden $w_{R1}-w_{R2}=0$ bei $\lambda=0{,}5$ in Abbildung 12 oben).[60]

In Abbildung 12 C oben gilt allerdings $dw/d\lambda>0$. Das Gleichgewicht ist instabil und bei marginalen Unterschieden zwischen den Regionen, setzt eine Wanderbewegung der Wirtschaftssubjekte ein. Sie endet erst dann, wenn ein neues langfristiges Gleichgewicht erreicht wird, das sich durch vollständige Konzentration der Industrie in einer der beiden Regionen auszeichnet (In Abbildung 12 C endet die Bewegung vom instabilen Gleichgewicht bei $\lambda=0{,}5$ entweder in GP_2 oder GP_3). Durch Einsetzen der totalen Ableitungen des Gleichungssystems K11, K12 und K13* bis K18* nach λ und w unter Beachtung der Kein-Schwarzes-Loch-Bedingung, lässt sich die Beziehung $dw/d\lambda$ als Funktion von den exogenen Variablen T, π und σ wie folgt darstellen:[61]

K21: $$\frac{d\omega}{d\lambda}=\frac{2(0{,}5(1+T^{1-\sigma})^{-\pi(1-\sigma)}}{(\sigma-1)}\frac{(1-T^{1-\sigma})}{(1+T^{1-\sigma})}\left(\frac{\pi(2\sigma-1)-\frac{(1-T^{1-\sigma})}{(1+T^{1-\sigma})}(\sigma(1+\pi^2)-1}{\sigma-\frac{\pi(1-T^{1-\sigma})}{(1+T^{1-\sigma})}-(\sigma-1)\left(\frac{(1-T^{1-\sigma})}{(1+T^{1-\sigma})}\right)^2}\right)$$

---

59 Auch wenn eine Abnahme von λ zu einer negativen Veränderung des relativen Reallohns führt, bricht eine bestehende Gleichverteilung zusammen.

60 Es gilt für die Einkommen: $dY=dY_1=-dY_2$, die Löhne: $dw=dw_1=-dw_2$ und die Preisindices: $dI=dI_1=-dI_2$.

61 Die Ableitungen und das Einsetzen in eine Gleichung sind sperrig, weswegen auf ihre Darstellung hier verzichtet wurde (vgl. für eine detaillierte Erörterung Fujita/Krugman/Venables 1999, S. 71-75; Brakman/Garretsen/van Marrewijk 2001; S. 124-126 oder Puga 1999, S. 329-331). Im Original-Modell von Krugman (1991a,b) wird T(B) nur numerisch ermittelt.

Das Transportkostenniveau T(B), bei dem die Gleichverteilung der Industrie zusammenbricht, befindet sich dort, wo bei fallenden Transportkosten das Vorzeichen von $dw/d\lambda$ ins positive wechselt, das heißt bei $dw/d\lambda = 0$. Obige Gleichung nach T aufgelöst ergibt dann:

K22: $$T(B) = \left(\frac{(1-\pi)(\sigma(1-\pi)-1)}{(1+\pi)(\sigma(1+\pi)-1)} \right)^{1/(1-\sigma)}$$

Damit sind der Erhaltepunkt T(S) und der Bruchpunkt T(B) determiniert. Die Bifurkation des ZP-Modells ist in Abbildung 6 oben dargestellt: Für Transportkosten $T<$T(B) ist die Industrie in einer der beiden Regionen konzentriert, für $T>$T(S) ist sie gleichverteilt und für T(B)$<T<$T(S) ist in Abhängigkeit von der Anfangsverteilung eins von beiden Gleichgewichten möglich.

3.5 Das Modell von Helpman 1998

3.5.1 Allgemeines

„My purpose [...] is to take a fresh look at the problem of agglomeration by examining a model of two regions in which the availability of housing (land) is the main driving force behind dispersion of economic activity, typical to regional and urban economics."

Elhanan Helpman (1998, S. 33)

Das Zwei-Regionen-Modell von Elhanan Helpman (1998) übernimmt die Modellierung der Industrie aus Krugman (1991).[62] Das Besondere des Helpman-Modells ist die Einführung eines Wohnungsmarkts. „Housing" ersetzt die räumlich gebundenen Landarbeiter und das handelbare Agrargut aus dem ZP-Modell. „As we will see [...] apart from the inclusion of a homogenous non-tradable good (housing) at the expense of a homogenous tradable good (agriculture), there are no fundamental differences between Krugman (1991) and Helpman (1998)" (Brakman, Garretsen und Schramm (2002, S.

---

[62] Helpman (1998) entwickelt in Kapitel 5 seines Artikels eine Modellvariante, um die Ergebnisse des hier vorgestellten „Basismodells" zu überprüfen. In dieser Variante sind Industrieprodukte homogen und werden mit unternehmensexternen, aber regionsinternen Größenvorteilen hergestellt. Die Ergebnisse bestätigen das Basismodell.

9). Wohnraum ist ein immobiles Gut, dessen Bestand als fixe Größe betrachtet wird. Der Wohnungsmarkt unterliegt der Marktform der vollkommenen Konkurrenz, was mit der in der Agglomeration wachsenden Nachfrage zu steigenden Mieten führt (Wettbewerbseffekt). Dies ist die auf die Konsumenten wirkende zentrifugale Kraft des Modells. Dabei repräsentiert der Sektor „Wohnraum" alle Arten nicht handelbarer Güter: „Although we could replace housing by any other good or service that is not traded across regions" (Helpman 1998, S. 35).

Dies führt zu Ergebnissen, die sich grundlegend von denen des ZP-Modells unterscheiden. Bei niedrigen Transportkosten kommt es im langfristigen Gleichgewicht zu einer Verteilung der Produktion auf die beiden Regionen, entsprechend ihrer anteiligen Ausstattung am gesamten Wohnraum. Liegen die Präferenzen für Wohnraum sowie die Nachfrageelastizitäten für die Industriegüter gleichzeitig hoch, sind die zentrifugalen Kräfte so stark, dass die Gleichverteilung der Industrie für alle Transportkostenniveaus erhalten bleibt. Die Kein-Schwarzes-Loch-Bedingung aus dem Krugmanschen Modell (siehe Kapitel 3.4.6 oben), wird hier – wenn man so will – zu einer „Keine-Zentrifuge-Bedingung".

Sind die Präferenzen für Wohnraum, oder die Nachfrageelastizitäten dagegen niedrig, überwiegen bei steigenden Transportkosten der Heimmarkteffekt und der Preisindexeffekt (siehe Tabelle 1oben). Dies führt auch für den Fall gleichmäßiger Anfangsausstattung der Regionen mit Wohnraum zu Konzentration der Industrie in einer Region. Dabei sind die Übergänge zwischen Gleichverteilung und extremer Ungleichgleichverteilung graduell, so dass auch partielle Agglomerationen mögliche langfristige Gleichgewichte darstellen (siehe dazu Abbildung 15 unten).

3.5.2 Modellierung

Jede Region i verfügt über eine fixe Ausstattung an homogenem nichttransportierbarem Wohnraum K_i. Die Preise des Wohnraumes nehmen in den einzelnen Regionen mit steigender Nachfrage zu und sorgen so für die Zentrifugalkraft im Modell. In diesem Sektor sind keine Arbeitskräfte beschäftigt. Die Konsumenten, die auch Arbeitnehmer der Industrie sind, verteilen sich anfänglich proportional zu den Anteilen des Wohnraumes K_i auf die beiden Regionen. Sie wandern ad hoc in die Region, in der ihr Nutzen U_i am größten ist. Ansonsten sind die Regionen homogen und die Eisberg-Transportkosten für die Industriegüter zwischen den Regionen symmetrisch ($T_{1,2}=T_{2,1}$).

Die Mikro-Fundierung der Haushalte (Cobb-Douglas-Nutzenfunktion) und Unternehmen (Gewinnmaximierung) entspricht der des ZP-Modells. Die Konsumenten geben den Anteil π ihres Einkommens für den Konsum von Industriegütern C_M und den Anteil (1-π) für den Konsum von Wohnraum C_A aus. Dies stiftet ihnen folgenden Nutzen:

H1:[63] $U = C_M^{\pi} C_A^{(1-\pi)}$

Wie in fast allen Modellen der NÖG entspricht die Marktsituation der Industrie der Monopolistischen Konkurrenz nach Dixit und Stiglitz (1977). Der Konsum $c(h)$ der n Produktvarianten der Industriegüter h aggregiert sich zu:[64]

H2:[65] $C_M = \left[\int_0^n c(h)^{\frac{\sigma-1}{\sigma}} dh \right]^{\frac{\sigma}{\sigma-1}}$

Für eine genügend große Zahl von Unternehmen n hat dies eine konstante Preiselastizität der Nachfrage σ zur Folge (siehe Kapitel 3.4.4 oben).

Produziert wird ausschließlich in der Industrie. Auch deren Modellierung entspricht weitgehend der von Krugman (1991). In die lokalen Produktionskostenfunktionen der beiden Regionen i gehen nur Arbeitskräfte ein:

H3: $PK_i = \alpha + x(h)_i$

Die Variable α stellt den in Arbeitskräften ausgedrückten Fixkostenanteil dar. Im Gegensatz zu Krugman (1991) sind die variablen Kosten der Einfachheit halber auf eins normiert (β=1). Ein freier Marktzutritt sorgt für Nullgewinne der Unternehmen. Bei einem regionalen Lohnsatz w_i entspricht der gewinnmaximale Preis p_i den Durchschnittskosten (siehe auch Gleichung K2 oben):

H4: $p_i = \frac{\sigma}{\sigma - 1} w_i = \left(\frac{a}{x} + 1 \right) w_i$

---

63 Zur besseren Vergleichbarkeit orientiert sich die Notation des Konsums von Wohnraum an der Notation des Agrargutes im ZP-Modell.

64 Während Krugman (1991) die Summe über alle Produktvarianten bildet, präferiert Helpman das Integral.

65 Der Substitutionsparameter ρ wird im Folgenden durch σ ersetzt. Es gilt $\rho=(\sigma-1)/\sigma$.

Daraus leitet sich eine in beiden Regionen gleich große und konstante Produktionsmenge einer jeden Produktvariante in Höhe von

H5: $x = \alpha(\sigma\text{-}1)$

ab. Die Nachfrage nach Arbeit ist abhängig von der Anzahl der Unternehmen in einer Region n_i. Sie entspricht dem Arbeitsangebot. Durch $n_i(a+x)$ und H5 ergibt sich die Zahl der regionalen Produktvarianten in Abhängigkeit von der Anzahl der Arbeitskräfte (L_i) in einer Region:

H6: $n_i = L_i/a\sigma$

Wird ein Produkt nicht in der gleichen Region konsumiert, in der es produziert wird, verteuert sich der Preis durch den Transport auf *Tp,* mit $T>1$. Damit ergibt sich für n_1 und n_2 in der Region 1 folgender Preisindex:

H7:[66] $I_1 = [n_1 p_1^{1-\sigma} + n_2(T\,p_2)^{1-\sigma}]^{1/(1-\sigma)}$

3.5.3 Kurzfristige und langfristige Gleichgewichte

Im kurzfristigen Gleichgewicht entspricht die Produktion eines Industriegutes in einer Region (siehe Gleichung H5 oben) der Nachfrage aus beiden Regionen (R1 und R2). Für die gesamte Nachfrage nach einer Produktvariante aus Region 1 gilt:

H8:[67] $$\frac{a}{\sigma-1} = \underbrace{\frac{p_1^{-\sigma}}{n_1 p_1^{1-\sigma} + n_2(Tp_2)^{1-\sigma}}\pi Y_1}_{Nachfrage\ aus\ R1} + \underbrace{\frac{(Tp_1)^{-\sigma}}{n_1(Tp_1)^{1-\sigma} + n_2 p_2^{1-\sigma}}\pi Y_2}_{Nachfrage\ aus\ R2}$$

Sie ist abhängig vom Ausgabenanteil der Haushalte für Industriegüter π, den Transportkosten *T,* den jeweiligen regionalen Einkommen Y_1 und Y_2, den regionalen Preisindices I_1 und I_2, den regionalen Preisen der Produktvariante p_1 und p_2 sowie der Anzahl der Unternehmen n_1 und n_2 in den Regionen.

Neben Angebot und Nachfrage sind auch die aggregierten Ausgaben und Einnahmen der Haushalte im Gleichgewicht. Das gesamte Einkommen aus Arbeit entspricht den

---

66 Der Preisindex der Region 2 I_2 ergibt sich durch einen Austausch der Indizes 1 und 2.

67 Die gesamte Nachfrage nach einer Produktvariante aus Region 2 berechnet sich entsprechend.

Lohnsummen in beiden Regionen $\pi Y = w_1 L_1 + w_2 L_2$ und das gesamte Einkommen aus der Vermietung von Wohnraum ist $(1-\pi)Y$. Daraus lässt sich das gesamte Einkommen aus Wohnraum ableiten:

$$\text{H9:} \quad (1-\pi)Y = \frac{(1-\pi)}{\pi}(w_1 L_1 + w_2 L_2)$$

Helpman nimmt an, dass das Eigentum von Wohnraum gleichmäßig über alle Haushalte verteilt ist. Somit besitzen die Haushalte in Region 1, entsprechend ihrer Bevölkerung, den Anteil L_1/L am gesamten Wohnraum. Damit ergibt sich das Einkommen von Region 1:

$$\text{H10:} \quad Y_1 = \underbrace{w_1 L_1}_{\textit{Arbeitseinkommen}} + \underbrace{\frac{(1-\pi)L_1}{L\pi}(w_1 L_1 + w_2 L_2)}_{\textit{anteilige Mieteinnahmen}}$$

Durch Einsetzen der Gleichungen H4, H6 und H19 in H8 ergibt sich folgende Gleichgewichtsbedingung, die von den Variablen $\lambda = L_1/L$ (relativer Anteil der Haushalte und damit dem Anteil der Industrie in der Region), $q = p_1/p_2$ (relative Preise), T (Transportkosten), σ (Preiselastizität der Nachfrage) sowie π (Ausgabenanteil für Industriegüter) abhängt.

$$\text{H11:} \quad 1 = \frac{\lambda q^{1-\sigma}}{\lambda q^{1-\sigma} + (1-\lambda)T^{1-\sigma}}\left[\pi + (1-\pi)\left(\lambda + \frac{1-\lambda}{q}\right)\right] + \frac{(1-\lambda)(Tq)^{1-\sigma}}{\lambda(Tq)^{1-\sigma} + 1 - \lambda}\left[\frac{\pi}{q} + (1-\pi)\left(\lambda + \frac{1-\lambda}{q}\right)\right]$$

Für jeden relativen Preis q gibt es ceteris paribus einen Anteil der Haushalte (und Unternehmen) λ in Region 1, der die oben stehende Gleichung erfüllt (mit $0 \leq \lambda \leq 1$). Somit ist q eine Funktion von λ. Ein rational handelnder Haushalt zieht in die Region, in der sein Nutzen am größten ist.[68] Das langfristige stabile Gleichgewicht ist erreicht, wenn die Wanderbewegung der Haushalte zum Erliegen gekommen ist.

Der Nutzen eines Haushaltes bestimmt sich über den Konsum von Wohnraum und Industrieprodukten (siehe Gleichung H2). Da der vorhandene Wohnraum in den Regionen 1 und 2 (K_1 beziehungsweise K_2) gleichmäßig über die Haushalte verteilt ist, konsumiert jeder Haushalt in Region 1 K_1/L_1. Der Konsum von Industriegütern pro Haushalt in Region 1 entspricht dem Anteil der gesamten Ausgaben für Industriegüter

---

[68] Das ZP-Modell argumentiert über die relativen Reallöhne. Da sie vollständig zum Nutzen stiftenden Konsum verwendet werden, macht dies keinen inhaltlichen Unterschied.

pro Haushalt $\pi Y_1/L_1$ dividiert durch den Preisindex für Industrieprodukte I_1. Ein Haushalt in Region 1 hat damit folgende Nutzenfunktion:

$$\text{H12}^{69}\text{: } U_1 = \left(\frac{K_1}{L_1}\right)^{1-\pi}\left[\frac{\pi Y_1}{L_1 I_1}\right]^{\pi}$$

Unter Verwendung der Gleichungen H4, H6, H10 und H12 lässt sich die Nutzenrelation zwischen den Regionen U_1/U_2 in Abhängigkeit der Variablen λ, q, T, σ, π und der relativen Ausstattung der Regionen mit Wohnraum H_1/H_2 darstellen:

$$\text{H13: } \frac{U_1}{U_2} = \left(\frac{H_1}{H_2}\frac{(1-\lambda)}{\lambda}\right)^{1-\pi}\left[\frac{\pi q + (1-\pi)(\lambda q + 1 - \lambda)}{\pi + (1-\pi)(\lambda q + 1 - \lambda}\right]^{\pi} \times \left[\frac{\lambda q^{1-\sigma} + (1-\lambda)T^{1-\sigma}}{\lambda (Tq)^{1-\sigma} + 1 - \lambda}\right]^{\frac{\pi}{\sigma-1}}$$

Die Wanderbewegung der Haushalte ist abhängig von dem in Gleichung H13 determinierten Nutzenverhältnis zwischen den Regionen. Sie kommt zum Erliegen, wenn eines der drei langfristigen Gleichgewichte GP_1, GP_2 oder GP_3 erreicht ist (siehe für die formalen Bedingungen Kapitel 2.5.1).

Abbildung 14 zeigt die Art der Gleichgewichte in Abhängigkeit vom Transportkostenniveau. Bei hohen Transportkosten (siehe Kurve A in Abbildung 14) liegt das langfristige Gleichgewicht entweder bei GP_2 (λ=0) oder GP_3 (λ=1,0). Die Industrie ist in einer der beiden Regionen konzentriert. Mittlere Transportkosten (Kurve B) sorgen für ein Gleichgewicht der Art GP_1, das in Helpmans Modell nicht nur bei λ=0,5, sondern auch für alle Werte $0<\lambda<1$ stabil sein kann. Partielle Agglomerationen sind möglich. Bei niedrigen Transportkosten (Kurve C) ist nur ein Gleichgewicht der Art GP_1 bei λ=0,5 stabil. Die Industrie ist in diesem Fall auf beide Regionen gleichverteilt.

[69] Analog erfolgt die Berechnung für den Nutzen der Haushalte in Region 2.

Abbildung 14: Transportkosten und Gleichgewichte im Modell von Helpman 1998

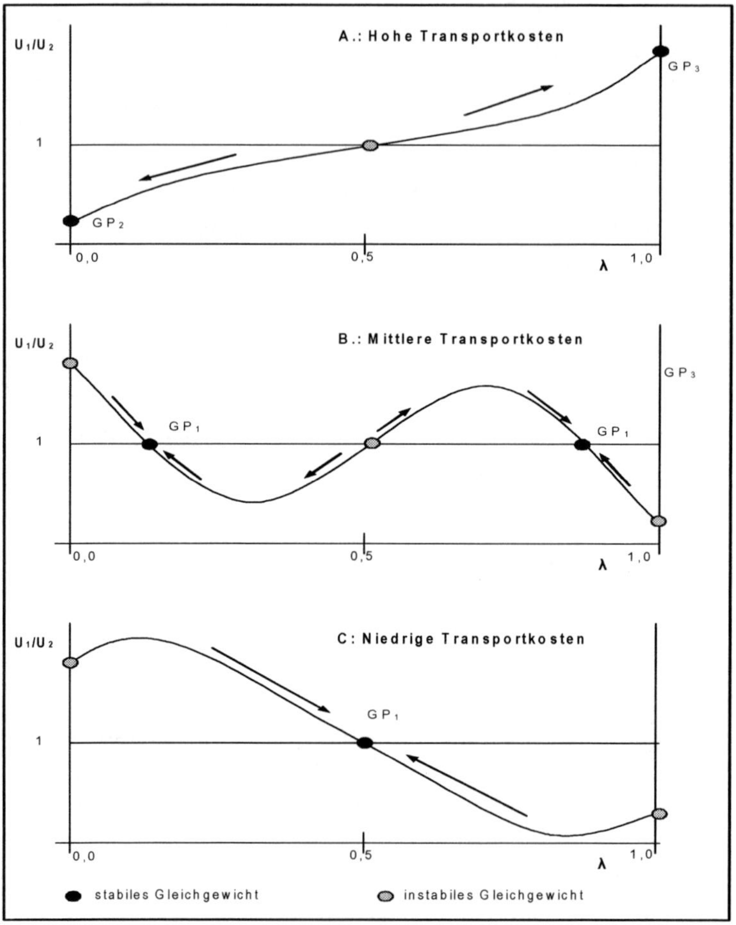

Quelle: Eigene Darstellung nach Helpman 1998, S. 39, 41, 43.

3.5.4 Erhaltepunkt, Bruchpunkt und Bifurkation

Nur unter der Keine-Zentrifuge-Bedingung $\sigma(1\text{-}\pi)<1$ können die Gleichgewichtsbedingungen H11 und H13 langfristige Gleichgewichte bilden, in denen Agglomeration möglich ist (vgl. Helpman 1998, S. 40). In allen anderen Fällen sind Haushalte und Industrie für alle Transportkostenniveaus *immer* entsprechend der Wohnraumausstattung der Regionen verteilt beziehungsweise, unter der Annahme symmetrisch ausgestatteter Regionen, gleichverteilt (vgl. Helpman 1998, S. 42).

Abbildung 15 zeigt die Bifurkation des Helpman-Modells. Die Übergänge zwischen Agglomeration und Gleichverteilung sind graduell. Es gibt einen Bruchpunkt in Höhe T(B). Bis zu diesem Niveau ist die Gleichverteilung im Falle steigender Transportkosten stabil. Bei *T*>T(B) beginnt sich die Industrieproduktion in einer der beiden Regionen zu konzentrieren.

Abbildung 15: Stimmgabel-Bifurkation des Modells von Helpman 1998

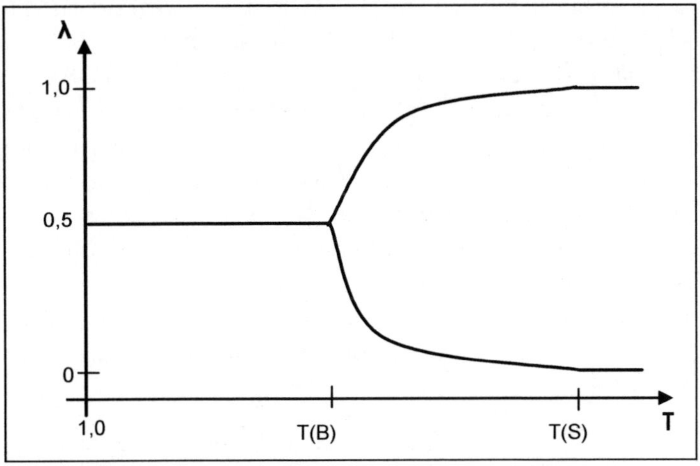

Quelle: Eigene Darstellung nach Helpman 1998, S. 44.

Auch unvollständige Agglomerationen $0<\lambda<1$ können stabile langfristige Gleichgewichte bilden. Es muss nicht, wie bei Krugman (1991), zu einem katastrophalen Zusammenbruch der Gleichverteilung bei Überschreitung[70] von T(B) kommen. Ab welchem Transportkostenniveau T(S) sich eine vollständige Agglomeration ($\lambda=0$ oder $\lambda=1$) aufzulösen beginnt, diskutiert Helpman (1998) nicht. Zwar lassen sich die Bruch- und Erhaltepunkte T(B) und T(S) bei Helpman nicht mit einer Gleichung ausdrücken, sie können aber numerisch ermitteln werden (siehe Kapitel 6.3).

---

[70] Wegen der Gleichverteilung bei hohen Transportkosten kommt es in der Bifurkation des ZP-Modells bei einer *Unterschreitung* von T(B) zu einem katastrophalen Zusammenbruch der Gleichverteilung (siehe Abbildung 6 oben).

3.6 Das Modell von Puga 1999

„So the relationship between transport costs and [... peripheral] output in the industry is U-shaped rather than monotonic."

Paul Krugman (1991a, S. 97)

3.6.1 Allgemeines

Ausgangspunkt des Modells sind zwei Regionen, die mit den Produktionsfaktoren Arbeit und Land ausgestattet sind. Im Unterschied zu Krugman (1991) sind die Arbeitnehmer sektoral völlig mobil, das heißt ein Arbeitsplatzwechsel zwischen Industrie und Landwirtschaft ist jederzeit möglich. Da die Produktion des Agrargutes an den limitierten Faktor Boden geknüpft ist, entsteht daraus eine zentrifugale Kraft. In die gleiche Richtung wirkt der Wettbewerb um Arbeitskräfte und um den Absatz der Produkte (siehe dazu auch Tabelle 1 oben). Wie Krugman und Venables (1995) führt Puga in sein Modell Verflechtungsbeziehungen zwischen den Unternehmen ein. Dadurch werden die Preisvorteile lokaler Produkte nicht nur bei den Verbrauchern, sondern auch bei den in der Region produzierenden Unternehmen wirksam (Preisindexeffekt). Zusätzlich sorgt die erhöhte lokale Nachfrage durch das Vorhandensein von Konsumenten und Unternehmen in der Region für eine weitere zentripetale Kraft (Heimmarkteffekt).

Wegen der sektoralen Mobilität entsprechen im Gleichgewicht die Löhne der Landarbeiter den Löhnen der Industriearbeiter. Damit endogenisiert Puga (1999) im Unterschied zum ZP-Modell die Verteilung der Arbeitskräfte zwischen den Sektoren. Ferner unterscheidet Puga bezüglich der interregionalen Mobilität von Arbeitskräften zwei Fälle:

Bei vollständiger *interregionaler Mobilität* (Puga 1999, S. 312ff.) führen hohe Transportkosten zu einer Gleichverteilung der Industrieproduktion zwischen den Regionen. Eine Versorgung mit Industrieprodukten aus nur einer Region ist zu teuer. Bei sinkenden Transportkosten sorgen sowohl die Verflechtungsvorteile bei der Beschaffung der Vorprodukte als auch die Kostenvorteile des lokalen Erwerbs der Endprodukte für eine wirtschaftliche Ballung. Der Preisindexeffekt und der Heimmarkteffekt überwiegen und es kommt zu einer Alles-oder-Nichts-Aufteilung der Industrie, also extremer räumlicher Konzentration. Die Ergebnisse decken sich mit denen des ZP-Modells (siehe Abbildung 6 oben).

Im Fall von *interregionaler Immobilität* der Arbeitskräfte (Puga 1999 S. 320ff.) kann es zu Lohnunterschieden zwischen Zentrum und Peripherie kommen. Die durch den Wettbewerbseffekt im Zentrum höheren Löhne sind eine weitere zentrifugale Kraft. Sie sorgt dafür, dass es, wenn die Transportkosten auf ein niedriges Niveau sinken, zu einer erneuten Gleichverteilung der Industrie kommt. Damit entsteht Agglomeration ausschließlich bei mittleren Transportkosten.[71] Zudem sind die Übergänge zwischen Gleichverteilung und Ballung graduell. Wie im Modell von Helpman (1998) bleiben partielle Agglomerationen stabil (siehe Kapitel 3.5.4 oben).

Puga setzt den Fall immobiler Arbeitskräfte mit der Situation in der EU und den Fall mobiler Arbeitskräfte mit der Situation in den USA gleich (1999, S. 303f.)[72]: Zwischen den NUTS-2-Regionen der EU sind die Einkommensunterschiede größer und zugleich die Unterschiede in der räumlichen Konzentration der Industrie kleiner als zwischen den Bundesstaaten der USA.[73]

3.6.2 Modellierung

Beide Regionen in Pugas Modell[74] verfügen über eine identische Ausstattung immobiler landwirtschaftlicher Nutzfläche K_1 und K_2. Anfänglich verteilen sich die Industrie- und Landarbeiter gemäß dieser Ausstattung auf beide Regionen. Die Arbeitnehmer sind zwischen den Sektoren mobil. Puga zeigt eine Modellvariante mit interregionaler Mobilität der Arbeitnehmer und eine Variante ohne Mobilität der Arbeitskräfte zwischen den Regionen (siehe für die daraus resultierenden unterschiedlichen Gleichgewichte Abbildung 17 sowie Kapitel 3.6.4 und 3.6.5). Die Industrieunternehmen sind mobil, unabhängig davon ob das Arbeitskräfteangebot in einer Region fix ist oder nicht. Sie verlagern ihre Produktion ad hoc in die Region, in der sie höhere Ge-

---

[71] Krugman hat diesen Fall der Agglomeration nur bei intermediären Transportkosten bereits 1991 in „Geography and Trade“ (S. 96-98) an einem Beispiel beschrieben.

[72] Auch die Arbeitskräfte in Deutschland sind – obwohl die Mobilitätsquoten seit 1980 auf allen regionalen Ebenen zugenommen haben – immer noch relativ immobil (vgl. Haas 2000, 2002).

[73] Puga zieht für seinen empirischen Vergleich die durchschnittlichen Pro-Kopf-Einkommen der 206 NUTS-II-Regionen der EU 15 (Stand 1996. Vgl. Klein/Krüger 1998, S. 18) und der 51 US-Bundesstaaten heran.

[74] Das Modell ist auch für beliebig viele Regionen erweiterbar (siehe Puga 1999, Appendix A1 und A2). Allerdings ändert dies nichts an seinen Aussagen. Mehr als zwei Regionen machen lediglich die Berechnungen und Simulationen komplexer.

winne realisieren können. Im Falle interregionaler Mobilität der Arbeitskräfte, ziehen diese in die Region, in der die Reallöhne am höchsten sind.

Puga führt eine homogene Agrar-Produktionsfunktion mit konstanten Skalenerträgen vom Grade eins und den Inputfaktoren Ackerland und Arbeitskraft ein. Diese Funktion unterscheidet sich von der Modellierung der Landwirtschaft im ZP-Modell, „where immobile farmers – which one can think of as playing the role of land in our model – are the only input into agriculture“ (Puga 1999, S. 307). Das Agrargut verursacht keine Transportkosten und kostet deshalb in allen Regionen gleich viel. In einem polypolistischen Markt ist der Preis des Agrargutes immer eins. Es dient wie bei Krugman als Numeraire. Unter der Annahme der Profitmaximierung der Landeigentümer (Agrarunternehmen) ergibt sich eine regional differenzierte Gewinnfunktion $G=K_i r(w_i)$. Sie hängt von der Fläche K_i und der Höhe der Löhne w_i der Landarbeiter in der Region L_{Ai} ab. Dabei bezeichnet $r(w_i)$ die optimale Landrente einer Einheit Ackerland. Das Faktoreinsatzverhältnis in der Agrar-Produktionsfunktion berechnet sich durch Ableitung der Landrente nach der Lohnhöhe und entspricht dem negativen Verhältnis der Landarbeiter durch die vorhandene Fläche:

P1[75]: $dr(w_i)/dw_i = -L_{Ai}/K_i$

Die Industrie unterliegt der Marktform der Monopolistischen Konkurrenz nach Dixit und Stiglitz (1977). In die Produktionsfunktion eines Unternehmens geht ausschließlich Arbeitskraft in der bekannten Form $L_{Mi}=\alpha+\beta x_{Mi}$ ein (siehe dazu die Gleichungen K1 und H3 oben). Der Transport der Industrieprodukte verursacht Eisberg-Kosten T, die zwischen den beiden Regionen symmetrisch ausfallen ($T=T_{1,2}=T_{2,1}$). In den beiden Regionen befinden sich n_1 beziehungsweise n_2 Unternehmen. Sie stellen jeweils eine Produktvariante h her.

Der Preisindex aus der Summe der Industriegüter I_i ist in den beiden Regionen verschieden. Er setzt sich – wie bei den Modellen von Krugman (1991) und Helpman (1998) – aus den Preisen der in der jeweiligen Region hergestellten Güter und den um den Transportkostenfaktor T erhöhten Preisen der in der anderen Region hergestellten Güter zusammen. Für Region 1 mit n_1 Unternehmen und den Preisen p_1 gilt:

P2[76]: $I_1 = [n_1 p_1^{1-\sigma} + n_2(T p_2)^{1-\sigma}]$

---

[75] Vgl. zur ausführlichen Darstellung der Produktionsfunktion des Agrarsektors Puga 1999, S. 306f..

[76] Durch den Austausch der Indizes 1 und 2 ergibt sich I_2, der Preisindex von Region 2.

Puga modelliert in der Produktion der Industriegüter Zuliefererverflechtungen wie bei Krugman und Venables (1995). Auf einen zweiten Industriesektor, der Zwischenprodukte herstellt, wird verzichtet, was eine komplexe Input-Output-Struktur wie bei Puga und Venables (1996) vermeidet. Stattdessen geht bei Puga (1999) ein Prozentsatz μ der Endprodukte der Industrie wieder als Zwischenprodukt in die Cobb-Douglas-Produktionsfunktion ein. Die regionsspezifischen Kosten PK_i der Herstellung der Produktionsmenge L_{Mi} teilen sich somit in die Kosten der Eigenproduktion und in die Kosten zum Ankauf von Zwischenprodukten wie folgt auf:

P3: $$PK_i = \underbrace{L_{Mi} \cdot w_i^{(1-\mu)}}_{Eigenproduktion} + \underbrace{L_{Mi} \cdot I_i^{\mu}}_{Zwischenprodukte} = w_i^{(1-\mu)} I_i^{\mu} (\alpha + \beta x(h)_i)$$

Für die Herstellung des Anteils der Eigenproduktion (1-μ) muss der Lohnsatz w_i aufgewendet werden. Für den Anteil der Zwischenprodukte μ, der zur Produktion notwendig ist, muss der regionalspezifische Preisindex I_i gezahlt werden. Die Profitmaximierung der Industrieunternehmen in den Regionen führt zu einem konstanten Preisaufschlag in Höhe von $1/\rho=\sigma/(\sigma-1)$ auf die Grenzkosten (siehe dazu Kapitel 3.4.3 oben):

P4: $$p_i = \frac{\sigma}{\sigma - 1} \beta I_i^{\mu} w_i^{(1-\mu)}$$

P3 und P4 determinieren die Gewinne G_i der Unternehmen in den Regionen mit:

P5: $G_i = p_i x_i - PK_i$

Der Nutzen der Konsumenten U in einer Region i ist eine Funktion des Konsums von Industrieprodukten und des Agrargutes (siehe dazu auch die Gleichungen K6 und H1 oben). Dabei haben die kumulierten Industriegüter den Preis I_i und das homogene Agrargut als Numeraire den Preis 1:

P6: $$U_i = C_{Mi}^{\pi} C_{Ai}^{(1-\pi)} = w_i \left(\frac{1}{I_i}\right)^{\pi} \left(\frac{1}{1}\right)^{(1-\pi)} = w_i I_i^{-\pi}$$

Der Gesamtkonsum der Arbeitnehmer verhält sich proportional zum Lohn w_i. Der Gesamtkonsum der Landbesitzer ist proportional zum Ertrag in der Landwirtschaft $r(w_i)$.[77]

---

77 Der Konsum der Landbesitzer ergibt sich durch das Ersetzen von w_i durch $r(w_i)$ (siehe Gleichung P1).

Die Ausgaben für Industriegüter in einer Region setzen sich aus den Ausgaben der n_i Unternehmen für Zwischenprodukte μPK_i und den Ausgaben der Haushalte für Endprodukte zusammen. Die Haushalte einer Region geben dabei den Anteil π ihres Einkommens aus. Ihr Einkommen setzt sich aus dem Arbeitslohn $w_i L_i$, der Landrente $K_i r(w_i)$ und den Unternehmensgewinnen $n_i G(h)$ zusammen. Die Gesamtausgaben für Industriegüter in der Region 1, πY_1 belaufen sich somit auf:

P7: $\pi Y_1 = \pi[(L_1 w_1) + K_1 r(w_1) + n_1 G(h)] + \mu n_1 PK_1$

Analog zur den Gleichungen K15 beziehungsweise H8 oben, ergibt sich die gesamte Nachfrage nach einer in Region 1 hergestellten Produktvariante $c(h)_1$ in Abhängigkeit der Gesamtausgaben für Industriegüter in den Regionen 1 und 2 (πY_1 und πY_2):

P8: $c(h)_1 = \pi Y_1 I_1^{(\sigma-1)} p_1(h)^{-\sigma} + \pi Y_2 I_2^{(\sigma-1)} p_2(h)^{-\sigma} T^{(1-\sigma)}$

3.6.3 Kurzfristige und langfristige Gleichgewichte

Durch die Anwendung von „Shepards Lemma“[78] auf die Gleichungen P3 und ergibt sich die regionale Nachfrage nach Arbeitskräften in der Industrie (Minuend aus der Gleichung P9). Daraus und aus der regionalen Nachfrage nach Arbeitskräften in der Landwirtschaft (Subtrahend. Siehe dazu auch Gleichung P1) setzt sich die Gesamtnachfrage nach Arbeitskräften zusammen. Der regionale Arbeitsmarkt ist geräumt, wenn die Gesamtnachfrage dem Gesamtangebot an Arbeitskräften L_i in einer Region entspricht, und gilt:

P9: $$L_i = (1-\mu) n_i \frac{PK_i}{w_i} - K_i \frac{\delta r(w_i)}{\delta w_i}$$

Sind die Arbeitskräfte interregional mobil, gleichen sich die Reallöhne in den beiden Regionen an. Es muss dann gelten:

$P10_{mobil}$: $I_1 - \pi w_1 = I_2 - \pi w_2$

Die Arbeitskräfte verteilen sich dann wie folgt auf die Regionen:

$P11_{mobil}$: $L_2 = L - L_1$

---

[78] Der Lehrsatz „Shepards Lemma“ kommt aus der Produktionstheorie und besagt, dass sich die Faktornachfragefunktion eines Ein-Produkt-Unternehmens durch die partielle Ableitung seiner Kostenfunktion nach dem Faktorpreis gewinnen lässt (vgl. Gabler 2000, S. 2763).

Bei Immobilität der Arbeitskräfte ist die Aufteilung der Arbeitskräfte auf beide Regionen konstant. Die Reallöhne können nun divergieren. Die Gleichung $P10_{mobil}$ entfällt und statt $P11_{mobil}$ gilt:

$P11_{immobil}$: $L_1 = L_2 = L/2$.

Ein kurzfristiges Modellgleichgewicht ist gegeben, wenn die Löhne und die Preisindizes in den Regionen (w_1,w_2 ; I_1,I_2), die die regionalen Arbeits- und Gütermärkte räumen.[79] Die Gleichungen P2 bis P4 und P7 bis $P11_{mobil}$ (beziehungsweise bei Immobilität der Arbeitskräfte P2 bis P4 und P7, P8, P9 und $P11_{immobil}$) müssen für beide Regionen erfüllt sein.

Die Anzahl der Industrieunternehmen in den beiden Regionen n_1 und n_2 wird als kurzfristig konstant vorausgesetzt. Danach bewirkt die Annahme des kostenfreien Marktzugangs, dass die Unternehmen ihren Standort ad hoc in die Region verlagern können, die ihnen den größten Gewinn verspricht.[80] Diese Wanderbewegung der Unternehmen sorgt letztendlich für Nullgewinne in beiden Regionen, so dass gilt: $G_i n_i=0$ mit $G_i \leq 0$ und $n_i \geq 0$, für alle i. Der Produktpreis p_i (siehe Gleichung P4) entspricht dann den Durchschnittskosten. Aus den Gleichungen P3 bis P5 lässt sich die Produktionsmenge x ableiten, die zur Erreichung des Break-Even – also eines Nullgewinns – mindestens produziert werden muss:

P12: $x=\alpha(\sigma-1)/\beta$

Ein langfristiges Gleichgewicht der Form GP_1, GP_2 oder GP_3 ist erreicht, wenn die oben beschriebene Wanderbewegung der Unternehmen zum Erliegen kommt.[81] Für den Fall mobiler Arbeitskräfte ist der Zusammenhang zwischen der Art der Gleichgewichte und der Höhe der Transportkosten der gleiche wie im ZP-Modell (siehe dazu Abbildung 12 oben).

---

79 Die Gütermärkte sind geräumt, wenn die Nachfrage nach einem Industriegut in der Region (siehe Gleichung P7) der Produktionsmenge des Unternehmens entspricht: $x(h)=c(h)$. Diese Bedingung taucht bei Puga (1999) nicht explizit auf, da er mit $x(h)$ für Güterangebot und Güternachfrage a priori die gleiche Variable verwendet.

80 Dies ist lediglich ein technischer Unterschied zu den Modellen von Krugman (1991) und Helpman (1998), in denen die Gleichgewichte über durch Lohn- beziehungsweise Nutzendifferenzen induzierte Wanderungen der Arbeitnehmer erreicht werden.

81 Siehe Kapitel 2.5.1 für die formalen Bedingungen von GP_1, GP_2 und GP_3. Da Puga auf die Gewinnunterschiede zwischen den Regionen rekurriert, muss dort U_1-U_2 durch G_1-G_2 ersetzt werden.

Dies ändert sich bei interregional immobilen Arbeitskräften grundlegend. Dies macht Abbildung 16 deutlich: Bei hohen Transportkosten (A) kommt es zu einem Gleichgewicht der Art GP_1 bei λ=0,5. Die Industrie ist gleichverteilt. Bei mittleren Transportkosten erzeugt das Modell zwei Alternativen bezüglich des Zusammenhangs zwischen λ und *T*. „Alternative 1“ zeigt den Fall diskontinuierlicher Übergänge und umfasst die Graphen B1, C1 und D1. Bei einem hohen bis mittleren Transportkostenniveau B1 existieren drei simultan mögliche Gleichgewichte. Entweder bleibt die Gleichverteilung bestehen GP_1 (λ=0,5), oder es bildet sich eine Agglomeration, bei entweder GP_2 (λ=0) oder GP_3 (λ=1,0), heraus. Bei mittleren Transportkosten (C1) entfällt die Möglichkeit der Gleichverteilung, und Agglomeration ist das einzige stabile Gleichgewicht, entweder bei GP_2 (λ=0) oder GP_3 (λ=1,0). In D1 liegen die Transportkosten auf einem mittleren bis niedrigen Niveau. Die möglichen Gleichgewichte entsprechen der Situation in B1.

Bei niedrigen Transportkosten (Graph E) existiert wie in Graph A nur ein Gleichgewicht $GP_{1,}$ in dem die Industrie auf beide Regionen gleichmäßig verteilt ist. In einer dynamischen Betrachtung des Modells kommt es bei sinkende Transportkosten (ausgehend von hohen Transportkosten) zwischen B1 und C1 sowie zwischen D1 und E zu diskontinuierlichen katastrophalen Übergängen, zuerst zwischen Gleichverteilung und Agglomeration und dann zwischen Agglomeration und Gleichverteilung (siehe dazu auch Abbildung 19 unten).

Die „Alternative 2“ aus Abbildung 16 zeigt in den Graphen B2, C2, D2 Gleichgewichte der Art GP_1. Bei abnehmenden Transportkosten nimmt λ erst zu (B2 nach C2) und danach wieder ab (C2 nach D2). Es bilden sich partielle Agglomerationen. Dabei kann bei mittlerem Transportkostenniveau auch eine vollständige Agglomeration wie in C1 erreicht werden. Dies muss aber nicht eintreten. In jedem Fall bleiben die Übergänge zwischen A, B2, C2, D2 und E jeweils kontinuierlich (siehe dazu auch Abbildung 18 unten).

Abbildung 16: Transportkosten und Gleichgewichte im Modell von Puga 1999 mit immobilen Arbeitskräften

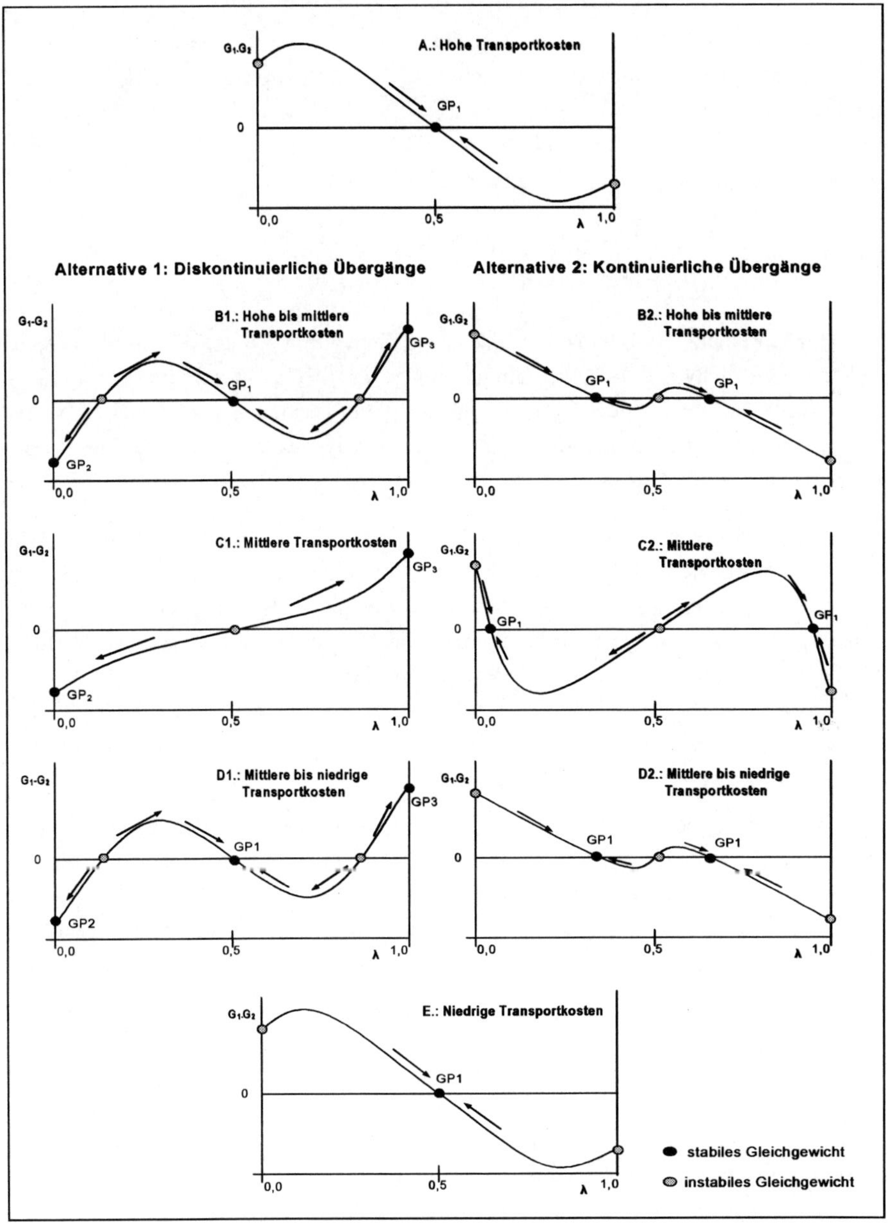

3.6.4 Erhaltepunkt, Bruchpunkt und Bifurkation bei regionaler Mobilität der Arbeitskräfte

Der Bruchpunkt T(B) bei dem – ausgehend von sinkenden Transportkosten – die Gleichverteilung zusammenbricht, ist abhängig von den exogenen Variablen Preiselastizität der Nachfrage σ, Ausgabenanteil für Industriegüter π, Anteil der Zwischenprodukte in der Produktion μ und der Lohn-Elastizität des Arbeitskräfteangebots vom Agrar- zum Industriesektor in einer Region η:[82]

P13[83]: $$T(B) = \left(1 + \frac{2(2\sigma - 1)(\pi + \mu(1-\pi))}{(1-\mu) * ((1-\pi)(\sigma(1-\pi(1-\mu)-1) - \pi^2\eta}\right)^{1/(\sigma-1)}$$

Für Transportkosten T>T(B) ist die Industrie gleichverteilt – unter der Voraussetzung, dass die Kein-Schwarzes-Loch-Bedingung $(1-\pi)(\sigma(1-\pi)(1-\mu)-1)-\pi^2\eta>0$ (Puga 1999, S. 315) erfüllt ist. Ist sie jedoch verletzt, und der Term ist kleiner oder gleich null, sind die Agglomerationskräfte bei allen Transportkostenniveaus stärker als die Zentripetalkräfte.

Der Erhaltepunkt der Agglomeration T(S) lässt sich nicht in einer Gleichung der Form „T(S)=" ausdrücken. Allerdings ist ein Abwandern aus dem Zentrum für ein Unternehmen unvorteilhaft, solange die Produktionsmenge in der Peripherie x_2 unter der Mindestproduktionsmenge x zur Erreichung von Nullgewinnen liegt (siehe Gleichung P12). Deshalb bleibt eine Agglomeration stabil so lange gilt:

P14[84]: $$\frac{x_2}{x} = T^{(\sigma(1-\pi)(1-\mu)-1)}\left[T^{2(1-\sigma)} + \frac{(1-\mu)(1-\pi)}{1+T^{\theta\pi/(1-\theta)}}(T^{2(1-\sigma)} - 1)\right] < 1$$

Die Variable θ bezeichnet den Anteil der Arbeitskräfte in der Cobb-Douglas-Produktionsfunktion in der Landwirtschaft. Zwischen θ und der Lohnelastizität des Arbeitskräfteangebotes η besteht die Beziehung $\eta=(1-\pi)\theta/[\pi(1-\theta)]$ beziehungsweise $\theta=\pi\eta/(1-\pi+\pi\eta)$. Abbildung 17 zeigt den Verlauf von x_2/x als Funktion von T sowie den Bereich der Transportkosten, in dem eine Agglomeration stabil ist ($1 \leq T <$T(B)=1,68).

---

[82] Die Lohnelastizität ist wie folgt definiert: $\eta=[\delta(L-L_A)/(L-L_A)]/\delta w/w$

[83] Vgl. zur detaillierten Herleitung des Bruchpunktes Puga 1999 Anhang A1, S. 328ff.

[84] Vgl. Puga 1996b, S. 19, da im Artikel von 1999 die Gleichung fehlerhaft ist.

Abbildung 17: Erhaltepunkt und Transportkosten im Modell von Puga 1999 mit mobilen Arbeitskräften

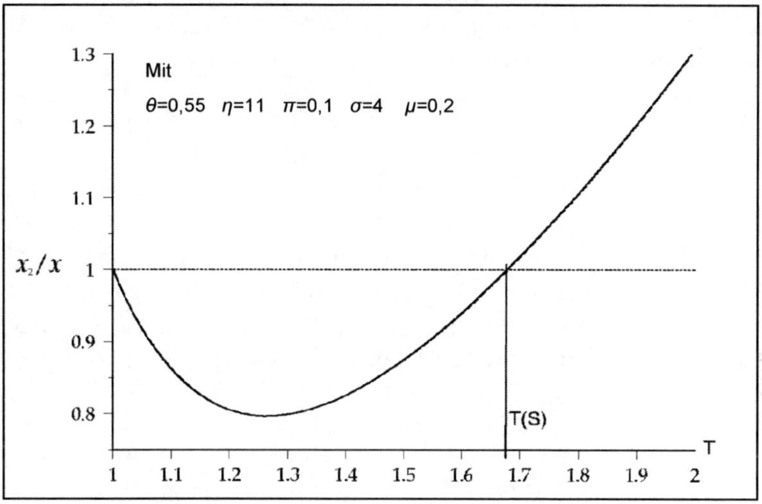

Quelle: Eigene Darstellung, leicht verändert nach Puga 1999, S. 319.

Setzt man die Variablen η und μ in den Gleichungen P13 und P14 jeweils auf null, wird von Zwischenprodukten abstrahiert und die Arbeitskräfte sind sektoral immobil. Damit „reduziert" sich das Puga-Modell mit mobilen Arbeitskräften auf das Modell von Krugman (1991). Die Gleichung P13 entspricht K22 und P14 entspricht der Gleichung K20. Die Modelle sind damit identisch (vgl. dazu auch Puga 1999, S. 316 und 318). Auf eine gesonderte Darstellung von T(S) und T(B) in einer Bifurkation wird an dieser Stelle verzichtet, da sie der des ZP-Modells in Abbildung 12 oben entspricht.

3.6.5 Erhaltepunkt, Bruchpunkt und Bifurkation bei regionaler Immobilität der Arbeitskräfte

Die Lösungen für T aus der folgenden quadratischen Gleichung P15 (vgl. zur Herleitung Puga 1999, Appendix A2) geben die Bruchpunkte T(B) der Bifurkation des Puga-Modells mit regional immobilen Arbeitskräften an.

$$\begin{aligned} &(\sigma(1+\mu)-1)((1+\mu)(1+\eta)+(1-\mu)\pi)*[T^{(1-\sigma)}]^2 \\ \text{P15:}\quad &-2((\sigma(1+\mu^2)-1)(1+\eta)-\sigma(1-\mu)(2(\sigma-1)-\pi\mu))*T^{(1-\sigma)} \\ &+(1-\mu)(\sigma(1-\mu)-1)(\eta+1-\pi)=0 \end{aligned}$$

Die Gleichung kann je nach Ausprägung der exogenen Variablen keine, ein oder zwei Bruchpunkte liefern. Mit der Anzahl der Lösungen ist auch die zugehörige Kein-Schwarzes-Loch-Bedingung des Modells verbunden. Sie ist etwas komplexer als im Fall mobiler Arbeitskräfte und in zwei Ungleichungen enthalten[85]:

P16: 0≤P18≤P19, Dies ist die notwendige Bedingung, dass obige Gleichung P15 zwei Lösungen T(B)u und T(B)o [mit T(B)u<T(B)o] hat, für die eine Gleichverteilung der Industrie auf dem Transportkostenniveau T – für das gilt $1 \leq T <$ T(B)u und T(B)o $< T < \infty$ – stabil ist. Eine zumindest partielle Agglomeration liegt dann nur für Transportkosten T in Höhe von T(B)u $\leq T \leq$ T(B)o vor (siehe Abbildung 18). Die Ungleichung P16 ist aber keine hinreichende Bedingung dafür, dass die Gleichung P15 überhaupt zwei Lösungen T beinhaltet.

P17: 0≤P19≤P18, In diesem Fall sind die Agglomerationskräfte so stark, dass das symmetrische Gleichgewicht nur zwischen eins und T(B)u stabil bleibt – selbst wenn P15 zwei Lösungen liefern sollte. Die Bifurkation entspricht dann der des Modells von Helpman (1998) und zeigt für niedrige Transportkosten Gleichverteilung und für hohe Transportkosten Agglomeration an (siehe Abbildung 15 oben).

mit

P18: $4\sigma(\sigma-1)[(\eta+1)^2\mu^2+(\sigma-1)^2(1-\mu)^2-\mu(1-\mu)\{\pi(\sigma(1-\mu)-1)+\sigma(1+\mu)-1\}]$

und

P19: $[\{\sigma(1+\mu^2)-1\}(\eta+1)-\sigma(1-\mu)\{2(\sigma-1)-\pi\mu\}]^2$

Sind weder P16 noch P17 erfüllt, gilt: „[T]he symetric equlibrium is unstable for all values of T“ (Puga 1999, S. 333). Dies bedeutet umgekehrt, nur wenn P16 oder P17 gelten, kann die Industrie langfristig über beide Regionen gleichverteilt sein. Dies ist die eigentliche Kein-Schwarzes-Loch-Bedingung des Modells.

Im Gegensatz zum Modellfall mit mobilen Arbeitnehmern lassen sich die Erhaltepunkte T(S), bei denen sich eine absolute Agglomeration aufzulösen beginnt, nicht mehr in

85 Vgl. dazu Puga 1999, S. 325 und S. 331-333.

einer Gleichung ausdrücken: „[I]t does not seem to be possible to derive an explicit expression for the range of trade costs for which full agglomeration is sustainable" (Puga 1999, S. 325). Ein weiterer Unterschied sind die Übergänge zwischen Gleichverteilung und Agglomeration. Sie können sowohl kontinuierlich (siehe Abbildung 18) als auch diskontinuierlich (siehe Abbildung 19) sein (siehe dazu auch Abbildung 16 oben). Ob eine graduelle oder katastrophale Verlagerung der Industrie stattfindet, hängt lediglich von der Kombination der Ausprägung der exogenen Modellvariablen ab.

Abbildung 18: U-förmige Bifurkation des Modells von Puga 1999 mit immobilen Arbeitskräften

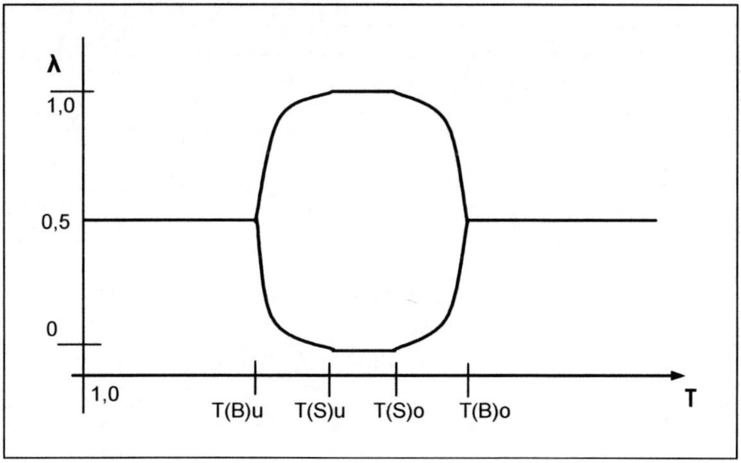

Quelle: Eigene Darstellung nach Puga 1999, S. 324.

Bei kontinuierlichen Übergängen ensteht eine U-förmige Bifurkation. In ihr existieren ein unterer und ein oberer Bruchpunkt T(B)u und T(B)o sowie eventuell ein unterer und oberer Erhaltepunkt T(S)u und T(S)o, die zwischen den beiden Bruchpunkten liegen.

Aus diskontinuierlichen Übergängen resultiert im Puga-Modell eine Tomahawk-Bifurkation (siehe Abbildung 19). Eine partielle Agglomeration ist hier nicht möglich. Aus diesem Grund beinhaltet dieser Art der Bifurkation immer sowohl Bruchpunkte als auch Erhaltepunkte. In den Overlaps bei T(S)u>*T*>T(B)u und T(B)o>*T*>T(S)o sind bei identischen Werten der exogenen Variablen in Abhängigkeit von der Ausgangssituation sowohl Gleichverteilung als auch vollständige Agglomeration möglich.

Abbildung 19: Tomahawk-Bifurkation des Modells von Puga 1999 mit immobilen Arbeitskräften

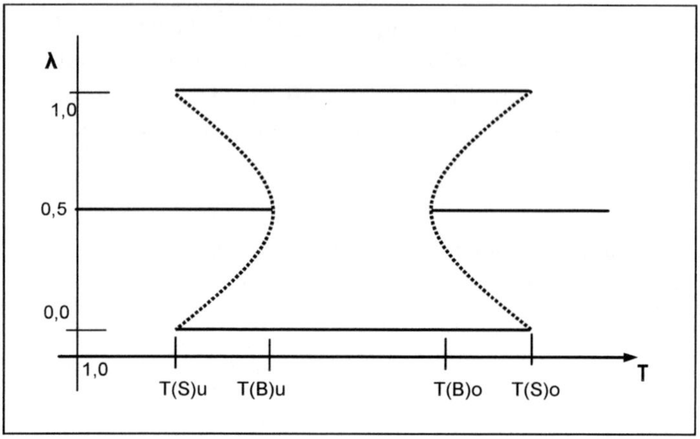

3.7 Die empirisch zu bestimmenden exogenen Variablen der Modelle

Relevant für die empirische Prüfung der Modelle sind Parameter der exogenen Variablen. Ausschließlich sie determinieren die langfristigen Gleichgewichte, legen T(S) und T(B) und damit die Bifurkation eines Modells fest.

Im Modell von Krugman (1991) sind die Gleichungen K20 und K22 entscheidend (siehe Kapitel 3.4.6). Dort hängen T(B) und T(S) allein von den exogenen Variablen T, σ und π ab. Die ebenfalls exogenen Variablen α, β und L bestimmen zwar das kurzfristige Gleichgewicht des Modells (siehe dazu die Gleichungen K11 bis K18), spielen bei der Bestimmung des langfristigen Gleichgewichts aber keine Rolle: „Evidently changes in these parameters [α, β und L] do not influence the relative real wage, and thus essentially do not effect the underlying dynamics and stability analysis of the system" (Brakman/Garretsen/van Marrewijk 2001, S. 108).

Ein interessanter Zusammenhang besteht allerdings zwischen der Substitutionselastizität und den Kosten. Im Gleichgewicht entspricht der Preis den Durchschnittskosten: $p_i=\sigma/(\sigma\text{-}1)\beta w_i = \alpha w_i/x+\beta w_i$ (siehe Kapitel 3.4.3). Das Verhältnis der Durchschnittskosten zu den Grenzkosten βw_i für eine Produktionsmenge x (siehe dazu die Kostenverläufe aus Abbildung 10 oben) ist damit:

$$\frac{Durchschnittskosten}{Grenzkosten} = \frac{\alpha}{\beta x} + 1 = \frac{\sigma}{\sigma - 1} = \frac{1}{\rho}$$

Damit wird deutlich: Je höher die Größenvorteile in der Industrie (Durchschnittskosten/Grenzkosten), desto niedriger sind der Substitutionsparameter und die Substitutionselastizität der Nachfrage (vgl. Krugman 1991a, S. 104). Dieser Zusammenhang ist auch für die Modelle von Helpman und Puga valide (siehe dazu die Gleichungen H4 mit β=1 beziehungsweise P4), so dass sich über die empirische Ermittlung der gesamten fixen Kosten α und der gesamten variablen Kosten βx, die gesondert ermittelte Preiselastizität der Nachfrage σ überprüfen lässt.[86]

Im Modell von Helpman (1998) wird das langfristige Gleichgewicht neben T, σ und π durch eine weitere exogene Variable festgelegt. Die Gleichung H13, die die Wanderbewegung der Konsumenten bestimmt, enthält H_i, – die Ausstattung der Regionen mit Wohnraum (siehe Kapitel 3.5.3).

Das Modell von Puga (1999) zieht neben T, σ und π noch drei weitere exogene Variablen heran, um ein langfristiges Gleichgewicht zu bestimmen. Sowohl die Gleichungen P13, P14 als auch P15 beinhalten μ, den Anteil der Produktion, der zur Fertigung der Endprodukte benötigt wird sowie η, die Lohnelastizität der Arbeitskräfte beim Wechsel zwischen den Sektoren (siehe Kapitel 3.6.4). Bei regionaler Mobilität der Arbeitskräfte wird das Modell zusätzlich von θ, dem Anteil der Faktors Arbeit in der Produktionsfunktion der Landwirtschaft (mit 1-θ als dem Anteil des Produktionsfaktors Land) determiniert. Dieser lässt sich allerdings direkt aus η und π ableiten (siehe P14).

Eine Übersicht der exogenen Variablen der drei Modelle bietet Tabelle 14 auf Seite 194 (Kapitel 5.2).

---

[86] Die Ermittlung der Produktionsmenge x spielt dabei keine Rolle, da es sich um eine modellendogene Variable handelt.

4 Sektoral-räumliche Konzentration und Cluster in Deutschland

„Ein wichtiges, wenn auch nicht alleiniges, Kriterium für die Identifizierung von Clustern ist die räumliche Konzentration bestimmter Wirtschaftszweige."

Peter Dannenberg und Sebastian Kinder (2004, S. 53)

4.1 Einführung

Empirische Beobachtungen widerlegen eine generelle Gleichverteilung wirtschaftlicher Aktivitäten (vgl. für die USA Rosenthal/Strange 2001; Ellison/Glaser 1999; 1997, für Europa Crozet/Koenig 2005; Brülhart/Traeger 2003; Middelfart-Knarvik et al. 2002; Aiginger et al. 1999; Amiti 1997 und für Deutschland Litzenberger/Sternberg 2005; 2004; Südekum 2004; Sternberg/Litzenberger 2004; Keilbach 2002; Helmstädter 1996). Obwohl die sektoral-räumliche Konzentration in Europa schwächer ausgeprägt ist als in den USA (vgl. Andaluz et al. 2002; Puga 1999; Brülhart 1998; Storper 1992), ist seit den 1960er Jahren in bestimmten Branchen, wie etwa der Chemie- oder Stahlindustrie, ein Trend zur räumlichen Konzentration zu beobachten. Seit den 1970er Jahren verstärkte sich die räumliche Ballung von Industrien der Spitzentechnologie (vgl. Amiti 1998; Baptista 1998). Ob für das Produzierende Gewerbe in der Europäischen Union in Folge fortschreitender wirtschaftlicher Integration die räumliche Konzentration zunimmt und sie das Niveau der USA erreichen wird, ist umstritten. Insgesamt liegen widersprüchliche Ergebnisse vor (vgl. Overman/Redding/Venables 2001; Brülhart 1998). In jedem Fall sind räumlich geclusterte Branchen in jeder entwickelten Volkswirtschaft und zunehmend auch in Entwicklungsländern zu finden (vgl. van der Linde 2003; Enright 2003). Dabei gehen die Cluster-Definitionen, und ergo die Methoden und Zahlen identifizierter Cluster, je nach Studie weit auseinander (vgl. Rocha 2004; Martin/Sunley 2003).[87]

Kapitel 4 verfolgt zwei zentrale Ziele: Zum einen sollen die für einen Modelltest der NÖG geeigneten Branchen des Produzierenden Gewerbes identifiziert und zum ande-

[87] Eklatante Unterschiede bezüglich der Anzahl der Cluster in europäischen Ländern bestehen zum Beispiel zwischen der Cluster-Meta-Study von Michael Porter und Class van der Linde und den Veröffentlichungen der Europäischen Kommission. Während in der Meta-Study ein einziger norwegischer Cluster identifiziert wird (vgl. van der Linde 2002, S. 19), geht die Europäische Kommission von 55 dort existierenden Clustern aus (vgl. Europäische Kommission 2002, S. 25; Zahlen für Deutschland liegen hier leider nicht vor.).

ren deren räumliche Cluster in Deutschland kartiert werden. Dazu dienen für beide Zwecke eigens entwickelte Maßzahlen.

Einführend wird in Kapitel 4.2 das dafür genutzte Datenmaterial beschrieben. In Kapitel 4.3 werden die Unterschiede und Zusammenhänge zwischen den Begriffen „Spezialisation", „Konzentration", „Cluster" und „Agglomeration" erläutert. Nach Darstellung des Forschungsstandes werden in Kapitel 4.4 Maßzahlen zur Messung der räumlichen Konzentration entwickelt. Danach zeigt Kapitel 4.5 anhand dieser Maßzahlen den Ist-Zustand der räumlichen Konzentration der Sektoren und Wirtschaftszweige in Deutschland. Zur empirischen Prüfung der Modelle dienen dabei die Branchen des Produzierenden Gewerbes, die entweder räumlich gleichverteilt oder stark konzentriert sind. Neben der statischen Analyse werden gemäß des in Kapitel 1.2 geschilderten Forschungsdesigns die beiden Wirtschaftszweige mit der stärksten Veränderung ihrer räumlichen Konzentration zwischen 1987 und 2002 ausgewählt. Dies findet in Kapitel 4.6 nach einer Diskussion weiterer Anforderungen an die Branchen statt. Die Kapitel 4.7 und 4.8 stehen ganz im Zeichen der Identifizierung und Verortung sektoral-räumlicher Cluster in Deutschland: Nach Klärung des genutzten Clusterbegriffes und Diskussion der in der Literatur verwendeten Maßzahlen wird ein Clusterindex entwickelt. Mit ihm lassen sich sektoral-räumliche Cluster der ausgewählten Branchen in Deutschland identifizieren und kartieren.

4.2 Das sekundärstatistische Datenmaterial

„Welche Ergebnisse aus statistischen Erhebungen resultieren, hängt nicht nur von der Struktur einer Klassifikation, sondern auch von den Regeln für ihre Anwendung ab."

Matthias Greulich (2004, S. 381)

Die verwendeten Sekundärdaten zur Messung der räumlichen Konzentration und zur Identifizierung der sektoral-räumlichen Cluster stammen aus Datenquellen der Bundesagentur für Arbeit, dem Statistischen Bundesamt und dem Bundesamt für Bauwesen und Raumordnung (vgl. für eine Übersicht amtlicher Statistiken Lüken 2002).

Von der Bundesanstalt für Arbeit (ab dem 1.1.2004 Bundesagentur für Arbeit) kommen zwei Datensätze (2003a,b und 2003c,d), die auf Anfrage aus der Beschäftigungsstatistik generiert worden sind. Sie beinhalten sowohl die Anzahl der sozialversicherungspflichtig Beschäftigten als auch die Anzahl der Betriebe mit mindestens einem solchen Beschäftigten.[88] Die Daten liegen flächendeckend für die Bundesrepublik Deutschland auf Kreisebene[89] vor und sind nach Wirtschaftszweigen aufgeschlüsselt.[90] Alle Ebenen einer Wirtschaftszweigklassifikation lassen sich durch die für sie charakteristischen Waren und Dienstleistungen beschreiben, die „typischerweise in ihnen produziert werden“ (Greulich 2004, S. 382). Die Zuordnung des gesamten Betriebes zu einem Wirtschaftszweig erfolgt neben den im Betrieb produzierten Waren und Dienstleistungen auch über das Herstellungsverfahren oder die eingesetzten Rohstoffe. Die Haupttätigkeit, das heißt der größte Beitrag zur Wertschöpfung, legt die Klassifikation des gesamten Betriebes fest. „Daraus folgt nicht zwangsläufig, dass der Anteil der Haupttätigkeit an der gesamten Wertschöpfung einer Einheit mehr als 50% beträgt“ (Statistisches Bundesamt 2001, S. 17).

Der erste Datensatz der Bundesanstalt für Arbeit (2003a,b) wird zum Querschnittvergleich der räumlichen Konzentration der Branchen im Jahr 2002 verwendet. Er unterteilt die Beschäftigten und Betriebe aus allen Sektoren gemäß der „Klassifikation der Wirtschaftszweige“ des Statistischen Bundesamtes von 1993 (WZ93).[91] Die WZ93, die auf der Klassifikation der wirtschaftlichen Aktivitäten der Europäischen Gemeinschaft (NACE Rev. 1) basiert, ist bindend für die Mitgliedsstaaten der Europäischen Union und steht in enger Verbindung mit der Internationalen Systematik der

---

[88] Grundlage für die Beschäftigtenstatistik ist die Verpflichtung der Arbeitgeber jeden sozialversicherungspflichtigen Arbeitnehmer bei den Sozialversicherungsträgern an- beziehungsweise abzumelden. (vgl. Brixy 1999 S. 2). Die Zu- und Abgänge werden vom Arbeitgeber an die jeweiligen Krankenkassen gemeldet, und von dort an die zuständigen Rententräger (LVA und BfA) weitergeleitet (vgl. Brixy 1999, S. 3). Die Beschäftigtenstatistik wird Stichtag bezogen am Ende des Quartals erstellt und liegt circa neun Monate später vor. Zu Ungenauigkeiten führen die Erfassung von Kurzzeit- und Saisonbetrieben und die Nichterfassung von Unternehmen, die ausschließlich mit „geringfügig“ Beschäftigten arbeiten (vgl. Bellmann/Harhoff/Schulz 1997, S. 7). Auch gehen die tätigen Inhaber und mithelfenden, unbezahlten Familienangehörigen nicht in die Statistik ein (vgl. Keilbach 2002, S. 69).

[89] Das Datenmaterial ist in 327 westdeutsche und 439 gesamtdeutsche Kreise unterteilt. Der Landkreis und die Stadt Hannover sind zu der am 1. November 2001 gegründeten Region Hannover zusammengefasst (vgl. Niedersächsischer Landtag 2001). Die Kreise Berlin West und Berlin Ost bilden die Region Berlin.

[90] Die Daten unterliegen den Bestimmungen des Datenschutzes und sind nur der Bundesagentur für Arbeit frei zugänglich. Externe Wissenschaftler müssen unter Angabe der geplanten spezifischen Auswertung eine Freigabe beim Bundesministerium für Arbeit und Soziales beantragen.

[91] Mit Beginn des Jahres 2003 wurde eine Revision der Systematik der Wirtschaftszweige vorgenommen. Die aktuelle WZ03 konnte jedoch hier nicht mehr berücksichtigt werden, da sie erstmals für das Jahr 2003 angewendet wird, und die Daten erst Mitte 2004 verfügbar waren.

Wirtschaftszweige (ISIC Rev. 3) (vgl. Statistisches Bundesamt 2001, S. 3). Die Klassifikation ist unterteilt in 17 Abschnitte (A-Q), 60 Abteilungen (01-99) und 222 Gruppen (011-990). Von diesen 222 Gruppen – im Folgenden auch „Dreisteller" genannt – entfallen 7 auf die Landwirtschaft (Abschnitte A und B), 125 auf das Produzierende Gewerbe (Abschnitte C-F) und 90 auf Dienstleistungen (Abschnitte G-Q) (vgl. für die komplette Statistik inklusive ihrer 503 Klassen/Viersteller und 1062 Unterklassen/Fünfsteller Statistisches Bundesamt 2003a).

Der zweite Datensatz (vgl. Bundesanstalt für Arbeit 2003c,d) beinhaltet die Anzahl der sozialversicherungspflichtig Beschäftigten für die Jahre 1987 bis 2002. Die Zahl der Betriebe liegt dagegen nur von 1999 bis 2002 vor. Die Daten dienen zur Erfassung der Branchen, in der sich die räumliche Konzentration im Zeitablauf am stärksten verändert hat. Die Branchen sind nach dem „Verzeichnis der Wirtschaftszweige für die Statistik der Bundesanstalt für Arbeit 1973" (WS73)[92] klassifiziert (vgl. Bundesanstalt für Arbeit 1990). Diese Einteilung entspricht teilweise nicht mehr heutigen Standards, da einige Wirtschaftszweige, die in dieser Statistik auftauchen, stark an Bedeutung verloren haben und andere Wirtschaftszweige, die aktuell einen großen Anteil der an der volkswirtschaftlichen Wertschöpfung und Beschäftigung haben, noch nicht ausgewiesen sind. Dies verursacht für die in Kapitel 4.6 ausgewählten Branchen innerhalb des Längsschnittes aber keine Schwierigkeiten. Ihre Klassifikationen sind auch in der WZ93 inhaltlich unverändert[93] enthalten (vgl. Statistisches Bundesamt 2003a). Die WS73 umfasst 10 Wirtschaftsabteilungen (I-X), 94 Wirtschaftsgruppen (00-94) und 293 Wirtschaftsklassen (000-940) – im Folgenden „Dreisteller". Von diesen 293 Dreistellern entfallen 9 auf die Landwirtschaft (Abteilung I), 179 auf das Produzierende Gewerbe (Abteilung II bis IV), und 105 auf die Dienstleistungen (Abteilung V bis X) (vgl. Bundesanstalt für Arbeit 1990). Der von der damaligen Bundesanstalt für Arbeit generierte Datensatz erfasst von 1987 bis 2002 die 327 Kreise der ehemaligen „Alten Bundesrepublik". Die Kreise der „Neuen Bundesländer" kommen erst ab 1994 dazu. Aus diesem Grund findet im dynamischen Vergleich nur das frühere Bundesgebiet Berücksichtigung.

---

92 Die WS73 orientiert sich an der Klassifikation der Wirtschaftszweige des Statistischen Bundesamtes aus dem Jahr 1970 (WZ70).

93 Allerdings wird der Dreisteller der WS73 „331 Herstellung und Reparatur von Büromaschinen" in der WZ93 und WZ03 zum Viersteller „DL 3001 Herstellung [und Reparatur] von Büromaschinen" (vgl. Statistisches Bundesamt 2003a; 2001).

Die zur Berechnung des räumlichen Gini (siehe Kapitel 4.4) und des Clusterindex (siehe Kapitel 4.7.3) notwendigen Daten der Einwohnerzahl, der Gesamtbeschäftigten und der Fläche in den einzelnen Kreisen stammen vom Bundesamt für Bauwesen und Raumordnung (2002) und dem Statistischen Bundesamt (1989c).

4.3 Abgrenzung und Zusammenhang zwischen räumlicher Konzentration, räumlicher Spezialisierung, Cluster und Agglomeration

„But in practice the concentration of production is greater than that of resources, in the sense that not every agglomeration is an important producer in every industry. There are many cities, but there is only one New York, one Detroit, and only one Hollywood."

Paul Krugman (2000b, S. 55).

Vor der Messung der räumlichen Konzentration, gilt es den Begriff genau zu klären. Unter räumlicher Konzentration soll im Folgenden die Industriedichte (vgl. dazu Schätzl 2000, S. 52) einer Raumeinheit verstanden werden. Dabei ist die Zahl der wirtschaftlichen Aktivität einer Branche oder eines Aggregates von Branchen – hier gemessen durch die Anzahl der Beschäftigten beziehungsweise Betriebe – ins Verhältnis zur Fläche der zugehörigen Raumeinheit zu setzten. Die relative Industriedichte (ID) teilt den Wert der Industriedichte eines Teilraumes (hier eines Kreises) durch den Wert des Gesamtraumes (Deutschland). Liegt in einem Teilraum die Zahl der Industriebeschäftigten pro km^2 höher als im Gesamtraum, erreicht ID einen Wert größer als eins. Der Teilrum ist räumlich relativ konzentriert. Die Grenzen von ID liegen bei null, (keine Industrie vorhanden) und sind nach oben offen (alle Industriebeschäftigten befinden sich in einem Teilraum). Bei einer ID gleich eins, entspricht die räumliche Konzentration des Teilraumes der des Gesamtraumes.

Von der räumlichen Konzentration deutlich abzugrenzen, ist die räumliche Spezialisierung. Sie liegt dann vor, wenn in einer Raumeinheit ein großer Anteil der Bevölkerung oder der Gesamtbeschäftigten in einer bestimmten Branche beschäftigt ist. Die räumliche Spezialisierung lässt sich mit dem Industriebesatz (vgl. dazu Schätzl 2000, S. 52) einer Raumeinheit messen. Der Industriebesatz setzt die wirtschaftlichen Aktivitäten – hier die Zahl der Beschäftigten – in Beziehung zu der Zahl der Einwohner oder der Gesamtbeschäftigten. Die relative räumliche Spezialisierung (IB) berechnet sich aus dem Industriebesatz des Teilraumes (Kreis), geteilt durch Industriebesatz des Gesamtraumes (Deutschland). Ein Teilraum ist räumlich relativ spezialisiert, falls IB größer als eins ist. Die Grenzen von IB liegen wiederum bei null und sind nach oben offen. Ein IB von eins zeigt an, dass die Wirtschaftsstruktur des Teilraumes genau der des Gesamtraumes entspricht. Die Formel des relativen Industriebesatzes gleicht der des Standortquotienten (vgl. Schätzl 2000, S. 63f.). Letzterer wird in der Literatur oftmals zur Beschreibung der räumlichen Arbeitsteilung beziehungsweise Spezialisierung von Regionen herangezogen (vgl. Andaluz et al. 2002; Kim 1995). Einige Autoren, wie zum Beispiel Haaland et al. (1999), Amiti (1997) und Krugman (1991a), nutzen diese oder ähnliche Maßzahlen, bei denen eine wirtschaftliche Teil-Aktivität eines Raumes zur Gesamtaktivität des Raumes gesetzt wird, um einen „relative concentration index" zu konstruieren (Haaland et al. 1999, S. 3). Im Verständnis der Begrifflichkeiten in dieser Arbeit handelt es sich dabei um Maßzahlen der räumlichen Spezialisierung und nicht der räumlichen Konzentration.

Ausgehend von der relativen Spezialisierung und der relativen räumlichen Konzentration, unterscheidet die Abbildung 20 weiter die Begriffe „Cluster" und „Agglomeration", sowie „Peripherie" und „spezialisierte ländliche Region". Auf der Ordinate ist der relative Industriebesatz und auf der Abszisse die relative Industriedichte eines Teilraumes für die Beschäftigten einer Branche abgebildet. Im Schnittpunkt der beiden Achsen entsprechen sowohl der Industriebesatz als auch die Industriedichte eines Teilraumes denen des Gesamtraumes (IB=ID=1). Damit lässt sich ein Teilraum bezüglich dem Industriebesatz und der Industriedichte einer bestimmten Branche genau einem der vier Quadranten in Abbildung 20 zuordnen.

Quadrant I zeigt den Fall an, in dem der Industriebesatz eines Teilraums größer als der des Gesamtraumes ist (IB>1), während die Industriedichte des Teilraumes unter der des Gesamtraumes liegt (ID<1). Der Teilraum ist auf die Branche spezialisiert. Da aber keine relative räumliche Konzentration der wirtschaftlichen Aktivität der Branche im Teilraum vorliegt, liegt die Zahl der Branchen-Beschäftigten pro km^2 unter der des Gesamtraumes. Dies kann nur dann der Fall sein, wenn dieser Teilraum über eine unterdurchschnittliche Bevölkerungs- beziehungsweise Gesamtbeschäftigtendichte verfügt. Damit handelt es sich beim Teilraum in Quadrant I um eine spezialisierte, aber ländliche Region[94].

[94] Dabei wird „ländlich" mit einer Bevölkerungsdichte unter dem Durchschnitt des Gesamtraums gleichgesetzt.

Quadrant II zeigt die Situation, in der sowohl die Spezialisierung als auch die Konzentration eines Teilraumes unter denen des Gesamtraums liegen. Es handelt in Bezug auf die untersuchte Branche, um eine Peripherie. Eine Agglomeration oder Stadt ist in Quadrant III zu finden. In einem solchen Teilraum liegt eine überdurchschnittlich starke räumliche Konzentration der wirtschaftlichen Aktivität einer Branche vor, ohne dass die lokale Wirtschaft auf die Branche überdurchschnittlich spezialisiert ist. Dies trifft auf die meisten Städte (oder Stadtkreise) zu. Sie weisen oftmals allein auf Grund ihrer Bevölkerungsdichte einen höheren Wert für ID gegenüber den Landkreisen auf. Quadrant IV bildet einen Cluster ab (siehe zur vollständigen Definition Kapitel 4.7.1). In ihm liegt sowohl eine relative räumliche Konzentration der Branche (ID>1) als auch ein überproportionaler Anteil der Branche an den wirtschaftlichen Aktivitäten des Teilraumes vor (IB>1).

Abbildung 20: Der Zusammenhang zwischen Spezialisierung, Konzentration, Cluster und Agglomeration

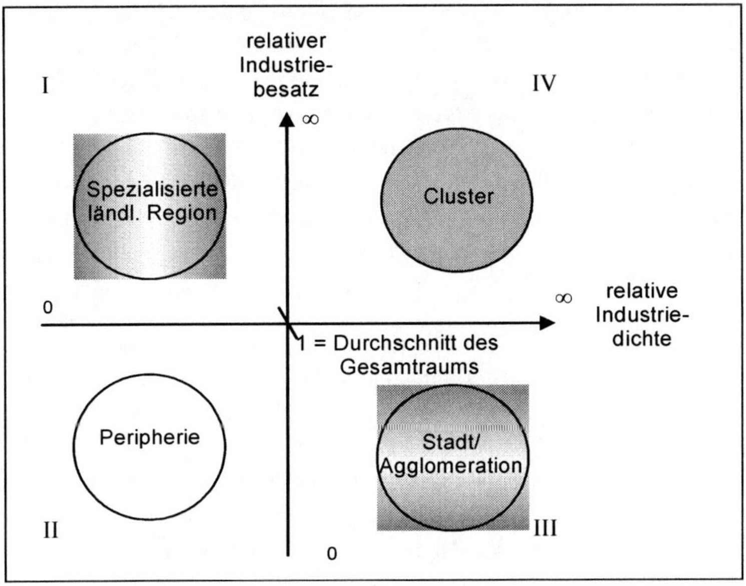

Damit vollzieht sich die Abgrenzung eines Clusters von einer Agglomeration über die überproportionale Spezialisierung des Teilraumes auf eine bestimmte Branche. Cluster sind gleichzusetzen mit der räumlichen Polarisation bestimmter Branchen, die zu regionalen Wachstumspolen (oder „Schrumpfungspolen") führt (vgl. zum Beispiel Tichy 2001 oder Vernon 1966). Dagegen soll unter Agglomeration die branchenübergreifende Polarisation zwischen Regionen verstanden werden (vgl. zu einer umfassenden Darstellung von Agglomerationstheorien Roos 2002).[95]

4.4 Die Messung der sektoral-räumlichen Konzentration: Zu einem „räumlichen Gini"

„Step back and ask, what is the most striking feature of the geography of economic activity? The short answer is surely concentration."

Paul Krugman (1991a, S. 5)

In der Literatur existiert eine große Menge verschiedener Maßzahlen zur Messung räumlicher Konzentration (vgl. für Übersichten Lafourcade/Mion 2003; Dewhurst/McCann 2002; Roos 2002; Devereux/Griffith/Simpson 1999). Die Mehrheit der Studien, die sich mit der allgemeinen Konzentration von Industrien beschäftigen (vgl. für einen Überblick empirischer Studien Aiginger et al. 1999), nutzen Maßzahlen zur Spezialisierung: Andaluz et al. (2002), Helmstädter (1996) und Kim (1995) benutzen den Standortquotienten. Südekum (2004) und Midelfart Knarvik et al. (2002) verwenden Krugmans Specialisation-Index. Auf den Hoover-Balassa-Index greifen Hildebrandt und Wörz (2004), Haaland et al. (1999) sowie Amiti (1997) zurück, während Aiginger und Pfaffmayr (2004) den Herfindahl-Hirschman-Index gebrauchen.

Eine Reihe von Autoren nutzt den Index von Ellison und Glaeser (1997; zum Beispiel Braunerhjelm/Borgman 2004; Braunerhjelm/Johannson 2003; Rosenthal/Strange 2001; Dumais/Ellison/Glaeser 1997) oder den auf ihm basierenden Index von Maurel und Sédillot (1999; zum Beispiel Lafourcade/Mion 2003 oder Dohse/Steude 2003). Beide Indizes setzen, wie die oben genannten Maßzahlen, die Beschäftigtenzahl einer Branche jeweils in Bezug zur Gesamtbeschäftigtenzahl oder Einwohnerzahl. Diese Gewichtungsfaktoren unterstellen damit implizit, dass eine Gleichverteilung ökonomischer Aktivitäten in einer Branche theoretisch nicht erwartet, und „dadurch eher die

[95] Für verschiedene Branchen, und damit verschiedene Werte von IB und ID kann ein und derselbe Teilraum durchaus verschiedenen Quadranten zugeordnet werden. Beispielsweise kann ein Teilraum – etwa ein Stadtkreis – in Bezug auf die Automobilindustrie als „Cluster", in Bezug auf die Möbelindustrie jedoch als „Stadt/Agglomeration" klassifiziert werden.

Spezialisierung der lokalen Beschäftigten als die räumliche Konzentration einer Aktivität gemessen wird" (vgl. Roos 2002, S. 20).

Ein weiteres verbreitetes Konzentrationsmaß ist der Gini-Koeffizient (G_{ST}). Er leitet sich aus der Lorenzkurve ab und berechnet sich aus dem Quotient der Konzentrationsfläche – das heißt der Fläche zwischen der Lorenzkurve und der Gleichverteilungeraden – und der maximal möglichen Konzentrationsfläche (vgl. Schätzl 2000, S. 60-63). Der Gini-Koeffizient trifft eine Aussage über die Ungleichverteilung der Merkmalsausprägungen auf die Merkmalsträger n. Er misst zum Beispiel wie die Beschäftigten des Produzierenden Gewerbes auf die einzelnen 439 Kreise in Deutschland in Deutschland verteilt sind.[96] Bei einer Gleichverteilung nimmt G_{ST} den Wert null an, bei einer extremen Ungleichverteilung – wenn alle Arbeitnehmer in nur einem Kreis beschäftigt sind – erreicht er den Wert (n-1)/n. Dieser Maximalwert lässt sich durch Multiplikation mit n/(n-1) auf eins normieren. Die Normierung ermöglicht Vergleiche von Gini-Koeffizienten, die sich auf eine unterschiedliche Anzahl von Merkmalsträgern beziehen. Im Folgenden sind alle Gini-Koeffizienten normiert. Mit n (der Anzahl der Merkmalsträger) und S_i (der aufsteigend geordneten kumulierten relativen Anteile der Merkmalsausprägungen an der Merkmalssumme) lässt sich G_{ST} nach folgender Formel einfach berechnen (vgl. für alternative Formeln des Gini-Koeffizienten Seidl 2003, S. 5ff.):

$$G_{ST} = 1 - \frac{1}{n}\sum_{i=1}^{n}(S_i + S_{i-1})$$

Im Zusammenhang mit dem Gini-Koeffizienten ist die Verwendung des Standortquotienten („location quotient") weit verbreitet. Braunerhjelm und Borgman (2004), Südekum (2004), Braunerhjelm und Johansson (2003), Keilbach (2002), Amiti (1998, 1997)[97], Helmstädter (1996) und Kim (1995) berechnen den „locational" Gini-Koeffizienten nach Krugman (1991a, S. 54ff.), der ihn als „empirical evidence" für die „localization of industries", das heißt die räumliche Konzentration oder Ansammlung bestimmter Branchen heranzieht. Allerdings nutzt dieser standörtliche Gini-Koeffizient ($G_{SÖ}$) als Merkmalsausprägung nicht die Anzahl der Beschäftigten einer

[96] Auch ein Heranziehen der Betriebe, des Umsatzes, der Wertschöpfung oder der Lohnsumme usw. sind mögliche Merkmalsausprägungen zur Messung wirtschaftlicher Aktivitäten – falls die Daten kleinräumig und differenziert nach Sektoren vorliegen.

[97] Amiti (1997) benutzt den Balassa-Index, der ebenfalls eine Maßzahl zur Bestimmung der Produktionsstruktur eines Landes darstellt und dem Standortquotienten sehr ähnlich ist.

Branche oder eines Sektors, sondern deren Anteil an den Gesamtbeschäftigtenzahlen. Damit entspricht das S_i aus obiger Formel der kumulierten Summe der Standortquotienten der Teilräume (vgl. für eine detaillierte Beschreibung alternativer Vorgehensweise zur Berechnung des $G_{SÖ}$ Südekum 2004, S. 9; Kim 1995, S. 883; Krugman 1991a, S. 55f.). Da bei diesem Vorgehen die Merkmalsausprägungen in Relation zu Gesamtbeschäftigtenzahlen oder den Einwohnerzahlen gesetzt werden, handelt es sich auch beim $G_{SÖ}$ um eine Maßzahl der räumlichen Spezialisierung. Dass der $G_{SÖ}$ zur Messung räumlicher Konzentration ungeeignet ist, soll ein kurzes Beispiel verdeutlichen:

Angenommen der der Gesamtraum „Welt" besteht lediglich aus den beiden Teilräumen „Kanada" und „Deutschland", dann ist es intuitiv einsichtig, dass in einer solchen Welt die wirtschaftliche Aktivität – gemessen im jeweiligen BIP – äußerst stark räumlich konzentriert ist. In Deutschland und damit auf nur 3,45% der „Weltfläche" sind 75,35% aller wirtschaftlichen Aktivitäten verortet (siehe dazu Tabelle 4, in der das Bruttoinlandsprodukt (BIP), die Einwohnerzahl (EW) und die Fläche der beiden Länder angegeben ist).

Tabelle 4: Kanada und Deutschland 2003

	BIP (in Mio. US$)	Anteil	**EW** (in Mio.)	Anteil	**Fläche** (in km^2)	Anteil
Kanada	649.822	24,65%	30,0	26,67%	9.984.670	96,55%
Deutschland	1.986.072	75,35%	82,5	73,33%	357.027	3,45%
"Welt"	*2.635.894*	*100%*	*112,5*	*100%*	*10.341.697*	*100%*

Quelle: Eigene Darstellung auf Grundlage von Daten des Statistischen Bundesamtes 2004c.

Der standörtliche Gini-Koeffizienten $G_{SÖ}$ kommt allerdings zu einem anderen Ergebnis. Um ihn zu berechnen, ist die zu untersuchende ökonomische Aktivität der beiden Teilräume ins Verhältnis zur jeweiligen Gesamtbeschäftigung zu setzen. Danach müssen diese Quotienten (hier BIP pro EW) aufsteigend geordnet und durch ihre Gesamtsumme geteilt werden. Bildet man die kumulativen Anteile dieser Verhältnisse in einem Koordinatensystem ab, ergibt sich die Lorenzkurve. Aus der Gewichtung des BIP mit der Einwohnerzahl resultieren die Merkmalsausprägungen 21.660,7 US$ pro Kopf für Kanada und 24.073,6 US$ pro Kopf für Deutschland. Damit ist in Abbildung 21 links die Lorenzkurve durch Punkt A bestimmt: 24,65% des weltweiten BIP werden von 26,67% der Weltbürger, das heißt Kanadiern produziert.[98] Die vorgenommene Gewichtung mit der Einwohnerzahl hat zur Folge, dass die Lorenzkurve sehr nahe an der der Gleichverteilungsgeraden entlangläuft. Die Fläche zwischen beiden Kurven ist klein und der $G_{SÖ}$ zeigt mit 0,053 beinahe eine Gleichverteilung der wirtschaftlichen Aktivitäten an.

Damit kann der $G_{SÖ}$, wie ihn Krugman (1991a) verwendet hat, nicht als Referenzwert für räumliche Konzentration im Sinne der Modelle der NÖG dienen. Die Interpretation der räumlichen Konzentration als Abweichung von der Verteilung der Bevölkerung beziehungsweise den Gesamtbeschäftigten über die Teilräume, widerspricht den NÖG-Modellen, die explizit von einer Interdependenz zwischen Bevölkerungsverteilung und der Standortwahl ökonomischer Aktivitäten ausgehen (siehe dazu Kapitel 2.4).

Allerdings reicht es nicht aus, auf eine Gewichtung der Merkmalsausprägungen generell zu verzichten.[99] Berechnet man den standardmäßigen Gini-Koeffizienten ohne jegliche Gewichtung (G_{ST}), ergibt sich für die Daten aus oben stehender Tabelle ein Verlauf der Lorenzkurve der, durch Punkt A' (siehe Abbildung 21 rechts) festgelegt ist: 24,65% des weltweiten BIP werden von 50% aller Merkmalsträger – nämlich Kanada – erzeugt. Der resultierende G_{ST} zeigt mit 0,507 eine mittlere Konzentration an. Dass auch der G_{ST} das Ausmaß der räumlichen Konzentration nicht korrekt wiedergibt, sollen die beiden kurzen Gedankenexperimente verdeutlichen:

- Wären die absoluten Bruttoinlandsprodukte von Kanada und Deutschland gleich groß, nähme G_{ST} den Wert null an, da dies einer Gleichverteilung der Merkmalssumme auf beide Merkmalsträger entspricht. Die 28-mal größere Fläche, auf der das Inlandsprodukt Kanadas erwirtschaftet wird, bliebe aber außen vor.

- Eine Gleichverteilung der wirtschaftlichen Aktivitäten liegt nur dann vor, wenn das BIP/km^2 in beiden Ländern identisch ist. Dies wäre der Fall, wenn die kanadische Wirtschaftsleistung entsprechend der Fläche Kanadas 28-mal größer wäre als die deutsche. Für diesen Fall erreicht der G_{ST} aber den Wert 0,931 und

[98] In allen Lorenzkurven dieser Arbeit sind die Anteile der ökonomischen Aktivität auf der Ordinate abgebildet. Die Abszissen zeigen die jeweiligen Gewichtungsanteile.

[99] So geht zum Beispiel Sternberg (1996, S. 145f.) vor.

zeigt eine starke Konzentration der wirtschaftlichen Aktivitäten in einem der beiden Teilräume an.

Abbildung 21: Lorenzkurven mit Gewichtung nach Einwohnern und ohne Gewichtung

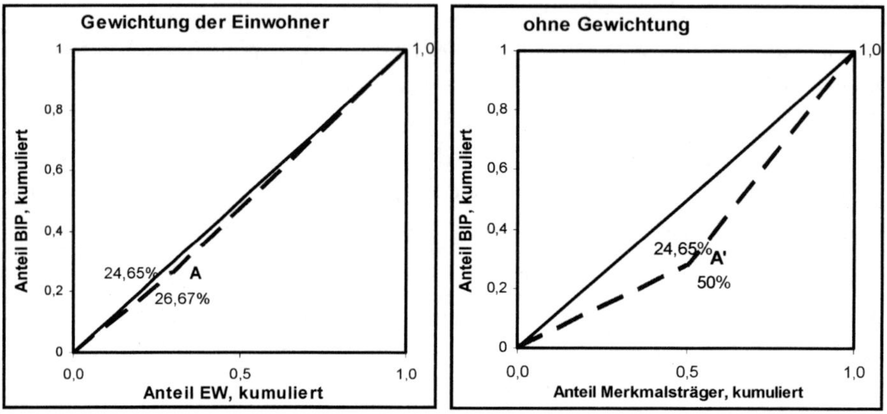

Damit ist der G_{ST} nur dazu geeignet, die Konzentration in Bezug auf die Anzahl der Raumeinheiten und nicht auf Räumgrößen wiederzugeben. Nur wenn die jeweiligen Teilräume auch eine in etwa gleich große Fläche aufweisen, kann der G_{ST} zur Messung räumlicher Konzentration verwendet werden. Ist dies nicht der Fall, „muss dann mit der Fläche gewichtet werden, so dass Dichten – also auf Flächeneinheiten bezogene Variablen – die angemessenen Indikatoren [zur Messung räumlicher Konzentration] sind“ (Roos 2002, S. 17). Bei der Konstruktion von Lorenzkurven ist eine solche Herangehensweise bei Litzenberger und Sternberg (2005; 2004) zu finden.

Abbildung 22 zeigt die Gewichtung der Werte aus Tabelle 4 mit der Fläche der Teilräume. Punkt A'' ist determiniert durch die Anteile Kanadas am „weltweiten“ BIP (24,65%) und an der „weltweiten“ Fläche (96,55%). Die resultierende Fläche zwischen Lorenzkurve und Gleichverteilungsgerade, das heißt das Ausmaß räumlicher Konzentration, erscheint nun sehr viel größer als in beiden Teilen der Abbildung 21. Der Gini-Koeffizient, der die mit der Fläche gewichteten Merkmalsausprägungen nutzt, zeigt mit einem Wert von 0,977 eine plausibel hohe räumliche Konzentration an. Er ist somit als einziger der genannten Gini-Koeffizienten, in der Lage, das Ausmaß der räumlichen Konzentration für verschieden große Raumeinheiten korrekt wiederzugeben.[100] Im Folgenden wird er als „räumlicher Gini“ (G_a) bezeichnet.

Abbildung 22: Lorenzkurve mit Gewichtung der Fläche

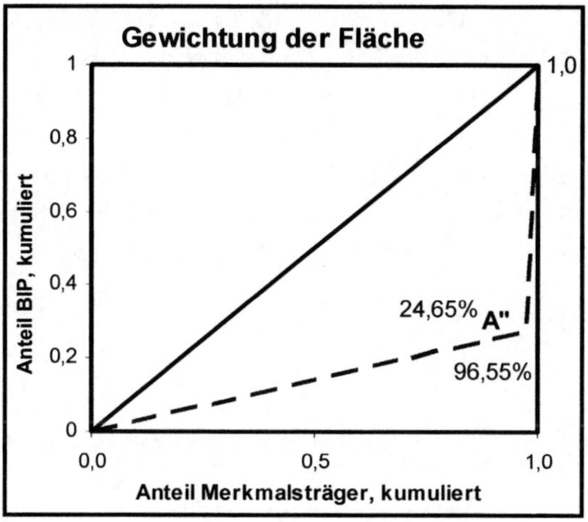

Neben dem G_a erfassen auch distanzbasierte Maßzahlen geografische Nähe und räumliche Konzentration (vgl. zur Verwendung distanzbasierter Maßzahlen Marcon/Puech 2003; Duranton/Overman 2002). Gegenüber dem G_a haben sie aber den entscheidenden Nachteil der mangelhaften Datenverfügbarkeit. Während die Flächen der Raumeinheiten meist objektiv nachvollziehbar vorliegen, müssen die Strecken zwischen den jeweiligen Raumeinheiten umständlich berechnet werden.[101]

Allerdings hat die Verwendung des G_a auch Nachteile. Im Gegensatz zum Index von Ellison und Glaeser (1997) beinhaltet ein Gini-Koeffizient auch die räumliche Ungleichverteilung, die sich aus einer zufälligen Standortwahl ergibt. Da diese Ungleichverteilung jedoch zwischen Branchen als gleich angenommen werden kann

---

[100] Dies könnten bei geeigneter Gewichtung allerdings auch Entropie-Maße, wie sie Crozet und Koenig (2005) sowie Brühlhart und Traeger (2003) verwenden. Allerdings basieren Entropie-Maße nicht auf der Lorenzkurve und sind auch auf Grund ihrer Wertebereiche weniger anschaulich als Gini-Koeffizienten.

[101] Bei der Berechnung der Distanzen zwischen Raumeinheiten stellt sich die Frage, von welchen Punkten aus sie gemessen werden. Möglichkeiten sind beispielsweise die größten Städte, die Hauptstädte, das geometrische Mittel oder der kürzeste Abstand zu den Grenzen. Weiterhin ist die Verwendung von Straßenkilometern, Eisenbahnkilometern oder der Luftlinie denkbar.

(siehe dazu Kapitel 4.6.2) ergibt sich bei einem Vergleich der G_a zwischen Branchen keine Verzerrung. Weiterhin variieren die Werte der Gini-Koeffizienten mit dem Grad der räumlichen Aggregation der Raumeinheiten, was einen Vergleich der räumlichen Konzentration wirtschaftlicher Aktivitäten nur auf ein und derselben Maßstabebene zulässig macht (vgl. Helmstädter 1996, S. 92ff.). Bezieht sich der Gini auf die Beschäftigtenzahl als Merkmalsausprägung, nehmen seine Werte mit steigender Varianz der Betriebsgrößen zu (vgl. Dohse/Steude 2003, S. 4). Im Prinzip stellen die Gini-Koeffizienten der Beschäftigten eine eben mit der Beschäftigtenzahl der jeweiligen Betriebe gewichtete Variante der Gini-Koeffizienten der Betriebe dar. Hätten alle Betriebe die gleiche Beschäftigtenzahl, würden sich die Ginis nicht unterscheiden und die Gewichtung wäre obsolet (siehe zur weiteren Diskussion Kapitel 4.6.2).

4.5 Die Konzentration der Sektoren und Branchen in Deutschland

„We conclude that in Germany slight concentration (at the Kreis level) is widespread while strong concentration is found only in a small subset of industries.“

Björn Alecke, Christoph Alsleben, Frank Scharr und Gerhart Untiedt (2004, S. 139)

4.5.1 Vorgehensweise

Maßgeblich für die Feststellung der räumlichen Konzentration und die Auswahl der Branchen zur empirischen Prüfung ist der G_a für die Anzahl der Beschäftigten auf Ebene der Kreise.[102] Zusätzlich wird zur Analyse des statistischen Effektes variierender Betriebsgrößen auf die räumliche Konzentration der Sektoren und Branchen – soweit die Daten vorhanden sind – der G_a für die Anzahl der Betriebe auf Kreisebene berechnet. Ebenfalls zu Vergleichszwecken sind in Tabelle 5 und Tabelle 6 die Konzentrationsmaße G_{ST} und $G_{SÖ}$ für die Beschäftigten auf Kreisebene sowie der G_a für die Beschäftigten auf Ebene der 97 deutschen Raumordnungsregionen (ROR) angegeben. In Anhang B wird ein Überblick über die Werte der verschiedenen Gini-Koeffizienten im Jahr 2002 für die Bevölkerung, die Gesamtwirtschaft, die drei Sekto-

[102] Bei der Ermittlung der räumlichen Konzentration bleibt eine Einteilung der Kreise nach verschiedenen Raumkategorien, wie sie das Bundesamt für Bauwesen und Raumordnung vornimmt, unberücksichtigt. Der Ansatz ist rein industrieökonomischer Art (vgl. Helmstädter 1996 für eine Diskussion der Konzentration und Spezialisierung in Abhängigkeit raumordnerischer Kategorien).

ren Landwirtschaft, Produzierendes Gewerbe und Dienstleistungen sowie die 222 Gruppen der WZ93 gegeben.

Beim statischen Vergleich der räumlichen Konzentration sowohl der Sektoren (siehe Kapitel 4.5.2) als auch der Branchen (siehe Kapitel 4.5.3) werden Gini-Koeffizienten des Jahres 2002 genutzt. Ihre Merkmalsausprägungen sind die Beschäftigten- und Betriebszahlen in den „klassischen" Sektoren Landwirtschaft, Produzierendes Gewerbe und Dienstleistungen sowie den 222 Branchen auf Ebene der Dreisteller der WZ93 für die 439 deutschen Kreise[103], beziehungsweise 97 Raumordnungsregionen. Für den dynamischen Vergleich der Jahre 1987 bis 2002 dienen die Beschäftigtenzahlen der drei Sektoren beziehungsweise der 293 Branchen der WS73 der 327 westdeutschen Kreise als Merkmalsträger.

Während zur Berechnung des G_{ST} keine Gewichtung notwendig ist, müssen beim G_a die Beschäftigten- und Betriebszahlen in Bezug zur Fläche der jeweiligen Kreise gesetzt werden. Beim $G_{SÖ}$ erfolgt die Gewichtung der Beschäftigtenzahl einer Branche in Abhängigkeit zu deren Zugehörigkeit zu den einzelnen Sektoren. Je nachdem dient die Gesamtbeschäftigtenzahl in der Landwirtschaft, im Produzierenden Gewerbe oder im tertiären Sektor als Bezugsgröße. Bei der Ermittlung des $G_{SÖ}$ der Sektoren stellt die Gesamtsumme aller Erwerbstätigen den Referenzwert dar.

4.5.2 Die räumliche Konzentration der Sektoren

Statischer Vergleich

Tabelle 5 gibt für das Jahr 2002 die Anzahl der Beschäftigten und Betriebe sowie die verschiedenen Gini-Koeffizienten für die klassischen Sektoren, die Gesamtwirtschaft und die Bevölkerung wieder. Das aggregierte Produzierende Gewerbe (Abschnitte C-F der WZ93) mit seinen gut 9,4 Millionen sozialversicherungspflichtig Beschäftigten, macht etwas mehr als ein Drittel der Gesamtbeschäftigung aus. Knapp zwei Drittel der Arbeitnehmer sind dem Dienstleistungssektor (Abschnitte G-Q) und lediglich 1,2% der Landwirtschaft zugeordnet (Abschnitte A und B). Mit durchschnittlich 20,0 Beschäftigten sind die Betriebe im Produzierenden Gewerbe knapp doppelt so groß, wie

---

[103] Da der zu Grunde liegende Datensatz den Landkreis und die Stadt Hannover in der Abgrenzung vom 1.1.1996 zusammenfasst, reduziert sich die Anzahl der in dieser Arbeit ausgewiesenen Kreise von 440 auf 439.

bei den Dienstleistungen mit 11,3 Beschäftigten pro Betrieb und etwa viermal so groß, wie in der Landwirtschaft mit 5,1 Beschäftigten pro Betrieb.

Tabelle 5: Konzentration der Sektoren

Sektor	Beschäftigte					Betriebe	
	absolut	G_a Kreise	G_{STD} Kreise	$G_{SÖ}$ Kreise	G_a ROR	absolut	G_a Kreise
Landwirtschaft	332.611	0,4320	0,4401	0,4912	0,3624	65.242	0,3593
Prod. Gewerbe	9.420.825	0,6275	0,4173	0,1649	0,4972	471.029	0,5275
Dienstleistungen	17.817.711	0,6883	0,4893	0,0993	0,5899	1.582.757	0,6174
Gesamt-Wirtschaft	27.571.147	0,6596	0,4445	0,1715	0,5514	2.120.398	0,5923

Quelle: Eigene Berechnungen auf Grundlage von Daten der Bundesanstalt für Arbeit 2003a,b und des Bundesamtes für Bauwesen und Raumordnung 2002.

Wie die G_a auf Kreisebene zeigen, sind die Beschäftigten des gesamten Produzierenden Gewerbes (G_a=0,6275) stärker räumlich konzentriert als die Beschäftigten der Landwirtschaft (G_a=0,4320). Dies verwundert nicht, da die Landwirtschaft sich im Allgemeinen durch eine sehr flächenintensive Produktionsweise auszeichnet und ihre Möglichkeiten zu räumlicher Konzentration deshalb per se begrenzt sind. Ein potenziell niedriger Flächenverbrauch ist nur eine der Ursachen, weshalb die Dienstleistungen mit einem G_a=0,6883 (Kreis) die stärkste räumliche Konzentration der drei Sektoren aufweisen. Für Dienstleistungsbetriebe sind Urbanisationsvorteile, sprich die standörtliche Präsenz weiterer Branchen, von großer Wichtigkeit (vgl. Schätzl 2003, S. 34f.). Aus der Notwendigkeit eines ausreichend großen lokalen Marktes – schließlich sind Dienstleistungen kaum transportierbar – sind die Betriebe des tertiären Sektors vor allem in Stadtkreisen zu finden. Dies wiederum treibt ihre räumliche Konzentration nach oben (vgl. Sternberg/Litzenberger 2004). Bei der räumlichen Konzentration der Sektoren auf Basis der Betriebe ergibt sich ein entsprechendes Bild – mit dem Unterschied, dass hier alle G_a niedriger ausfallen. Die Differenz zwischen den G_a der Beschäftigten und den G_a der Betriebe ist auf die Varianz der Beschäftigtenzahlen in den einzelnen Betrieben zurückzuführen (vgl. Dohse/Steude 2003).

Die räumliche Konzentration der Gesamt-Beschäftigung liegt mit einem G_a (Kreis) von 0,6596 zwischen der der Dienstleistungen und der des Produzierenden Gewerbes. Dies ist keine Zwangsläufigkeit, hat doch „die sektorale Aggregatbildung grundsätzlich keine nivellierende Wirkung. Das Aggregat aus zwei [oder mehreren] Sektoren könnte also auch eine höhere Konzentration aufweisen als die beiden [oder mehreren] einzelnen Sektoren“ (Helmstädter 1996, S. 93). Deshalb gibt es auch keine allgemein gültige Regel, ob die räumliche Konzentration einer einzelnen Branche über oder unter der des übergeordneten sektoralen Aggregates liegt. Bei der Messung der räumlichen Konzentration der Bevölkerung auf Kreisebene ergibt sich ein G_a von 0,5826. „Wohnen“ ist damit in Deutschland räumlich gleichmäßiger verteilt als „Arbeiten“.[104] Auch auf Ebene der ROR bleiben die genannten Relationen die gleichen. Allerdings liegen alle G_a auf Basis der ROR unter den G_a der Kreise. Dies untermauert die Feststellung Helmstädters (1996, S. 92f.), dass eine Aggregation von Regionen – im Gegensatz zu einer Zusammenfassung von Branchen oder Sektoren – den Konzentrationsgrad immer sinken lässt. Er bleibt nur dann unverändert, wenn die „zusammengefassten Regionen eine identische Struktur aufweisen“. Allerdings erwähnt Helmstädter (1996) die einzige Ausnahme dieser Regel nicht. Sie tritt zu Tage, wenn sich durch eine räumliche Aggregation die Zahl der Regionen mit einem Beobachtungswert größer null auf eins reduziert. Dann ist die Konzentration absolut und steigt ad definitionem auf eins.

Die drei Sektoren aus Tabelle 5 lassen sich in 7 Branchen der Landwirtschaft, 125 Branchen des Produzierenden Gewerbes und 90 Branchen der Dienstleistungen aufspalten. Wie Tabelle 6 zeigt[105], sind die 90 Branchen des Dienstleistungssektors mit einem Mittelwert von 197.952 Beschäftigten am größten. Für das Produzierende Gewerbe liegt die durchschnittliche Branchengröße bei 75.366 und in der Landwirtschaft bei 47.516 Beschäftigten. In der feineren Einteilung der ersten beiden Sektoren spiegelt sich ihre historische Bedeutung wider, obwohl die Klassifikationen in unregelmäßigen Abständen an die sich ändernden wirtschaftlichen, technischen und gesellschaftlichen Verhältnisse angepasst werden (vgl. Statistisches Bundesamt 2003b).

Auch innerhalb der Sektoren schwankt die Größe der einzelnen Branchen beträchtlich (siehe dazu Anhang E): Im Produzierenden Gewerbe liegt der Minimalwert bei fünf Beschäftigten in „CA120: Bergbau auf Uran und Thoriumerze“ und das Maximum bei 879.962 Beschäftigten in „FA452: Hoch- und Tiefbau“. Bei den Dienstleistungen schwanken die Extreme zwischen 250 Beschäftigten in „IA623: Raumtransport“ und 1.942.671 Beschäftigten in „NA851: Gesundheitswesen“. Insgesamt sind die Dienst-

[104] Die Differenz zwischen den beiden G_a ließe sich als Maßzahl für das Ausmaß an Pendlerbewegungen nutzen.

[105] Die Gesamtwirtschaft als Aggregat der Sektoren umfasst insgesamt 223 Branchen. Sie enthält zusätzlich die Position „9XXX: Keine Zuordnung möglich“, welche die etwa 0,01% der Beschäftigten und Betriebe enthält (eigene Berechnung nach Zahlen der Bundesanstalt für Arbeit 2003a,b), die nicht eindeutig zu klassifizieren sind (vgl. Statistisches Bundesamt 2001).

leistungen in sich homogener aufgegliedert. Dies zeigt der Variationskoeffizient.[106] Er liegt im Produzierenden Gewerbe mit 160,5% höher als in den anderen beiden Sektoren (Dienstleistungen: 148,6%, Landwirtschaft 89,5%). Für die absolute Anzahl der Betriebe fällt der Variationskoeffizient für das Verarbeitende Gewerbe mit 310,2% sogar fast doppelt so hoch aus, wie bei den Dienstleistungen.

Tabelle 6: Maßzahlen zur Konzentration der Branchen auf Ebene der Dreisteller

	Beschäftigte					Betriebe	
	absolut	G_a Kreise	G_{STD} Kreise	$G_{SÖ}$ Kreise	G_a ROR	absolut	G_a Kreise
Gesamt-Wirtschaft (223)							
Minimum	5	0,5070	0,3517	0,1472	0,3836	2	0,3685
Maximum	1.942.671	0,9990	0,9991	0,9991	0,9999	168.804	0,9995
Variationskoeffizient	175,3%	14,7%	22,5%	36,4%	20,7%	221,9%	19,4%
Mittelwert	123.637	0,7337	0,5958	0,4195	0,6123	9.509	0,6156
Agrar (7)							
Minimum	51	0,5070	0,4690	0,2874	0,3917	22	0,3685
Maximum	120.475	0,9878	0,9832	0,9883	0,9256	18.271	0,9884
Variationskoeffizient	89,5%	25,4%	25,5%	42,6%	31,4%	80,4%	35,6%
Mittelwert	47.516	0,5747	0,5490	0,3812	0,4669	9.320	0,5939
Produzierendes Gewerbe (125)							
Minimum	5	0,5637	0,3517	0,2359	0,3836	2	0,4220
Maximum	879.962	0,9990	0,9991	0,9991	0,9999	82.998	0,9995
Variationskoeffizient	160,5%	13,2%	18,3%	22,4%	21,0%	310,2%	18,0%
Mittelwert	75.367	0,7635	0,6646	0,6013	0,6206	3.768	0,7771
Dienstleistungen (90)							
Minimum	250	0,5986	0,3682	0,1472	0,4571	2	0,4572
Maximum	1.942.671	0,9981	0,9987	0,9990	0,9967	168.804	0,9984
Variationskoeffizient	148,6%	13,2%	24,3%	45,7%	18,0%	160,6%	17,4%
Mittelwert	197.952	0,7208	0,5602	0,3239	0,6106	17.586	0,6959

Quelle: Eigene Berechnungen auf Grundlage von Daten der Bundesanstalt für Arbeit 2003a,b und des Bundesamtes für Bauwesen und Raumordnung 2002.

Zu beachten ist weiterhin die relativ kleine Anzahl von Betrieben pro Dreisteller im Produzierenden Gewerbe (3.768). Sinkt die Merkmalssumme, also die Anzahl der Betriebe oder der Beschäftigten unter die Anzahl der Merkmalsträger n (die 439 Kreise,

[106] Er ist definiert als Standardabweichung geteilt durch arithmetisches Mittel (vgl. Schätzl 2000, S. 54).

beziehungsweise 97 ROR), ist eine absolute Gleichverteilung nicht mehr möglich und der G_a ist a priori größer als null. Branchen mit weniger als 439 Betrieben erscheinen dann in jedem Falle ceteris paribus stärker konzentriert, da eine Gleichverteilung auf die 439 Kreise nicht erreicht werden kann. Der Gini gibt einen zu hohen Wert an, weil bei seiner Berechnung die volle Anzahl der Merkmalsträger (439 Kreise) einfließt. Beispielsweise existieren für den Dreisteller „CA120: Bergbau auf Uran- und Thoriumerz" nur zwei Betriebe, was die Zahl der auf die 439 Raumeinheiten verteilbaren „Beschäftigteneinheiten" auf ebenfalls zwei festlegt. Mindestens 437 Raumeinheiten müssen unbesetzt bleiben. Der G_a von 0,9984 (siehe Anhang D) gibt konsequenterweise eine fast vollständige Konzentration dieser Branche an. Helmstädter (1996) weist auf diesen statistischen Effekt hin und umgeht ihn, indem er die Branchen, bei denen die Anzahl der Betriebe die der Raumeinheiten unterschreitet, aus seiner Betrachtung herausnimmt. In Tabelle 7 wird analog vorgegangen und der gewichtete Mittelwert[107] der G_a auf Kreisebene nur für Branchen mit mindestens 439 Betrieben dargestellt.

Tabelle 7: Mittelwerte der räumlichen Gini-Koeffizienten der Branchen mit mindestens 439 Betrieben

	Anzahl der Branchen	G_a-Mittelwert
Landwirtschaft	6	0,5746
Prod. Gewerbe	82	0,7420
Dienstleistungen	85	0,7204
Gesamt-Wirtschaft	174	0,7255

Quelle: Eigene Berechnungen auf Grundlage von Daten der Bundesanstalt für Arbeit 2003a,b.

Da im Produzierenden Gewerbe die meisten, nämlich 43 Branchen mit weniger als 439 Betrieben vorliegen (Landwirtschaft: 2, Dienstleistungen: 5), fällt dort die Differenz der G_a zwischen Tabelle 6 und Tabelle 7 am größten aus. Aber auch nach der Bereinigung des angesprochenen statistischen Effekts sind die G_a-Mittelwerte sowohl für die drei Sektoren als auch für die Gesamtwirtschaft jeweils größer als die jeweiligen G_a aus Tabelle 5. Die einzelnen Branchen der Sektoren sind im Mittel stärker räumlich konzentriert, als die aggregierten Sektoren. Im Allgemeinen bevorzugen Betriebe eher die Nähe von Betrieben aus der gleichen als aus anderen Branchen. Dies spricht für die Existenz von Lokalisationsvorteilen in allen drei Sektoren.

[107] Bei der Berechnung der Mittelwerte wurden die jeweiligen Gini-Koeffizienten der Branchen mit der Anzahl der Beschäftigten in den jeweiligen Branchen gewichtet.

Die Lokalisationsvorteile sind im Produzierenden Gewerbe jedoch stärker ausgeprägt, als bei den Dienstleistungen. Das zeigen folgende Ergebnisse: Das Produzierende Gewerbe ist auf gesamtsektoraler Ebene mit einem G_a von 0,6275 schwächer konzentriert als die Dienstleistungen mit einem G_a von 0,6883 (siehe Tabelle 5). Dagegen geht sowohl aus Tabelle 6 als auch aus Tabelle 7 hervor, dass das Produzierende Gewerbe auf Ebene der Dreisteller stärker räumlich konzentriert ist, als die Dienstleistungen. Offenbar suchen Dienstleistungsbetriebe die Nähe von Dienstleistern aus anderen Branchen, um von Urbanisationsvorteilen und gegenseitigen Nachfrageeffekten zu profitieren. Gleichzeitig gehen sich Betriebe in zumindest einigen Dienstleistungsbranchen aus dem Weg, da sie ein eigenes „Marktgebiet" (vgl. Christaller 1933) benötigen. Im Produzierenden Gewerbe ist die Situation tendenziell umgekehrt. Die Betriebe dieses Sektors vermeiden wegen der Konkurrenz um Produktionsfaktoren die Nähe von Betrieben aus anderen Branchen. Diese ist zwar auch bei kurzen Distanzen zu Betrieben aus der gleichen Branche gegeben, allerdings kommen dann die bereits von Marshall 1919 genannten Lokalisationsvorteile zum Tragen (vgl. dazu Sternberg/Litzenberger 2004, S. 775).

Die Ergebnisse bestätigen den hier gewählten Forschungsansatz, der die NÖG anhand der räumlichen Konzentration von Branchen des Produzierenden Gewerbes testet: Offenbar sind die von den Modellen der NÖG genutzten Agglomerationskräfte innerhalb der Branchen des Produzierenden Gewerbes bedeutsamer als die zwischen verschiedenen Branchen beziehungsweise die innerhalb ganzer Sektoren.

Dynamischer Vergleich

Um die Vergleichbarkeit der räumlichen Konzentration der Sektoren zwischen 1987 und 2002 zu gewährleisten, beschränkt sich die Analyse auf die 327 Kreise des früheren Bundesgebietes. Verlässliche Zahlen für die Neuen Länder existieren erst ab 1994 – zu spät für eine dynamische Betrachtung. Zudem gab es in diesem Zeitraum durch die Transformation des Wirtschaftssystems auf dem Gebiet der Neuen Bundesländer Strukturbrüche, deren räumliche Auswirkungen sich nicht mit den Wirkungszusammenhängen der NÖG erfassen lassen. Wegen der verschiedenen zu Grunde liegenden Raumeinheiten und der Differenzen zwischen der WZ93 und WS73[108] divergieren die Werte der G_a und der Beschäftigten im Jahr 2002 zwischen oben stehender Tabelle 5

[108] Die WS73 weist 179 Dreisteller im Produzierenden Gewerbe aus, die WZ93 lediglich 125.

und Tabelle 8.[109] Letzterer ist zu entnehmen, dass auf dem Gebiet der ehemaligen Bundesrepublik die Bevölkerung zwischen 1987 und 2002 um knapp zehn Prozent auf 67,14 Millionen gewachsen ist. Gleichzeitig hat sie sich räumlich dekonzentriert. Seit 1987 hat der G_a der Bevölkerung um 0,0311 und damit stärker als der der Gesamtwirtschaft abgenommen.[110].

Tabelle 8: Entwicklung der Sektoren 1987 bis 2002

	1987		2002	
Sektoren (WZ 73)	G_a	Beschäftigte	G_a	Beschäftigte
Landwirtschaft	0,4840	227.901	0,4732	200.356
Prod. Gewerbe	0,6473	10.081.911	0,6073	8.319.960
Dienstleistungen	0,7026	10.727.824	0,6860	14.393.094
Gesamt-Wirtschaft	0,6672	21.045.360	0,6512	22.914.969
Bevölkerung	0,5903	61.096.800	0,5592	67.140.000

Quelle: Eigene Berechnungen auf Grundlage von Daten der Bundesanstalt für Arbeit 2003a,b des Bundesamtes für Bauwesen und Raumordnung 2002 und des Statistischen Bundesamtes 1989c.

Der Dekonzentrationsprozess war im Produzierenden Gewerbe mit einer Abnahme des G_a um 0,04 drei- bis viermal so stark wie bei den Dienstleistungen und in der Landwirtschaft.[111] Die Abnahme der räumlichen Konzentration hängt aber nicht unmittelbar mit einem Rückgang der Beschäftigtenzahlen zusammen. Dies zeigt die Entwicklung im tertiären Sektor, wo die Beschäftigung um 34,17% zugenommen hat.

An dieser Stelle bietet sich eine kurze Analyse an, welche Kreise des früheren Bundesgebietes besonders stark vom Rückgang des Produzierenden Gewerbes betroffen

[109] Trotz der unterschiedlichen zu Grunde liegenden Raumeinheiten und Klassifikationen bestätigen die Zahlen aus Tabelle 8 die Erkenntnisse aus Tabelle 5. Nicht nur für das Jahr 2002, sondern auch für 1987 (und die Zeit dazwischen) sind die Dienstleistungen stärker räumlich konzentriert, als das Produzierende Gewerbe und die Landwirtschaft. Die räumliche Konzentration der Gesamtwirtschaft liegt für die Jahre 1987 bis 2002 zwischen der der Dienstleistungen und des Produzierenden Gewerbes und ist höher als die der Bevölkerung.

[110] Daraus lässt sich schließen, dass der Berufspendlerverkehr zugenommen haben muss. Dies bestätigt das Statistische Bundesamt (2005a, S. 56ff.), wonach der Anteil der Pendler in der Bundesrepublik Deutschland zwar stagniert, aber die Pendler-Entfernungen und auch die Anzahl der Arbeitnehmer-Zweitwohnungen seit 1996 stark gestiegen sind.

[111] Dabei ist die räumliche Konzentration der drei Sektoren zwischen 1987 und 2002 relativ kontinuierlich zurückgegangen (eigene Berechnungen nach Zahlen der Bundesanstalt für Arbeit 2003c,d).

waren. Tabelle 9 unterteilt die 327 Kreise nach den sieben Siedlungsstrukturellen Gebietstypen des Bundesamtes für Bauwesen und Raumordnung (vgl. 2002, S. 3).

Tabelle 9: Veränderung der Beschäftigtenzahlen im Produzierenden Gewerbe 1987 bis 2002 nach Gebietstyp

Gebietstyp	Anzahl insgesamt	Anzahl mit Beschäftigungsrückgang	Δ Beschäftigung
Agglomerationsräume			
1: Kernstädte	40	39	-32,8%
2: Hochverdichtete Kreise	41	39	-17,4%
3: Verdichtete Kreise	29	18	-7,9%
4: Ländliche Kreise	10	5	0,9%
Verstädterte Räume			
5: Kernstädte	21	19	-21,3%
6: Verdichtete Kreise	72	53	-9,1%
7: Ländliche Kreise	48	22	-0,1%
Ländliche Räume			
8: Kreise höherer Dichte	44	34	-9,2%
9: Kreise geringerer Dichte	22	13	-3,8%
Insgesamt	**327**	**242**	**-17,5%**

Quelle: Eigene Berechnungen auf Grundlage von Daten der Bundesanstalt für Arbeit 2003a,b und des Bundesamtes für Bauwesen und Raumordnung 2002.

Der Beschäftigungsrückgang war für die Kernstädte der Agglomerationsräume (-32,8%) und der verstädterten Räume (-21,3%) am größten. Insgesamt sieben der zehn Kreise mit dem größten Bevölkerungsrückgang entfallen auf Kernstädte des Gebietstyps 1. Den stärksten Rückgang verzeichnen dabei vier Städte aus dem Ruhrgebiet: Herne (-59,6%), Dortmund (-48,5%), Oberhausen (-48,4%) und Gelsenkirchen (-47,5%). Bei nur drei von insgesamt 61 Kernstädten ist ein Beschäftigungszuwachs zu beobachten: Regensburg (+33,3%), Ingolstadt (+0,5%; beide jeweils Gebietstyp 5) und Bottrop (+0,6%; Gebietstyp 1). Die Zahl der Industriebeschäftigten sinkt in den übrigen Gebietstypen in deutlich geringerem Maße. Eine Ausnahme bilden die hochverdichteten Kreise mit einer Veränderung von -17,4%. Dagegen konnten die ländlichen Kreise in Agglomerationsräumen sogar leicht zulegen (+0,9%).

Die Entwicklung der Beschäftigten im Produzierenden Gewerbe in Deutschland zwischen 1987 und 2002 ist durch eine dezentrale Konzentration bei gleichzeitig starkem Beschäftigungsrückgang (-17,5%) gekennzeichnet. Industrieunternehmen verlassen die (teuren) Kernstädte und siedeln sich in nahe gelegenen, weniger verdichteten Kreisen an. In Bezug auf die Modelle der NÖG bedeutet dies, dass – falls es in einzelnen Branchen zu einem langfristigen Gleichgewicht kommt – Peripherien mit kurzer Distanz zum Zentrum stärker profitieren als weit entfernte.

4.5.3 Die räumliche Konzentration der Dreisteller des Produzierenden Gewerbes

Statischer Vergleich

Wie aus Tabelle 6 oben sowie Anhang C hervorgeht, sind die 125 Branchen des Produzierenden Gewerbes der WZ93 in Bezug auf die Zahl der Beschäftigten und Betriebe unterschiedlich groß. In 43 Branchen liegt die Zahl der Betriebe unter 439. Da diese Wirtschaftszweige a priori nicht alle Kreise besetzen können, erscheinen sie auch dann räumlich konzentriert, falls ihre Betriebe gleichmäßig verteilt sind (siehe dazu Kapitel 4.5.2). Um diese Wirtschaftszweige nicht von vorneherein von der empirischen Prüfung auszuschließen, bietet sich folgendes Vorgehen an: Zur Ermittlung des G_a wird die Anzahl der Merkmalsträger n auf die Anzahl der Betriebe reduziert, sofern Letztere unter 439 liegen. Für die bereits in Kapitel 4.5.2 angesprochene Branche „CA120: Bergbau auf Uran und Thoriumerz" zeigt der auf diese Weise korrigierte G_a mit 0,4899 (mit n=2, entsprechend der Anzahl der Betriebe) den niedrigsten Wert aller Branchen an (siehe Anhang C). Und tatsächlich liegen die beiden Betriebe in unterschiedlichen räumlichen Einheiten und sind damit gleichverteilt.[112] Für alle 43 Branchen mit weniger als 439 Betrieben liegt der Durchschnitt des korrigierten G_a bei 0,8759 (unkorrigiert 0,9645) und damit etwas höher als der Mittelwert des G_a der Wirtschaftszweige mit mehr als 439 Betrieben von 0,8244 (siehe auch Anhang D, der die korrigierten G_a der einzelnen Branchen mit weniger als 439 Betrieben ausweist). Durch die Beseitigung dieses statistischen Effektes kann die räumliche Konzentration aller 125 Branchen miteinander verglichen werden. Tabelle 10 zeigt die 15 Branchen

[112] „CA120: Bergbau auf Uran und Thoriumerz" ist die einzige der 125 Branchen, in der in einem Kreis maximal ein Betrieb zu finden ist.

mit der stärksten räumlichen Konzentration sowie die 15 Branchen mit der geringsten räumlichen Konzentration der Beschäftigten auf Kreisebene in Deutschland 2002.

Tabelle 10: Die 15 am stärksten und am schwächsten räumlich konzentrierten Branchen im Produzierenden Gewerbe in Deutschland 2002

	Gruppe	Bezeichnung	Ga n=Betriebe; n max = 439	Beschäftigte absolut	Betriebe absolut
1	DM351	Schiffbau	0,9800	27.996	644
2	DA152	Fischverarbeitung	0,9791	9.775	251
3	DC193	H. Schuhen	0,9614	17.454	590
4	DL335	H. Uhren	0,9611	5.091	190
5	DG241	H. chem. Grundst.	0,9587	182.565	1.341
6	DK296	H. Waffen u. Munition	0,9577	6.461	107
7	DM341	Herst. von Kfz u. Motoren	0,9555	456.680	357
8	DJ271	Erz. v. Roheisen, Stahl usw.	0,9555	105.136	513
9	DM353	Luft- und Raumfahrzeugbau	0,9524	70.089	309
10	DL323	H. Rundfunk- u. Fernsehgeräten	0,9513	32.299	660
11	DL333	H. ind. Prozeßsteuerungsanlagen	0,9459	14.553	510
12	DL311	H. Elektromotoren usw.	0,9438	140.535	1.369
13	DN365	H. Spielwaren	0,9436	14.828	551
14	DB176	H. gewirktem u. gestricktem Stoff	0,9409	13.885	521
15	DB172	Weberei	0,9389	21.217	426
:			:		
111	CB131	Eisenerzbergbau	0,6787	102	9
112	DN361	H. Möbeln	0,6386	175.141	12.666
113	DI266	H. Erzeugnissen aus Beton usw.	0,6316	73.393	3.430
114	DH252	H. Kunststoffwaren	0,6251	321.387	7.688
115	DD203	H. Konstruktionsteilen	0,6226	72.781	8.981
116	DJ285	Oberflächenveredlung usw.	0,6215	206.706	19.959
117	DF233	H. u. Verarbeitung v. Brustoffen	0,6191	889	8
118	DA158	Sonst. Ernährungsgewerbe	0,6081	334.698	19.099
119	DJ281	Stahl- und Leichtmetallbau	0,6017	192.064	11.894
120	FA453	Bauinstallation	0,6008	594.767	82.998
121	DI267	Be- u.Verarbeitung v. Naturstein	0,5680	24.284	4.252
122	DA151	Schlachten u. Fleischverarb.	0,5679	179.201	14.738
123	FA454	Sonstiges Baugewerbe	0,5642	363.966	66.679
124	FA452	Hoch- u. Tiefbau	0,5637	879.962	73.523
125	CA120	Bergbau auf Uran- u. Thoriumerze	0,4899	5	2

H.: „Herstellung von“

Quelle: Eigene Berechnungen auf Grundlage von Daten der Bundesanstalt für Arbeit 2003a,b.

Die G_a des Jahres 2002 variieren von 0,9800 in der Branche „DM351 Schiffbau“ bis 0,4899 in der Branche „CA120 Bergbau auf Uran- und Thoriumerz“. Overman, Redding und Venables (2001) identifizieren länderübergreifende Parallelen für einige der am stärksten (zum Beispiel Bekleidungsindustrie. Dazu zählen DC193, DB176 und DB 172 in der oberen Hälfte von Tabelle 10) und am schwächsten konzentrierten

Branchen (zum Beispiel Nahrungsmittelindustrie. Dazu zählen DA158, DA 151, in der unteren Hälfte von Tabelle 10). Wegen der unterschiedlichen Geografie der untersuchten Länder, sehen die Autoren darin ein Indiz für Agglomerationskräfte zweiter Natur in den konzentrierten Industriezweigen.

Dynamischer Vergleich

Der Vergleich der räumlichen Konzentration der Dreisteller der WS73 zwischen 1987 und 2002 berücksichtigt die Branchen nicht, deren Zahl der Betriebe im Jahr 2002 unter der Anzahl von 327 Raumeinheiten (westdeutsche Kreise) liegt. In diesen Wirtschaftszweigen fällt der G_a zu hoch aus. Ein Vorgehen analog zu den Dreistellern der WZ93 ist wünschenswert, aber nicht möglich, weil die zu Grunde liegende Statistik für die Jahre vor 1999 keine Betriebszahlen ausweisen kann (vgl. Bundesanstalt für Arbeit 2003d). Da im Produzierenden Gewerbe eine Abnahme der Anzahl der Betriebe zu beobachten ist, können die Betriebszahlen für 2002 nicht auf das Jahr 1987 zurück projiziert werden.[113] Von den insgesamt 179 Dreistellern des Produzierenden Gewerbes der WS73 weisen 102 Branchen mehr als 327 Betriebe auf. Die Veränderung ihrer räumlichen Konzentration ist in Abbildung 23 dargestellt.

In ihrem Koordinatensystem gibt die Ordinate die G_a der Dreisteller für das Jahr 2002 und die Abszisse die G_a für das Jahr 1987 an. Der mit der Anzahl der Beschäftigten gewichtete Mittelwert aller 102 Branchen lag im Jahr 1987 bei 0,7743. Die räumliche Konzentration ging bis 2002 auf durchschnittlich 0,7402. Dabei verlief die Entwicklung uneinheitlich. Insgesamt 27 Branchen haben in ihrer räumlichen Konzentration zugenommen. Sie liegen in Abbildung 23 über der Diagonalen. Bei den restlichen 85 Dreistellern verlief die Entwicklung umgekehrt. Sie sind 2002 disperser verteilt als 1987 und deshalb unter der Winkelhalbierenden zu finden. Genau auf der Diagonalen liegt keine der Branchen. Zwar war die Veränderung in einigen Wirtschaftszweigen marginal, völlig konstant blieb der G_a zwischen 1987 und 2002 jedoch nie (siehe Anhang E für die Differenzen der räumlichen Konzentration der einzelnen Dreisteller).

[113] Laut Statistischem Bundesamt (2003b, S. 17; 1989b, S. 170) ging die Zahl der Betriebe zwischen 1987 und 2002 von 44.164 auf 40.217 zurück (Angaben für das Produzierende Gewerbe ohne Bau und Versorger).

Abbildung 23: Gini-Koeffizienten für 102 Branchen des Produzierenden Gewerbes in den Jahren 1987 und 2002

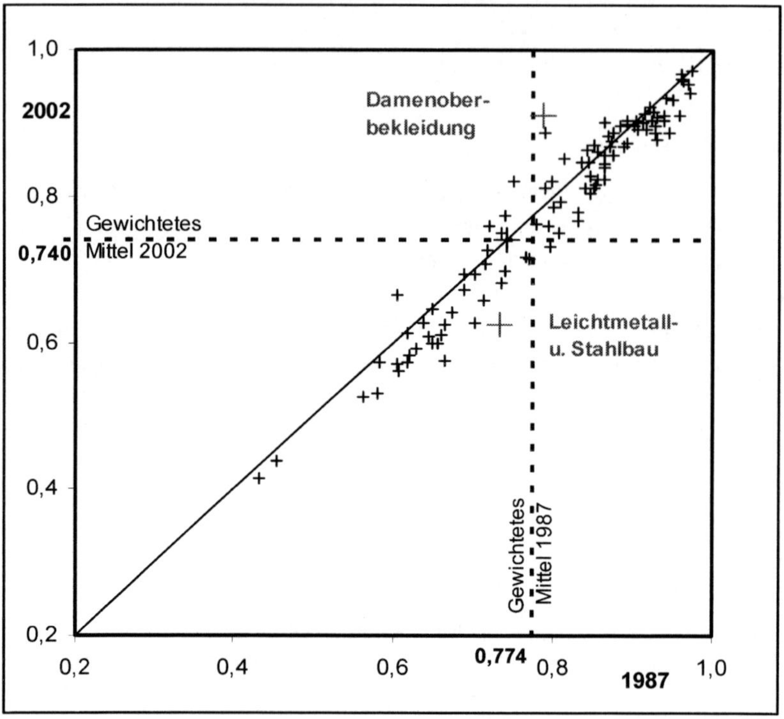

Quelle: Eigene Berechnung auf Grundlage von Daten der Bundesanstalt für Arbeit 2003c,d.

Besonders stark ist die Veränderung des G_a bei „522 Herstellung von Damenoberbekleidung" und „230 Leichtmetall- und Stahlbau". In der ersten Branche hat er um 0,1245 zugenommen, in der zweiten ist er um 0,1070 gesunken. Dies wird aus Tabelle 11 ersichtlich. Sie führt die neben der Anzahl der Betriebe die Veränderung der G_a und der Beschäftigtenzahlen der jeweils 15 Branchen aus Abbildung 23 oben auf, deren räumlich Konzentration am stärksten zugenommen und am stärksten abgenommen hat.

Tabelle 11: Veränderung der Konzentration der Dreisteller des Produzierenden Gewerbes 1987 bis 2002

	Wirtschaftsklassen (WS 73)	Betriebe	Beschäftigte		G_a*	
		abs. 02	abs. 02	Δ 87-02	abs. 02	Δ 87-02
1	522 Damenoberbekleidung	679	23.063	-71,66%	0,9112	0,1245
2	542 Molkerei und Käserei	385	34.552	-24,02%	0,8872	0,0991
3	523 Damenmaßschneiderei	626	2.121	-66,81%	0,8211	0,0725
4	400 Sägewerke,Furnierwerke	2.390	30.048	-28,68%	0,6656	0,0601
5	421 Flechtwaren,Besenherst.	1.299	21.499	-25,24%	0,7584	0,0409
6	572 H. Mineralwasser	366	21.507	-0,67%	0,8520	0,0392
7	511 Wirkerei,Strickerei	612	16.071	-77,11%	0,9018	0,0376
8	411 Holzmoebelherstellung	2.830	84.489	-27,58%	0,7732	0,0347
9	570 Brauerei,Mälzerei	977	36.450	-39,77%	0,8114	0,0228
10	560 Schlachthäuser	1.005	49.762	-8,78%	0,8209	0,0226
11	548 Mahlmuehlen	636	6.764	-26,27%	0,8633	0,0220
12	571 Alkoholbrennerei	797	10.961	-35,99%	0,8705	0,0193
13	349 Elektrotechnik (Mont./Rep.)	5.915	65.459	-7,64%	0,7493	0,0148
14	095 Chem.Spezialerzeugnisse	572	40.585	1,40%	0,8822	0,0144
15	191 NE-Metallgießerei	487	29.032	-12,35%	0,8954	0,0122
:						
88	601 Dachdeckerei	8.485	61.184	0,30%	0,6113	-0,0482
89	140 Gewinnung v.Natursteinen	4.017	27.763	-15,47%	0,5311	-0,0497
90	211 Oberflächenveredelung	1.863	44.600	51,85%	0,7787	-0,0529
91	231 Kesselbau	568	26.736	-47,40%	0,8765	-0,0532
92	350 Hst.feinmech.Erzeugnisse	9.588	147.267	3,58%	0,6808	-0,0534
93	590 Hoch-,Tiefbau	15.240	225.519	-40,60%	0,6583	-0,0538
94	593 Isolier-.,Schornsteinbau	12.159	66.959	9,71%	0,7152	-0,0545
95	260 H.Metallbearbeitungsmasch.	4.350	178.733	-11,55%	0,7489	-0,0570
96	120 Kunststoffverarbeitung	6.954	307.129	18,31%	0,5979	-0,0579
97	331 Herst./Rep.v.Büromaschinen	413	7.918	-62,90%	0,8870	-0,0582
98	271 Sonst.Maschinenbauerzeugn.	5.869	252.238	-6,89%	0,7302	-0,0660
99	616 Gerüstbau,Fassadenreinig.	2.404	20.775	48,36%	0,7655	-0,0660
100	594 Stukkateurgewerbe	5.961	35.489	-4,24%	0,6283	-0,0735
101	250 Mont.,Rep.v.Lüftungsanlagen	16.866	117.281	1,76%	0,5719	-0,0879
102	230 Leichtmetall-,Stahlbau	7.903	124.005	13,11%	0,6250	-0,1070

H.: „Herstellung von“
* Dreisteller mit mindestens 327 Betrieben in 2002

Quelle: Eigene Berechnungen auf Grundlage von Daten der Bundesanstalt für Arbeit 2003c,d.

4.6 Die Auswahl der Branchen zur empirischen Prüfung der Modelle

„However, it is quite plausible that [...] NEG models have different relevance across economic sectors."

Marius Brülhart (1998, S. 783)

4.6.1 Anforderungen an die Branchenauswahl

Zur statischen empirischen Prüfung der in Kapitel 3 ausgewählten Modelle werden die vier am stärksten und die vier am schwächsten räumlich konzentrierten Dreisteller des Produzierenden Gewerbes der WZ93 im Jahr 2002 herangezogen. Der dynamische Modelltest rekurriert auf die jeweilige Branche der WS73, deren Konzentration zwischen 1987 und 2002 am stärksten zugenommen und am stärksten abgenommen hat.

Allerdings sind die räumliche Konzentration und ihre Veränderung nicht die alleinigen Auswahlkriterien. Die räumliche Struktur der wirtschaftlichen Aktivitäten wird von „both first- and second-nature geography" (Overman/Redding/Venables 2001, S. 1) beeinflusst, wobei die Bedeutung einzelner Faktoren erster Natur auf die Standortwahl von Betrieben unterschiedlich ist. Roos (2002, S. 152ff.) testet für Deutschland den Einfluss der Ressourcen Steinkohle und Braunkohle sowie der Küste, der schiffbare Flüsse, der Gebirge, der Grenzen und der Nähe zur Landeshauptstadt auf die Beschäftigtenzahl im Produzierenden Gewerbe. Lediglich die Variablen Landeshauptstädte, und Küste beeinflussen die Beschäftigtenzahl signifikant negativ. Die anderen Faktoren haben keinen statistisch nachweisbaren Einfluss. „Im allgemeinen scheint das Produzierende Gewerbe nicht stark von der Geographie abzuhängen" (Roos 2002, S. 161).[114] Trotzdem scheiden einzelne Wirtschaftszweige, wie zum Beispiel die Branchen des Bergbaus und der Urgewinnung (Gruppen CA101 bis CB145 in Anhang B und C) für eine empirische Überprüfung aus. Während die in Kapitel 3 ausgewählten Modelle ausschließlich mit Agglomerationskräften zweiter Natur arbeiten, sind die Standorte dieser und anderer Branchen zweifellos durch Determinanten der ersten Natur festgelegt.

Neben der freien Standortwahl und der räumlichen Konzentration stellt die Mindestzahl von Betrieben einer Branche das dritte Auswahlkriterium dar. Obwohl sich die

---

[114] Eine ähnliche Untersuchung in diese Richtung haben Ellison und Glaeser (1999) für die USA durchgeführt. Die Autoren beziffern den Anteil der Industriecluster, die auf Standortvorteilen erster Natur basieren, auf 20, höchstens jedoch 50 Prozent.

räumliche Konzentration auch mit weniger Betrieben als der Anzahl der Raumeinheiten bestimmen lässt (siehe Kapitel 4.5.2), ist eine Mindestanzahl von Betrieben notwendig. Das der NÖG zu Grunde liegende Modell der Monopolistischen Konkurrenz von Dixit und Stiglitz (1977) benötigt eine gewisse Anzahl von Unternehmen, damit der einzelne Unternehmer die Preise seiner Konkurrenten als nicht beeinflussbar ansieht. Nur für diesen Fall gilt im Unternehmerkalkül: „[T]he cross elasticity [zwischen den Produktvarianten] is negligible“ (Dixit/Stiglitz 1977, S. 298). Brakman, Garretsen und van Marrewijk (2001, S. 76) zeigen, dass ab etwa 200 Betrieben die Abweichungen vom Ideal der Monopolistischen Konkurrenz „virtually undetectable“ sind. Um sicherzustellen, dass die Wirkungsmechanismen der Modelle greifen, finden Branchen mit weniger als 200 Betrieben bei der Auswahl keine Berücksichtigung.

Das vierte Auswahlkriterium ist die relative Homogenität der in einer Branche hergestellten Produkte. Bezüglich der Preiselastizität der Nachfrage bemerkt Neumann (1983, S. 76f.), „daß die Nachfrage nach dem einzelnen Produktangebot sich auf heterogenen Gütermärkten durchaus entscheidend anders verhalten kann, als die nach dem Gesamtangebot des Marktes“. Nur für relativ homogene Dreisteller lassen sich die branchenabhängigen exogenen Modellvariabeln valide ermitteln.[115]

Schließlich finden die Branchen der Bauwirtschaft (Gruppen FA451 bis FA455 der WZ93) bei der Auswahl keine Berücksichtigung. Die Wirtschaftszweige zeichnen sich durch immobile Produkte aus, die in den seltensten Fällen räumlich handelbar sind. Dadurch lassen sich, ähnlich wie bei den Dienstleistungen, die Transportkosten nicht bestimmen.

[115] Inhomogene Dreisteller der WZ93 sind zumeist durch eine überdurchschnittlich hohe Anzahl von Klassen (Viersteller) und Unterklassen (Fünfsteller) zu erkennen (vgl. Statistisches Bundesamt 2001). Im Falle der WS73 zeichnen sich heterogene Dreisteller durch die große Anzahl an Produkten aus, die ihnen zugeordnet ist (vgl. Bundesanstalt für Arbeit 1990).

4.6.2 Zur Vergleichbarkeit der räumlichen Konzentration der Branchen

„Bei nur wenigen Unternehmen tritt eher eine Konzentration ein als bei vielen."

Ralf Klein (2004, S. 42)

Auch nach Beseitigung des statistischen Effektes, der aus der geringere Anzahl von Betrieben als Raumeinheiten resultiert (siehe Kapitel 4.5.3), stellt sich die Frage, ob die G_a der Branchen vergleichbar sind. Wie aus dem oben stehenden Zitat zu entnehmen ist, besteht ein Zusammenhang zwischen der Branchengröße, was sowohl die Anzahl der Betriebe als auch die Anzahl der Beschäftigten betrifft, und der räumlichen Konzentration einer Branche (vgl. dazu auch Litzenberger/Sternberg 2005 oder Helmstädter 1996). Der Zusammenhang zwischen der räumlichen Konzentration der Dreisteller des Produzierenden Gewerbes der WZ93 und der Anzahl der Beschäftigten wird in Abbildung 24 dargestellt (siehe für die einzelnen Werte Anhang C). Auf der Ordinate des Punktdiagramms ist der G_a (Beschäftigte auf Kreisebene) der 125 Branchen abgebildet. Er wurde für die 43 Wirtschaftszweige mit weniger als 439 Betrieben wie oben beschrieben neu berechnet (siehe Anhang D). Auf der Abszisse ist die Anzahl der Beschäftigten abgebildet. Eine lineare Regression, bei der die Anzahl der Beschäftigten die unabhängige und die Höhe des G_a die abhängige Variable ist, liefert auf höchst signifikantem Niveau (Irrtumswahrscheinlichkeit unter 0,1%) einen negativen Zusammenhang mit einem Bestimmtheitsmaß von 0,2172.[116] Legt man statt der Beschäftigten die Anzahl der Betriebe als erklärende Variable zu Grunde, liegt das Bestimmtheitsmaß auf ebenfalls höchst signifikantem Niveau sogar bei knapp 29,2%.[117]

Wenn dieser Zusammenhang einem statistischen Effekt zuzuschreiben ist, wird die Vergleichbarkeit der G_a zwischen den Branchen eingeschränkt. Es stellt sich die Frage, ob sich wenige Betriebe bei ihrer Standortwahl immer auf wenige Raumeinheiten konzentrieren müssen, und so einen hohen Gini verursachen, während sich Branchen mit vielen Betrieben per se gleichmäßiger verteilen können. Ist dies der Fall, handelt es sich um eine systematische statistische Verzerrung. Dadurch würde der Vergleich der G_a zwischen den Branchen sehr problematisch, weil durchschnittlich 22 bis 29% der räumlichen Konzentration allein durch die Branchengröße bestimmt wären. Ob der Zusammenhang zwischen Branchengröße und räumlicher Konzentration rein statisti-

---

[116] Die vollständige Gleichung der Regressionsgerade lautet G_a= -0,000000421*Beschäftigte+0,874.

[117] Die vollständige Gleichung dieser Regressionsgerade lautet G_a= -0,000005099*Betriebe+0,861.

scher Art ist, oder ob inhaltliche Gründe vorliegen, soll folgendes Gedankenexperiment klären.

Abbildung 24: Branchenkonzentration in Abhängigkeit der Beschäftigtenzahl

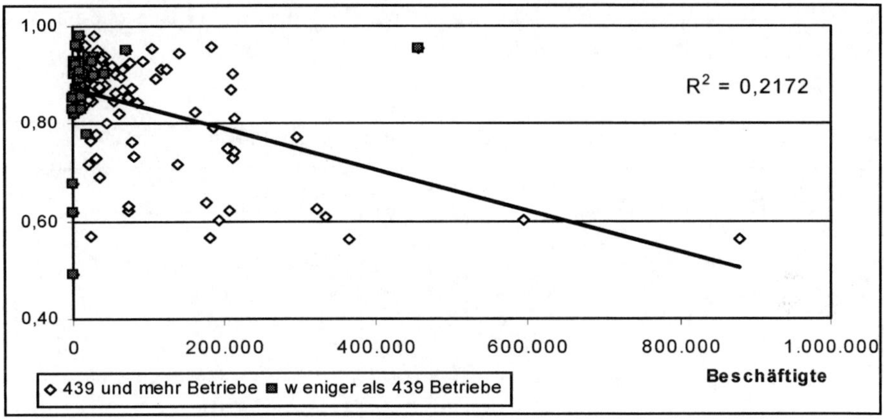

Für 125 Branchen des Produzierenden Gewerbes (Dreisteller der WZ93).

Angenommen die Standortentscheidungen der Unternehmer und damit die Verteilung der Betriebe auf die 439 Kreise würden rein zufällig geschehen – wie wenn eine Person mit verbundenen Augen Wurfpfeile[118] auf ein Brett mit 439 Feldern schleudern würde – und jedes der Felder hätte die gleiche Wahrscheinlichkeit getroffen zu werden. Legt man dann nach dem Abwurf aller Pfeile (der zufälligen Standortentscheidung der Betriebe) diese 439 Felder (Kreise) in eine symmetrische Reihe, entstehen Verteilungen wie sie in Abbildung 25 links und rechts dargestellt sind. Dort liegen die Felder, die von den meisten Wurfpfeilen getroffen wurde, jeweils in der Mitte und selten getroffenen Felder an den Rändern. Bei konstanter Streuung des Werfers nähert sich die Verteilung mit wachsender Anzahl der Wurfpfeile einer Normalverteilungskurve an. Die linke Hälfte aus Abbildung 25 zeigt den Fall für 439 „Wurfpfeile“ und repräsentiert die Verteilung einer Branche mit wenigen, nämlich genau 439 Betrieben, auf die 439 deutschen Kreise. Die rechte Hälfte der Abbildung zeigt den Fall für 43.900 Wurfpfeile. Sie repräsentiert die Verteilung einer Branche mit sehr vielen Betrieben auf die 439 deutschen Kreise. Der G_a der 439 Betriebe aus der linken Hälfte der Abbildung beträgt 0,5233 und der G_a der 43.900 Betriebe aus der

[118] In Anlehnung an Ellison und Glaesers „Dartboard Approach“ (1997).

rechten Hälfte 0,4747 (zur Vereinfachung seien die Kreise gleich groß, so dass gilt: $G_{ST}=G_a$). Die Differenz der räumlichen Konzentration liegt bei 0,0486 und damit bei etwa zehn Prozent. Da der Gini gegenüber den Veränderungen des Skalenniveaus der Merkmalswerte (hier der Anzahl der Wurfpfeile pro Feld beziehungsweise der Betriebe pro Kreis) unempfindlich ist, kann der höhere Wert für die 439 Betriebe nur von den „harten" Übergänge zwischen den Werten 0 bis 3 (siehe Abbildung 25 links) verursacht worden sein.

Abbildung 25: Zufällige Verteilung der Betriebe auf die Raumeinheiten

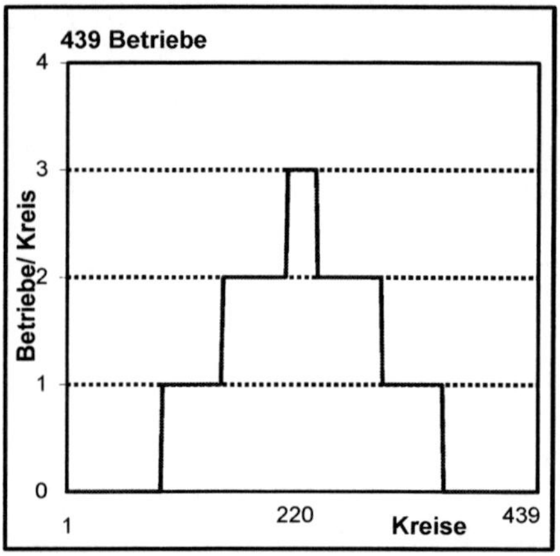

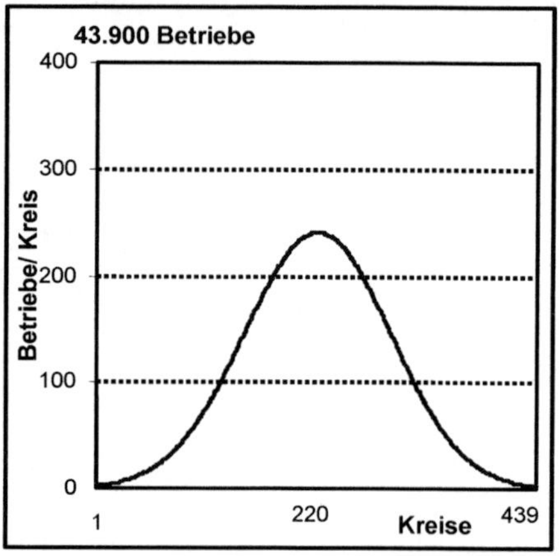

Die rechte Kurve in Abbildung 25 verläuft bei gleicher Streuung glatter und ist insgesamt gleichmäßiger über die einzelnen Kreise verteilt. Dieser „Sprungstelleneffekt" von maximal zehn Prozent nimmt jedoch bei einem steileren Verlauf der Kurven ab. Die Steigung einer Kurve nimmt zu, wenn die Kreise nicht die gleiche Wahrscheinlichkeit haben, mit Betrieben besetzt zu werden – zum Beispiel weil der Werfer auf das Zentrum der Scheibe zielt. Auch bei den jeweiligen Dreistellern der WZ bleibt eine viel größere Zahl von Kreisen unbesetzt, als es eine rein zufällige Verteilung erwarten ließe. Die Kurven steigen in den einzelnen Branchen sehr viel steiler an als in Abbildung 25.[119] Zusätzlich glätten sich die Sprungstellen mit der die Zahl der Raumeinheiten übersteigenden Anzahl von Betrieben, was den Sprungstelleneffekt ebenfalls

[119] Ein Indikator für die Steilheit und Höhe der Kurven ist der G_a. Mit wachsender räumlicher Konzentration nimmt der Sprungstelleneffekt ab.

nivelliert. Aus diesen Überlegungen folgt, dass die Unterschiede der räumlichen Konzentration zwischen den Branchen mit wenigen und vielen Betrieben nur zu einem geringen Teil statistisch bedingt sind. Dieser Anteil liegt in den einzelnen Branchen weit unter zehn Prozent.[120] Der in oben stehender Abbildung 24 festgestellte Zusammenhang von durchschnittlich 22-29% für alle Branchen muss demnach inhaltliche Ursachen haben.

Eine mögliche ökonomische Begründung liefert Helmstädter (1996, S. 78f.). Er konstatiert, dass die Arbeitsteilung zwischen Branchen auch eine Arbeitsteilung von Regionen nach sich zieht. Dies ist vor allem dann der Fall, wenn die Charakteristika einer Branche nur relativ wenige hochspezialisierte Anbieter zulassen. Diese Branchen mit wenigen Betrieben sind dann stärker auf speziell zugeschnittene Ressourcen zweiter Natur, wie Fachkräfte, besondere Infrastruktur oder Zulieferer angewiesen. Dies führt zu einer stärkern räumlichen Konzentration bei Branchen mit wenigen Betrieben im Vergleich zu den Wirtschaftszweigen, in denen die Anzahl der Betriebe das Entstehen mehrere solcher „Cluster“ zulässt.

Ob diese Begründung ausreicht, um die Unterschiede der räumlichen Konzentration zwischen den Branchen mit wenig und vielen Betrieben zu erklären, ist an dieser Stelle nicht entscheidend. Wichtig ist, dass die Differenzen mehrheitlich auf inhaltliche Ursachen und nicht auf statistische Effekte zurückzuführen sind.

4.6.3 Die ausgewählten Branchen

Analog zu oben stehender Tabelle 11 führt der obere Teil von Tabelle 12 die Branchen der WZ93 mit der höchsten räumlichen Konzentration und der untere Teil die Branchen mit der niedrigsten räumlichen Konzentration auf. Neben der Angabe der G_a, gleicht Tabelle 12 ab, ob die in Kapitel 4.6.1 genannten Anforderungen in den einzel-

[120] Zur Berechnung des reinen Sprungstelleneffekts in den einzelnen Branchen wurde wie in Abbildung 25 links die tatsächliche Verteilung der Betriebe einer Branche auf die 439 Kreise dargestellt. Danach wurde der Kurvenverlauf entsprechend Abbildung 25 rechts geglättet, wobei die Anzahl der tatsächlich unbesetzten Kreise beibehalten wurde. Entsprechend dem im Text genannten Vorgehen lässt sich aus der Differenz zwischen der räumlichen Konzentration der tatsächlichen Verteilung und der geglätteten Verteilung der reine Sprungstelleneffekt ableiten (Berechnung hier ohne Gewichtung der Kreisflächen). Er liegt im Durchschnitt der 125 Branchen zwischen 2 und 3 Prozent.

nen Wirtschaftszweigen erfüllt sind. Diese sind „freie Standortwahl“, „Homogenität der Produkte“, „Mindestzahl der Betriebe“ und „keine Baubranche“.

Die räumlich stark konzentrierten Branchen „DM351 Schiffbau“ und „DA152 Fischverarbeitung“ sind nicht „footloose“. Wegen der notwenigen Standortnähe zum Meer, scheiden sie zur empirischen Prüfung aus. Auch der Dreisteller „DK296 Herstellung von Waffen und Munition“ kann nicht herangezogen werden. Er umfasst lediglich 107 Betriebe. Die Branchen „DC193 Herstellung von Schuhen“, „DL335 Herstellung von Uhren“, „Herstellung von chemischen Grundstoffen“ und „DM341 Herstellung von Kraftfahrzeugen und Motoren“ erfüllen dagegen alle Vorraussetzungen. Sie sind in Tabelle 12 grau markiert.

Tabelle 12: Auswahl der Branchen zum statischen Vergleich

Gruppe	Bezeichnung	G_a n=Betriebe; n max = 439	Freie Standort-wahl	Homo-gene Branche	Mindest-zahl Betriebe	Keine Bau-branche
	Hohe Konzentration					
DM351	Schiffbau	0,9800	nein	ja	ja	ja
DA152	Fischverarbeitung	0,9791	nein	ja	ja	ja
DC193	H. Schuhen	0,9614	ja	ja	ja	ja
DL335	H. Uhren	0,9611	ja	ja	ja	ja
DG241	H. chem. Grundst.	0,9587	ja	ja	ja	ja
DK296	H. Waffen u. Munition	0,9577	ja	ja	nein	ja
DM341	Herst. von Kfz u. Motoren	0,9555	ja	ja	ja	ja
	Niedrige Konzentration					
CA120	Bergbau auf Uran- u. Thoriumerz	0,4899	nein	ja	nein	ja
FA452	Hoch- und Tiefbau	0,5637	ja	nein	ja	nein
FA454	Sonstiges Baugewerbe	0,5642	ja	nein	ja	nein
DA151	Schlachten u. Fleischverarb.	0,5679	ja	ja	ja	ja
DI267	Be- u.Verarbeitung v. Naturstein	0,5680	nein	ja	ja	ja
FA453	Bauinstallation	0,6008	ja	ja	ja	nein
DJ281	Stahl- und Leichtmetallbau	0,6017	ja	ja	ja	ja
DA158	Sonst. Ernährungsgewerbe	0,6081	ja	nein	ja	ja
DF233	H. u. Verarbeitung v. Brustoffen	0,6191	ja	ja	nein	ja
DJ285	Oberflächenveredlung usw.	0,6215	ja	nein	ja	ja
DD203	H. Konstruktionsteilen aus Holz	0,6226	ja	ja	ja	ja
DH252	H. Kunststoffwaren	0,6251	ja	nein	ja	ja
DI266	H. Erzeugnissen aus Beton usw.	0,6316	nein	ja	ja	ja
DN361	H. Möbeln	0,6386	ja	ja	ja	ja

DC193 ausgewählte Branche H.: "Herstellung von"

Dem unteren Teil von Tabelle 12 ist zu entnehmen, dass „CA120 Bergbau auf Uran und Thoriumerz“ bei der Standortwahl Ressourcen gebunden ist und in der Branche nur zwei Betriebe existieren. Die Dreisteller „FA452 Hoch- und Tiefbau“ und „FA454

Sonstiges Baugewerbe“ zeichnen sich zum einen durch sehr heterogene Produkte aus und gehören zum anderen zur Baubranche. Damit erfüllen die drei am stärksten gleichverteilten Branchen jeweils zwei Anforderungen zur Branchenauswahl nicht. An jeweils einer Voraussetzung scheitert die Auswahl der Branchen „DI267 Be- und Verarbeitung von Natursteinen“, „FA453 Bauinstallation“, „DA158 Sonstiges Ernährungsgewerbe“, „DF233 Herstellung und Verarbeitung von Brutstoffen“, DJ285 Oberflächenveredlung usw.“, DH252 Herstellung von Kunststoffwaren“[121] und „DI266 Herstellung und Erzeugung von Beton usw.“. Alle Bedingungen erfüllen dagegen die dispers verteilten Wirtschaftszweige „DA151 Schlachten und Fleischverarbeitung“, „DJ281 Stahl und Leichtmetallbau“[122], „DD203 Herstellung von Konstruktionsteilen, Fertigbauteilen, Ausbauelementen und Fertigbauteilen aus Holz“ (im Folgenden „Konstruktionsteile aus Holz“) und „DN361 Herstellung von Möbeln“.

Die Auswahl der Branchen mit der jeweils stärksten positiven und negativen Veränderung ihrer räumlichen Konzentration rekurriert auf die WS73. In Tabelle 13 sind für die einzelnen Branchen die Veränderungen der G_a (siehe auch Tabelle 11 oben) sowie die notwendigen Vorraussetzungen zur Auswahl aufgeführt. Die Wirtschaftsklasse „522 Damenoberbekleidung“ erfüllt alle formalen Anforderungen. Weil die starke Zunahme des G_a um 0,1245 ausschließlich auf das starke Schrumpfen der Branche in Deutschland zurückzuführen ist, kann sie nicht zur Prüfung der Modelle dienen. Zwischen 1987 und 2002 reduzierte sich die Zahl der in Deutschland Beschäftigten von 81.392 um 72% auf 23.063 (siehe Tabelle 11 oben). Die Branche verschwand in diesem Zeitraum aus 90 Kreisen, was den G_a signifikant ansteigen ließ. Aber auch die Beschäftigtenzahlen der ehemals starken Kreise sind stark gesunken: Wies die Stadt West-Berlin im Jahr 1987 mit 3.683 Personen die größte Beschäftigtenzahl auf, ging diese bis 2002 auf 1.456 Personen im Kreis Gütersloh zurück[123]. Die Entwicklung in der Branche entspricht damit nicht der einer räumlichen Ballung im Sinne der Modelle der NÖG, die von einer Zunahme der wirtschaftlichen Aktivitäten in einer bestimmten Region ausgehen. Aus diesem Grund wird zur empirischen Prüfung die Branche „542

---

[121] Zwar gibt es in dieser Branche einen Fünfsteller weniger als bei „DG241 Herstellung von chemischen Grundstoffen“, die über sechs Fünfsteller verfügt, dafür erscheinen die Produkte bei der Herstellung von Kunststoffwaren jedoch zuwenig artverwandt. Sie umfassen unter anderem so unterschiedliche Bereiche wie Baubedarf, Platten, Folien und verschiedene Fertigerzeugnisse.

[122] Der Dreisteller gehört nicht zur Baubranche. Er ist eine Gruppe der Abteilung (Zweisteller) „DJ28 Herstellung von Metallerzeugnissen“ (vgl. Statistisches Bundesamt 2001).

[123] Im Jahr 1987 existieren noch insgesamt zehn Kreise mit mehr als 1.456 Beschäftigten.

Molkerei und Käserei“ herangezogen. Sie weist mit einem ΔG_a von 0,0991 den zweitgrößten Anstieg der räumlichen Konzentration auf.

Von den fünf Branchen, deren G_a am stärksten abgenommen hat, sind die ersten vier der Bauwirtschaft zuzuordnen. Für eine empirische Prüfung ebenfalls nicht in Frage kommt der Wirtschaftszweig „271 Sonstige Maschinenbauerzeugnisse“. Dies liegt an der Heterogenität seiner Produkte. Erst der Dreisteller „331 Herstellung und Reparatur von Büromaschinen“ erfüllt alle Anforderungen. Zwar hat sich auch dort die Beschäftigungszahl zwischen 1987 und 2002 mit 62% beträchtlich reduziert, aber die Zahl der unbesetzten Kreise blieb beinahe konstant. Lediglich in den vormals stark besetzten Kreisen ging die Beschäftigtenzahl zurück.[124] Dies lässt sich als Entwicklung zur Gleichverteilung im Sinne der Modelle interpretieren.

Tabelle 13: Auswahl der Branchen zum dynamischen Vergleich

Wirtschaftsklasse	ΔGa 87-02	Freie Standort-wahl	Homo-gene Branche	Mindest-zahl Betriebe	Keine Bau-branche
Zunahme der Konzentration					
522 Damenoberbekleidung	0,1245	ja	ja	ja	ja
542 Molkerei und Käserei	0,0991	ja	ja	ja	ja
Abnahme der Konzentration					
230 Leichtmetall-,Stahlbau	-0,1070	ja	nein	ja	nein
250 Mont.,Rep.v.Lüftungsanlagen	-0,0879	ja	ja	ja	nein
594 Stukkateurgewerbe usw.	-0,0735	ja	ja	ja	nein
616 Geruestbau, Fassadenreinigung	-0,0660	ja	nein	ja	nein
271 Sonst.Maschinenbauerzeugnisse	-0,0660	ja	nein	ja	ja
331 Hst./Rep.v.Büromaschinen	-0,0582	ja	ja	ja	ja

542 ausgewählte Branche

[124] Lag die maximale Beschäftigtenzahl pro Kreis im Jahr 1987 noch bei 3.623 (Kreis Friesland), reduzierte sie sich bis 2002 auf 439 (Kreis Gießen).

4.7 Cluster und ihre Messung

4.7.1 Zum hier verwendeten Clusterbegriff

„The broadest, and in some respects most efficient forms of constructive cooperation are seen in a great industrial district where numerous specialized branches of industry have been welded almost automatically into an organic whole."

Alfred Marshall (1919, S. 381)

Oben stehendes Zitat Marshalls bezieht sich auf die britische Textilindustrie. Es zeigt, dass regionale Ballungen bestimmter Branchen keine neue Entdeckung sind. Der Begriff „Cluster" wurde allerdings erst durch die Arbeit von Lasuén (1973), der sich wiederum auf die Theorie der Wachstumspole von Perroux (1964, 1955) bezieht, geprägt. Seine Popularität verdankt der Begriff vor allem den beiden Hauptwerken Porters (1998, 1990), in denen sich der Autor – ohne Lasuén zu zitieren – dessen Begrifflichkeit zu Eigen macht. Porter (1998, S 197) definiert Cluster als „Geographic concentration of interconnected companies, specialised suppliers, service providers, firms in related industries and associated institutions (for example, universities, standards agencies, and trade associations) in particular field that compete but also cooperate". Er beschreibt anhand der Qualität und Quantität regionsinterner Produktionsfaktoren, die er in Form eines stilisierten Diamanten miteinander vernetzt, wie Unternehmen und damit die jeweiligen Region oder Nationen Wettbewerbsvorteile erlangen (vgl. Porter 2003, 2002, 2000, 1998, 1990).

Mittlerweile ist eine Unzahl von Definition und Interpretationen von Clustern zu finden (vgl. für eine Übersicht von Definitionen Rocha 2004; Enright 2003; Martin/Sunley 2003, Bergman/Feser 1999), so dass das Konzept laut Martin und Sunley (2003, S. 10) bisweilen „chaotic" erscheint.[125]

Für die Zwecke dieser Arbeit wird ein „sektoral-räumlicher Cluster" (im Folgenden synonym zu „Branchen-Cluster" oder Cluster") definiert als "an industrial cluster, in which member firms are in close proximity to each other" (Enright 1996, S. 191). Ein „industrial cluster" grenzt sich wiederum ab als: „A set of industries related through buyer-supplier and supplier-buyer relationships, or by common technologies, common

[125] Etwas Licht in das „Chaos" bringt die gelungene Übersicht zur Entwicklung des Clusterkonzepts seit 1890 von Hector O. Rocha (2004, S. 370).

buyers or distribution channels, or by common labour pools" (Enright 1996, S. 191, in Anlehnung an Porter 1990).

Beide Definitionen Enrights gehen nicht auf die Dimensionen der lokalen, institutionellen Eingebundenheit („Embeddedness") und Netzwerke von Unternehmen ein (vgl. zur ausführlichen Darstellung dieser Aspekte Hassink 2001, Schamp 2000; Grabher 1993 oder Granovetter 1973). Allerdings deckt sich diese hier verwendete Definition mit dem Clusterbegriff der Europäischen Kommission (2002, S. 14), die unter einem „Regionalen [Branchen]-Cluster" „eine Konzentration ‚interdependenter' Unternehmen innerhalb desselben oder verwandter Wirtschaftszweige in einem begrenzten geografischen Gebiet" versteht. Dieses Cluster-Verständnis ist das rangniedrigste in einer Hierarchie von insgesamt drei Cluster-Konzepten, in der die regionale Wettbewerbsfähigkeit zunimmt (siehe Abbildung 26).

Der „Regionale Cluster" stellt die erste Entwicklungsstufe der Evolution dar und ist die Ausgangsbasis für die hierarchisch höher stehenden Cluster-Konzepte. Er entsteht aus einer räumlichen Konzentration von Unternehmen, die wiederum durch Gründungen oder Fremdansiedlungen erreicht werden kann. Beginnen die räumlich konzentrierten Unternehmen in einem Ausmaß zu kooperieren, das über marktwirtschaftliche Austauschbeziehungen hinausgeht, entsteht ein Regionales Innovationsnetzwerk. Die dritte Stufe der Hierarchie, das Regionale Innovationssystem, wird erreicht, sobald Unternehmen mit Institutionen zu kooperieren beginnen.[126] Unter Letzteren sind F&E-Einrichtungen, Einrichtungen der Gründungsförderung, Technologiezentren, Branchenverbände, kooperierende Banken und politische Institutionen zu verstehen. Diese sind an der Entwicklung und Verbreitung von Wissen aber auch an der Breitstellung oder Verbesserung von branchenspezifischer oder allgemeiner Unternehmens-Infrastruktur beteiligt. Die Kooperation in den Konzepten „Regionales Innovationsnetzwerk" und „Regionales Innovationssystem", lässt sich als soziale Beziehung zwischen Individuen, Unternehmen und Institutionen definieren. Über diese Netzwerke fließt und diffundiert marktrelevantes, stillschweigendes Wissen (tacid knowledge). Dieses ist an Personen gebunden und wird primär über direkte, persönliche Kontakte übertragen (vgl. Sternberg 2003, S. 367). Die Wahrscheinlichkeit und Häufigkeit Nutzen bringender Interaktion beziehungsweise der Wissenspillover nimmt mit räumlicher Entfernung der Akteure zueinander ab. Durch

[126] Die Begriffe „Regionale Innovationsnetzwerke" und „Regionale Innovationssysteme" werden in der Literatur verschieden aufgefasst (vgl. dazu Camagni 1991 beziehungsweise Braczyk/Cooke/Heidenreich 1998).

diese regional begrenzte „Kooperation (Vereinbarungen) zwischen Unternehmen“ und „zwischen Unternehmen und unterschiedlichen Organisationen der Wissenschaffung und -verbreitung“, die „auf Vertrauen, Normen und Konventionen“ beruht (Europäische Kommission 2002, S. 14), entwickelt sich ein Regionaler Cluster zu einem Regionalen Innovationssystem. Somit ist jedes Regionale Innovationssystem ein Regionales Innovationsnetzwerk und jedes Regionale Innovationsnetzwerk zugleich ein Regionaler Cluster.[127]

Abbildung 26: Drei hierarchische Cluster-Konzepte

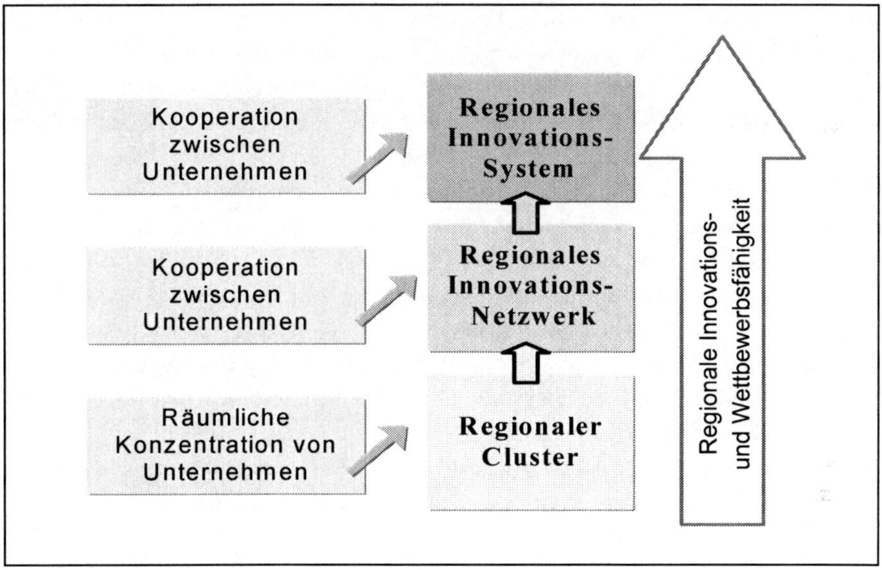

Quelle: Eigene Darstellung nach Europäischer Kommission 2002, S. 14f..

4.7.2 Maßzahlen zur Clusterberechnung

Eine allgemeingültige Methode zur Identifizierung und Abbildung von Clustern existiert nicht, weder in Bezug auf die heranzuziehenden Variablen noch auf die geografische Grenze eines Clusters (vgl. Martin/Sunley 2003, S. 19). Es lassen sich

[127] In der Literatur sind „inter-firm networks“ und „institutional networks“ allerdings oftmals konstituierende Voraussetzungen eines Clusters (vgl. Rocha/Sternberg 2005, S. 270).

jedoch zwei prinzipielle Herangehensweisen zur Identifizierung räumlich-sektoraler Cluster[128] unterscheiden: Die Top-down- und die Bottom-up-Methode.

Der Top-down-Ansatz hat den Vorteil, die relative Bedeutung eines Regionalen Clusters im Vergleich zu allen anderen Regionen messen zu können. Vorraussetzung für diesen Ansatz ist das Vorhandensein flächendeckender, kleinräumiger Statistiken für den jeweiligen Suchraum (vgl. Dannenberg/Kinder 2004). Allerdings liegen flächendeckende, amtliche Statistiken, die Lieferantenbeziehungen oder gar Verflechtungsbeziehungen zwischen Unternehmen oder zwischen Unternehmen und Institutionen abbilden, auf kleinräumiger Ebene in Deutschland nicht vor (vgl. Schätzl 2000, S. 102f.). Somit bleiben bei diesem Vorgehen wichtige qualitative Clustermerkmale außen vor. Aber auch wenn eine Top-Down-Analyse Verflechtungs-beziehungen nicht beachtet, existiert keine allgemein anerkannte Methode, um Cluster auf diese Weise zu identifizieren oder in ihrer Stärke zu beschreiben (vgl. Martin/Sunley 2003, S. 29). In den meisten Top-Down-Analysen spielt jedoch der Standortquotient – auch Lokalisationskoeffizient oder Lokalisationsquotient („Location Quotient") genannt[129] – eine wichtige Rolle (vgl. für eine Definition Bathelt/ Glückler 2003, S. 86 oder Schätzl 2000, S. 63f.). Auf sich allein gestellt, kann er den Anforderungen zur Klärung der Frage, ob ein Cluster vorliegt oder nicht, aber nicht genügen. Er ist ein Indikator, der lediglich die relative Wirtschaftsstruktur eines Teilraumes zum Gesamtraum misst. Die räumliche Konzentration, das heißt die Dichte an Unternehmen (und Institutionen) kann er nicht abbilden (siehe Kapitel 4.4). Deshalb wird er meistens mit absoluten Größen, wie dem Umsatz oder der Anzahl der Unternehmen und Beschäftigten einer Region ergänzt (vgl. für ein solches Vorgehen Dannenberg/Kinder 2004; Dümmler et al. 2004; Dümmler/Thierstein 2004; Lubinski 2003; Krätke/Scheuplein 2001). Andere

---

[128] Das Vorgehen hier ist nicht zu verwechseln mit dem Konzept von Clusteranalysen im Sinne von multivariaten Verfahren, die Regionen nach gemeinsamen wirtschaftlichen oder sozialen Indikatoren zusammenfassen. Diese Art von „Clusterung", wie sie zum Beispiel von Kronthaler (2003) vorgenommen wurde, berücksichtigt nicht die räumliche Nähe oder wirtschaftliche Verflochtenheit, sondern ausschließlich die „Ähnlichkeit" der Ausprägungen der zu Grunde liegenden Indikatoren. So sind in genannter Arbeit die Raumordnungsregionen Hamburg und Hochrhein-Bodensee ein und desselben „Cluster" zugeordnet.

[129] Die Begriffe „Lokalisationskoeffizient" (vgl. Gaebe/Strambach/Halder 2004, S. 11) und „Lokalisationsquotient" (vgl. Krätke/Scheuplein 2001, S. 89) für den Standortquotient sind unglücklich gewählt. Sie orientieren sich zwar am englischen Ausdruck „location quotient", machen sie aber in dieser eingedeutschten Form anfällig zur Verwechslung mit dem Koeffizienten der Lokalisierung, der den Grad der Konzentration eines Sektors auf allen Teilräumen – ähnlich wie der Gini-Koeffizient – beschreibt (vgl. zur Definition des Koeffizienten der Lokalisierung Schätzl 2000, S. 64f.).

Autoren fügen dem Standortquotienten weitere Maßzahlen hinzu: Linquist/Malberg/Sölvell (2003) und das Departement of Trade and Industrie (2001) verwenden den Koeffizient der Lokalisierung. De Propris (2005) nutzt die Betriebsgröße, Porter (2003) den $G_{SÖ}$, Hallet (2000) unter anderem den Variationskoeffizienten. Sauter (2004) nennt, Bergman/Feser (2000) und Peneder (1994) nutzen Maßzahlen zur Input-Output-Analyse. Eine einzige Maßzahl, die eine Region top-down als Branchen-Cluster identifiziert, ist in der Literatur nur bei Litzenberger/Sternberg (2005; 2004) und Sternberg/Litzenberger (2004) zu finden.

Bei der zweiten Methode, dem Ansatz „von unten herauf" („bottom-up"), werden Fallstudien genutzt. Ein bestimmtes Gebiet wird untersucht und die Region mitsamt ihrem Unternehmen und Institutionen je nach Ausmaß der Akteursdichte und ihren Beziehungen anhand einer Netzwerkanalyse als Cluster klassifiziert oder nicht (vgl. dazu zum Beispiel Scheuplein 2002; Krätke/Scheuplein 2001, S. 119ff.. Vgl. auch van der Linde 2002a, der die bibliographischen Angaben zu 833 einzelnen Clustern unterschiedlichster Definition zusammen getragen hat). Diese Methode hat den Nachteil, dass der Auswahl der Untersuchungsregion eine gewisse Willkürlichkeit nicht immer abzusprechen ist. Es können andere Regionen existieren, die in qualitativer und quantitativer Hinsicht der Netzwerke und Akteure, die zuvor ausgewählte „Cluster-Region" bei weitem übertreffen.

Aus diesem Grund ist bei einer eingehenden Untersuchung einzelner sektoral-räumlicher Cluster ein zweigleisiges Vorgehen notwendig. Am Anfang muss die Top-down-Methode unter Verwendung übergeordneter, flächendeckender Statistiken stehen. Nur so können alle potenziellen Unternehmensballungen verglichen und politisch gewollte Wahrnehmungsverzerrungen offen gelegt werden. Erst danach sollte mit Hilfe einer kleinräumlichen Untersuchung die Qualität der Clusterregion mittels einer Netzwerkanalyse festgestellt werden (vgl. dazu das Vorgehen von Sauter 2004; Krätke/Scheuplin 2001). Dieser zweite Schritt – die Bottom-up Methode – steht in dieser Arbeit allerdings nicht im Blickpunkt. Ob ein sektoral-räumliche Cluster über interne Kooperations- und Verflechtungsbeziehungen verfügt und die hierarchisch höher stehenden Konzepte (siehe Abbildung 26 oben) erfüllt, kann und muss im Rahmen dieser Arbeit nicht geklärt werden. Zum einen stehen für Deutschland keine umfassenden kleinräumlichen Daten bezüglich der Kooperation zwischen Unternehmen zur Verfügung, was eine solche Analyse von „oben herab" angesichts der Fallzahlen unmöglich macht.[130] Zum anderen ist dies für die Intention der Arbeit auch nicht zweckmäßig, da räumlich konzentrierte Unternehmen, beziehungsweise Unternehmen in Clustern nicht zwingend durch Kontakte oder Kooperationen miteinander verbunden sind (vgl. Bathelt/Glückler 2003, S. 212) und die ausgewählten Modelle der NÖG ebenfalls nicht davon ausgehen.[131]

4.7.3 Der Cluster-Index

Um eine Region als sektoral-räumlichen Cluster ausweisen zu können (für die Definition siehe Kapitel 4.7.1), muss sie – im Verhältnis zu einem übergeordneten Bezugsraum – sowohl über eine überdurchschnittliche Spezialisierung auf einen Wirtschaftszweig als auch über eine überdurchschnittliche räumliche Konzentration der ökonomischen Aktivitäten des Wirtschaftszweiges verfügen (siehe dazu Abbildung 20 oben). Dazu müssen sowohl der relative Industriebesatz (IB) als auch die relative Industriedichte (ID) Werte größer als eins annehmen. Um beide Maßzahlen berechnen zu können, müssen die Einwohnerzahl, die Fläche und die Anzahl der Beschäftigten in einem Wirtschaftszweig für alle Teilräume vorliegen.[132] Zumindest bis zu einer gewissen Branchentiefe sind diese Daten meist kleinräumig erhältlich (vgl. dazu Bundesamt für Bauwesen und Raumordnung 2005 oder Statistische Ämter des Bundes und der Länder 2005).

Die ID und der IB reichen allerdings noch nicht aus, um einen Cluster zu identifizieren. Ein einziges großes Unternehmen kann dafür sorgen, dass beide Maßzahlen überdurchschnittliche Werte annehmen. Dies entspricht nicht dem hier genutzten Clusterbegriff, der von einer räumlichen Konzentration mehrerer Unternehmen ausgeht (siehe Kapitel 4.7.1). Auch in den Modellen der NÖG ist nicht das Größenwachstum lokaler Unternehmen die zentrale Ursache für die Ballung wirtschaftlicher Aktivitäten, sondern die Zunahme der Anzahl von Unternehmen mit

---

[130] Eine solche Analyse müsste in den einzelnen Regionen erfolgen. Für mehrere Branchen in ganz Deutschland ist dieses Vorgehen zu aufwändig und deshalb nicht durchführbar.

[131] Persönliche Kontakte und „Wissensspillover" spielen in den Modellen der NÖG generell keine Rolle (siehe Kapitel 2.4). Bei den ausgewählten Modellen sieht einzig das Modell von Puga (1999) Zulieferverflechtungen vor. Sie können allerdings mit μ=0 „ausgeschaltet" werden, ohne dass sich die potenziellen Modellergebnisse ändern.

[132] In der Literatur wird die ökonomische Aktivität meist mit der Anzahl der Beschäftigten gemessen (vgl. Haaland et al. 1999, S. 3). Stattdessen können aber auch die Anzahl der Betriebe oder Zahlen zu Umsatz, Wertschöpfung oder Lohnsumme herangezogen werden.

differenzierten Produktvarianten in einer Region. Aus diesem Grund muss zur Identifizierung eines Regionalen Clusters der Kehrwert der relativen Betriebsgröße beachtet werden. Die relative Betriebsgröße (BG) berechnet sich über das Verhältnis der durchschnittlichen Betriebsgröße der Branche im Teilraum zur durchschnittlichen Betriebsgröße der Branche im Gesamtraum. Wie auch der IB und die ID hat die BG die Grenzen null und unendlich mit eins als Durchschnitt. Mit diesen Komponenten lässt sich ein Clusterindex (CI) bilden (vgl. Litzenberger/Sternberg 2005; 2004; Sternberg/Litzenberger 2004). Damit der CI eine Region als Cluster ausweist, müssen sowohl eine räumliche Konzentration, eine räumliche Spezialisierung als auch eine Mindestanzahl von Betrieben vorliegen. Die multiplikative Verknüpfung von IB, ID und 1/BG stellt sicher, dass ein sehr niedriger Wert (oder Nullwert) einer der drei Maßzahlen nicht so leicht durch hohe Werte der anderen beiden Maßzahlen ausgeglichen werden kann (vgl. zur Vorgehensweise bei Indexbildung Schnell/Hill/Esser 2005, S. 166ff. oder Diekmann 1998, S. 208f.).

Damit ergibt sich für den CI einer Branche j im Teilraum i folgende Berechnungsformel:

$$CI_{ij} = ID_{ij} \times IB_{ij} \div BG_{ij} = \frac{\frac{e_{ij}}{a_i}}{\frac{\sum_{i=1}^{n} e_{ij}}{\sum_{i=1}^{n} a_i}} \times \frac{\frac{e_{ij}}{z_i}}{\frac{\sum_{i=1}^{n} e_{ij}}{\sum_{i=1}^{n} z_i}} \div \frac{\frac{e_{ij}}{b_{ij}}}{\frac{\sum_{i=1}^{n} e_{ij}}{\sum_{i=1}^{n} b_{ij}}} = \frac{\frac{e_{ij}}{\sum_{i=1}^{n} e_{ij}}}{\frac{z_i}{\sum_{i=1}^{n} z_i}} \times \frac{\frac{b_{ij}}{\sum_{i=1}^{n} b_{ij}}}{\frac{a_i}{\sum_{i=1}^{n} a_i}}$$

mit:

a_i : Fläche des Teilraumes i

$\sum_{i=1}^{n} a_i$: Fläche des Gesamtraumes

b_{ij} : Betriebe der Branche j im Teilraum i

$\sum_{i=1}^{n} b_{ij}$: Betriebe der Branche j im Gesamtraum

e_{ij} : Erwerbstätige der Branche j im Teilraum i

$\sum_{i=1}^{n} e_{ij}$: Erwerbstätige der Branche j im Gesamtraum

z_i : Einwohner im Teilraum i[133]

$\sum_{i=1}^{n} z_i$: Einwohner im Gesamtraum

n : Anzahl der Teilräume

Die Grenzen des CI sind – wie die seiner Teilkomponenten ID, IB, und BG – null und positiv unendlich. Ein CI-Wert von eins zeigt an, dass die Clustereigenschaften des Teilraumes dem Gesamtraum entsprechen. Nur wenn der CI Werte größer als eins annimmt, kann ein Teilraum überhaupt als Cluster gelten. Der Index setzt somit die Clustereigenschaften des Teilraumes ins Verhältnis zu denen des Gesamtraumes. Ein Cluster ist damit relativ. Ab welchem CI-Wert ein sektoral-räumlicher Cluster vorliegt, kann bei einem Top-Down-Vergleich der Teilräume für eine Branche nicht a priori festgelegt werden. Allerdings hat sich gezeigt, dass ein CI≥4 eine Mindestanforderung zur Identifizierung zumindest von Clusteransätzen darstellt (vgl. Sternberg/Litzenberger 2004). Dieser Wert kommt für einen Teilraum zu Stande, wenn zwei der drei Teilkomponenten – IB, ID und 1/BE – mindestens zweimal höhere als Werte aufweisen als der Bezugsraum beziehungsweise Gesamtraum (und eine Komponente dem Durchschnitt entspricht).

Der Cluster-Index CI verfügt damit über vier vorteilhafte Eigenschaften:

- Er geht über die übliche Verwendung von Maßzahlen der Spezialisierung, wie dem Standortquotienten hinaus, und stellt die zum Ausweis von Clustern notwendigen Komponenten in einer Maßzahl dar.

- Er nutzt die Eigenschaften der Gesamtregion als Referenz. Damit ist das Ausmaß regionaler Clusterung interpretierbar und Cluster sind innerhalb dieses Referenzrahmens vergleichbar.

- Seine Grenzen entsprechenden denen des Standortquotienten, was ihn leicht interpretierbar macht.

- Er nutzt Datenmaterial, das kleinräumig und flächendeckend verfügbar ist.

---

133 Statt der Zahl der Einwohner z ließe sich auch die Summe der Beschäftigten aller Wirtschaftszweige im Teilraum i ($\sum_{j=1}^{m} e_{ij}$) heranziehen (mit m als der Anzahl der Wirtschaftszweige).

4.8 Die Verortung von sektoral-räumlichen Clustern in Deutschland

„All three of these [Marshallian forces] probably typically arise at the level of a single city or small cluster of cities, an area small enough to make it possible for people to change jobs without changing houses, for hard-to-transport goods and services to be delivered, and for regular personal contact to take place."

Paul Krugman (1991a, S. 70)

4.8.1 Festlegung der Raumeinheiten und der Cluster definierenden Indexwerte

Im Gegensatz zu anderen europäischen Flächenstaaten wie Großbritannien, Italien oder Frankreich existiert für Deutschland keine umfassende Darstellung von Clustern (vgl. Europäische Kommission 2002). Die Studien über Cluster in Deutschland sind hauptsächlich „characterised by case studies" (Glassmann/Voelzkow 2001, S. 85). Und auch dort hinkt Deutschland hinterher (vgl. van der Linde 2003, S. 135). Mit 31 Studien, die in der Cluster-Meta-Study erfasst wurden, liegt Deutschland abgeschlagen hinter dem Vereinigten Königreich (168), den USA (153), Indien (106), Frankreich (96), Italien (72) und Dänemark (34) (vgl. van der Linde 2002a. Für eine Übersicht der einzelnen Studien inkl. Bibliographie vgl. van der Linde 2002b)

Eine Ausnahme ist die Arbeit von Litzenberger und Sternberg (2005). Sie identifiziert top-down die Branchen-Cluster der jeweils zehn räumlich am stärksten konzentrierten Branchen im Produzierenden und bei den Dienstleistungen auf der räumlichen Ebene der 97 deutschen Raumordungsregionen. Zur Darstellung der räumlichen Ballung von Branchen ist die feinere Einteilung der Kreise jedoch besser geeignet – was nicht bedeutet, dass sich sektoral-räumliche Cluster nicht auch über mehrere Kreise oder ganze ROR erstrecken können. Deshalb und weil die Wirkungszusammenhänge der NÖG vor allem auf kleinräumlicher Ebene von Bedeutung sind (siehe dazu Kapitel 2.6.2) liegt der Berechnung des CI in dieser Arbeit die Raumeinheit der deutschen Stadt- und Landkreise zu Grunde. Für die acht ausgewählten Branchen des statischen Vergleichs sind es die 439 Kreise des aktuellen Bundesgebietes und für die beiden Branchen des dynamischen Vergleiches die 327 Kreise der Alten Bundesländer.

Die Festlegung der Cluster identifizierenden Indexwerte und der Klasseneinteilung der Karten (siehe exemplarisch Karte 3) resultiert aus der multiplikativen Verknüpfung der Teilkomponenten des Clusterindex. Ein CI von null ergibt sich, wenn keine Beschäftigten oder Betriebe eines Sektors oder einer Branche in einem Teilraum (Kreis) vorhanden sind. Erreichen die Werte für IB, ID, und 1/BG ceteris paribus jeweils den Durchschnitt des Gesamtraumes (IB=ID=1/BG=1), nimmt der CI den Wert eins an ($CI=1^3=1$). Bei CI-Werten zwischen null und eins verfügt der jeweilige Teilraum über keine Clusteransätze. Der nächste Grenzwert von acht errechnet sich, sobald die drei Komponenten in einem Kreis jeweils doppelt so stark ausgeprägt sind, wie im Gesamtraum ($CI=2^3=8$). Die Grenzwerte 64 ($=4^3$) und 512 ($=8^3$) kommen bei viermal beziehungsweise achtmal höheren Werten der drei Teilkomponenten zu Stande (vgl. zur Klassenbildung Bahrenberg/Giese/Nipper 1999, S. 32ff.). Zwar zeigen Indexwerte größer eins bereits überdurchschnittliche Clustereigenschaften an, aber ab welchem CI-Wert von einem „sektoral-räumlichen Cluster" gesprochen werden kann, ist relativ und wird von den Aggregationsstufen der räumlichen Ebene und der Branchenklassifikation wie folgt beeinflusst:

- Mit der Anzahl der Teilräume eines Gesamtraumes steigen die Werte der drei relativen Komponenten und damit des CI selbst.
- Mit einer feineren Brancheneinteilung steigen die Werte des CI.

Der Cluster definierende CI-Wert für einen Teilraum liegt im Folgenden für die Sektoren Produzierendes Gewerbe und Dienstleistungen bei CI>8 und bei den Branchen auf Ebene der Dreisteller der WZ93 bei CI>64. Diese Festlegung der Clustergrenzen ist zugegebener Maßen willkürlich. Aber Cluster sind relativ – sowohl was die Beziehung des Teilraumes zum Gesamtraum als auch die Beziehung der wirtschaftlichen Teilaktivität (Branche) zur wirtschaftlichen Gesamtaktivität betrifft. Wegen dieser Kontextabhängigkeit lassen sich sektoral-räumliche Cluster weder mit dem CI noch mit anderen Maßzahlen objektiv bestimmen. Trotzdem existieren folgende Anforderungen, bei der Festlegung der Cluster definierenden Höhe des CI:

- Die drei Teilkomponenten des CI müssen jeweils deutlich über dem Durchschnitt von eins liegen.
- Ein Cluster muss in Bezug auf die anderen Teilräume durch besondere Eigenschaften herausstechen. Deshalb muss der CI eine Höhe erreichen, die die Anzahl der Cluster in Bezug auf die Anzahl der Teilräume stark reduziert.
- Der Clustergrenzwert ist so hoch festzulegen, dass in Branchen, die sich per se nicht räumlich konzentrieren, auch keine Cluster identifiziert werden.[134]

---

[134] Porter (2003) nutzt bei seiner Cluster-Mapping-Methode den Gini-Koeffizienten, um clusternde Branchen zu identifizieren. Ähnlich gehen Lindquist/Malberg/Sölvell 2003 vor. Sie nutzen zur Auswahl clusternder Branchen den Koeffizienten der Lokalisierung („agglomeration coefficient") und bezeichnen räumlich nicht-konzentrierte Branchen, wie auch Porter (2003), als lokale Branchen („local industries").

4.8.2 Cluster der Sektoren Produzierendes Gewerbe und Dienstleistungen

Die CI der einzelnen bundesdeutschen Stadt- und Landkreise für das gesamte, aggregierte Produzierende Gewerbe (Abschnitte C-F der WZ93) im Jahre 2002 sind in Karte 1 dargestellt. In allen 439 Kreisen sind zumindest einige Betriebe und Beschäftigte des zweiten Sektors vorhanden. Aus diesem Grund nimmt der CI immer Werte größer null an. Die niedrigsten CI weisen drei Kreise in Mecklenburg-Vorpommern auf: Mecklenburg-Strelitz mit einem CI von 0,09, Uecker-Radow (0,10) und Nordvorpommern (0,12). Insgesamt 199 Kreise erreichen einen CI zwischen eins (exklusive) und acht (inklusive). Mit Werten größer als acht sind die verbleibenden 21 Kreise als Cluster identifiziert. Davon liegen zehn in Bayern, sechs in Nordrhein-Westfalen, drei in Baden-Württemberg und jeweils einer in Hessen und Rheinland-Pfalz. Die höchsten CI-Werte sind in den Stadtkreisen Ludwigshafen (19,13), Schweinfurt (18,10) sowie Remscheid und Stuttgart (jeweils 16,61) zu finden. Clusteransätze ($1>CI\geq8$) zeichnen sich vor allem entlang des Rheins ab; in Nordrhein-Westfalen und in Baden-Württemberg sind sie zudem beinahe flächendeckend. In den Neuen Ländern erreichen vereinzelte Kreise und der Südwesten Sachsens überdurchschnittlich hohe Werte. Innerhalb ganz Deutschlands ist ein deutliches Gefälle vom Südwesten zum Nordosten zu beobachten.

Abbildung 27 stellt die CI des Produzierenden Gewerbes der 439 Kreise aufsteigend sortiert auf einer logarithmischen Größenachse dar. Die sich ergebene Cluster-Index-Kurve (CI-Kurve) gibt die Verteilung der CI-Werte des Produzierenden Gewerbes aus Karte 1 im Überblick wieder: 219 Kreise liegen auf oder unter dem Durchschnitt des Gesamtraumes. Die 21 sektoral-räumlichen Cluster mit einem CI größer als 8 sind dunkel markiert, der maximale CI liegt bei 19,1 (Stadtkreis Ludwigshafen).

Abbildung 28 zeigt die einzelnen CI des Dienstleistungssektors (Abschnitte G-Q der WZ93) auf Ebene der Kreise. Die niedrigsten Werte verzeichnen die Kreise Straubing-Bogen (CI=0,09) sowie Mecklenburg-Strelitz, Neustadt an der Waldnaab und Nordwestmecklenburg (jeweils 0,12). Insgesamt 95 Kreise zeigen Clusteransätze ($1<CI\leq8$). Weitere 65 Kreise mit einem $CI\geq8$ sind als Dienstleistungscluster identifiziert – gegenüber nur 21 im Produzierenden Gewerbe (siehe Karte 1). Vor allem Stadtkreise mit überregionaler Bedeutung bilden Dienstleistungscluster. Herausragend sind München (CI=52,78), Frankfurt am Main (50,73) und Düsseldorf (41,75). Oftmals strahlen die Cluster auf die umliegenden Landkreise aus, in denen dann zumindest Clusteransätze zu finden sind (CI>1). Obwohl sich Dienstleistungscluster entlang des nördlichen Oberrheins und des Unter-Mains sowie entlang des südlichen

Niederrheins und der Ruhr häufen, ist innerhalb Deutschlands kein Gefälle offensichtlich.

Abbildung 27: Cluster-Index-Kurve des Produzierenden Gewerbes 2002

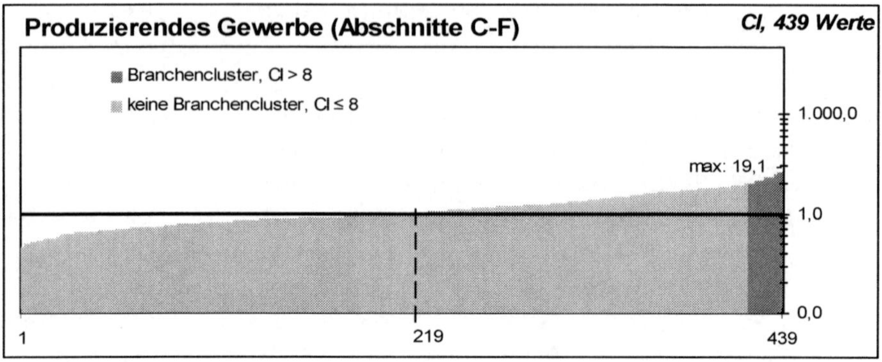

Bei den Dienstleistungen nehmen 280 und damit deutlich mehr Kreise als im Produzierenden Gewerbe CI-Werte kleiner oder gleich eins an. Auch die größere Anzahl der Cluster spiegelt die höhere räumliche Konzentration des Sektors Dienstleistungen (Ga=0,6883) im Vergleich zum Produzierenden Gewerbe (Ga=0,6275; siehe Tabelle 5) wider.

Die Gegenüberstellung der beiden CI-Kurven macht die größere Neigung zu clustern bei den Dienstleistungen deutlich. Im tertiären Sektor verläuft die CI-Kurve (siehe Abbildung 28) steiler und erreicht deutlich mehr und höhere Cluster-Werte (insgesamt 65 Cluster, mit einem Maximum von 52,8) als die CI-Kurve des sekundären Sektors (siehe Abbildung 27 oben).

Abbildung 28: Cluster-Index-Kurve der Dienstleistungen 2002

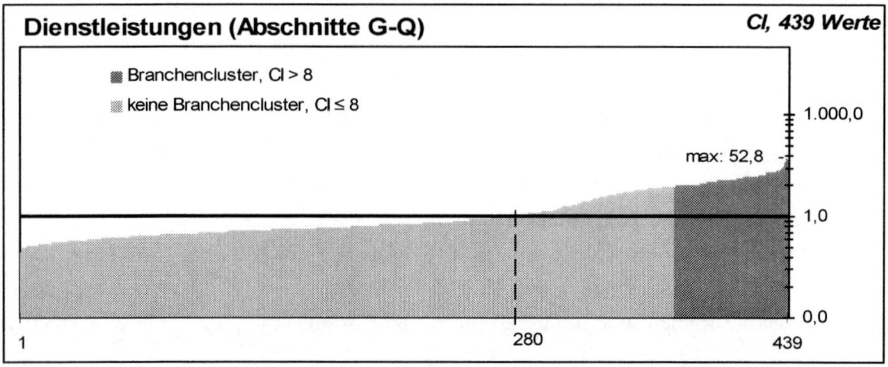

Karte 1: Cluster des Produzierenden Gewerbes insgesamt 2002

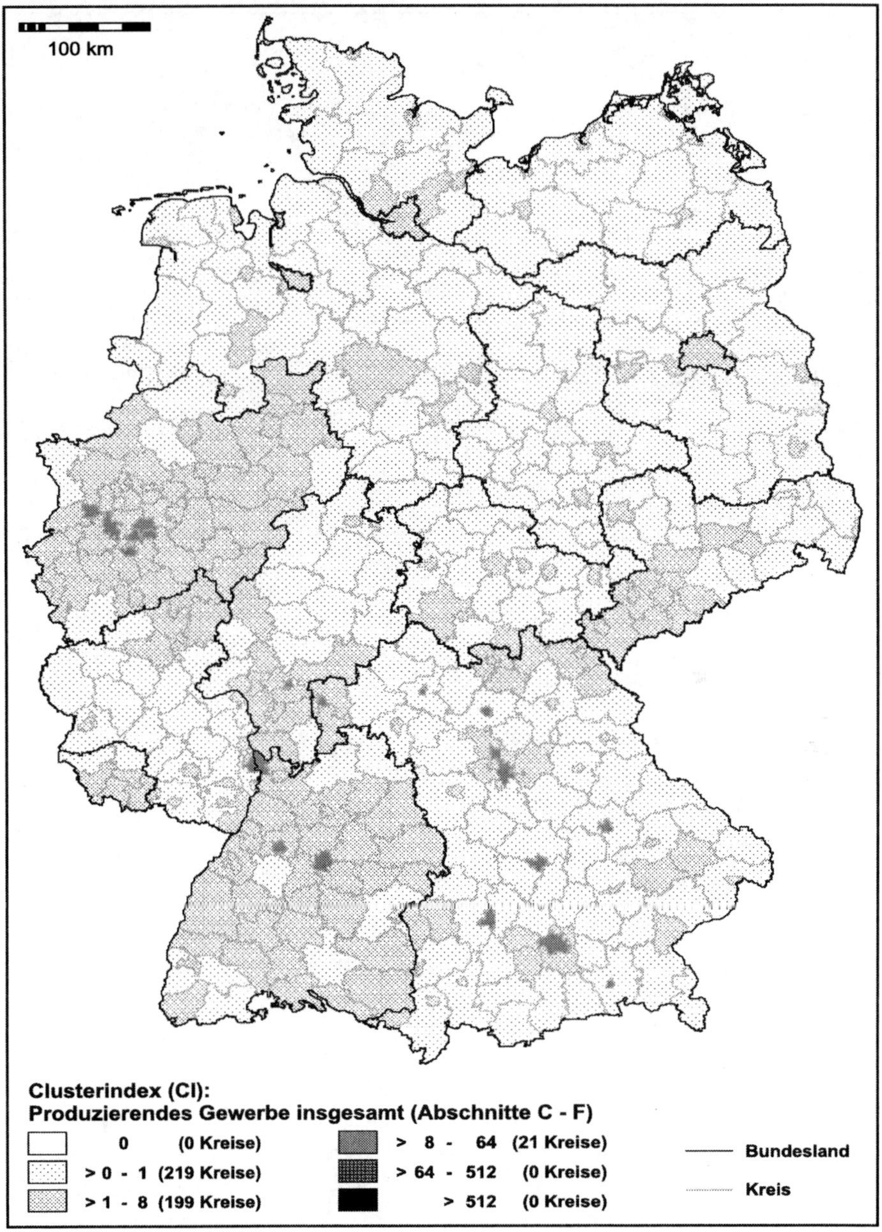

Karte 2: Cluster der Dienstleistungen insgesamt 2002

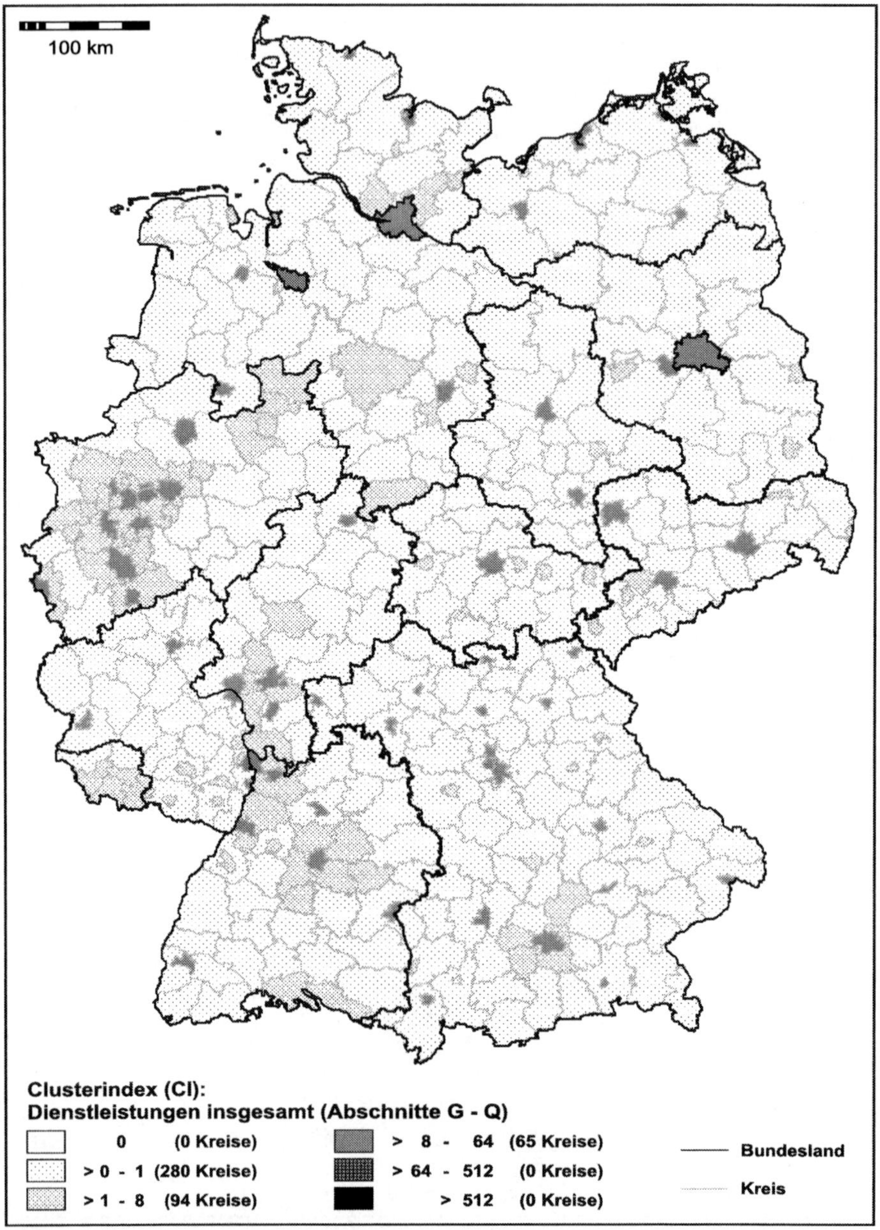

4.8.3 Cluster in den Branchen des Produzierenden Gewerbes 2002

In diesem Kapitel identifizieren die CI sektoral-räumliche Cluster in den acht zum statischen Vergleich ausgewählten Branchen. Diese sind auf Kreisebene in den Karten 3 bis 10 kartiert. Zur Darstellung der Clustereigenschaften der Branchen dienen zusätzlich die jeweiligen CI-Kurven der Branche (siehe Abbildung 29). Als sektoral-räumlicher Cluster gelten Kreise mit einem CI über 64. Grenzen mehrere Kreise mit einem CI über 64 aneinander an, werden sie als ein einziger Cluster aufgefasst.[135] Die Kreise, in denen der CI zwischen 8 und 64 liegt, und die gleichzeitig an einen Cluster angrenzen, werden hingegen nicht mehr dazugerechnet.[136]

In der Branche „DC 193 Herstellung von Schuhen" (Schuhe) stehen 348 Kreise mit einem CI von null oder kleiner/gleich eins insgesamt neun Clustern (CI≥64) gegenüber (vgl. dazu die CI-Kurve der Branche in Abbildung 29). Von Letzteren sticht der Stadtkreis Pirmasens mit einem CI von 74.929,28 (sic!) besonders hervor (siehe Karte 3). Aber auch der Landkreis Südwestpfalz (2.762,81) und der Stadtkreis Zweibrücken (616,59) weisen sehr hohe CI-Werte auf. Durch ihre direkt aneinander grenzende Lage bilden die drei Kreise das „Schuh-Cluster Nr. 1" in Deutschland. Einen weiteren hohen CI-Wert von 1.028,60 weist die Stadt Rosenheim auf. Im Gegensatz zu Pirmasens strahlt sie aber nicht auf den umgebenden Kreis ab. Kleinere Schuh-Cluster mit CI-Werten zwischen 64 und 512 sind in den Kreisen Erlangen-Höchstadt (503,28), Neuwied (89,05), Löbau-Zittau (75,27), Hassberge (69,47) und Mettmann (69,80) zu finden.

Auch der Wirtschaftszweig „DL335 Herstellung von Uhren" (Uhren) ist in Deutschland stark geclustert, was am Verlauf der CI-Kurve der Branche deutlich wird (siehe Abbildung 29). Insgesamt 378 Kreise sind unbesetzt.[137] Weitere 26 Kreise liegen auf oder unter dem durchschnittlichen CI des Gesamtraumes. Die Branche weist elf Kreise mit einem CI≥64 auf. Den mit Abstand höchsten Wert verzeichnet dabei die Stadt

---

[135] Damit kann die maximale Anzahl der Cluster unter der als Cluster indentifzierten Raumeinheiten liegen.

[136] Ob jedoch einzelne Teile dieser Kreise – zum Beispiel Gemeinden – sehr wohl zu dem benachbarten sektoral-räumlichen Cluster gehören und eventuell die Maßstabsebene „Stadt- oder Landkreis" zu groß ist, kann an dieser Stelle nicht überprüft werden. Dies wäre in jeder Branche und für jeden einzelnen dafür in Frage kommenden Kreis vor Ort zu klären. Auch die Frage, ob nicht direkt benachbarte Kreise über Verflechtungsbeziehungen ein gemeinsames Innovationsnetzwerk oder Innovationssystem bilden, kann aus Kapazitätsgründen hier nicht geklärt werden.

[137] Bei nur 190 Betrieben in der Branche müssen allerdings a priori mindestens 249 Kreise unbesetzt bleiben.

Pforzheim mit einem CI von 45.972,96. Wie Karte 4 zeigt, bildet Pforzheim zusammen mit dem umliegenden Enzkreis (CI=329,88) einen zusammenhängenden sektoral-räumlichen Cluster. Einen zweiten, Kreise überschreitenden Cluster formen die Landkreise Schwarzwald-Baar (CI=8.125,85), Tuttlingen (950,87), Rottweil (437,14), Zollernalb (315,89) und Breisgau-Hochschwarzwald (84,74). Daneben stehen separat die Uhren-Cluster Weißeritzkreis (CI=635,46), Stadt Regensburg (161,03), Wartburgkreis (125,41) und Stadt Ulm (115,38).

In der Branche „DG241 Herstellung von chemischen Grundstoffen" (Chemie) sind mit nur 100 Kreisen weniger Raumeinheiten unbesetzt als in den anderen räumlich konzentrierten Wirtschaftszweigen (siehe Abbildung 29). Dagegen finden sich mit 237 sehr viel mehr Kreise mit einem unterdurchschnittlichen CI zwischen null und eins (inkl.). Karte 5 zeigt, dass die acht Cluster-Kreise nicht aneinander angrenzen, auch wenn die Städte Worms und Ludwigshafen sowie der Ennepe-Ruhr-Kreis und die Stadt Herne relativ nahe zusammen liegen. In den Städten Ludwigshafen und Leverkusen sind die sektoral-räumlichen Cluster mit jeweiligen CI von 5.772,22 und 811,20 am ausgeprägtesten. Es folgen die Stadt Krefeld (227,76), der Kreis Altötting (174,70), der Ennepe-Ruhr-Kreis (130,21), die Stadt Worms (103,60), der Kreis Merseburg-Querfurt (83,28) und die Stadt Herne (74,54).

Im Wirtschaftszweig „DM 341 Herstellung von Kfz und Motoren" (Kfz) bleiben 262 Kreise unbesetzt.[138] Weitere 130 überschreiten den durchschnittlichen CI nicht. In 20 Kreisen liegt der CI über 64. Dies ist die größte Anzahl aller hier untersuchten Branchen (siehe Abbildung 29). Wie Karte 6 zu entnehmen ist, bilden die Kreise Stuttgart und Böblingen einem zusammenhängenden sektoral-räumlichen Cluster. Die höchsten CI-Werte entfallen auf die Stadtkreise Wolfsburg (1.550,40), Ingolstadt (1.444,71) und Emden (644,36). Mit Werten zwischen 64 und 512 identifiziert der CI auch die Kreise Eisenach (425,61), Groß-Gerau (417,97), Stuttgart (403,85), Zwickau (316,44), Salzgitter (315,98), Regensburg (315,35), Ulm (209,82), Böblingen (171,95), Osnabrück (165,40), Dingolfing-Landau (147,37), Kaiserslautern (137,97), Bochum (129,27) Mannheim (118,83), Stadt München (103,30), Köln (89,97), Düsseldorf (85,57) und Stadt Landshut (79,56) als sektoral-räumliche Cluster der Branche.

In den vier dispers verteilten Branchen sind nur geringe Clusteransätze zu finden. Den Zusammenhang zwischen der räumlichen Gleichverteilung und niedrigen Werten des CI machen auch die Karten der einzelnen Branchen deutlich.

---

[138] Bei nur 357 Betrieben in der Branche müssen mindestens 82 Kreise unbesetzt bleiben.

Wie Karte 7 zeigt, weist in der Branche „DA151 Schlachten und Fleischverarbeitung" (Fleischverarbeitung) lediglich ein Kreis (Frankfurt/Oder) keine sozialversicherungspflichtig Beschäftigten auf. Der maximale CI-Wert liegt bei 62,8 (Stadt Ansbach) und damit knapp unter dem Grenzwert, um den Kreis als Cluster auszuweisen (siehe dazu auch die CI-Kurve in Abbildung 30).

Im Wirtschaftszweig „DJ281 Stahl- und Leichtmetallbau" (Stahl) bleibt ebenfalls nur ein Kreis – die Stadt Bayreuth – unbesetzt (siehe Karte 8). Den höchsten CI-Wert erreicht die Stadt Würzburg mit 30,79.

In der Branche „DD203 Herstellung von Konstruktionsteilen aus Holz" (Konstruktionsteile) gibt es 22 Kreise ohne Beschäftigte (siehe Abbildung 30 und Karte 9). Der maximale CI liegt bei 34,79 im Stadtkreis Freiburg im Breisgau. Trotz der relativ geringen Spannweite zeigt sich ein Gefälle von Südwest nach Nordost. Clusteransätze ($8 \geq CI \geq 64$) der Branche sind vor allem im Westerwald, Schwarzwald, im Bayrischen Wald, aber auch um Augsburg, in Frankfurt am Main, Mönchengladbach, Krefeld und Köln zu finden.

Im Wirtschaftszweig „DN361 Herstellung von Möbeln" (Möbel) sind zwei Kreise – die Städte Landau und Frankenthal – unbesetzt. Wie Karte 10 zu entnehmen ist, gibt es zwei Branchenschwerpunkte in den westfälischen Kreisen um Bielefeld sowie in Unterfranken. Mit den Landkreisen Herford (CI=158,30) und Coburg (CI=92,91) ist dort jeweils ein sektoral-räumlicher Cluster zu finden. Damit stellt die Branche Herstellung von Möbeln bei den dispersen Wirtschaftszweigen eine Ausnahme dar. Allerdings weist sie auch den höchsten G_a der vier Branchen auf (siehe Tabelle 10 oben).

In den räumlich dispers verteilten Branchen verlaufen die CI-Kurven (siehe Abbildung 30) deutlich flacher als in den räumlich konzentrierten Branchen (siehe Abbildung 29). Zum einen bleiben dort weniger Kreise unbesetzt und zum anderen existieren außer in der Möbel-Branche keine Cluster. Beides korrespondiert mit der geringen Neigung der Wirtschaftszweige, sich räumlich zu konzentrieren (vgl. dazu die G_a aus Tabelle 10).

Abbildung 29: Cluster-Index-Kurven der räumlich konzentrierten Branchen

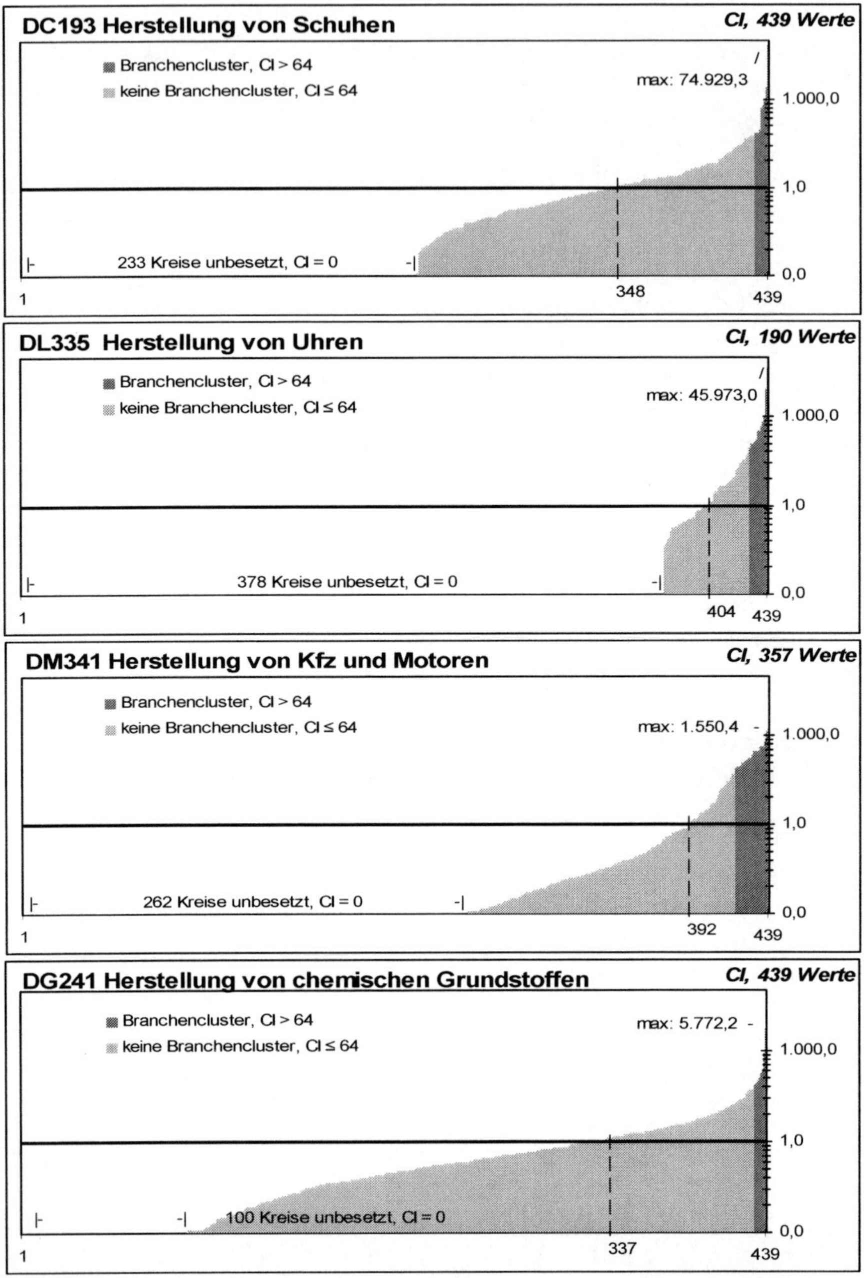

Abbildung 30: Cluster-Index-Kurven der dispers verteilten Branchen

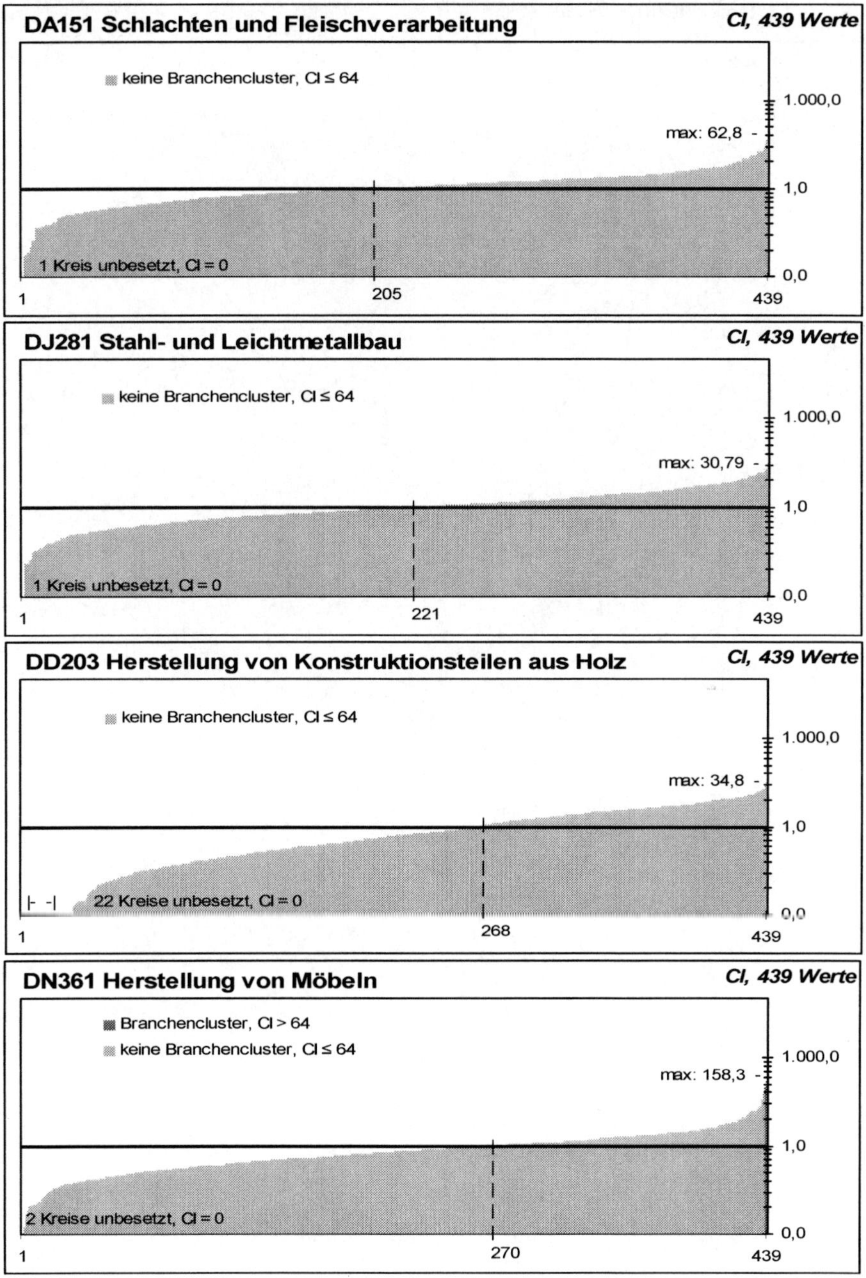

Karte 3: Branchen-Cluster in Deutschland 2002: Herstellung von Schuhen

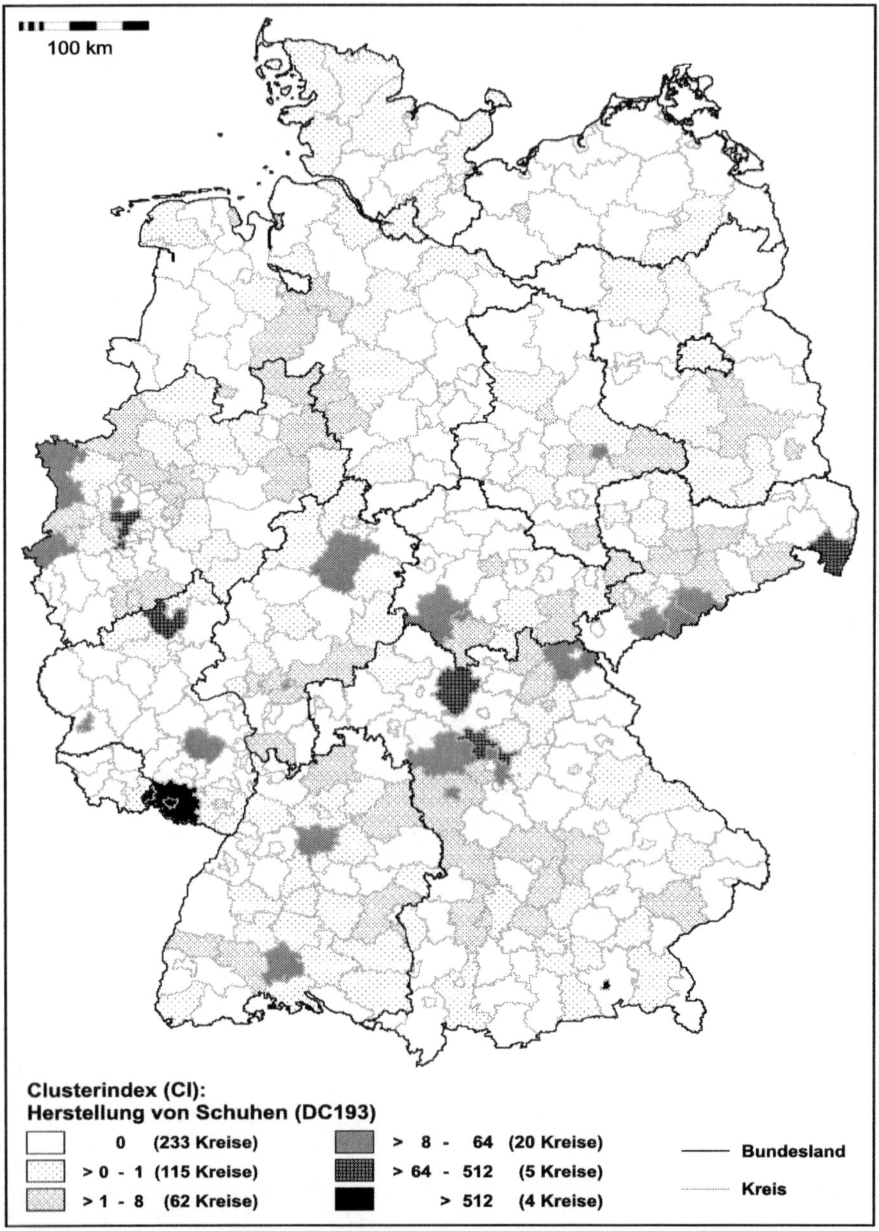

Karte 4: Branchen-Cluster in Deutschland 2002: Herstellung von Uhren

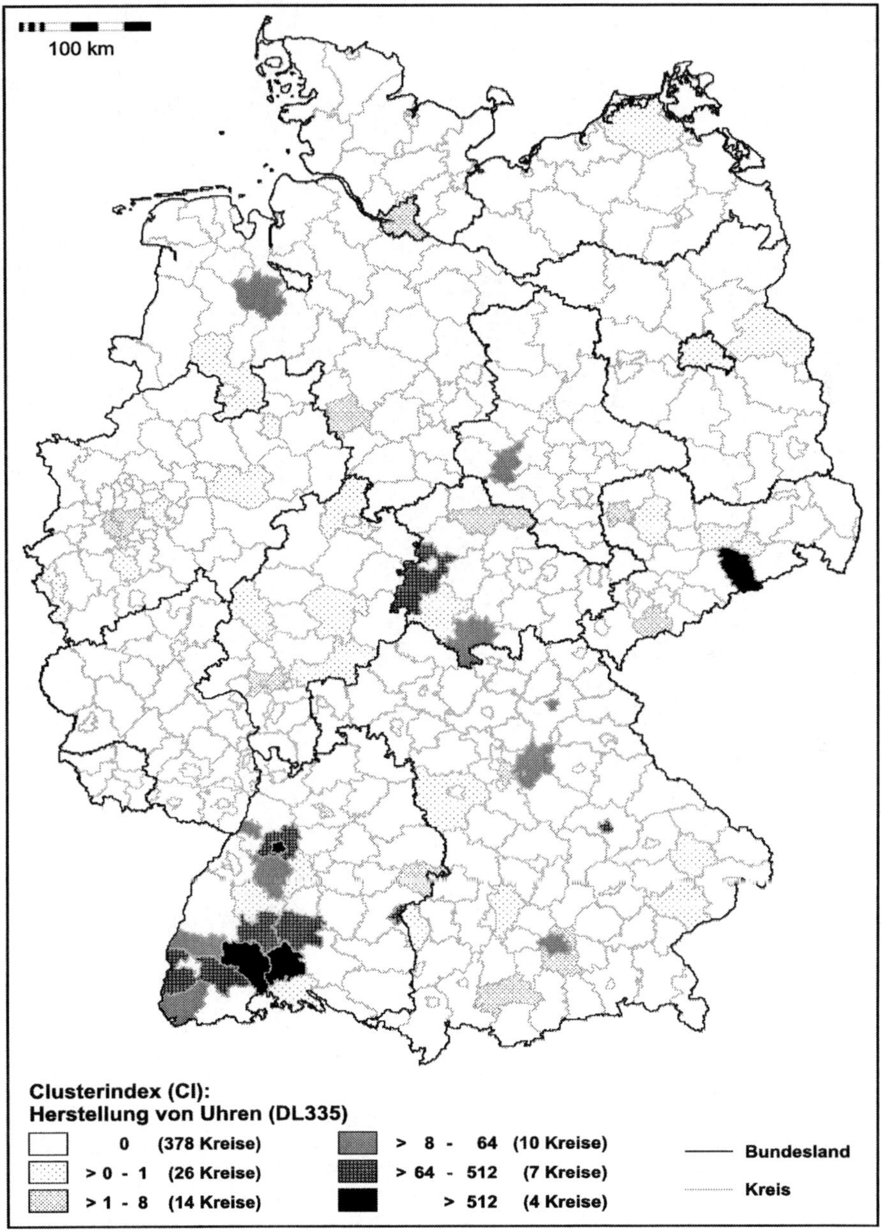

Karte 5: Branchen-Cluster in Deutschland 2002: Herstellung von chemischen Grundstoffen

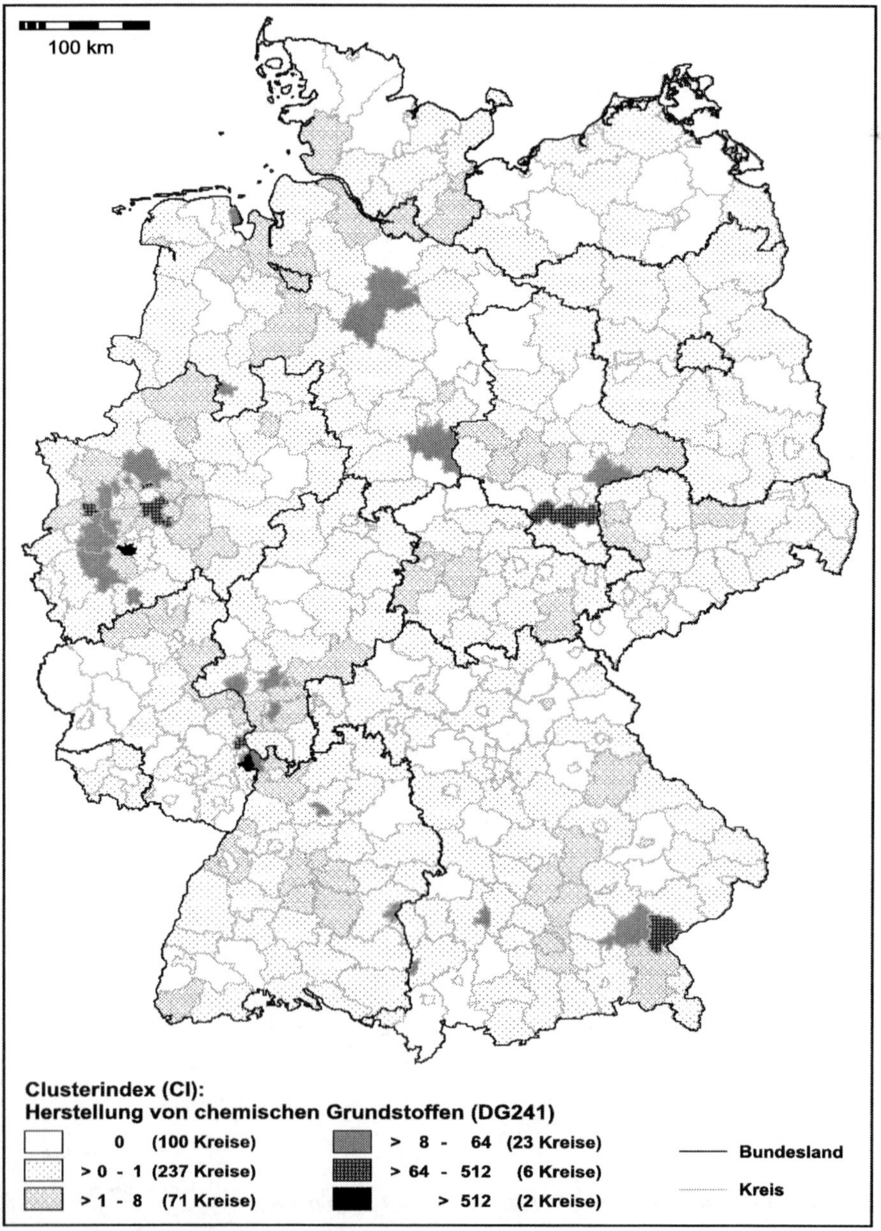

Karte 6: Branchen-Cluster in Deutschland 2002: Herstellung von Kfz und Motoren

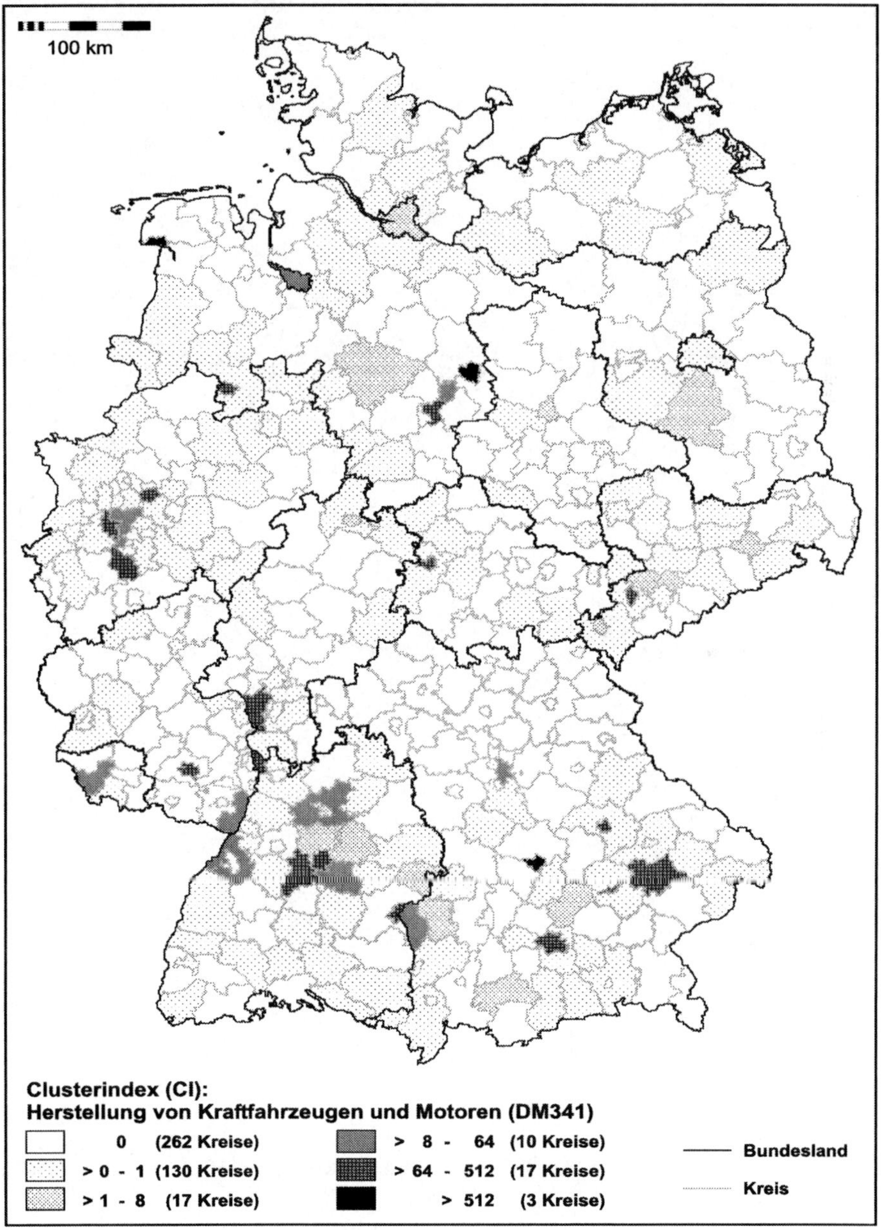

Karte 7: Branchen-Cluster in Deutschland 2002: Schlachten und Fleischverarbeitung

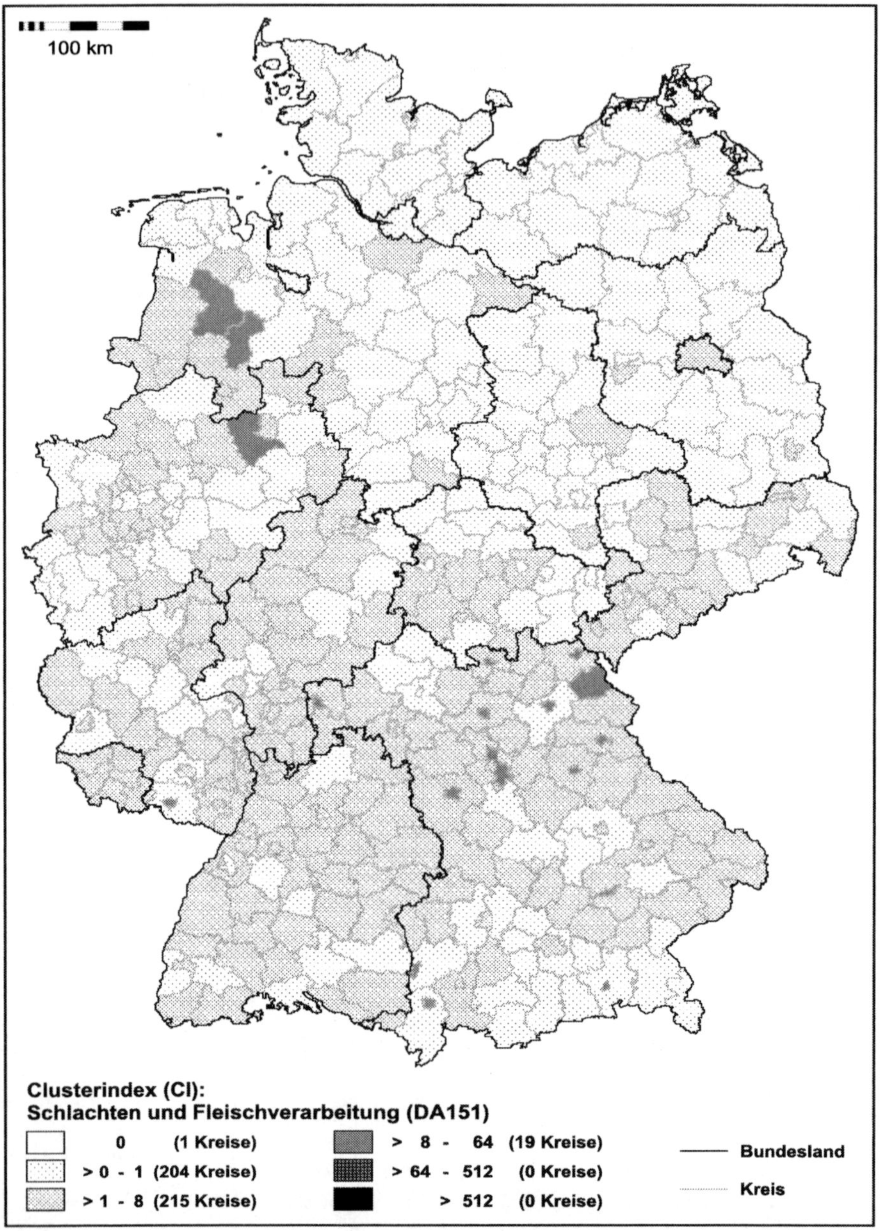

Karte 8: Branchen-Cluster in Deutschland 2002: Stahl- und Leichtmetallbau

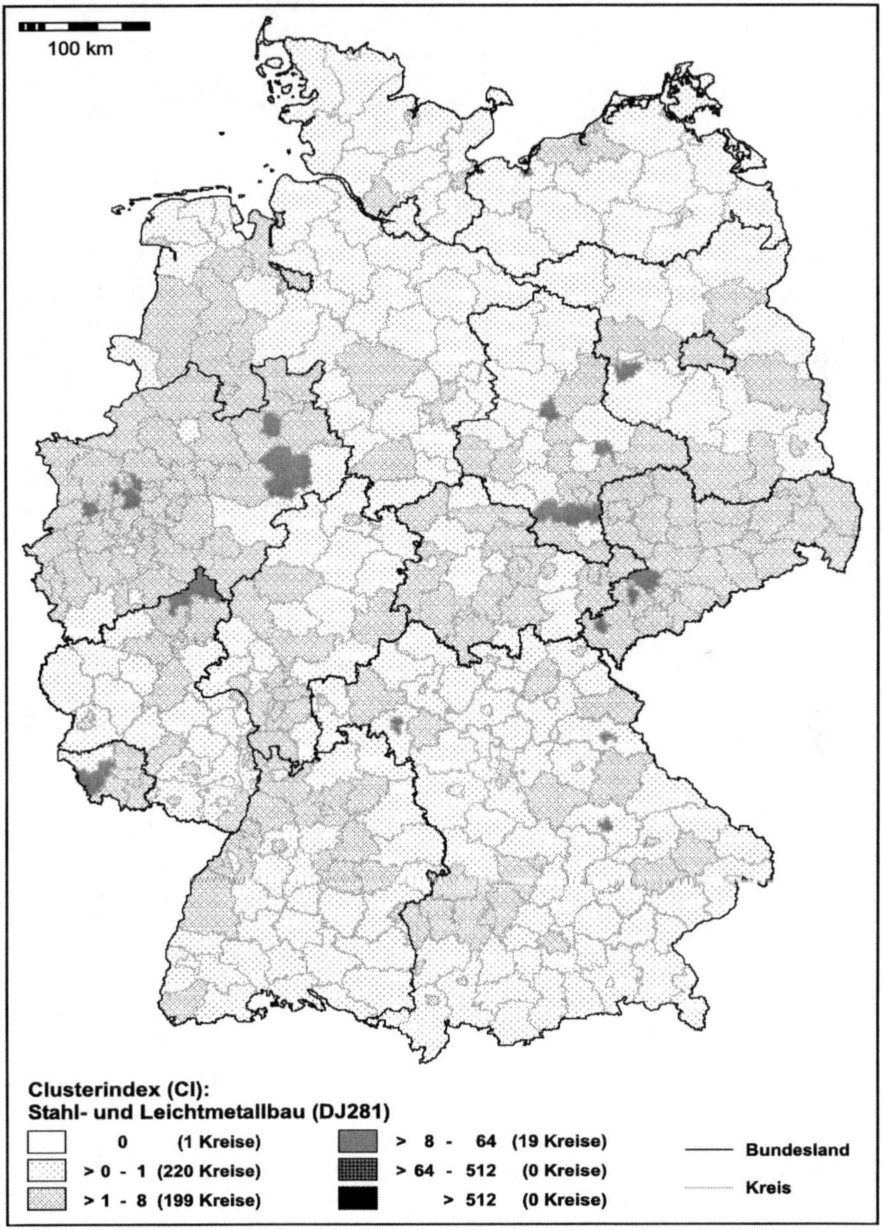

Karte 9: Branchen-Cluster in Deutschland 2002: Herstellung von Konstruktionsteilen aus Holz

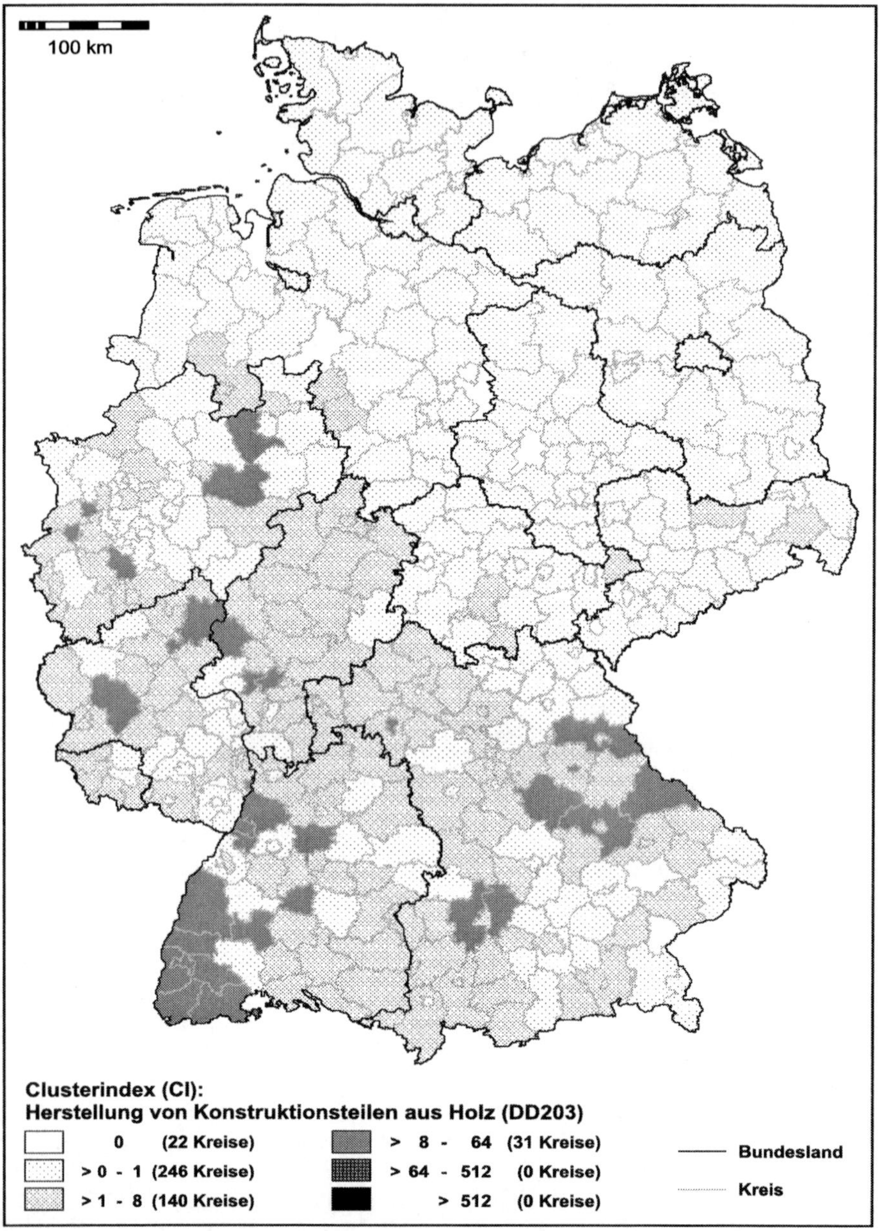

Karte 10: Branchen-Cluster in Deutschland 2002: Herstellung von Möbeln

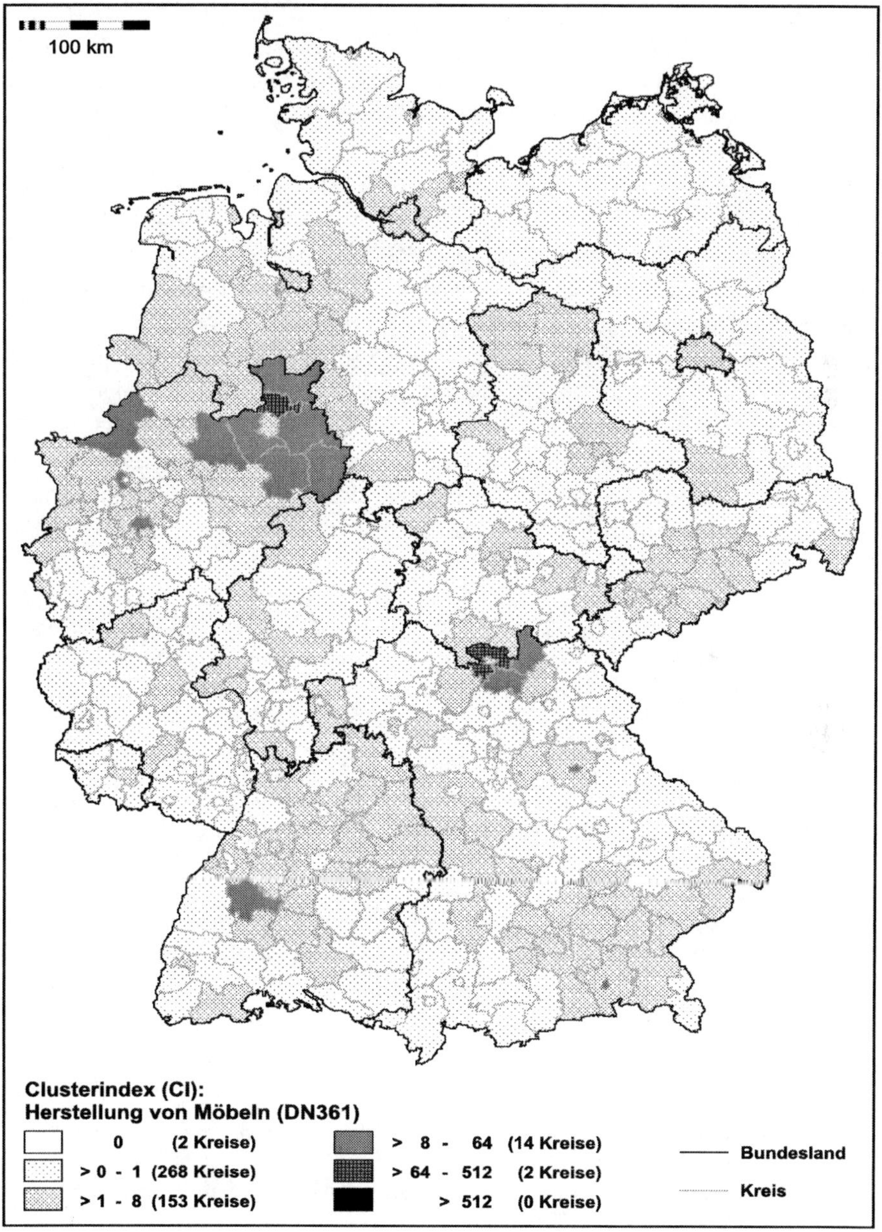

4.8.4 Cluster in den Branchen mit starker Veränderung der räumlichen Konzentration zwischen 1987 und 2002

Der Längsschnittvergleich der Branchen „540 Molkerei und Käserei“ (Molkerei) und „331 Herstellung und Reparatur von Büromaschinen“ (Büromaschinen) von 1987 bis 2002 bezieht sich auf die 327 Kreise der Alten Bundesländer inklusive West-Berlin. Da der Datensatz der Bundesanstalt für Arbeit die Anzahl der Betriebe erst ab dem Jahr 1999 erfasst (vgl. Bundesanstalt für Arbeit 2003c), kann der CI für 1987 nicht vollständig berechnet werden. Aus Gründen der Vergleichbarkeit bleibt die relative Betriebsgröße deshalb sowohl für das Jahr 1987 als auch für 2002 unberücksichtigt. Daraus ergibt sich ein reduzierter Cluster-Index (CIR), der sich aus dem Produkt der relativen Industriedichte mit dem relativen Industriebesatz berechnet.[139] Seine Werte liegen, wie die des CI, zwischen null und unendlich, mit eins als Durchschnitt des Gesamtraumes. Kreise mit CIR-Werten größer als 64 werden im Folgenden als „potenzielle Cluster“ bezeichnet: Wegen der fehlenden Betriebsgröße zeigt der CIR auch für nur einen einzigen Großbetrieb hohe Werte an. Damit lassen sich mit dem CIR sektoral-räumlichen Cluster nicht eindeutig identifizieren. Bei der Interpretation der Kartierung des CIR für das Jahr 2002 (siehe Karte 11 und Karte 12) wird deshalb zusätzlich der „vollständige“ CI zu Rate gezogen.

In der Branche Molkerei ist der G_a zwischen 1987 und 2002 in den 327 Kreisen der Alten Länder um absolut 0,0991 gestiegen. Die Zunahme der räumlichen Konzentration wird auch in Abbildung 31 deutlich, die die CIR-Kurven der Branche von 1987 und 2002 gegenüberstellt. Die CIR-Kurve des Jahres 2002 verläuft deutlich steiler. Dies liegt zum einen an der Anzahl der unbesetzten Kreise, die sich zwischen 1987 und 2002 von 69 auf 149 mehr als verdoppelt hat, und zum anderen an den gestiegenen „Spitzenwerten“ des CIR: Das Maximum der CIR-Kurve des Jahres 2002 ist mit 1.992,42 etwa doppelt so hoch wie das der CIR-Kurve des Jahres 1987.

Im Jahre 1987 lag der CIR in insgesamt acht Kreise über 64 (siehe Karte 11)[140]. Dies war in den Kreisen Lindau (CIR=1.038,73), Kempten (661,03), Stadt Rosenheim (250,60), Mühldorf am Inn (139,01), Stadt Heilbronn (114.20), Neu-Ulm (109,19),

---

[139] Aus diesem Grund unterscheidet sich auch die Klasseneinteilung bei den Karten auf Grundlage des CIR. Analog zu den Karten auf Grundlage des CI liegen die Klassengrenzen bei Werten der beiden Teilkomponenten ID und IB, die jeweils 1x, 2x, 4x und 8x dem Durchschnitt entsprechen. Daraus ergeben sich die Grenzen $1^2=1$, $2^2=4$, $4^2=16$ und $8^2=64$.

[140] Im Längsschnittvergleich zeigen die Karten ausschließlich die 326 Kreise des Alten Bundesgebiets ohne West-Berlin.

Ostallgäu (90,30) und Stadt Landshut (71,94) der Fall. Damit befanden sich die „potenziellen Cluster“ des Jahres 1987 vor allem im Allgäu und in Südostbayern. Daneben erreichten Landkreise im nördlichen Niedersachen sowie vereinzelte Städte in Bayern, Nordrhein-Westfalen, Baden-Württemberg und Hessen CIR-Werte zwischen 16 und 64.

Abbildung 31: CIR-Kurven 1987 und 2002 Molkerei und Käserei

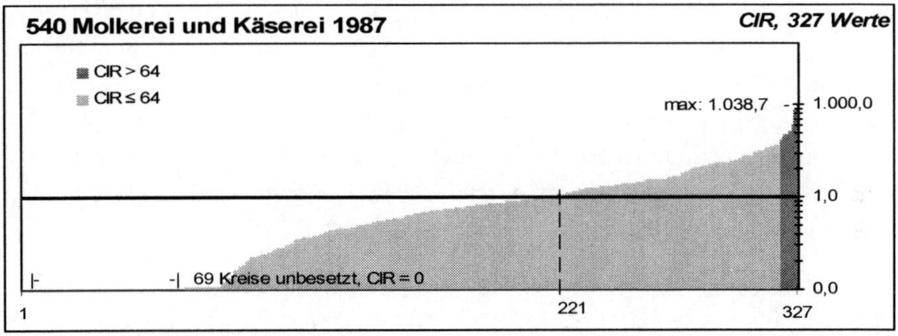

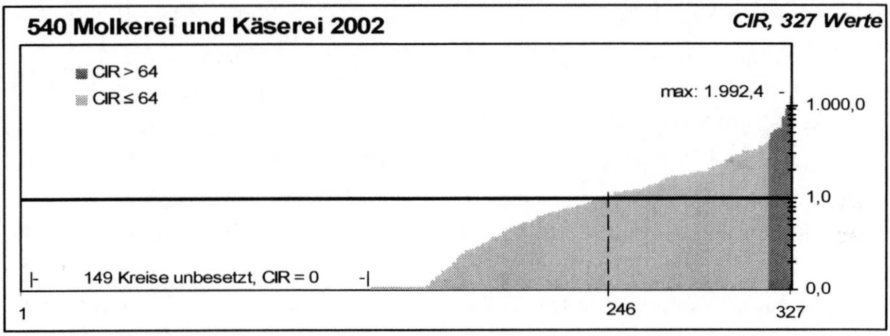

Die Anzahl und Stärke der potenziellen Cluster haben bis zum Jahr 2002 vor allem rund um das Allgäu und in Südostbayern zugenommen (siehe Karte 12). In der Stadt Kempten ist der CIR auf 1.992,42 gestiegen, in Lindau auf 938,32, im Ostallgäu auf 126,99 und in Donau-Ries auf 77,41. In Südostbayern haben die CIR der Stadt und des Landkreises Rosenheim (444,30 und 160,44) sowie des Landkreises Mühldorf am Inn (183,8) deutlich zugelegt. Daneben haben die CIR der Städte Heilbronn (754,73) und Regensburg (155,22) sowie – im Norden Deutschlands – der des Kreises Rotenburg an der Wümme (174,39) deutlich den Grenzwert von 64 überschritten. Bei Verwendung des vollständigen Cluster-Index’ ergibt sich ein ähnliches Bild: Sektoral-räumliche Cluster sind rund ums Allgäu mit der Stadt Kempten (CI=481,97), Lindau (456,24) und Ostallgäu (481,97), aber auch in den Städten Rosenheim (151,61), Heilbronn

(84,46), Regensburg (82,92) und Landshut (81,72) zu finden. Dabei steht den Clustern im Süden ein relatives Entleerungsgebiet in der Mitte Deutschlands gegenüber. Lediglich der Kreis Rotenburg an der Wümme erreicht außerhalb der Länder Bayern und Baden-Württemberg mit einem CI von 68,97 den Status eines sektoral-räumlichen Clusters.

In der Branche Büromaschinen hat die räumliche Konzentration von 1987 bis 2002 stark abgenommen. Der G_a verringerte sich in dieser Zeit von 0,9452 auf 0,8870 (siehe Anhang E). Ein Vergleich der CIR-Kurven der Jahre 1987 und 2002 (siehe Abbildung 32) offenbart ein Abnehmen der Clusterung in der Branche: Die CIR-Kurve des Jahres 2002 verläuft flacher. Zwar ist die Zahl der unbesetzten Kreise um 20 auf 154 gestiegen und auch die Anzahl Kreise mit einem CIR über 64 ist von 10 auf 14 gewachsen, aber der Wegfall der extrem hohen Spitzenwerte des CIR sorgt auf der logarithmierten Skala für einen insgesamt ausgeglicheneren Kurvenverlauf.[141]

Ein Gegenüberstellen der Karten von 1987 und 2002 des Wirtschaftszweiges Büromaschinen (siehe Karte 13 und Karte 14) zeigt starke Veränderungen bei den potenziellen Clustern. Im Jahr 1987 gab es zehn Kreise mit einem CIR größer/gleich 64: Friesland (CIR=7.708,55), Stadt Augsburg (4.336,30), Stadt Nürnberg (4.160,53), Stadt Offenbach am Main (793,38), Stadt Frankfurt am Main (531,03), Stadt Fürth (509,97), Stadt Braunschweig (173,75), Altenkirchen (152,53), Bergstraße (119,26) und – nicht auf der Karte verzeichnet – West-Berlin (77,68). Zwar hat sich 2002 die Zahl potenziellen Cluster mit einem CIR über 64 auf insgesamt 14 erhöht, allerdings sind nur noch vier der zehn Kreise des Jahres 1987 dabei. Es sind die Städte Augsburg (CIR=1.784,90), Fürth (438,39) und Frankfurt am Main (122,08) sowie der Landkreis Bergstraße (191,16). Lediglich Letzterer konnte beim CIR zulegen. Daneben erreichen die Kreise Zollernalb (244,47), Gießen (236,92), Starnberg (200,12), Segeberg (143,24), Stadt Düsseldorf (121,18), Stadt Memmingen (114,33), Schwarzwald-Baar (106,89), Stadt Coburg (87,71), Unna (85,37) und Offenbach (65,36) einen CIR über 64. Bei Verwendung des vollständigen CI für das Jahr 2002 überschreiten lediglich die oben genannten sieben Stadtkreise den Grenzwert zur Klassifizierung als sektoral-räumliche Cluster von CI=64. Davon liegen mit Coburg (CI=194,03), Augsburg (136,61), Memmingen (125,26), Straubing (102,48) und Fürth (78,55) fünf in Bayern und mit den

[141] Die divergierende Entwicklung zwischen beiden Branchen scheint zwei hauptsächliche Ursachen zu haben: Während bei Molkerei vor allem Kleinbetriebe geschlossen haben und sich die Zahl der entleerten Kreise mehr als verdoppelt hat, sind bei den Büromaschinen vor allem Großbetriebe aus Deutschland abgewandert.

Städten Düsseldorf (156,84) und Frankfurt am Main (77,73) jeweils einer in Nordrhein-Westfalen und Hessen.

Abbildung 32: CIR-Kurven 1987 und 2002: Herstellung und Reparatur von Büromaschinen

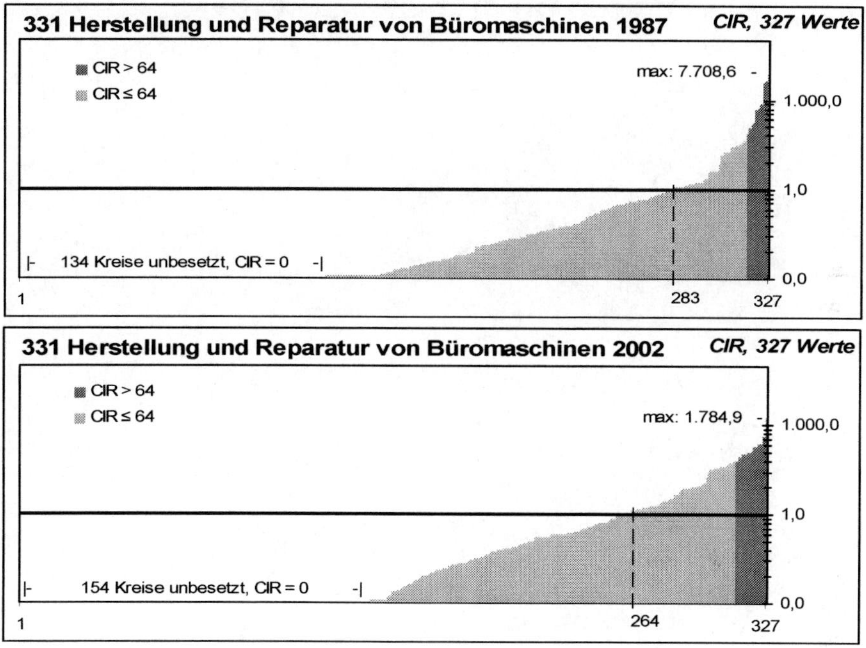

Karte 11: Der CIR in Deutschland 1987: Molkerei und Käserei

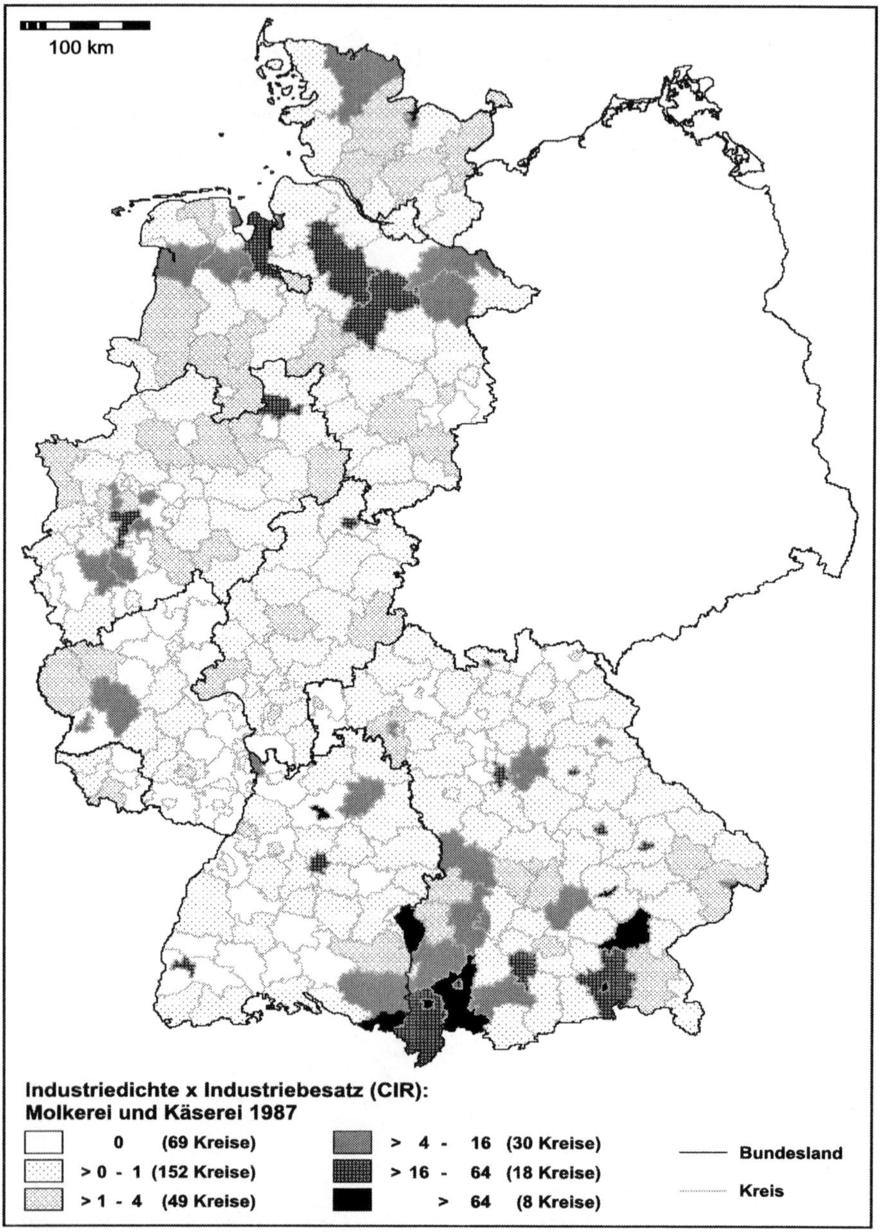

Karte 12: Der CIR in Deutschland 2002: Molkerei und Käserei

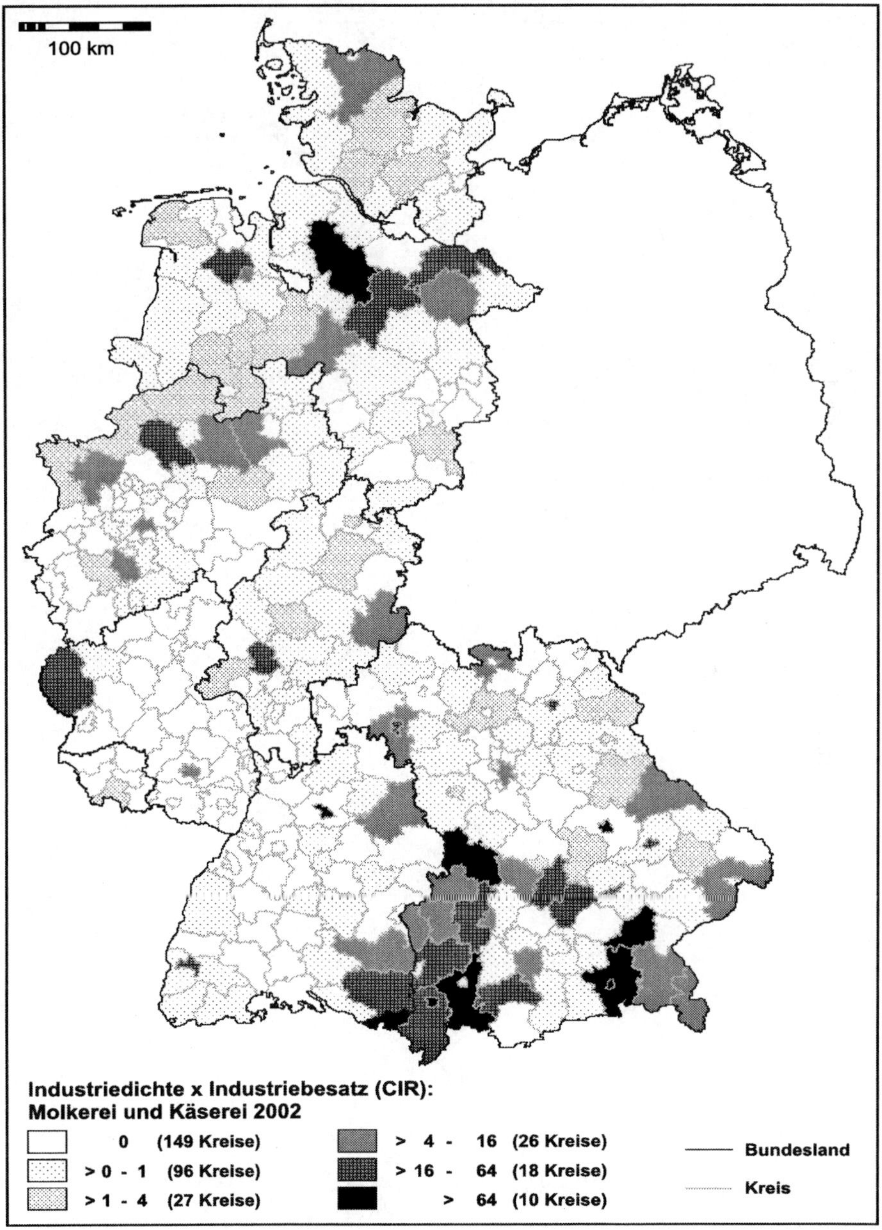

Karte 13: Der CIR in Deutschland 1987: Herstellung und Reparatur von Büromaschinen

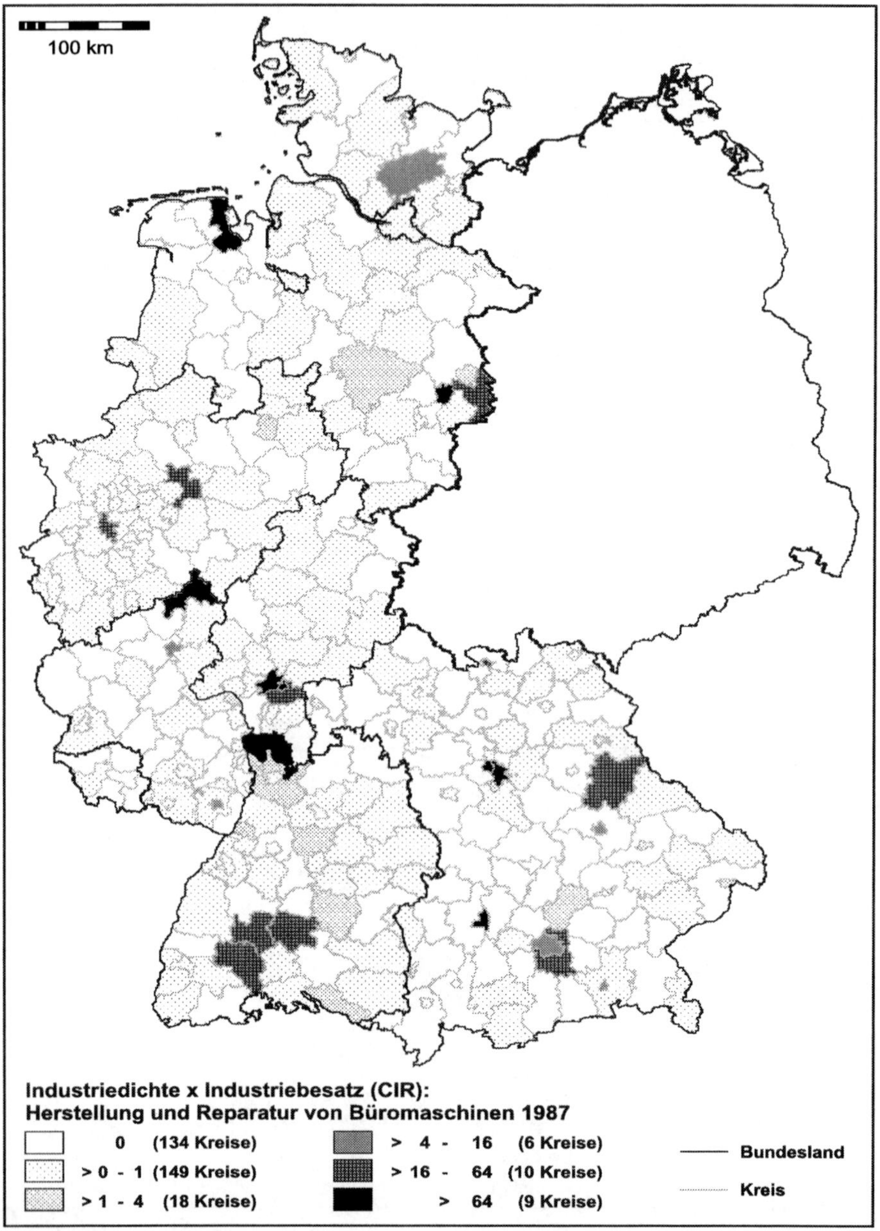

Karte 14: Der CIR in Deutschland 2002: Herstellung und Reparatur von Büromaschinen

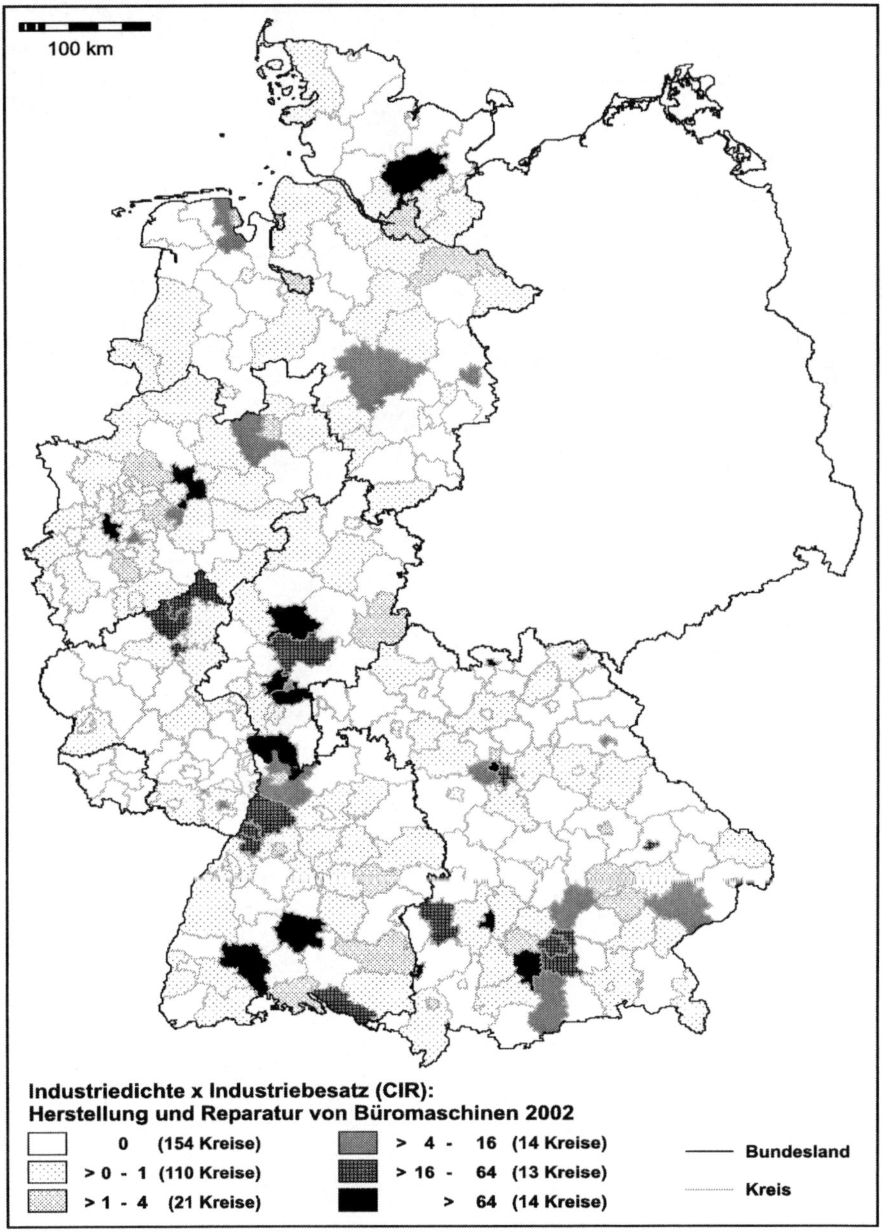

5 Methodik und Ergebnisse zur Erhebung der exogenen Modellvariablen

„Because each method reveals different aspects of empirical reality, multiple methods of observations must be employed. [...] I now offer as a final methodological rule the principle that multiple methods should be used in every investigation."

Norman K. Denzin (1978, S. 28)

5.1 Vorgehensweise: Triangulation

„Triangulation is ideal. It also can be very expensive. A study's limited budget and time frame will affect the amount of triangulation that is practical [...]."

Michael Quinn Patton (2002, S. 247)

Zur Simulation der ausgewählten Modelle von Krugman (1991), Helpman (1998) und Puga (1999) ist es notwendig, die Parameterwerte für die externen Variablen zu bestimmen, die in den jeweiligen Gleichungen für T(B) und T(S) der Modelle enthalten sind (siehe dazu die Kapitel 3.4.6, 3.5.4 und 3.6.5). Besonders im Fall der Variablen, die als branchenabhängig angenommen werden müssen, liegen kaum vergleichbare Sekundärdaten vor. Die Parameter der Variablen sind zudem meist nicht direkt wahrnehmbar und manifest. Sie lassen sich daher auch nicht direkt abfragen. Aus diesem Grund wird die Vorgehensweise der „Triangulation" – im Sinne des Gebrauchs mehrerer Methodenen nebeneinander – angewandt (vgl. Brewer/Hunter 1989, S. 17ff.; Flick 2000a, S. 249ff.; Flick 2000b, S 309). Nach Flick (2000a, S. 282) kann sich Triangulation auch auf „die Mischung qualitativer und quantitativer Methoden" erstrecken. Dies bestätigt Patton (2002, S. 247): „Triangulation strengthens a study by combining methods. This can mean using several kinds of methods or data, including using both quantitative and qualitative approaches". Die Triangulation soll im Folgenden auf zwei Arten verstanden werden: „Als kumulative Validierung von Forschungsergebnissen" und „als Ergänzung von Perspektiven, die eine umfassendere Erfassung, Beschreibung und Erklärung eines Gegenstandsbereiches ermöglichen" (Kelle/Erzberger 2000, S. 304). Die Verwendung multipler Methoden – Brewer und Hunter (1989, S. 17) sprechen bei der Triangulation von einem „arsenal of methods that have non-overlapping weaknesses in addition to their complementary strenghts" – sprengt weiterhin die Ketten der Kategorisierung zwischen „quantitativen" und „qualitativen" Verfahrensweisen (vgl. Kelle/Erzberger 2000, S. 299-309). Im Folgenden soll unter einer quantitativen Analyse die Verwendung von „Zahlbegriffen und deren In-Beziehung-Setzen durch mathematische Operationen bei der Erhebung oder Auswertung" verstanden werden (Mayring 2003, S. 16. Für eine Gegenüberstellung und Unterscheidung der Begriffe siehe auch Wessel 1996, S. 40 ff.). Nur eine Vorgehensweise, die vielfältige Methoden und Quellen kombiniert („Record-Linkage")[142], kann die Ausprägung der Modellvariablen sowie latente Branchenbesonderheiten zufrieden stellend erfassen.

Wegen der mangelhaften Sekundärdatenlage stehen Primärerhebungen im Mittelpunkt der Triangulation. Eine schriftliche, quantitativ auswertbare Experten-Befragung mittels Fragebogen wird durch anschließende Leitfadengespräche inhaltlich (qualitativ) geprüft und ergänzt. Sind Sekundärdaten verfügbar, dienen sie zur weiteren Verifizierung und Anpassung der erhobenen Primärdaten.

Die standardisierte schriftliche Befragung von 330 Branchenexperten stellt die erste und wichtigste Säule zur Erfassung der Parameter der Modellvariablen dar. Eine Mindestzahl von zehn Rückläufern pro Branche macht eine vorläufige quantitative Auswertung möglich.

Die zweite Säule ist das persönliche Leitfadengespräch (Mayer 2004, S. 36ff. spricht von „Leitfadeninterviews"). Dazu werden fünf Experten pro Branche befragt, die ihren Fragebogen vollständig ausgefüllt zurückgeschickt haben (für eine Übersicht der Verfahren zur Erhebung verbaler Daten vgl. Flick 2000a, S.146f. oder Hopf 2000, S. 349ff.). Die teilstandardisierten Interviews bieten drei Vorteile: Erstens können die in der Fragebogenaktion gewonnenen quantitativen Erkenntnisse überprüft und hinterfragt werden. Zweitens lässt sich für die Branchen „Molkerei und Käserei" und „Herstellung und Reparatur von Büromaschinen" auf diese Weise eine Veränderung der Variablen von 1987 bis 2002 erfassen. Drittens bietet ein Leitfadengespräch die Möglichkeit, auf zwischen den Branchen variierende Rahmenbedingungen, Besonderheiten und Entwicklungen einzugehen. Dadurch wird ein tiefer gehendes Verständnis der Unterschiede zwischen den Modellparametern und anderer branchenspezifischer Zusammenhänge erlangt. Dies können die für alle Branchen identischen Fragebögen (siehe Anhang H) nicht leisten.[143]

---

[142] Record-Linkage kann neben der Verbindung unterschiedlicher Methoden zur Datengewinnung auch die Verwendung verschiedener Datensätze und Datenquellen umfassen (vgl. Schnell/Hill/Esser 2005, S. 255f.).

[143] Auch bei dieser zweiten „qualitative Säule" ist das Erkenntnisziel die Realität. Sie steht dabei ebenso wie das quantitative Vorgehen in der Tradition des kritischen Rationalismus. Lediglich die „Sprache" ist eine andere (Stegmüller 1970, S. 16). Allerdings kann bei den Experten ein absolutes Wissen und damit Objektivität über die befragten Sachverhalte nicht vorliegen: Ihre Wahrnehmung

Die dritte Säule bilden Sekundärstatistiken, vor allem des Statistischen Bundesamtes (1987 bis 2005c). Problematisch ist jedoch deren definierte Grundgesamtheit. Das Bundesamt erfasst nur Betriebe mit mehr als 20 sozialversicherungspflichtig Beschäftigten. Dagegen beziehen sich die Branchen-Daten der Bundesanstalt für Arbeit (2003a,b,c; 1990) auf alle Betriebe mit mindestens einem sozialversicherungspflichtig Beschäftigten (siehe dazu Kapitel 4.2). Trotz dieser Unzulänglichkeit lassen sich – bei gegebener Vorsicht – die Daten verwenden, um Unterschiede zwischen den Branchen zu verdeutlichen.

Das folgende Kapitel 5.2 beschreibt die Vorgehensweise und Probleme bei der Operationalisierung der Variablen, während Kapitel 5.3 auf die Auswahl der Experten eingeht. Die Methodik der standardisierten schriftlichen Befragung wird in Kapitel 5.4 und die des Leitfadengesprächs in Kapitel 5.5 erläutert. Schließlich werden in Kapitel 5.6 die Ergebnisse dargestellt.

5.2 Zur Operationalisierung der Variablen

In Tabelle 14 sind die zu ermittelnden Parameter der Modelle von Krugman (1991), Helpman (1998) und Puga (1999) (siehe Kapitel 3.7 oben) zusammengefasst. Lediglich der Ausgabenanteil für Industriegüter π, die Anzahl der Arbeitskräfte insgesamt L und die Ausstattung der Regionen mit immobilen Produktionsfaktoren Ki können als branchenübergreifend konstant angenommen werden.

Die Werte für π lassen sich aus Sekundärdaten des Statistischen Bundesamtes gewinnen (siehe Kapitel 5.6.7). Auf die Ermittlung des Parameters für L kann verzichtet werden, da die Variable die Modellgleichgewichte nicht beeinflusst (siehe Kapitel 3.7). Die Parameter der Variable Ki werden bei der Simulation der Modelle mit $K_1=K_2=0{,}5$ für alle Branchen einheitlich konstant gesetzt, da sich das Forschungsdesign dieser Arbeit am eingeschränkten Raumverständnis der Zwei-Regionen-Modelle

eines bestimmten Sachverhalt ist durch die Einbettung in die jeweilige Umgebung kontext- und personenbezogen und daher beschränkt. Trotzdem reduziert sich bei qualitativen Vorgehen das erkenntnisorientierte Ziel nicht auf einen subjektiven Konsens, sondern bleibt die Annäherung an eine zeit-räumlich objektive Realität (vgl. Patton 2002, S. 91ff.).

orientiert. Der Raum ist im Anfangsstadium homogen und beide Regionen verfügen über eine symmetrische Ausstattung mit immobilen Gütern (vgl. dazu Kapitel 2.3.1).

Dagegen sind die Parameter der Variablen σ, β, α, T, μ, η und θ produkt- und damit branchenanhängig. Dazu schreibt Brülhart (1998, S. 788): „It be argued that looking at aggregate trends is misleading. Since locational determinants differ across industries, specialisation trends will also vary across industries“. Die mögliche Differenzierung der Erkenntnisse der NÖG nach einzelnen Branchen konstatieren auch Fujita, Krugman und Venables (1999, S. 304): „[M]any of the same insights carry over with suitable reinterpretation to issues involving the geographical concentration of particular industries and provide an explanation of the observed clustering of industries“. Da die Lokalisierung der jeweiligen Branchen von deren spezifischen Eigenschaften abhängt (vgl. Overman/Redding/Venables 2001), müssen auch die Parameter der branchenspezifischen Variablen zwischen den in Kapitel 4.6 ausgewählten Branchen differenziert werden. Zwar beeinflussen α und β die Modellgleichgewichte nicht unmittelbar, trotzdem wird auf ihre Bestimmung (beziehungsweise dem Verhältnis fixer zu variabler Kosten) nicht verzichtet. Mit ihnen lassen sich die Werte der Preiselastizität der Nachfrage σ überprüfen (siehe dazu Kapitel 3.7).

Tabelle 14: Die exogenen Variablen der ausgewählten Modelle

Variable		Modell	branchen-abhängig	Einfluss auf das Gleichgewicht
σ	Preiselastizität der Nachfrage	Krugman, Helpman, Puga	ja	ja
β	Variable Kosten in der Produktion	Krugman, Puga	ja	mittelbar über σ
α	Fixkosten in der Produktion	Krugman, Helpman, Puga	ja	mittelbar über σ
π	Ausgabenanteil für Industriegüter insgesamt	Krugman, Helpman, Puga	nein	ja
T	Transportkosten	Krugman, Helpman, Puga	ja	ja
μ	Anteil der Zwischenprodukte in der Produktion	Puga	ja	ja
η	Lohnelastizität Arbeitskräfte beim Wechsel in die Industrie	Puga	ja	ja
θ	Anteil des Produktionsfaktors Arbeit in der Landwirtschaft	Puga (Mobilität Arbeitskräfte)	ja	ja, über π und η
L	Anzahl der Arbeitskräfte insgesamt	Krugman, Helpman, Puga	nein	nein
Ki	Ausstattung der Region mit immobilen Faktoren	Helpman, Puga	nein	ja

Während für die branchenunabhängige Variable π Sekundärdaten vorliegen, ist die Operationalisierung der branchenabhängigen Variablen σ, β, α, T, μ, η und θ nicht trivial. Sie soll im Folgenden erörtert werden:

Die Preiselastizität der Nachfrage σ

Im Modell Monopolitischer Konkurrenz nach Dixit und Stiglitz (1977) ist die Substitutionselastizität zwischen den Produktvarianten (beziehungsweise die Preiselastizität der Nachfrage) konstant und größer als eins (siehe dazu auch Kapitel 2.3.3 und 3.4.4): „$\sigma > 1$ is the elasticity of substitution among the products" (Krugman 1991b, S. 488). Die Annahme von $\sigma > 1$ ist aber nur bei substituierbaren, das heißt ähnlichen oder gleichen Produkten und Branchen denkbar: Für Güter aus verschiedenen Branchen des Produzierenden Gewerbes, wie beispielsweise zwischen Automobilen und Zement ist sie nicht haltbar. Aus diesem Grund muss zwischen den einzelnen Branchen differenziert werden. Aber auch innerhalb einzelner Branchen gibt es verschiedene Produkte, bei denen die Substitutionselastizität kleiner als eins ist. Demzufolge wurden bei der Auswahl der Wirtschaftszweige in Kapitel 4.6 heterogene Branchen ausgeschlossen.

Nach Güßefeldt (2003a, S. 87 und S. 105), stellt die Operationalisierung der lokalen und regionalen Substitutionselastizitäten ein weiteres Problem dar, „weil einige Güterarten [mit hohen streckenabhängigen Transportkosten] ab einer bestimmten Distanz zwischen Anbietern und Nachfragern praktisch nicht mehr handelbar sind". Wegen der distanzabhängigen Varianz der Nachfrageelastizität der Güter sei es weiterhin nicht möglich, diese „stellvertretend für die Substitutionselastizität einzusetzen" (Güßefeldt 2003a, S. 105). Dieses Problem wird durch das hier genutzte Raumverständnis umgangen. Es existieren nur zwei Regionen. Zwischen ihnen sind sowohl die Transportkosten als auch die Nachfrageelastizität distanzunabhängig und konstant. Beide Variablen werden für ganz Deutschland aggregiert erfasst.

Trotz dieser Vereinfachung bleibt auch für relativ homogene Branchen die genaue Abschätzung der Preiselastizität der Nachfrage in den Branchen schwierig. Die Preisabsatzfunktion verläuft nicht linear. Die Nachfrageänderungen sind bei verschiedenen Preisen und Preisänderungsspannen unterschiedlich hoch (siehe Abbildung 11 oben). Aus diesem Grund ist das aktuell in der Branche herrschende durchschnittliche Preisniveau maßgeblich. Für diesen Preis p ist die prozentuale Änderung des Mengenabsatzes $\Delta Ma/Ma$ für eine fixe (zehnprozentige) Preisänderung $\Delta p/p = 10\%$ zu erfassen. [144] Diese Vorgehensweise orientiert sich an Wied-Nebbeling (1985) beziehungsweise Nebbeling (1972), die auf diese Weise das Preisverhalten von Industrieunternehmen in Baden-Württemberg ermittelt hat. Da die Veränderung der Absatzmenge von mehreren Komponenten abhängt, muss den Experten zuvor die Markt- und Kon-

[144] Die Preiselastizität ist definiert als $\sigma = (\Delta M/M)/(\Delta p/p)$.

kurrenzsituation mit allgemeinen Fragen bewusst gemacht werden. Durch diese „Trichterung“ (Schnell/Hill/Esser 2005, S. 343) sollen sie in die Lage versetzt werden, die Mengenänderungen präziser wiederzugeben.

Während des Befragungszeitraumes[145] war das reale Wachstum des BIP in Deutschland mit 0,0% p. a. im Jahr 2003 und +1,6% p. a. in 2004 (Institut der Deutschen Wirtschaft 2005, S. 17) vergleichsweise niedrig. Auf Grund der schlechten konjunkturellen Gesamtlage überzeichnen die Experten einen Verkaufsrückgang bei einer Preiserhöhung. Bei den potenziellen Zugewinnen durch eine Preissenkung verhält es sich umgekehrt. Sie werden unter dem Eindruck der schwachen Konjunktur zu niedrig eingeschätzt (siehe dazu die unterschiedlichen Werte aus Tabelle 19 in Kapitel 5.6.2). Folglich ist die Mengenänderung sowohl für eine zehnprozentige Preiserhöhung, wie auch für eine zehnprozentige Preissenkung abzufragen. Daraus ergeben sich zwei verschiedene Werte für die Preiselastizität der Nachfrage. Deren Mittelwert bereinigt σ um kurzfristige, konjunkturell bedingte Stimmungsschwankungen.

Die fixen und variablen Kosten, α und β

Wegen des Zusammenhangs zwischen den Größenvorteilen und der Substitutionselastizität der Nachfrage σ wird auch das Verhältnis der fixen zu den variablen Kosten ermittelt. Die fixen Kosten α sind jene Kosten, „die unabhängig von der Beschäftigung beziehungsweise Ausbringung in konstanter Höhe anfallen und damit lediglich kapazitätsabhängig oder zeitproportional sind und für die Aufrechterhaltung der Betriebs- und Leistungsbereitschaft entstehen, wie zum Beispiel Zeitabschreibungen, kalkulatorische Zinsen, Gehälter“ (Coenenberg 1999, S. 52). Die variablen Stückkosten β dagegen sind nur pro Mengeneinheit konstant. Die gesamten variablen Kosten βx ändern sich somit in direkter Abhängigkeit vom Produktionsvolumen[146] (vgl. Küpper/Schweitzer 1998, S. 96). Sie umfassen Material, Lohn- und Energiekosten. Das Verhältnis der beiden Kostenarten zueinander ist in der schriftlichen Befragung durch variierende Fragen zum Thema erfasst. Zusätzlich können Kostenstrukturdaten des Statistischen Bundesamtes (2004b) herangezogen werden.

[145] Die schriftliche Befragung fand zwischen März und August 2004 statt. Die Interviews wurden während der Monate August bis November 2004 geführt.

[146] Die Modelle der NÖG, wie auch die betriebswirtschaftliche Praxis, gehen normalerweise von einem linearen Verlauf der variablen Kosten aus.

Die Transportkosten T

Die Transportkosten *T* setzen sich aus distanzabhängigen sowie einer Vielzahl weiterer Kosten zusammen. Nach Venables (2001) sind dies Suchkosten, Vertragskosten, Transitzeitkosten, Abwicklungskosten (Bank- und Kreditbeschaffungskosten, fiskalische Ausgleichs- und Korruptionskosten). Nach Overman, Redding und Venables (2001) kommen zwischen Ländern kulturelle und politische Handelshemmnisse hinzu. Innerhalb eines Landes beeinflussen jedoch vor allem die Gütereigenschaften die Transportkosten. In den USA liegen sie für Lebensmittel- und Lebendtransporte etwa dreimal höher als für Maschinen (vgl. Hummels 1999, Tabelle 1 im Anhang, ohne Seitenzahl). Aus diesem Grund muss *T* auch innerhalb Deutschlands nach Branchen differenziert werden.

In der schriftlichen Befragung werden die reinen Kosten des Warentransports erfasst. Allerdings lassen sie sich die distanzabhängigen Transportkosten eines Unternehmens kaum auf meso- oder mikroskaligen Maßstabsebenen operationalisieren. Welcher Unternehmer weiß schon, wie viel Prozent der Speditionskosten der Branche innerhalb verschiedener Radien von 50, 100 oder 150 Kilometer anfallen? Und auch in der NÖG wirkt der „Eisberg-Transportkostenindex […] wie eine globale Transportrate, die man allenfalls noch grob regionalisieren kann, und deren Abbildungsqualität in kleinräumigen Untersuchungen gegen null konvergiert“ (Güßefeldt 2003a, S. 89). Daher werden die branchenspezifischen durchschnittlichen Transportkosten für ganz Deutschland ermittelt. Setzt man diese ins Verhältnis zum durchschnittlichen Herstellerabgabepreis[147] in einer Branche, erhält man die prozentualen Transportkosten *T*-1. Diese Vorgehensweise folgt der Art der Operationalisierung der Transportkosten *T* in der NÖG und stellt damit eine pragmatische und zugleich theoriekonsistente Lösung dar. Die meisten der oben genannten Transportkosten außerhalb der eigentlichen Warenbeförderung fallen entweder innerhalb Deutschlands nicht an oder sind für alle Branchen gleich. Wiederum stellen im Fragebogen Trichterfragen (vgl. Schnell/Hill/Esser 2005, S. 343) sicher, dass sich die Experten die verschiedensten Einflussfaktoren wie beispielsweise die Distributionssituation oder sonstige Kostentreiber bewusst machen. Sie sind deshalb der eigentlichen Frage nach den Transportkosten pro Herstellerpreis innerhalb Deutschland vorangestellt. Auch die Experteninterviews gehen explizit auf Branchenunterschiede zwischen diesen Transportkosten im weiteren Sinne ein.

---

[147] Auf internationaler Ebene wäre dies der f.o.b. oder Free-On-Board-Preis.

Der Anteil der brancheneigenen Zwischenprodukte in der Produktion μ

Von den hier untersuchten Modellen arbeitet nur das von Puga (1999) mit Zulieferverflechtungen. Es nutzt den Ansatz von Krugman und Venables (1995). Dort repräsentiert der Anteil der Ausgaben für Zwischenprodukte an den gesamten Kosten die Intensität der Zulieferverflechtung. Die Modellvariable μ steht für „the share of intermediates in firms' costs" (Puga 1999, S. 308), wobei „the composite intermediate good is the same as the composite consumption good" (Krugman/Venables 1995, S. 863). Damit stellt μ den Anteil der Endprodukte eines Unternehmens dar, der wiederum als Zwischenprodukt in die Produktionsfunktion anderer Unternehmen der gleichen Branche eingeht.

Das Statistische Bundesamt verfügt über Kostenstrukturdaten aus der Material- und Wareneingangsrechnung (2005b, 1988a), die für alle Dreisteller die Anteile der Vorprodukte am Umsatz wiederum nach Wirtschaftsklassen aufschlüsseln. Dabei ist eine genaue Abgrenzung der Branchen wichtig: Beispielsweise beinhaltet die Gruppe „DL 335 Herstellung von Uhren" der WZ93 auch die Produktion der Bauteile von Uhren – sie fließt somit in μ mit ein –, während die „Herstellung von Teilen und Zubehör für Kraftwagen" auf Dreisteller-Ebene als Extra-Branche ausgewiesen ist (vgl. Statistisches Bundesamt 2001). Weiterhin beinhalten die Kostenstrukturdaten des Statistischen Bundesamtes auch importierte Vorprodukte. Da μ für den Anteil der Zwischenprodukte aus der gleichen Branche in Deutschland steht, muss der Anteil der Vorprodukte aus heimischer Herstellung ermittelt werden. Dazu dienen die Experteninterviews. Mit ihrer Hilfe lassen sich die Wertschöpfungsketten und Zulieferverflechtungen in den einzelnen Branchen schematisch darstellen. Anschließend kann unter Verwendung weiterer Sekundärdaten des Statistischen Bundesamtes (2005c, 2004a, 1988b) die Bedeutung heimischer Vorprodukte gegenüber denen, die im Ausland hergestellt wurden, abgewogen werden.

Die sektorale Arbeitskräftemobilität η und der Anteil des Produktionsfaktors Arbeit in der Landwirtschaft θ

Die sektorale Mobilität η in einer Branche steht für die prozentuale Zunahme des Angebotes an Arbeitskräften aus anderen Wirtschaftszweigen als Folge einer einprozentigen Lohnerhöhung in der Branche. Wie die Pretests des Fragebogens (siehe Kapitel 5.4.1) gezeigt haben, sehen sich die Experten nicht in der Lage, diese Zunahme direkt anzugeben. Als Proxy hilft das zur Ausübung der Tätigkeit notwendige branchenspezifische Qualifikationsniveau weiter: Mit steigendem branchenspezifischen Know-how nehmen die Zugangsbarrieren zu einem Wirtschaftszweig für branchenfremde Arbeitnehmer zu und umgekehrt. Damit verhält sich die Höhe der Branchenqualifikation reziprok zu η. Das Qualifikationsniveau selbst lässt sich mit Fragen nach den berufsqualifizierenden Abschlüssen, den Einarbeitungszeiten und den Schwierigkeiten bei der Besetzung der Arbeitsplätze mit branchenfremden Arbeitnehmern bestimmen.

Die Variable θ repräsentiert den Anteil des Produktionsfaktors Arbeit in der landwirtschaftlichen Produktionsfunktion. Sie beeinflusst das Modellgleichgewicht von Puga (1999) im Fall regionaler Mobilität der Arbeitskräfte – nur dort kommt sie vor – direkt (siehe Gleichung P14 in Kapitel 3.6.4). Allerdings ist sie über die Parameter der Variablen η und π mit $\theta = \pi\ \eta\ /(1-\pi+\pi\ \eta)$ vollständig determiniert (siehe dazu ebenfalls Kapitel 3.6.4). Auf ihre gesonderte Erhebung kann daher verzichtet werden, zumal auch sie sich nicht unmittelbar operationalisieren lässt. Es soll nicht unerwähnt bleiben, dass der Begriff „Landwirtschaft“ nicht nur den primären Sektor einer Volkswirtschaft beinhaltet, sondern ein Sammelbegriff für alle wirtschaftlichen Aktivitäten außerhalb des Leitsektors der Industrie darstellt (vgl. Güßefeldt 2003b). Betrachtet man die Modellierung der Produktion und Nachfrage in den Modellen der NÖG – siehe dazu Kapitel 3.4.3, 3.5.2 oder 3.6.2 – wird dies auch intuitiv deutlich. Dort ist die gesamte Volkswirtschaft in zwei Sektoren aufgeteilt: Zum einen in Industrie und zum anderen in einen komplementären Sektor, der alle anderen nicht-industriellen Güter der Volkswirtschaft umfasst.

5.3 Teilnehmende Experten

„Eine Stichprobe „repräsentiert“ aber niemals sämtliche Merkmalsverteilungen der Population. Das ist bereits aus logischen Gründen für die Kombination weniger Merkmale ausgeschlossen.“

Andreas Diekmann (1998, S. 368)

Die zur Erfassung der Parameter der exogenen Variablen zu befragende Grundgesamtgesamtheit ist schwierig zu definieren. Die Branchen-Experten sind als „Target Population“ (Schnell/Hill/Esser 2005, S. 265) nicht präzise erkennbar. Als Experten gelten diejenigen Personen, die valide Aussagen über den jeweiligen Objektbereich „Industriebranche“ treffen können (vgl. für Definitionen zum Begriff „Experte“ Mayer 2004,

S. 40f. oder Meuser/Nagel 1997, S. 484). Zwar sind von jeder Branche die Anzahl der Betriebe und Beschäftigten im Jahr 2002 bekannt, trotzdem ist ungewiss, wie viele Personen in den Betrieben in der Lage sind, valide Aussagen über verschiedene Teilbereiche einer Branche zu machen. Zudem gibt es auch außerhalb der Betriebe Personen, die über relevantes Wissen verfügen. Sie sind entweder in branchennahen Verbänden oder Handelskammern zu finden oder haben mit der Branche beruflich nichts mehr oder nur noch wenig zu tun. Ein weiteres Problem bei der Definition der Grundgesamtheit der jeweiligen Branchenexperten liegt in der Schwierigkeit festzustellen, ob eine Person, die formal als Experte gilt, auch tatsächlich in der Lage ist, spezielle Fragen zu beantworten. Dies ist ohne vorherige Kontaktaufnahme kaum abzuschätzen. Allerdings ist der Zugang zum Personenkreis der potenziellen Experten eingeschränkt (vgl. Merkens 2000, S. 288). Die Geschäftsführer oder Bereichsleiter eines Betriebes sowie die Vorstände von Verbänden oder Handelskammern (zur Kriterien der Qualität von Informanten vgl. Morse 1994, S. 228) sind auf Grund ihrer beruflichen Positionen auch für einen Erstkontakt nur schwer zu erreichen, und ihre Bereitschaft an Befragungen teilzunehmen, ist zudem nicht immer gegeben.

Bei Experteninterviews wird eine „Generalisierbarkeit der Ergebnisse angestrebt" (Merkens 2000, S. 291). Dazu muss eine Stichprobe den untersuchten Fall inhaltlich repräsentieren (Mayer 2004, S. 38; Merkens 1997, S. 100). Ziel ist es nicht, eine Verteilung von Merkmalen in einer Grundgesamtheit zu erfassen, sondern eine Übertragbarkeit der Stichprobe zu gewährleisten (Hartley 1994, S. 225). Zwar kann und muss für ein Sample von Branchen-Experten keine Repräsentativität angestrebt werden (vgl. Diekmann 1998, S. 368f.) – welche repräsentativen Eigenschaften sollen auch zu Grunde gelegt werden? –, vollkommen beliebig ist die Auswahl der Branchenexperten aber nicht. Um eine Übertragbarkeit auf die jeweilige gesamte Branche sicherzustellen, muss die Auswahl der Stichprobe zumindest „nachvollziehbar" sein (Merkens 2000, S. 290). Es kommt bei der Auswahl der Befragten darauf an, eine geeignete Stichprobentechnik zu verwenden, die eventuelle systematische Verzerrungen innerhalb der einzelnen Branchen, aber auch zwischen den Branchen ausschließt. Dies stellt die Befragung von Personen aus zwischen den Branchen vergleichbaren Gruppen sicher (vgl. Diekmann 1998, S. 368f.). Gleichzeitig muss die Stichprobe ein „Facettenreichtum", der in ihr vertretenen Personen garantieren (vgl. Merkens 1997, S. 102). Die „bewusste Auswahl" stellt ein geeignetes Verfahren bei Expertenbefragungen dar (vgl. Schnell/Hill/Esser 2005, S. 298).

Aus diesem Grund hat der Autor dieser Arbeit bei der Vorauswahl der Kontaktpersonen bestimmte Merkmale ausgewählt, denen die Elemente der Stichprobe – also die Experten – genügen mussten (vgl. zum Vorgehen beim bewussten Ziehen von Stichproben Schnell/Hill/Esser 2005, S. 298ff.; Flick 2000a, S. 79; Merkens 2000, S. 292ff.). Die zu befragenden Experten sollten aus Unternehmen oder Branchenverbänden stammen.[148] Bei der Vorauswahl von Kontaktpersonen aus dem Bereich der Verbände und Organisationen waren die Aufgabengebiete der Verbände und Organisationen und deren regionale Abdeckung die entscheidenden Auswahl-Kriterien.[149] Stammten die Personen aus einem Unternehmen, mussten sie eine Leitungsfunktion innehaben, da zur Quantifizierung der Modell-Variablen der NÖG ein umfassendes Wissen notwendig ist, dass sich über alle Aspekte der Branche und damit über alle Abteilungen eines Betriebes erstreckt. Weitere Auswahlkriterien bei Personen aus Unternehmen waren

- die Branchenzugehörigkeit des Unternehmens,
- die geografische Lage des Betriebes (Bundesland und Kreis) und
- die Betriebsgröße (gemessen an der Zahl der Mitarbeiter, und wenn diese Zahlen nicht vorlagen, des Umsatzes).

Die Zuordnung zu den Branchen erfolgte durch einen Abgleich der von den Unternehmen angegebenen Geschäftstätigkeit mit der Branchendefinition der WZ93 des Statistischen Bundesamtes (vgl. 2001) und der WS73 der Bundesanstalt für Arbeit (1990). Aus der Gesamtmenge der recherchierten Adressen wurden Betriebe nach ihrer geografischen Lage ausgewählt. Grundsätzlich sollten möglichst viele Bundesländer berücksichtigt sowie mindestens ein Betrieb aus jedem der im Vorfeld identifizierten Cluster (siehe dazu Kapitel 4.8) ausgewählt werden. Weiterhin sollten

---

[148] Bei der Recherche nach Experten wurden die Branchenverzeichnisse „OECKL – Taschenbuch des öffentlichen Lebens“ (Oeckel 2003) und die „Hoppenstedt Firmendatenbank“ (Hoppenstedt Firmeninformationen 2002) sowie diverse Internetdatenbanken (Wer liefert Was GmbH 2005; BDI 2004; Institut der Deutschen Wirtschaft 2004; Deutsches Verbände Forum 2004; Seibt Industrieinformationen 2004; VDMA 2004) verwendet. Ferner wurde in Firmendatenbanken der Branchenverbände sowie der Industrie- und Handelskammern recherchiert. Der Weg zur Gewinnung von Interviewpartnern über Schlüsselpersonen, so genannte „gatekeepers“ (vgl. Merkens 2000, S. 288), auch „Schneeball-Verfahren“ genannt (vgl. Schnell/Hill/Esser 2005, S. 300), erwies sich als zu langwierig und zeigte nicht die gewünschten Ergebnisse. Die Schlüsselpersonen boten zwar ihre Unterstützung bei der Kontaktaufnahme an, jedoch wurden selten konkrete Referenzadressen weitergegeben oder Fragebögen weitergeleitet.

[149] Es sei noch einmal explizit angemerkt: Es handelt sich bei dieser Auswahl um kein reines Quota-Verfahren (vgl. Schnell/Hill/Esser 2005, S. 300ff.), weil die Grundgesamtheit der Experten nicht bekannt ist.

sowohl große, mittlere und kleine Betriebe – gemessen an Umsatz und Mitarbeiterzahl – vertreten sein.

Um den genannten Anforderungen zu genügen, wurden insgesamt 464 Personen kontaktiert. Davon stammten 365 Personen aus Unternehmen. Sie bekleideten die Position eines Geschäftsführers, Vorstandsassistenten beziehungsweise Werks- oder Betriebsleiters. Die Ansprechpartner aus Großunternehmen waren meist Abteilungsleiter aus den Bereichen Produktion, Marketing, Controlling oder Public Relations. Die verbleibenden 99 Experten kamen aus Verbänden, Vereinen oder Forschungsinstituten. Es handelte sich um Hauptgeschäftsführer, Vorsitzende und in seltenen Fällen um Referatsleiter. Vor der Verschickung der Fragebögen fand eine Kontaktaufnahme über Telefon oder E-Mail statt. Ziel war es, dabei abzuklären, ob der Experte bereit und in der Lage war, Fragen zu mehreren Aspekten seiner Branche zu beantworten. War dies der Fall, wurde der Fragebogen angekündigt und versendet. Insgesamt waren über 700 Telefonate und individuelle E-Mails notwendig, um 330 Personen[150] zur Mitarbeit an der Befragung zu bewegen.

5.4 Die Schriftliche Befragung

5.4.1 Konzeption des Fragebogens

Der acht DIN-A4-Seiten umfassende Fragebogen (siehe Anhang H) war der erste Schritt zur Erfassung der Parameter der exogenen Modellvariablen. Der Bogen war standardisiert und unterschied nicht zwischen den zehn Branchen. Lediglich auf der ersten Innenseite befand sich eine „Anleitung zur Bearbeitung des Fragebogens", durch die die jeweiligen Branchen nach der Klassifikation der Wirtschaftszweige WZ93 des Statistischen Bundesamtes (2001) definiert wurden. Diese Anleitung wies die Befragten ausdrücklich darauf hin, für die „Herstellerunternehmen" der Branche „allgemein gültige Antworten zu geben" und so den „Industriezweig als Ganzes" zu beschreiben (siehe Anhang H).

[150] A priori wurde eine Rücklaufquote von 30% unterstellt. Um zehn Rückläufer pro Branche zu erhalten mussten jeweils 33 Fragebogen versendet werden.

Design und Layout des Fragebogens sollten „Seriosität, Wichtigkeit und leichte Handhabbarkeit“ vermittelten (Schnell/Hill/Esser 2005, S. 361). Dazu trug das Deckblatt mit den Logos der Universität zu Köln, des Wirtschafts- und Sozialgeographischen Instituts und der Deutschen Forschungsgemeinschaft – DFG bei. Es enthielt weiterhin den Titel der Befragung[151] sowie Namen, Post-, E-Mail-Adressen und Telefonnummern der Ansprechpersonen. Um leichte Handhabbarkeit zu garantieren, wurde ein relativ großes Textformat (Times New Roman, Punkt 11 und 12) genutzt. Abstände zwischen den Fragen erhöhten die Übersichtlichkeit. Anweisungen an die Interviewten waren durch unterschiedliche Formatierungen klar von den Fragen getrennt (vgl. zur Gestaltung von Fragenbögen Schnell/Hill/Esser 2005, S. 342ff. und 360ff. oder Mayer 2004, S. 89ff.).

Die an die ausgewählten Experten gerichteten Fragen waren ausschließlich auf die Einschätzung und das Wissen der Sachverhalte bezüglich der gesamten Branche ausgerichtet. Es handelt sich um „Überzeugungsfragen“, die auf die „Einschätzung vergangener, gegenwärtiger oder zukünftiger Realität“ zielen (Schnell/Hill/Esser 2005, S. 326). Lediglich am Ende des Fragebogens befanden sich einige Fragen nach den beruflichen Eigenschaften des Befragten. Sie dienten zur Einschätzung der Expertise der Befragten. Dort war auch die Frage nach der Bereitschaft zur Teilnahme an der zweiten Befragungsrunde – dem Leitfadengespräch – zu finden. Die Ermittlung der branchenspezifischen Modellvariablen wurde in folgende thematische Frageblöcke (Diekmann 1998, S. 414 spricht von „Modulen“) gegliedert:

A. Marktsituation für die Herstellerunternehmen in Deutschland

B. Arbeitskräfte der Herstellerunternehmen in Deutschland

C. Kostenstruktur der Herstellerunternehmen in Deutschland

D. Transportkosten der Herstellerunternehmen in Deutschland

E. Wertschöpfungskette der Herstellerunternehmen in Deutschland

F. Standortfaktoren für die Herstellerunternehmen in Deutschland

[151] Der Titel „Determinanten der räumlichen Ballung deutscher Industriebranchen“ wurde aus pragmatischen Gründen gewählt. Auch für mit der NÖG nicht vertraute Personen ist er verständlich und aussagekräftig, was die Akzeptanz und Respons der Befragung erhöht.

Frageblock F diente nicht zur Erfassung einer Modellvariablen, sondern ermittelte die Bedeutung verschiedener Standortfaktoren für die Herstellerunternehmen in Deutschland. Dies hatte zum Zweck, die in den Modulen A bis E gewonnenen Ergebnisse abzusichern und erste Hinweise auf sonstige Branchenbesonderheiten zu erhalten.

Im inhaltlichen Teil des Fragebogens kamen vor allem geschlossene Fragen („Multiple Choice Questions“) zur Anwendung (vgl. für Vor- und Nachteile geschlossener und offener Frageformulierungen Diekmann 1998, S. 408ff.; Schnell/Hill/Esser 2005, S. 334ff.). Neben dichotomen Antwortmöglichkeiten (siehe Anhang H, Fragen A1, A2) beinhaltete der Fragebogen Rating-Skalen (A3, B1, B2, B5, D3, F1). Sie umfassten fünf Abstufungen und entsprechen damit „weitgehend den Voraussetzungen für ein quantitatives Skalenniveau“ (Mayer 2004, S. 82). Bei der Abschätzung von Prozentsätzen (A4, A5, C2, D4, D5, D6, E1) gab der Fragebogen eine Zahlenskala von null bis 100 Prozent vor. Bei Fragen nach Euro-Summen (C1, C3) wurden keine Antwortmöglichkeiten vorgegeben. Zwei Hybridfragen (F1, D1) boten zusätzlich zu den vorformulierten Antworten die Möglichkeit, eine weitere Antwort aufzuführen. Bei den drei offenen Fragen (B3, B6, D2) waren frei formulierte Antworten erwünscht (vgl. für eine Erläuterung der verschiedenen Fragekategorien Schnell/Hill/Esser 2005, S. 334ff.; Mayer 2004, S. 89ff.; Diekmann 1998, S. 408f.). Bei allen Antworten bestand die Möglichkeit, die Kategorie „weiß nicht“ anzukreuzen (vgl. dazu Mayer 2004, S. 92 oder Schnell/Hill/Esser 2005, S 337). Die Bearbeitungszeit des Fragebogens betrug etwa 30 Minuten.

Vor der Versendung wurde der Fragebogen einem Pretest unterzogen. Mittels persönlichen „think aloud Interviews“ (vgl. van Someren/Barnard/Sandberg 1994, S. 29ff.) testeten ihn zuerst fünf Wissenschaftler und dann fünf Experten aus verschiedenen Branchen auf Verständlichkeit, Eindeutigkeit, Vollständigkeit und Bearbeitungsdauer (vgl. Schnell/Hill/Esser 2005, S. 347ff.; Mayer 2004). Der Fragebogen wurde im Verlauf der Pretests mehrmals korrigiert und verbessert. Zusammen mit einem Anschreiben[152], einem frankierten Rückumschlag und der jeweiligen Karte der Branchen-Cluster (siehe dazu Kapitel 4.8) wurde der Fragebogen zwischen März und Juli 2004 postalisch an die 330 teilnehmenden Experten versendet.[153] Dies geschah in mehreren Wellen. Die notwendige vorherige telefonische Kontaktaufnahme zur Klärung der

[152] Um den Rücklauf zu erhöhen, wurde den Teilnehmern im Anschreiben angeboten, ihnen die Ergebnisse der schriftlichen Befragung der jeweiligen Branche per E-Mail zuzusenden.

[153] In einigen Fällen, wurden auf Wunsch der Teilnehmer Fragebogen, Anschreiben und Karte zusätzlich als PDF-Datei per E-Mail versendet.

Teilnahmebereitschaft sowie das telefonische Nachhaken ließen ein gebündeltes Versenden aus Kapazitätsgründen nicht zu.

5.4.2 Nachfassaktion und Fragebogenrücklauf

Nach dem Ablauf der im Anschreiben genannten dreiwöchigen Frist nach Versendung, setzte die Nachfassaktion ein. Nicht angekommene oder verloren gegangene Fragebögen wurden erneut versendet, offen gebliebene Fragen erläutert sowie aufgetretene Probleme bei einzelnen Fragestellungen aufgegriffen. Erst nach mindestens zwei persönlichen Telefongesprächen oder E-Mails mit den einzelnen Experten endete die Aktion, sofern es nicht schon vorher zu einer definitiven Absage gekommen war oder der Eingang des Fragebogens erfolgt war. Fünf erfolglose und an verschiedenen Tagen durchgeführte Kontaktversuche führten ebenfalls zu einem Abbruch der Nachfassaktion. In Branchen, in denen sich der Rücklauf als sehr schleppend erwies, wurde allerdings erheblich mehr Aufwand betrieben. Auch dort, wo die Verteilung der Experten auf die Region und die Unternehmensgröße nicht den in Kapitel 5.3 genannten Anforderungen entsprach, wurde über intensiveres Nachfassen ein Ausgleich geschaffen.[154]

Der Rücklauf, differenziert nach Branchen, ist in Tabelle 15 dargestellt. Die Spalten unter der Überschrift „Bereitschaft zum Interview“ geben die Anzahl der Experten wieder, die mit der zweiten mündlichen Befragungsrunde einverstanden waren beziehungsweise eine erneute Teilnahme ablehnten. Anhang I zeigt die räumliche Verteilung der Rückläufe insgesamt und in den einzelnen Branchen. In den räumlich konzentrierten Branchen Schuhe, Uhren, Kfz und Chemie kommen die Rückläufer vor allem aus den jeweiligen Branchen-Clustern (siehe zu den Branchen-Clustern Kapitel 4.8.3). Falls ein Experte aus einer Region stammte, die über keine Betriebe aus der Branche verfügt, kann dies verschiedenen Ursachen haben: Entweder der Befragte kam aus einem Verband oder der jeweilige Betrieb zeichnete sich durch eine gemischte Produktionsstruktur aus. In letzterem Fall ordnet das Statistische Bundesamt den Betrieb auch dann einem anderen Wirtschaftszweig zu, wenn die Haupttätigkeit, „die den größten Beitrag zur Wertschöpfung der Einheit leistet“ zum Beispiel bei Import

[154] Allerdings muss angemerkt werden, dass selbst bei einem Rücklauf von 100%, also 33 Fragebögen pro Branche, nicht jede Unternehmensgröße in jedem Bundesland repräsentiert sein kann.

und Vertrieb der Produkte liegt, und die eigene Herstellung weniger als 50% der Wertschöpfung ausmacht (Statistisches Bundesamt 1993, S.17).[155]

Tabelle 15: Rücklauf der Fragebögen

Branche	**Bereitschaft zum Interview**		**Rücklauf insgesamt**
	ja	nein	
Schuhe	13	3	16
Uhren	14	1	15
Chemie	15	3	18
Kfz	12	3	15
Molkerei	13	6	19
Büromaschinen	11	2	13
Möbel	13	2	15
Konstruktionsteile	15	2	17
Stahl	16	2	18
Fleischverarbeitung	13	1	14
Gesamt	**135**	**25**	**160**

5.4.3 Auswertung

Die insgesamt 33 nicht-offenen Antwort-Variablen (inkl. Untervariabeln) aus der schriftlichen Befragung sind quantitativ auswertbar. Mit dem nicht-parametrischen H-Test nach Kruskal und Wallis (vgl. Bühl/Zöfel 2005, S. 304ff.) können sie auf signifikante Unterschiede zwischen den Branchen überprüft werden.[156] Die Nullhypothese lautet: „Die Branchen weisen bezüglich der der Antworten der Experten gleiche Werte auf und die Unterschiede sind damit nur zufallsbedingt". Sie wird für 24 der 33 Variablen signifikant verworfen (siehe dazu Spalte „p: Branchenunterschiede" in Tabelle 16).

---

[155] Dies ist die Ursache für die Abweichung bei der Herstellung von Uhren im Landkreis Bad Kreuznach (vergleiche dazu Karte 4 und Anhang I: Herstellung von Schuhen).

[156] Insgesamt besitzen 28 Variablen des Fragebogens mindestens fünf ordinale Abstufungen der Antwortkategorien und damit ein quantitatives Skalenniveau (vgl. Mayer 2004, S. 82). Der durch Lillefors modifizierte Kolmogorv-Smirnov-Test (vgl. Bühl/Zöfel 2005, S. 228ff.) zeigt bei einer Prüfung auf Normalverteilung der 280 Schichten (28 quantitative Variablen à zehn Branchen) für 227 Schichten eine signifikante Abweichung ($p<0,05$) von der Normalverteilung. Für keine der Variablen lag in allen Schichten eine Normalverteilung vor. Daher finden nicht-parametrische Tests Anwendung.

Tabelle 16: Signifikante Unterschiede zwischen den Branchen bei den Variablen des Fragebogens

Nr.	Variable	Skalen-niveau	p: Branchen-unterschiede
A1 a	Bedeutung der Großunternehmen	nominal	0,000***
A1 b	Bedeutung des Mittelstandes	nominal	0,000***
A1 c	Bedeutung der Kleinunternehmen	nominal	0,000***
A2	Preisreaktionen bei Konkurrenzunternehmen	nominal	0,000***
A3	Preissetzungsspielraum	ordinal	0,077
A4	Absatzrückgang bei Preiserhöhung	metrisch	0,002**
A5	Absatzzunahme bei Preissenkung	metrisch	0,016*
B1 a	Anteil Fachakademiker	ordinal	0,000***
B1 b	Anteil Facharbeiter	ordinal	0,001***
B1 c	Anteil ungelernter Arbeitnehmer	ordinal	0,000***
B2	Möglichkeit der Beschäftigung Branchenfremder	ordinal	0,077
B3	Schwierigkeiten bei der Anwerbung Branchenfremder	o.A.	_
B4	Länge der Einarbeitungszeit von Branchenfremden	ordinal	0,011*
B5	Möglichkeit der Beschäftigung Regionsfremder	ordinal	0,024*
B6	Vorraussetzung zum Umzug bei Regionsfremder	o.A.	_
C1	Investitionen pro neugeschaffenem Arbeitsplatz	metrisch	0,000***
C2	Gesamtkostensteigerung bei Produktionsausweitung	metrisch	0,239
C3	Verhältnis der Fixkosten zu den variablen Kosten	metrisch	0,605
D1	Direkte Belieferung verschiedener Nachfrager	nominal	0,000***
D2	Kostentreiber beim Warentransport	o.A.	_
D3	Aufwand zur Verschickung der Produkte	ordinal	0,001***
D4	Transportkosten innerhalb Deutschlands	metrisch	0,000***
D5	Transportkosten innerhalb der EU	metrisch	0,000***
D6	Transportkosten weltweit	metrisch	0,035*
E1	Mögliche Wertschöpfung innerhalb eines Unternehmens	metrisch	0,018*
E2	Anzahl der an der Wertschöpfung beteiligten Unternehmen	ordinal	0,001***
F1 a	Bedeutung des Standortfaktors "Zulieferbetriebe"	ordinal	0,031*
F1 b	Bedeutung des Standortfaktors "Absatzmarkt"	ordinal	0,593
F1 c	Bedeutung des Standortfaktors "Unternehmen aus der Branche"	ordinal	0,356
F1 d	Bedeutung des Standortfaktors "Verkehrsinfrastruktur"	ordinal	0,147
F1 e	Bedeutung des Standortfaktors "politische Institutionen"	ordinal	0,046*
F1 f	Bedeutung des Standortfaktors "Subventionen"	ordinal	0,529
F1 g	Bedeutung des Standortfaktors "Gewerbeflächen"	ordinal	0,076
F1 h	Bedeutung des Standortfaktors "Forschungseinrichtungen"	ordinal	0,000***
F1 i	Bedeutung des Standortfaktors "Fachpersonal"	ordinal	0,001***
F1 j	Bedeutung des Standortfaktors "Rohstoffe"	ordinal	0,000***

o.A.: offene Antworten

n=160 p: *signifikant **sehr signifikant ***höchst signifikant

Unter anderen unterscheiden sich die Branchen signifikant in Bezug auf die in den NÖG-Modellen zentralen Parameter Preiselastizität (A4, A5) und Transportkosten (D4, D5, D6) voneinander. Dies untermauert das hier gewählte Forschungsdesign, das bei der Prüfung der NÖG-Modelle zwischen Branchen differenziert.[157] Nicht signifikant sind dagegen die Branchenunterschiede bei den Antworten auf die Fragen zum Preissetzungsspielraum (Trichterfrage A3), nach der Möglichkeit, branchenfremde Facharbeiter einzusetzen (B2), nach der Steigerung der Gesamtkosten durch eine Produktionserhöhung (C2), zum Verhältnis von Fixkosten zu variablen Kosten (C3) sowie zu der Bedeutung der Standortfaktoren Nähe zum Absatzmarkt (F1b), Nähe zu Unternehmen gleicher Branche (F1c), Verfügbarkeit von Infrastruktur (F1d), Subventionen (F1f) und Verfügbarkeit von Flächen (F1g).

Zur Auswertung der offen gestellten Fragen B3, B6 und D2 wird wie in den Leitfadeninterviews die Methodik der strukturierten Inhaltsanalyse genutzt (siehe dazu Kapitel 5.5.2). Die insgesamt 36 Variablen des Fragebogens – ob signifikant unterschiedlich oder nicht – dienen als Grundgerüst zur Ermittlung der Ausprägung der exogenen Variablen der drei NÖG-Modelle. Dazu werden meist mehrere der Variablen des Fragebogens zusammengeführt. Bei einer Indexbildung liegt die Wahl der Gewichte und die Auswahl der Einzelindikatoren im subjektiven Ermessen des Forschers (Mayer 2004, S. 85). Gleichwohl werden die methodologischen Voraussetzungen beachtet (vgl. dazu Schnell/Hill/Esser 2005, 166ff.; Friedrichs 1990, S. 165 ff.).

[157] Auch nach Streichung inhaltlich nicht begründeter Ausreißer (siehe Kapitel 5.5) bleiben genannte Variablen signifikant unterschiedlich, bei leicht variierenden Signifikanzniveaus.

5.5 Das Leitfadengespräch als Experteninterview

„Gegenüber der mündlichen, vollstandardisierten Befragung erfordert die Durchführung von Leitfadengesprächen in jedem Untersuchungsabschnitt – angefangen bei der Vorbereitungs- über die Durchführungs- bis hin zur Datenauswertungsphase – einen erheblich höheren finanziellen, zeitlichen und organisatorischen Aufwand."

Karin Wessel (1996, S. 135)

5.5.1 Konzeption und Auswahl der Experten

Bei einem Leitfadengespräch handelt es sich um eine „teilstrukturierte Interviewsituation", in der die Möglichkeit besteht, nachzufragen oder die Abfolge der Fragen je nach Interviewsituation zu verändern (vgl. Schnell/Hill/Esser 2005, S. 322; Mayer 2004, S. 36). Leitfadengespräche werden zur „Ergänzung und Validierung anderer Forschungsinstrumente" und als Instrument qualitativer Sozialforschung eingesetzt (vgl. Schnell/Hill/Esser 2005, S. 387). Sie erfüllen in vorliegender Arbeit die folgenden Zwecke:

Die Ergebnisse der schriftlichen Befragung sollen geprüft, qualitativ untermauert oder gegebenenfalls korrigiert,[158]

der Veränderungsprozess der Variablen von 1987 bis 2002 ermittelt und

Branchenbesonderheiten erfasst werden.

Das Leitenfadengespräch wurde teilstandardisiert durchgeführt. Dabei war der grobe Ablauf der Interviews bei allen Branchen gleich. Den Experten lagen vor Beginn der Interviews die Karte der räumlichen Konzentration und eine vierseitige Zusammenfassung der deskriptiven Auswertungen der ersten Befragungsrunde der jeweiligen Branche vor.[159] Diese Ergebnisse dienten als Leitfaden und Diskussionsgrundlage[160] zur Überprüfung der schriftlich gewonnenen Daten. Angesichts der relativ geringen Fallzahlen bei der schriftlichen Befragung, kann eine einzelne extrem abweichende

[158] Angesichts kleiner Stichproben und teilweise inhomogener Datenmengen (Variationskoeffizient>80%) ist eine rein quantitative Auswertung mit zu vielen Unsicherheiten behaftet.

[159] Auch bei den Telefoninterviews wurde sichergestellt, dass die Ergebnisse und die Karte dem Experten während der Interviewsituation vorlagen.

[160] Sie wurde unter dem Titel „Determinanten der räumlichen Ballung deutscher Industriebranchen – Antworten der ersten Runde der Expertenbefragung ‚*Name der Branche*' " allen teilnehmenden Experten zur Verfügung gestellt.

Antwort den gesamten Mittelwert stark beeinflussen und – wenn sie inhaltlich unbegründet ist – verfälschen (vgl. zum Ausreißer-Problem Bahrenberg/Giese/Nipper 1999, S. 197ff.). Eine explorative Datenanalyse der quantitativ skalierten Antworten identifiziert extreme Antworten als statistische Ausreißer, wenn sie einen Abstand von mehr als 1,5 Interquartilsabständen vom ersten (25%) und dritten Quartil (75%) aller Werte einer Antwort aufweisen (vgl. Bühl/Zöfel 2005, S. 224; ILMES 2005). In den Leitfadeninterviews wurden die Experten zu einer Einschätzung der inhaltlichen Plausibilität sowohl der Ausreißer als auch des Mittelwertes aufgefordert. Falls keine qualitative Bestätigung erfolgte, wurden die Ausreißer gestrichen und die Mittelwerte korrigiert (siehe zum methodischen Vorgehen Kapitel 5.5.2). Dabei variierte die Intensität der Gespräche über einzelne Ergebnisse zwischen den Branchen, je nachdem, ob es in der schriftlichen Befragung „Ausreißer" gab oder nicht.

Daneben gingen die Interviews in den Branchen Molkerei und Büromaschinen am Ende der jeweiligen Frageblöcke A bis F auf die Veränderungsprozesse der Variablen seit 1987 („Mitte der achtziger Jahre") ein. Weiterhin sollten mit den Interviews explorativ alternative Ursachen für die räumliche Verteilung der Branchen in Deutschland ermittelt werden. Dieser letzte, kleinere Teil der Gespräche beinhaltete offene Fragen nach den Besonderheiten der Branche, nach den Gründen für die räumliche Verteilung der Branche und nach vergangenen und zukünftigen wichtigen Entwicklungen.

Für ein Interview kamen nur die Experten in Frage, die im Rahmen der schriftlichen Befragung einen Bogen zurückgesandt hatten. Um die Qualität der Leitfadengespräche zu sichern, mussten weiterhin folgende Kriterien erfüllt sein (in der Reihenfolge der Punkte):

1. Der zurückgesandte Fragebogen musste vollständig ausgefüllt, das heißt jeder der sieben Frageblöcke bearbeitet sein.
2. Die Antworten mussten plausibel sein. Unverständliche Antworten sowie Antworten, die als statistische Ausreißer auffielen, galten als unplausibel.
3. Die Experten mussten aus verschiedenen Regionen Deutschlands kommen.
4. In jeder Branche mussten Experten aus kleinen und großen Unternehmen, sowie aus Verbänden vertreten sein.

Diese Kriterien sowie die Zusicherung einer anonymisierten Auswertung stellten sicher, dass der Interviewpartner Experte war und die Interviews nicht misslangen (vgl. für Probleme bei Experteninterviews Flick 2000a, S 109f.; Meuser/Nagel 1991, S. 449f.). In den beiden Branchen Büromaschinen und Molkerei wurde zudem darauf geachtet, dass die Befragten eine Branchenerfahrung aufwiesen, die bis Mitte der 1980er Jahre zurückreichte.

Im Zeitraum August bis November 2004 fanden fünf persönliche Interviews pro Branche also insgesamt 50 Interviews statt.[161] Bei allen 50 Gesprächen war der Autor der Interviewer. Die Länge der einzelnen Interviews variierte zwischen 42 Minuten und 1 Stunde 56 Minuten. Wessel (1996, S. 136) schreibt dazu, dass es „durchaus möglich und erwünscht ist, vom Kernthema abzuschweifen und erst über ‚Umwege' zum Leitfaden zurückzukehren". Dies war auch in den Interviews teilweise der Fall. Die Antworten wurden notiert und in der überwiegenden Zahl der Fälle auf einem Audiomitschnitt festgehalten. Lediglich acht Experten lehnten eine akustische Aufzeichnung ab. Innerhalb des gleichen oder darauf folgenden Tages wurden die Interviews mit Hilfe der Notizen und der vorliegenden Mitschnitte transkribiert (für eine umfassende Anleitung zu Notizen und Transkription von Interviews siehe Flick 2000a oder Flick/von Kardorff/Steinke 2000).[162]

5.5.2 Auswertung

„In lieu of statistical significance, qualitative findings are judged by their substantive significance."

Michael Quinn Patton (2002, S. 467)

Mittels einer qualitativen Inhaltsanalyse wurden die auf den Tonaufnahmen und Mitschriften basierenden Transskripte ausgewertet (vgl. zu verschiedenen Auswertungsmethoden von Leitfadeninterviews Gläser/Laudel 2004, S. 191ff.; Mayer 2004, S. 46ff.; Mayring 2003, S. 42ff.; Flick 2000, S. 232ff.). Text-Strukturen und parasprachliche Elemente, wie Pausen oder Stimmlagen, flossen in die hier vorgenommene Auswertung nicht mit ein: „Da es bei Experteninterviews um gemeinsam geteiltes Wissen geht, halten wir aufwendige Navigationssysteme, wie sie bei narrativen Interviews oder konversationsanalytischen Auswertungen unvermeidlich sind, für überflüssig" (Meuser/Nagel 1991, S.445).

---

[161] Insgesamt vier Interviews fanden auf Wunsch der Experten per Telefon statt. Die Qualität dieser Telefoninterviews lag aus subjektiver Sicht des Autors unter der der persönlichen Interviews. Vor allem Antworten auf offen gestellte Fragen fielen knapper aus.

[162] Die transkribierten Antworten einer Branche wurden den Experten nach Abschluss aller Interviews anonymisiert als „Dankeschön" zur Verfügung gestellt.

Der Ablauf der Analyse der qualitativen Interviews orientierte sich am Ablaufplan der strukturierenden Inhaltsanalyse von Mayring (2003, S. 82ff.). Im Vergleich zur Zusammenfassung und Explikation ist dieses Vorgehen die „zentralste inhaltsanalytische Technik“ (Mayring 2003, S. 82). Dabei versteht Mayring unter Strukturierung „bestimmte Aspekte aus dem Material herauszufiltern, unter vorher festgelegten Ordnungskriterien einen Querschnitt durch das Material zu legen oder das Material auf Grund bestimmter Kriterien einzuschätzen.“ (Mayring 2003, S. 58. Vgl. für eine Übersicht der verschiedenen Formen strukturierender Inhaltsanalyse Mayring 2003, S. 85 oder Gläser/Laudel 1999, S. 7). Die skalierende Strukturierung (vgl. Mayring 2003, S. 92-99) diente zur Prüfung der statistischen Ausreißer und Mittelwerte sowie zur Erfassung der Veränderungen der Variablen in den Branchen Molkerei und Büromaschinen zwischen 1987 und 2002. Dagegen ließen sich mit der inhaltlichen Strukturierung (vgl. Mayring 2003, S. 89) die Parameter der Variablen plausibilisieren und Besonderheiten der Branchen aus den Interviews herausfiltern. Bei beiden Vorgehensweisen bleibt die Einteilung des Materials nach Branchen erhalten, da der Branchenvergleich im Mittelpunkt des Interesses stand. Beide Verfahren sind regelgeleitet und folgten bei der Auswertung der transkribierten Texte dem in Abbildung 33 dargestellten festen Ablaufplan.

Die skalierende Strukturierung einer Inhaltsanalyse ist in der linken Hälfte von Abbildung 33 dargestellt. Diese Art der Strukturierung hat zum Zweck „das Material, beziehungsweise bestimmte Materialteile auf einer Skala (in der Regel Ordinalskala) einzuschätzen“ (Mayring 2003, S. 92). Die Analyseeinheiten umfassten die jeweiligen Kommentare und Ergänzungen der interviewten Experten zu den ihnen schriftlich vorgelegten Auswertungen der Fragen A1a bis F1j (1. Schritt in Abbildung 33). Die Einschätzungsdimension (2. Schritt) beschreibt die „Zustimmung“ zu den schriftlich gewonnenen Ergebnissen durch die Experten. Ein Probedurchlauf durch das gesamte Material (Schritte 3 bis 7) führte zur Festlegung der Ausprägungen der Einschätzungsdimension „Zustimmung“. Sie umfassen die Skalenpunkte -2,-1, 0, +1 und +2 und repräsentieren die Kategorien „starke Ablehnung“, „leichte Ablehnung“, „weder/noch“, „leichte Zustimmung“ und „starke Zustimmung“ (3. Schritt). Nach einem weiteren Materialdurchlauf wurden bei der Ergebnisaufbereitung (9. Schritt) die Ausreißer und Mittelwerte aus der schriftlichen Befragung gestrichen, bei denen sich eine Ablehnung von mindestens „-5“ summierten Skalenpunkten durch die jeweils fünf Experten ergab. Nach Mayring (2003, S. 42) sind quantitative Analyseschritte bei der Verallgemeinerung der Ergebnisse der qualitativen Inhaltsanalyse „besonders wichtig“. Dazu gehört auch „mit der Häufigkeit einer Kategorie [...] ihre Bedeutung zu untermauern“ (Mayring 2003, S. 45). Bei einer Streichung der aus der schriftlichen Befragung gewonnenen Mittelwerte, dienten die Angaben der Experten aus den Interviews als Alternative. Auch die Bestimmung der Veränderungen der Modellvariablen in den Branchen Molkerei und Büromaschinen von 1987 bis 2002 griff auf die Expertisen aus den Interviews zurück. Die Einschätzungsdimension bezog sich beiden Fällen auf die „Verlässlichkeit" der Expertenantworten. Die sich aus dem Probedurchlauf (Schritte 3 bis 7) ergebenden Ausprägungen von „Verlässlichkeit" waren „unsicher", „mittel" und „sicher". Die Einschätzung der Antworten (6. Schritt) orientierte sich an den eigenen Angaben der Experten zur Verlässlichkeit und an der Plausibilität der inhaltlichen Begründungen der alternativen Werte. In der Analyse (Schritt 9) erhielten die Expertenantworten (Mittelwerte und Veränderungsraten) eine Gewichtung: Unsichere Antworten wurden einfach, Antworten mittlerer Sicherheit zweifach und sichere Antworten dreifach gewichtet.

Die inhaltlichen Strukturierung (siehe Abbildung 33 rechts) umfasste als Analyseeinheit die Ausführungen der Experten zu den Ergebnissen der schriftlichen Befragung und die Antworten auf die offenen Fragen zu den Besonderheiten und Entwicklungen in den jeweiligen Branchen.[163] Die inhaltliche Hauptkategorie lautete „Branchenbesonderheiten". Ihre Unterkategorien entsprachen der Liste der Standortfaktoren, die durch theoretische Vorüberlegungen bereits bei der Konzeption des Fragebogens gebildet wurde (zur Kategorienbildung vgl. Mayer 2004, S. 46ff. oder Mayring 2003, S. 74ff.).

Bei der Bildung von Kategorien plädieren Gläser und Laudel (2004, S. 193-195; 1999 S. 7f.) für mehr Erkenntnis-Offenheit. Um Informationen aufnehmen zu können, die relevant sind, aber nicht in das Kategoriensystem passen, sollen Kategorien „im gesamten Verlauf der Auswertung" frei gebildet werden können (Gläser/Laudel 2004, S. 194). Aus diesem Grund beinhaltete der hier vorgenommene „Probedurchlauf" zur Kategorienrevision das gesamte Interview und nicht wie bei Mayring (2003, S. 76) nur 10 bis 50 Prozent des Materials. Damit blieb das Kategoriensystem ausreichend offen und garantierte zugleich durch die deduktive Festlegung der Kategoriensysteme[164] vor der Analyse eine Vergleichbarkeit und Reliabilität der Analysen (vgl. Mayring 2003, S. 44). Das in den jeweiligen Branchen extrahierte Material wurde danach paraphrasiert (8.Schritt) und schließlich zusammengefasst (9. Schritt).

---

[163] Auch die schriftlichen Antworten auf die offen gestellten Fragen des Fragebogens B3, B6 und D2 (siehe Anhang H) wurden mittels der inhaltlichen Strukturierung ausgewertet.

[164] Vgl. zur Unterscheidung von deduktiver oder induktiver Kategorienbildung Mayring 2003, S. 74ff. oder Patton 2002, S. 454f..

Abbildung 33: Ablaufplan der skalierenden und der inhaltlichen Strukturierung

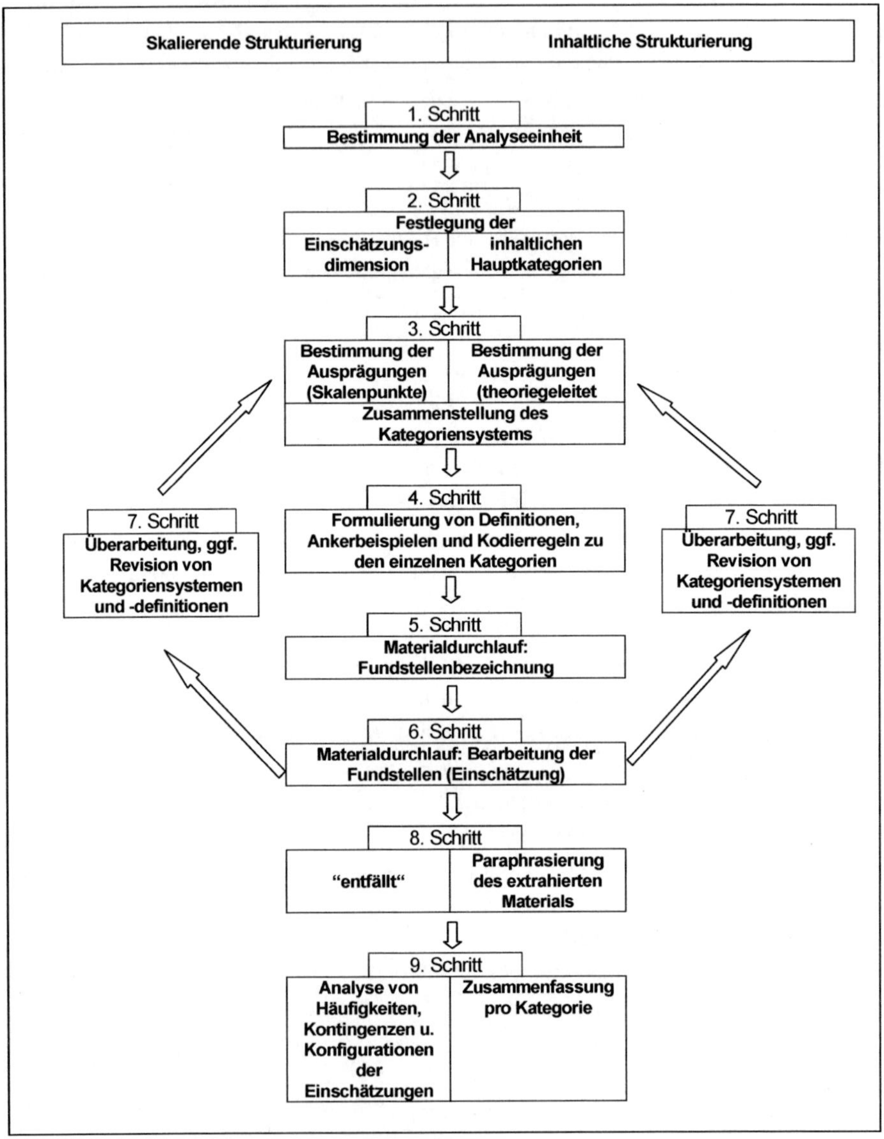

Quelle: Eigene Darstellung nach Mayring 2003, S. 84, 89, 93.

5.6 Ergebnisse

„[W]e cannot start to find solutions for the endogenous variables before specifying values for the exogenous variables and parameters.“

Steven Brakman, Harry Garretsen und Charles van Marrewijk (2001, S. 101)

5.6.1 Standortfaktoren und Branchenbesonderheiten

Dieses Kapitel stellt die Ergebnisse der Expertenbefragung zu den Branchenbesonderheiten und zu der Relevanz der Standortfaktoren vor. Es dient als Einführung und Grundlage zum besseren Verständnis der Unterschiede bei den exogenen Modellvariablen zwischen den Branchen, die in den folgenden Kapiteln 5.6.2 bis 5.6.6 beschrieben werden.

Die schriftlichen Befragung legt eine unterschiedliche Bedeutung der Standortfaktoren in den einzelnen Branchen offen (siehe zu den Fragen Anhang H, Frageblock F). Wie die rechte Spalte „Gesamt“ aus Tabelle 17 zeigt, sind die „Verfügbarkeit von Transport- und Verkehrsinfrastruktur“ sowie die „Verfügbarkeit von Fachpersonal“ im Durchschnitt der zehn untersuchten Branchen mit Abstand am wichtigsten (Gesamtwert jeweils 1,1). Als lediglich „durchschnittlich wichtig“ bezeichnen die Experten die Standortfaktoren „Verfügbarkeit von günstigen Büro- und Gewerbeflächen“, „Nähe zu Zulieferbetrieben“, „Verfügbarkeit von Subventionen“, „Nähe zum Absatzmarkt oder Kunden“ und die „Nähe zu natürlichen Rohstoffen und Ressourcen“. Insgesamt „unwichtig“ sind dagegen die Faktoren „Nähe zu Universitäten und Forschungseinrichtungen“, „Nähe zu Unternehmen aus der gleichen Branche“ und „Nähe zu politischen Institutionen“.

Statistisch signifikante Unterschiede zwischen den Branchen (siehe Tabelle 16 oben) existieren bei der Verfügbarkeit von Fachpersonal. Hier liegen die Werte der Branchen Kfz und Fleischverarbeitung mit 1,7 („sehr wichtig“) und 0,4 („durchschnittlich wichtig“) deutlich auseinander. Auch bei der Nähe zu Zulieferbetrieben gibt es signifikante Unterschiede. Sie resultieren aus der Differenz zwischen den hohen Werten der Branchen Kfz sowie Molkerei (1,0 beziehungsweise 0,8) und dem niedrigen Wert bei der Branche Konstruktionsteilen mit -0,2. Der Standortfaktor „Nähe zu natürlichen Rohstoffen und Ressourcen“ ist ausschließlich in den Lebensmittelbranchen Molkerei sowie Fleischverarbeitung „wichtig“. Lediglich die Wirtschaftszweige Büromaschinen, Chemie und Kfz billigen der Nähe zu Universitäten und Forschungseinrichtung noch eine durchschnittliche Bedeutung zu. Die signifikanten Unterschiede beim Standortfaktor „Nähe zu politischen Institutionen“ sind Folge der Streuung der Ergebnisse. Dieser Faktor wird von allen Branchen als mehr oder weniger unwichtig eingeschätzt.

Tabelle 17: Bedeutung der Standortfaktoren nach Branchen

	Sig.	Schuhe	Uhren	Chemie	Kfz	Molkerei	Büro-maschinen	Möbel	Konstruk-tionsteile	Stahl	Fleisch-verarbeitung	*Gesamt*
Verfügbarkeit von Transport- und Verkehrsinfrastruktur		0,9	0,7	1,4	1,5	0,9	1,0	1,2	1,0	1,0	1,1	*1,1*
Verfügbarkeit von Fachpersonal	***	1,0	1,3	1,1	1,7	1,1	1,3	0,8	0,9	1,1	0,4	*1,1*
Verfügbarkeit günstiger Büro- und Gewerbeflächen		0,6	0,4	0,3	0,8	0,4	1,0	0,6	0,3	0,8	-0,5	*0,5*
Nähe zu Zulieferbetrieben	*	0,4	0,1	0,5	1,0	0,8	0,2	0,3	-0,2	0,0	0,6	*0,4*
Verfügbarkeit von Subventionen		0,2	0,1	0,6	0,7	0,4	-0,1	0,3	0,1	0,5	0,2	*0,3*
Nähe zum Absatzmarkt oder Kunden		0,2	-0,1	0,6	0,1	0,1	0,4	-0,1	0,4	0,4	0,1	*0,2*
Nähe zu natürlichen Rohstoffen und Ressourcen	***	-0,8	-1,3	0,1	-0,7	1,5	-1,5	-0,7	-0,3	-1,1	0,9	*-0,3*
Nähe zu Unis und Forschungseinrichtungen	***	-1,1	-0,8	-0,1	0,2	-0,6	0,2	-0,9	-1,0	-0,8	-1,1	*-0,6*
Nähe zu Unternehmen gleicher Branche		-1,0	-0,5	-0,4	-1,0	-1,1	-1,2	-0,9	-0,8	-1,1	-0,8	*-0,9*
Nähe zu politischen Institutionen	*	-1,2	-1,2	-0,5	-0,5	-0,9	-0,8	-1,3	-1,4	-1,0	-0,7	*-0,9*

Sig.: Signifikante Unterschiede zwischen einzelnen Branchen (H-Test nach Kruskal und Wallis):
*: 5%-Niveau **: 1%-Niveau ***: 0,1%-Niveau

bis inkl. -1,5:	„sehr unwichtig“	0,5 bis 1,5:	„wichtig“
-1,5 bis -0,5:	„unwichtig“	größer 1,5:	„sehr wichtig“
-0,5 bis 0,5:	„durchschnittlich wichtig“		

Neben der unterschiedlichen Bedeutung der Standortfaktoren für die einzelnen Branchen legt die Analyse der Experteninterviews weitere Besonderheiten und Entwicklungen in den Branchen offen.

Herstellung von Schuhen

Die interviewten Experten bestätigen die Wichtigkeit der Verfügbarkeit von Fachpersonal, denn „die Möglichkeit Ungelernte zu beschäftigen, schwindet rapide“ (Interview Schuhe Nr. 5: S5). Gleichzeitig konstatieren sie geringe regionale Unterschiede in der Transportinfrastruktur (Autobahnanschluss) und der Verfügbarkeit von Büroflächen in Deutschland. Mit dem in Deutschland produzierten Anteil eines Schuhs steigt die Bedeutung der branchenfremden Zulieferer, wie Lederverarbeiter oder Sohlenhersteller. Als Branchenbesonderheit nennen die Experten das lohnintensive und gleichzeitig komplexe Produkt „Schuh", das als Mode- und Saisonware halbjährlichen Produktionszyklen unterliegt. Die Herstellung von Schuhen ist – außer bei Sandalen – nicht automatisierbar. Die daraus resultierenden hohen Lohnkosten, gesunkene Qualitätsanforderungen der Verbraucher und bessere Produkte asiatischer Hersteller sind die Gründe für die Verlagerung großer Teile der Produktion ins Ausland. Die Abnahme deutscher Zulieferer und die „Abwanderung von Wissen" an ausländische Lieferanten (S5, S2) schätzen die Experten als gefährlich für die zukünftige Entwicklung der Branche ein. Sie gehen aber davon aus, dass Vertrieb, Marketing, Design sowie die Produktion hochwertiger Nischenanbieter in Deutschland bleiben werden. Als charakteristisch bezeichnen sie die „Uneinigkeit der Branche" (S3). Aus „Angst vor Konkurrenz und Spionage" existiert „kein gemeinsamer Vertrieb kein Marketing, nichts" (S1). Die heute vorherrschende Raumstruktur (siehe Karte 3) führen die Experten auf die historische Bedeutung der Stadt Pirmasens als Garnison an der Grenze zu Frankreich zurück. Aus wirtschaftlicher Not begann die Bevölkerung gegen Ende des 18. Jahrhunderts aus den Filzanzügen der Soldaten „Pirmasenser Schlappen" zu produzieren: „Im abgelegenen Tal [Pirmasens] konnte man im Winter nichts anderes tun als Schuhe produzieren" und „die Abgeschiedenheit machte auch die Ansiedlung der umweltproblematischen Lederindustrie möglich" (S5). Von Pirmasens aus sind die Betriebe dann an neue Standorte innerhalb Deutschlands gewandert.

Herstellung von Uhren

Die Verfügbarkeit von Fachpersonal ist wegen stark rückläufiger Ausbildungszahlen ein akutes und zunehmendes Problem (siehe dazu Tabelle 17 oben). Die Bedeutung der Nähe zur Zulieferindustrie variiert innerhalb der Branche: Bei qualitativ hochwertigen Uhren liegt sie sehr viel höher, als bei Massenware. Für die Produktion von Markenuhren sind „eine starke Abstimmung zwischen Zulieferern und Produzenten, sowie Nähe und persönliche Kontakte sehr wichtig" (Interview Uhren Nr. 4: U4). Dadurch „kann man flexibel reagieren und hat so Vorteile gegenüber dem Import aus Hongkong und China. Da kommen immer noch Transportkosten dazu. Das ist zu langsam, zu unflexibel und schlecht im Service und in der Produktgestaltung. Es tauchen große Probleme bei der technischen Abstimmung auf. Auch wegen dem Zwang zur Lagerhaltung und des Ein- und Auspackens lohnt sich das nicht. Hier hat man eine mundgerechte Just-In-Time-Lieferung. Man weiß wo man anruft und dann heißt es: ‚I kimmer mi drum'. Die [Unternehmen, die] als erste nach Hongkong gegangen sind, gibt es heute nicht mehr. Die konnten sich nicht als Markenartikler behaupten. Danach sind sie von Lieferanten unterwandert worden und weg waren sie" (U5). Berufsschulen für Uhrmacher und spezialisierte Zulieferer sind hauptsächlich in den drei Clustern Pforzheim, Weißeritzkreis und Südschwarzwald (siehe Karte 4) zu finden. Während sich die Hersteller von Uhren im Schwarzwald aus der traditionellen Fertigung von Kuckucksuhren als Winterbeschäftigung der Bauern entwickelt hat, wurde die erste Uhrenmanufaktur in Pforzheim im 18. Jahrhundert „per Dekret des Markgrafen von Baden" (U5) gegründet. Auch der sächsische Uhrencluster hat sein Entstehen aus den Überresten des Volkseigenen Glashütter Uhrenbetriebs nach dem Zusammenbruch der DDR nicht zuletzt der Unterstützung aus der Politik zu verdanken. Als Branchenbesonderheiten sehen die Experten eine gewisse „Tüftler- und Suppentassenmentalität" (U1), die Kooperation zwischen den Markenherstellern verhindert. „Die eventuell aus der Not geborene Zusammenarbeit" (U3) ist eine neuere Entwicklung. Als weitere Besonderheit sehen die Experten die „Faszination" (U3), die mechanische, hochwertige (Marken-)Uhren sowohl auf Kunden als auch auf Produzenten ausüben.

Herstellung von chemischen Grundstoffen

In der Branche Herstellung von chemischen Grundstoffen bestätigen die interviewten Experten vor allem die Bedeutung der Transportinfrastruktur, wie Seehäfen, Wasserstraßen, Eisenbahnen und Pipelinesystemen zusätzlich zur Autobahnanbindung als „produktabhängig wichtig" (Interview Chemie Nr. 2: C2). Wasser und Wasserstraßen waren historisch notwendige Vorraussetzungen für chemische Großbetriebe, die „aus Zufällen dort entstanden, wo Chemiker waren" (C1) oder wie die „mitteldeutsche Chemie [...] außerhalb der Reichweite französischer Flugzeuge" angelegt wurden (C4). Heute nutzen kleine und mittelständische Unternehmen die Infrastruktur der Standorte der ehemaligen IG-Farben. Sie bilden Netzwerke in Form von „Zulieferpartnerschaften" (C2) und „Standortverbünden" (C5), in denen sie in Fragen der Sicherheit und Rohstoffbeschaffung kooperieren. Als Besonderheit beklagen die Experten ein „Akzeptanzproblem in der Öffentlichkeit" (C3) obwohl die Branche hochinnovative, weltmarktfähige Produkte herstellt, die in allen Bereichen des Lebens zu finden sind und selbst wieder Innovationen in anderen Branchen möglich macht. Weiterhin nennen die Befragten Standortnachteile für den Mittelstand gegenüber der Produktion in China und den USA durch komparative Nachteile, die durch „hohe Umweltkosten und Vorschriften" (C2) verursacht werden.

Herstellung von Kraftfahrzeugen und Motoren

Die Bewertung des Standortfaktors „Verfügbarkeit von Fachpersonal“ durch die Interviewten kommt zu uneinheitlichen Ergebnissen. Einerseits bestätigen die Experten die Ergebnisse aus Tabelle 17 oben, andererseits gehen sie davon aus, „Personal ausbilden oder anlocken zu können“ (Interview Kfz Nr. 5: K5). Auch Zulieferer müssen räumlich mobil sein. Die „Einhaltung von Lieferzeiten und Liefertreue“ (K1), laufende Abstimmungen bei Entwicklungspartnerschaften und die Aufgabe der Lagerhaltung sind die Hauptursachen für die im Branchenvergleich höchsten Werte für den Standortfaktor „Nähe zu Zulieferbetrieben“ (siehe Tabelle 17). Die heutige Verteilung der Branche hat historische Ursachen: Betriebe haben sich dort entwickelt, „wo es Unternehmensgründer gegeben hat“ (K1). Daneben beeinflusste und beeinflusst die Politik über die Vergabe von Subventionen die Standortentscheidungen von Werksansiedlungen. Als „besonders“ betrachten die Experten das emotionale Produkt Auto, dessen Produktion komplex und deshalb nicht so leicht kopierbar ist. Dabei reicht das Selbstbild von „renommierte und in Deutschland führende Branche, deutsche Wertarbeit zählt hier noch“ (K1) bis hin zu „gigantische Selbstüberschätzung des eigenen Status. Es ist eine stockkonservative Industrie, die zwar in vielen Belangen führend ist, aber auch zuviel bezahlt und alte Strukturen konserviert“ (K5). Als weitere Besonderheiten sehen die Experten die Verlagerung von Kompetenzen auf Zulieferer, und einen Zug der Volumenproduktion ins Ausland, hin zu der zukünftigen Nachfrage. Letzteres bietet Vorteile auf Grund niedriger Lohnkosten, der Vermeidung von Zöllen und der Möglichkeit die dort „heimischen Fabrikate“ besser vermarkten zu können (K2).

Molkerei und Käserei

Der im Branchenvergleich außergewöhnlich hohe Wert des Standortfaktors „Nähe zu natürlichen Rohstoffen und Ressourcen“ (siehe Tabelle 17 oben) rührt von dem relativ großen Aufwand, den Molkereien zur Milchbeschaffung treiben müssen. Für sie ist – im Unterschied zu Käsereien – die „Nähe zu Landwirten sehr wichtig. Milch besteht zu 87% aus Wasser.“ (Interview Molkerei Nr. 1: M1). Auch die kurze Haltbarkeit von Rohmilch macht „Milchsammeln aufwändig. Bei Eigenlogistik ist man vollkommen standortabhängig. Deshalb ist dort auch die Infrastruktur wichtig“ (M3). Seit Mitte der 1980er Jahre hat die Bedeutung der Nähe zu Verpackungs-Zulieferern zugenommen, was auf die gestiegene Zahl der unterschiedlichen Produkte innerhalb eines Betriebes zurückzuführen ist. Abgenommen hat dagegen die Wichtigkeit der Nähe zum Absatzmarkt, weil die Zahl der Anlieferungsstätten gesunken ist und „Subventionen die Anlieferung über längere Strecken ausgleichen“ (M3). Die augenblickliche räumliche

Verteilung der Branche (siehe Karte 12) führen die Experten auf „von früher gewachsene Tradition“ (M5) zurück. Genossenschaften müssen die Milch der Bauern abnehmen, so dass „jeder Milchwirt faktischen Molkereizugang“ hat (M3). Dies limitiert die räumliche Konzentration der Branche ebenso wie die räumliche Aufspaltung der Produktion: Dezentrale Standorte stellen Käse und in der Nähe der Absatzmärkte gelegene Betriebe stellen Frischmilch her. Die seit 1987 gestiegene räumliche Konzentration führen die Experten auf drei Ursachen zurück: In den „Milchländern“ (M4) Münsterland, Allgäu und Mecklenburg-Vorpommern stehen die Kühe nicht im Stall, was die Milch-Qualität verbessert. Darauf aufbauend konnte sich Kompetenz durch Ausbildungsstätten entwickeln. Zum anderen ist die Bedeutung der Nähe zum Absatzmarkt stetig gesunken und drittens sorgten Betriebsschließungen durch gestiegene Konkurrenz und Wettbewerb für ein Ausdünnen der Branche in einigen Regionen. Als Besonderheit der Branche bezeichnen die Experten das Klima der Konkurrenz und des gleichzeitigen Miteinander: „Man trifft sich, man kennt sich, man arbeitet zusammen und man bekriegt sich. [...] Eine Hass-Liebe Beziehung.“ (M4). Die Konkurrenz rührt nicht zuletzt aus dem gestiegenen Kostendruck durch die Macht des Lebensmitteleinzelhandels und wird die Branche weiter spalten: Kleine Betriebe stehen vor der Wahl, entweder stark zu wachsen, um den (Discount)-Einzelhandel günstig versorgen zu können, oder sich auf Nischen – wie zum Beispiel hochwertigen Käse – zu konzentrieren.

Herstellung und Reparatur von Büromaschinen

In der Branche ist die Verfügbarkeit von Fachpersonal ist der wichtigste Standortfaktor (siehe Tabelle 17 oben): „In den Geräten stecken verschiedenste Techniken. Vom einfachen Blech bis zur Sensortechnik. Die Leute müssen viel bis alles können“ (Interview Büromaschinen Nr. 3: Ü3). Zugleich steht die Nähe von Unternehmen aus der gleichen Branche in der Reihe der Standortfaktoren „ganz unten“ (Ü3). „Kooperation zwischen Branchengleichen gab es nie und will man auch nicht“ (Ü4). Dies trifft umso mehr auf regionale Konkurrenz zu: „Früher standen Unternehmen, vor allem große – warum auch immer – an einem Ort. Heute gehen sich die [verbliebenen] kleinen Unternehmen aus Gründen des Vertriebs aus dem Weg.“ (Ü5). Die räumliche Konzentration hat aber auch deshalb abgenommen, weil die „Produkte eine Mischung zwischen Dienstleistung und Produktion sind“ (Ü1), Wartung, Pflege sowie Reparaturen vor Ort erfordern, und weil die Anzahl der Hersteller abgenommen hat.[165] Eine Besonderheit in der Branche ist nach Meinung der Experten die Entwicklung von der Mechanik zur Elektronik. Diese setzte Ende der 1970er Jahre massiv ein, führte zu einer Verdrängung vieler deutsche Hersteller vom Markt und ist noch nicht abgeschlossen: „Die Definition von ‚Büromaschinen' wird immer weniger zutreffen, da alles mit dem PC-Bereich verschmilzt" (Ü5).

Herstellung von Möbeln

Die interviewten Experten bestätigen für die gesamte Branche die Bedeutung eines nahe gelegenen Autobahnanschlusses (siehe Tabelle 17 oben). Für Teilbereiche dieses Wirtschaftszweiges ist die Nähe von Zulieferunternehmen wichtig. „Zulieferbetriebe spielen eine riesige Rolle im Küchenmöbelbereich oder auch im Polstermöbelbereich, zum Beispiel bei der Herstellung von Schäumen (Interview Möbel Nr. 3: Ö3). In diesen beiden Unterbranchen ist die Nähe zu Konkurrenz-Unternehmen – wenn auch nur indirekt – wichtig: „Nur wo viele aus der gleichen Branche sitzen, siedeln sich leistungsfähige Dienstleister und Zulieferer an. Ostwestfalen ist deshalb stark, weil hier 60% der deutschen Küchenmöbelhersteller sitzen." (Ö3). Dieses „Möbelbecken" entstand aus historischem Zufall: „Früher war hier Tabakindustrie. Viele Firmen machten Tabakkisten. Nach dem Wegfall des Tabakanbaus suchten sie sich neue Geschäftsfelder." (Ö4). Neben der räumlichen Segmentierung der Branche – in Oberfranken existiert ein Zentrum für Polstermöbel (siehe Karte 10) – zeichnet sich die „mittelständisch geprägte Branche" (Ö2) durch hohen Wettbewerb und „wenig Zusammenarbeit" aus (Ö1). Obwohl Deutschland immer noch den höchsten Pro-Kopf-Verbrauch an Möbeln in Europa hat, mussten in den vergangen Jahren Überkapazitäten aus dem Vereinigungsboom und auf Grund allgemeiner Konsumzurückhaltung abgebaut werden. Die Herstellung „unterpreisiger Segmente ist in Deutschland weggebrochen" (Ö3), während Küchen- und Premiumhersteller verstärkt auf den Export setzen bei gleichzeitig steigenden Zuliefereranteilen aus dem Ausland.

Herstellung von Konstruktionsteilen aus Holz

In der Branche stellen die Verfügbarkeit von Infrastruktur und von Fachpersonal die wichtigsten Standortfaktoren dar (siehe Tabelle 17 oben). Die Nähe zu Zulieferbetrie-

---

[165] Die Abnahme der Anzahl der Betriebe wurde in der Branche Molkerei und Käserei als Grund für die dort *gestiegene* Konzentration genannt (zum Einfluss der Anzahl der Betriebe auf die räumliche Konzentration siehe 4.6.2).

ben wird im Branchenvergleich am unwichtigsten eingeschätzt, da „die Zulieferteile meist standardisiert sind“ (Interview Konstruktionsteile Nr. 1: H1). Zudem können „wegen der DIN-Normen und klaren Standards [...] die Aufträge klar und einfach [an Zulieferunternehmen] übermittelt werden“ (H5). Dagegen wird die Nähe zum Absatzmarkt und Kunden als wichtig eingeschätzt. Dies trifft vor allem auf die Unternehmen zu, die keine standardisierten Produkte herstellen und bei denen die Installation vor Ort mit zum Produkt gehört. Für die Entstehung der Branche waren die ortsnahe Verfügbarkeit des Rohstoffes Holz sowie Schiffswege zum Transport notwendig. Beide Faktoren „sind heute kein Kriterium mehr“ (H4). Als Branchenbesonderheiten nennen die Experten die handwerkliche Prägung der Betriebe. Es existieren sehr viele kleine regionale Hersteller, die wegen ihrer „Kostenstruktur Großunternehmen teilweise überlegen“ (H1) und in ihrer Produktion flexibel sind. „Auch wenn jeder Betrieb ein Hauptstandbein hat, kann im Prinzip jeder alles – und kann deshalb kurzfristig und schnell auf Kundenwünsche reagieren“ (H2). Zusammenarbeit und Austausch gibt es „wegen hohen Wettbewerbsdrucks“ (H5) und „da man ja alles kann“ (H2) kaum. Neben dem „Verschwimmen der Grenzen zur Montage“ (H3) spielen bei den Produkten der Branche andere Werkstoffe, wie Kunststoffe, Glas und Metalle eine zunehmend wichtigere Rolle.

Herstellung von Metallerzeugnissen: Stahl- und Leichtmetallbauteile

Auch in diesem Wirtschaftszweig sind die Verfügbarkeit von Transportinfrastruktur und von Fachpersonal die wichtigsten Standortfaktoren. Wegen der vergleichsweise großen Werkshallen und Materiallage ist auch die Verfügbarkeit günstiger Gewerbeflächen von Bedeutung (siehe Tabelle 17 oben). Wie in der Branche Konstruktionsteile ist vor allem für kleinere Unternehmen die Nähe zum Kunden wichtig. Sie fertigen einen großen Teil ihrer Produkte kundenindividuell. Demgegenüber produzieren Großbetriebe standardisierte Produkte oder führen Großprojekte durch, bei denen der anschließende Montageanteil einen geringeren Anteil des Umsatzes ausmacht. Die räumlichen Schwerpunkte der Branche (siehe Karte 8 oben) erklären die Experten mit der Nähe zu Stahlwerken. „Dort haben sich auch die Weiterverarbeiter angesiedelt“ (Interview Stahl Nr. 1: L1). Heute spielt die Nähe zu diesen Rohstoffen allerdings keine Rolle mehr. Aktuell beeinflusst vor allem die Existenz von Großbetrieben, „um die sich viele kleine bilden – wegen der Unteraufträge“ (L5) die räumliche Struktur. Auch können aus einer Firma „leicht kleine neue Firmen entstehen“ (L4). Doch das „Wachstum zum Mittelständler ist eher schwer“ (L5). Andere Betriebe der Branche werden primär als Konkurrenten angesehen, weswegen Zusammenarbeit in der Branche „nicht unbedingt relevant“ (L3) ist, beziehungsweise „nur ungern und gezwungenermaßen“

geschieht (L5). Die Experten nennen die „Faszination für den Werkstoff" (L1) und die „Akzeptanz und Spaß am Stahl" (L4) als Besonderheit ihrer Branche, deren Produkte sich durch Qualität, Langlebigkeit und Know-how in der Fertigung auszeichnen.

Schlachten und Fleischverarbeitung

In der Branche steht der Standortfaktor „Verfügbarkeit von Transport- und Verkehrsinfrastruktur" an erster Stelle, gefolgt von der „Nähe zu natürlichen Rohstoffen und Ressourcen" (siehe Tabelle 17 oben). Letztgenannter Standortfaktor überschneidet sich – wie in der Branche Molkerei und Käserei – inhaltlich mit der „Nähe zu Zulieferbetrieben". Sowohl die Nähe zu Rohstoffen, als auch zu den Zulieferbetrieben drückten die Bedeutung kurzer Distanzen zu den Viehzüchtern aus. Aus diesem Grund haben sich „im Schweinegürtel [Raum Vechta und Ostwestfalen]" besonders viele Betriebe angesiedelt (Interview Fleischverarbeitung Nr. 4: F4). Dort spielt auch die Nähe zum Absatzmarkt „Ruhrgebiet" eine große Rolle. Generell hat für Schlachtereien die Bedeutung der Nähe zum Absatzmarkt aber abgenommen, was auch die Stilllegungen kommunaler Schlachthöfe belegt. „Der Todtransport erlaubt es, weitere Strecken zu fahren. Außerdem fährt man teilweise Zentrallager an, von wo aus der Einzelhandel die Feindistribution übernimmt" (F5). „Wegen der Verfügbarkeit von, […] billigen Flächen" (F2) und „bezahlbarem Personal und Rohstoffen" (F5) siedeln sich große und mittelständische Betriebe bewusst in ländlichen Regionen an. Vor allem in der Betriebsform der Schlachtereien ist im Unterschied zu den Fleisch verarbeitenden Betrieben ein Größenwachstum zu beobachten, da es sich um ein „rohstoffabhängiges Margengeschäft mit Zwang zur Kostenführerschaft" (F3) handelt. Die Betriebe der Branche unterscheiden sich aber nicht nur in Schlachter und Verarbeiter, sondern zusätzlich in „Groß- und Kleinmetzger" (F1). Letztere behaupten vor allem in Süddeutschland noch eine größere Marktmacht, indem sie regionale Produkte mit „Qualitätsanspruch" (F1) herstellen. Trotzdem trifft die Charakterisierung von Fleisch und Wurstwaren als „Frischeprodukt[e] mit regionaler Einfärbung" (F1) mehr oder weniger auf die gesamte Branche zu. Die Art der Produkte verhindert – auch wegen regional unterschiedlicher Geschmäcker – eine zentrale Produktion. Auf der anderen Seite werden in jüngerer Zeit Wurstmarken überregional vermarktet und beworben. Dies könnte für eine überregionale Anpassung der Geschmäcker sorgen.

5.6.2 Die Marktsituation und die Preiselastizität der Nachfrage σ

Die Erfassung der Marktsituation mittels Trichterfragen zu den marktbeherrschenden Betriebsgrößen, den Preisreaktionen und dem Preissetzungsspielraum, geht der Ermittlung der Preiselastizität der Nachfrage σ in den einzelnen Branchen voran (siehe Anhang H, Frageblock A). Die Ergebnisse der genannten hinführenden Fragen fließen in die Berechnung der Variable σ nicht mit ein. Sie dienen dazu, die Experten zur Reflexion über die Wettbewerbssituation in den jeweiligen Branchen anzuregen, strukturelle Unterschiede zwischen den Branchen aufzudecken sowie die Werte der Preiselastizitäten inhaltlich zu untermauern (vgl. bezüglich Trichterfragen und der Konstruktionskriterien eines Fragebogens Schnell/Hill/Esser 1999, S. 342ff.).

Abbildung 34 stellt die Einschätzungen der Experten bezüglich der marktbeherrschenden Betriebsgrößen in den einzelnen Branchen gegenüber.

Abbildung 34: Dominierende Betriebsgrößen nach Branchen 2002

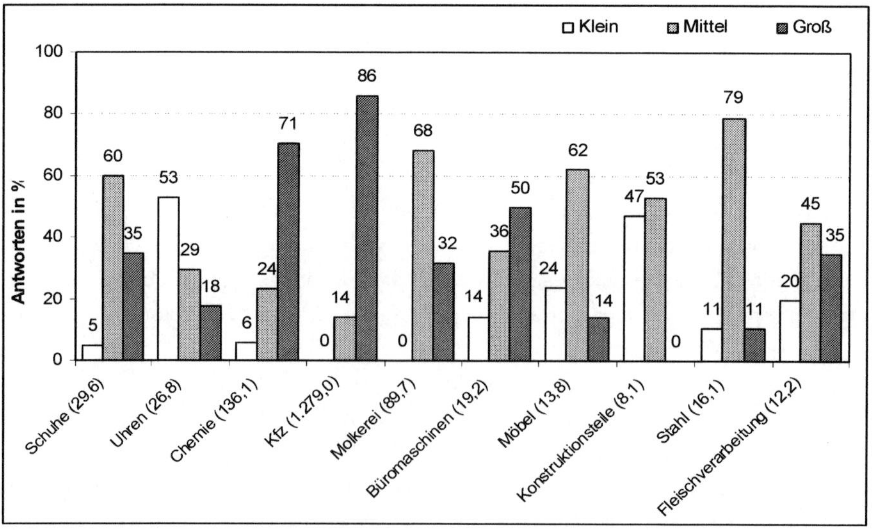

„klein“: weniger als 50 Beschäftigte pro Betrieb „mittel“: 50 bis 500 Beschäftigte pro Betrieb.
„groß“: mehr als 500 Beschäftigte pro Betrieb

Die Marktmacht nach Betriebsgrößen deckt sich weitgehend mit den tatsächlich vorherrschenden durchschnittlichen Betriebsgrößen, deren Werte für 2002 (eigene Berechnung auf Basis aller Betriebe mit mindestens einem sozialversicherungspflichtig Beschäftigten nach Zahlen der Bundesanstalt für Arbeit 2003a,b,c,d) hinter den Branchennamen angegeben sind. Ein Beispiel dafür ist die Branche Konstruktionsteile. Sie weist mit rund acht Beschäftigten die kleinste Betriebsgröße auf. Hier blieb die Antwortkategorie „Großunternehmen dominieren" unbesetzt. Auch die Einschätzungen der Marktmacht nach Betriebsgröße bei den drei Branchen mit der größten Beschäftigtenzahl pro Betrieb – Kfz mit einer durchschnittlichen Betriebsgröße von 1.279 Beschäftigten, Chemie mit etwa 136 und Molkerei mit fast 90 – sind plausibel und werden durch die Experteninterviews bestätigt.

Ein scheinbarer Widerspruch tut sich im Vergleich der Branchen Schuhe und Uhren auf. Obwohl deren Betriebsgrößen mit knapp 30 und knapp 27 Beschäftigten relativ nah zusammen liegen, schätzen die Experten aus der Uhren-Branche die Marktmacht kleiner Betriebe sehr viel höher ein. Dies liegt an der unterschiedlichen Art der Produkte. In der Uhren-Branche existieren, anders als in der Schuh-Branche, viele starke Marken, die trotz – oder gerade wegen – der Fabrikation in Kleinserien national und international bekannt sind. Die Marktmacht der kleinen Herstellerunternehmen des Wirtschaftszweiges Fleischverarbeitung – die durchschnittliche Betriebsgröße beträgt etwas über 12 Beschäftigte – liegt zwar höher als in der Schuh-Branche, kommt aber wegen der regionalen Begrenzung ihrer Produkte nicht an die der Uhren-Branche heran. Eine besondere Situation liegt bei der Branche Büromaschinen vor. Die Hälfte der schriftlich befragten Experten geht von einer Dominanz großer Unternehmen aus. Allerdings sind dies keine deutschen Produzenten: „An Großunternehmen gibt es in Deutschland nur noch Siemens. Die anderen importieren nur und stellen Geräte in den Markt" (Ü5).

Wenn Preisänderungen eines einzelnen Herstellerunternehmens Preisreaktionen der Konkurrenz nach sich ziehen, weist dies auf einen niedrigen Preissetzungsspielraum innerhalb einer Branche hin. Abbildung 35 stellt die Ergebnisse der schriftlichen Befragung zu Preisreaktionen durch Konkurrenzunternehmen dar. Bei der Interpretation ist jedoch zu beachten, dass umgekehrt eine Nichtreaktion zwei gegensächliche Ursachen haben kann: In der Fleischverarbeitung hofft die nicht reagierende Konkurrenz (85% der Befragten rechnen mit einem Ausbleiben von Preisreaktionen), dass sich der Preissetzer auf Grund zu knapp kalkulierter Margen aus dem Markt verabschiedet. Anders liegt der Fall in der Uhren-Branche. Auch dort geht mit 80% der überwiegende Teil der Befragten von keinen Preisreaktionen aus. In dieser Branche sind die Produkte aber so differenziert, dass eine Preisveränderung sich kaum auf den Umsatz der Konkurrenzunternehmen auswirkt.

Abbildung 35: Preisreaktionen von Konkurrenzunternehmen nach Branchen

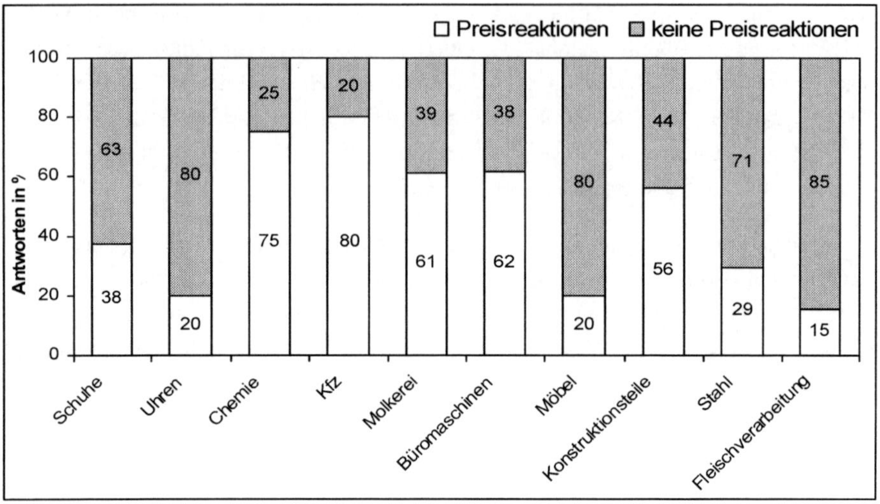

Tabelle 18 stellt die Mittelwerte der Einschätzungen des Preissetzungsspielraumes in den einzelnen Branchen gegenüber. Der Preissetzungsspielraum hängt mit der Preiselastizität zusammen: Bei sehr hoher Preiselastizität ist ein Unternehmen ein reiner Preisnehmer. Umgekehrt kann es bei niedriger Preiselastizität Preise gewinnmaximierend beeinflussen. Allerdings variieren die Angaben zu den Preissetzungsspielräumen wenig zwischen den Branchen. Die Spannweite reicht lediglich von „durchschnittlich" (3,08: Büromaschinen) bis „gering" (3,93: Möbel). Diese durchgehend durchwachsene Einschätzung ist unisono unter dem Gesamteindruck der schwachen konjunkturelle Entwicklung Deutschlands zum Zeitpunkt der Befragung (April bis November 2004) zu sehen. Dies – in Zusammenhang mit einem fehlenden konkreten Bezugswert – ist auch eine Erklärung dafür, warum sich die Mittelwerte nicht statistisch signifikant zwischen den Branchen unterscheiden (siehe dazu in Tabelle 16, Frage A3).

Tabelle 18: Mittelwerte der Preissetzungsspielräume nach Branchen

	Schuhe	Uhren	Chemie	Kfz	Molkerei	Büromaschinen	Möbel	Konstruktionsteile	Stahl	Fleischverarbeitung
Mittelwert	3,44	3,20	3,50	3,36	3,84	3,08	3,93	3,88	3,78	3,62
n	16	15	18	14	19	13	15	16	18	13

1: „sehr hoch" 2: „hoch" 3: „durchschnittlich" 4: „gering" 5: „sehr gering"

Die Preiselastizität der Nachfrage σ ist definiert über die Mengenänderungen durch eine Erhöhung beziehungsweise Senkung des Herstellerabgabepreises um plus zehn Prozent beziehungsweise um minus zehn Prozent (siehe Kapitel 5.2). Die Verteilung der schriftlichen Angaben dazu geben Boxplotdiagramme (siehe Abbildung 36 und Abbildung 37) wieder. In den Diagrammen beinhalten die einzelnen „Kasten“ alle Angaben die zwischen dem 25%- und dem 75%-Quartil liegen. Die innere Querlinie repräsentiert den Median. Extremwerte, die mehr als die dreifache Kastenlänge außerhalb der Box liegen, sind in den Diagrammen mit einem Stern markiert; Werte, die mehr als anderthalb Kastenlängen außerhalb der Box liegen, mit einem Kreis (vgl. Bühl/Zöfel 2005, S. 226). In beiden Fällen handelt es sich um Extremwerte beziehungsweise Ausreißer, die in den Interviews einer qualitativen Prüfung unterzogen werden.[166] Falls die Ausreißer in den Experteninterviews inhaltlich abgelehnt wurden, sind sie in die Analyse nicht mit eingegangen. Sie sind dann mit einem größeren Kreis markiert. Die Situation stellt sich in den einzelnen Branchen wie folgt dar:

Abbildung 36: Rückgang des Mengenabsatzes bei einer Preiserhöhung um zehn Prozent

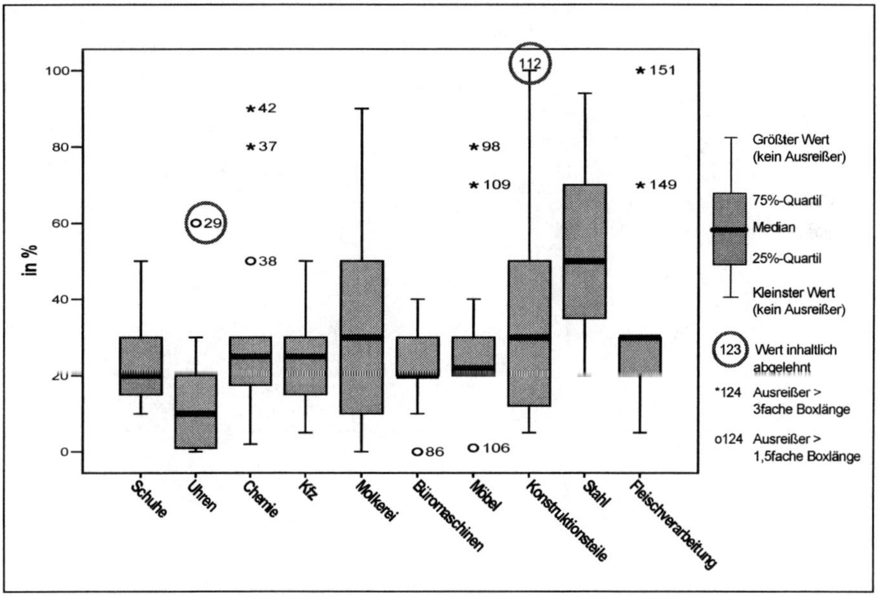

166 Die jeweils zugeordnete Zahl steht dabei für die Nummer des Fragebogens.

Herstellung von Schuhen

Abbildung 37 kennzeichnet den Wert „o11“ (Zunahme des Mengenabsatzes um 40% bei einer Preissenkung um zehn Prozent) als statistischen Ausreißer. Die interviewten Experten verwerfen ihn inhaltlich aber nicht: Zumindest für „Standardartikel“ (S4) und auf Grund von „starren Eckpreisen“ (S3) können Absatzänderungen in dieser Größenordnung auftreten. Die Mittelwerte aus der schriftlichen Befragung von 23,3% Verkaufsrückgang bei zehnprozentiger Preiserhöhung und 16,7% Verkaufssteigerung bei zehnprozentiger Preisreduktion (siehe Tabelle 19), sind „in Ordnung für die Branche“ (S3).

Abbildung 37: Zunahme des Mengenabsatzes bei einer Preissenkung um zehn Prozent

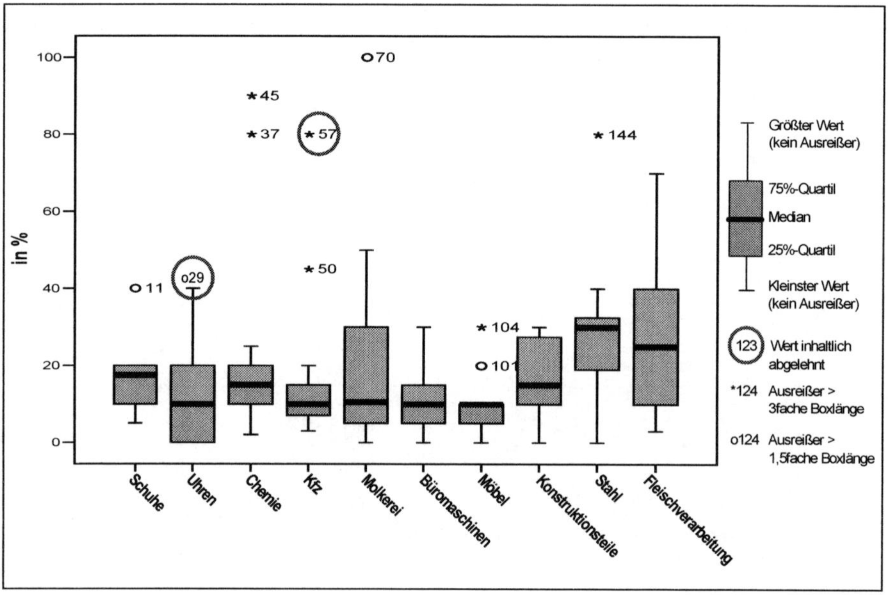

Herstellung von Uhren

Alle interviewten Experten beurteilen den Ausreißer „o29“ aus Abbildung 36 und den Wert „29“[167] aus Abbildung 37 – der im übrigen aus dem gleichen Rückläufer stammt

[167] Es handelt sich statistisch gesehen nicht um einen Ausreißer, sondern lediglich um den Maximalwert der Verteilung.

– übereinstimmend als unplausibel. Beide Werte fließen nicht in die Mittelwertbildung ein. Weiterhin bewerten die interviewten Experten die Mittelwerte der Preiselastizitäten aus der schriftlichen Befragung von 14,6% Mengenrückgang bei zehnprozentiger Preiserhöhung und 13,1% Mengenzuwachs bei zehnprozentiger Preissenkung als zu hoch. Eine Veränderung des Absatzes um maximal plus/minus zehn Prozent bezeichnen alle Experten bei einer Preisänderung mit umgekehrtem Vorzeichen als realistisch. Die Hersteller deutscher Marken-Uhren verfügen über eine stabile Kundschaft, die eine imageträchtige Markenuhr relativ unabhängig vom Preis „wollen oder nicht" (U2). Auf der anderen Seite gibt es noch einige Hersteller von Massenuhren, „die sich auf einen Preiskampf eingelassen haben" (U4). Damit können die ohne die beiden Ausreißer neu berechneten Mittelwerte (siehe Tabelle 19) von 10,4% (Mengenrückgang bei zehnprozentiger Preiserhöhung) und 10,2% (Mengenzuwachs bei zehnprozentiger Preissenkung) beibehalten werden.

Herstellung von chemischen Grundstoffen

In der Chemie sind die insgesamt fünf statistischen Ausreißer aus den beiden Abbildungen auf Grund der Homogenität und Austauschbarkeit eines Teils des Produktangebotes „zu erwarten" (C2). Die Experten bestätigen auch die resultierenden Mittelwerte von 30,8% und 23,1%.

Herstellung von Kfz und Motoren

Einer der beiden Ausreißer aus Abbildung 37 – und zwar„*57" – wird gestrichen. Die Experten können sich eine Steigerung des Verkaufes um 80% „nicht vorstellen" (K3). Dagegen wird „*50" beibehalten: Eine Absatzzunahme von bis zu 50% ist in der Volumenproduktion „für einzelne Segmente" möglich (K4). Die resultierenden Mittelwerte von 23,8% und 13,4% „kann man sich vorstellen" (K3) und sind „in Ordnung" (K5).[168]

Molkerei und Käserei

Den extremen Ausreißer „o70" aus Abbildung 37 bestätigen die Experten inhaltlich: Bei nicht „differenzierten Produkten" wie Milch und Basisschnittkäse kann es „zu extremen Reaktionen" (M4), durch ein „Alles-oder-Nichts-Spiel mit dem Handel" (M5)

[168] Allerdings kritisieren die Befragten Preissprünge von zehn Prozent als in der Praxis nicht durchsetzbar.

kommen. „Da sind 100% [Rückgang] möglich“ (M3). Andererseits liegt der Verkaufsrückgang „bei Nischen und Marken nur bei circa zehn bis zwanzig Prozent“, so dass die beiden Mittelwerte der schriftlichen Auswertung von 35,9% und 21,2% (siehe Tabelle 19) insgesamt bestätigt werden. Seit 1987 ist der „Preissetzungsspielraum [...] viel enger geworden“ (M1). Vor allem die Konzentration auf Handelsseite und der Wettbewerb der Discounter haben die Preiselastizität seit Anfang der 1990er Jahre nach oben getrieben. Dazu kommt eine Zunahme der Handelsmarken als reine Billigmarken, die sich auf Kosten der alteingesessenen Marken entwickeln. Begrenzt wird der Anstieg der Preiselastizität dagegen durch die gestiegene Anzahl der Produkte in der Branche. Insgesamt wird die Zunahme der Preiselastizität zwischen 1987 und 2002 auf circa 25% geschätzt.

Herstellung und Reparatur von Büromaschinen

Den statistischen Ausreißer „o86“ aus Abbildung 36 bestätigen die Experten als inhaltlich korrekt: Bei bestimmten Systemprodukten sind Preiserhöhungen „kein Problem“ (B1) und führen auf Grund von Kundenbindungen nicht zu einem Nachfragerückgang. Ein Mengenrückgang von maximal 20% wird nur dann erreicht, wenn nicht differenzierte „Stangenprodukte“ (B1) berücksichtigt werden. Dort sind direkte Preisvergleiche möglich. Allerdings ist die Produktion standardisierter Büromaschinen in Deutschland seit Mitte der 1980er stark zurückgegangen, so dass die beiden Mittelwerte von 21,7% und 11,0% den Experten plausibel erscheinen. Die Richtung, in die sich die Preiselastizität seit 1987 bis 2002 bewegt hat, ist bei den Büromaschinen schwierig zu bestimmen, da sich verschiedene Entwicklungen überlappen:

- Die Nachfrage nach Büromaschinen ist seit 1995 zurückgegangen, einhergehend mit einem Preisverfall seit den 1980ern. Dies hat einen Anstieg der Preiselastizität zur Folge.
- Mechanische Produkte wurden durch Mikroelektronik, die kaum noch in Deutschland produziert wird, ersetzt. Damit nehmen für die in Deutschland verbliebenen Herstellerunternehmen die Bedeutung vergleichbarer Stangenprodukte ab und die von preisunelastischen Serviceleistungen zu. Daraus resultiert ein Rückgang der Preiselastizität.
- Individuell angepasste Dienstleistungsanteile wie Systemkonfiguration oder nachgelagerte Wartung werden immer wichtiger. Auch dies reduziert die Preiselastizität.

Trotz der unterschiedlichen Entwicklungen gehen die Experten geschlossen davon aus, dass die Preiselastizität seit Mitte der 1980er Jahre leicht zugenommen hat. Der Anstieg der Preiselastizität seit 1987 wird auf circa zehn Prozent geschätzt.

Herstellung von Möbeln

Die Experten beanstanden die statistischen Ausreißer „o106“ aus Abbildung 36 sowie „*104“ und „o101“ aus Abbildung 37 nicht. Bezüglich der Extremwerte „*98“ und „*109“ (80% und 70% Mengenrückgang in Abbildung 36) gehen die Meinungen der Experten auseinander. Zwei der Experten halten einen Verkaufsrückgang von 80% für „nicht nachvollziehbar“ (Ö3). Drei Experten sind der Meinung, dass 80% deshalb möglich sind, weil man bei Preiserhöhungen von den marktmächtigen Einkaufsverbänden „vollständig ausgelistet“ (Ö2) werden kann. Nach den in Kapitel 5.5.2 formulierten Regeln zur Auswertung der qualitativen Inhaltsanalyse mittels der skalierenden Strukturierung, bleiben beide Werte erhalten. Die die Ausreißer einschließenden Mittelwerte von 31,0% und 9,4% bestätigen die Experten „als realistisch“ (Ö5).

Herstellung von Konstruktionsteilen aus Holz

In dieser Branche sind die Antworten zum Rückgang des Mengenabsatzes (Abbildung 36) stark gestreut. Rein statistisch liegen aber keine Ausreißer vor. Trotzdem bezeichnen vier der fünf befragten Experten den Wert von 100% als „unglaubhaft“ und „Frustrationsantwort“ (H4). Die Angabe von 100% wird deshalb gestrichen. Gleichwohl liegt der neue (Mittel-) „Wert grundsätzlich zwischen 20% und 40%“ (H2).

Stahl- und Leichtmetallbauteile

Den statistischen Ausreißer „*144“ aus Abbildung 37 belegen die interviewten Experten inhaltlich: Die hohe Streuung der Antworten ist eine Folge der Unsicherheit bei Preiskalkulationen für kundenindividuelle Produkte. Wegen des Vergleichs verschiedener Kostenvoranschläge durch den Kunden, kann es bei Preiserhöhungen auch zu extremen Umsatzrückgängen kommen. Die breite Verteilung der Antworten „würde sich auch bei einer größeren Menge an Befragten nicht ändern“ (L2). Insgesamt bestätigen die Experten die Mittelwerte aus der schriftlichen Befragung von 54,3% und 27,9 als „sinnvoll“ (L4) und „okay“ (L3).

Schlachten und Fleischverarbeitung

Die beiden Ausreißer „*151“ und „*149“ aus Abbildung 36 fließen in die Mittelwertbildung ein. Auch in dieser Branche kann eine Preiserhöhung – wie bei Molkerei – zu einer Auslistung des Herstellers durch die Einkaufsverbände des Lebensmitteleinzelhandels führen. Die hohen Durchschnittswerte der Mengenänderungen von 35% und 30% werden für die Branche insgesamt bestätigt. Allerdings merken die Experten an, dass der Markt zwischen „Ladenmetzger“ (F2) und Großunternehmen eigentlich „zweigeteilt“ (F2, F3) ist.

In Tabelle 19 sind die Mittelwerte der Mengenänderungen in den einzelnen Branchen aufgeführt. Auch nach der Streichung der Ausreißer in den einzelnen Branchen zeigt der H-Test nach Kruskal und Wallis (vgl. Bühl/Zöfel 2005, S. 304ff.) weiterhin statistisch höchst-signifikante Unterschiede bei den Mengenänderungen zwischen den Branchen an.[169] Es fällt auf, dass die Angaben für den Mengenrückgang bei einer zehnprozentigen Preiserhöhung in allen Branchen – und dies zum Teil deutlich – höher liegen als die für die Mengensteigerung bei einer zehnprozentigen Preissenkung. Der Durchschnitt aller Branchen beläuft sich beim Mengenrückgang auf 30,3%, während er bei der Mengensteigerung nur 18,6% erreicht. Den Unterschied begründeten die Experten mit:

- Kundenbindung (in den Branchen Schuhe, Kfz, Chemie)[170]
- Systembindung (Büromaschinen, Stahl)
- Preisverfall durch Überkapazitäten (Schuhe, Chemie, Konstruktionsteile, Büromaschinen, Molkerei, Möbel, Stahl)
- Preisverfall durch Konzentration im Handel, was die Marktmacht der Herstellerunternehmen schwächt (Molkerei, Möbel, Fleischverarbeitung)[171]

---

[169] Siehe dazu auch Tabelle 16 oben. Sie zeigt bei „A4“ (Absatzrückgang) und „A5“ (Absatzzunahme) die Signifikanz der Unterschiede vor Streichung der Ausreißer an.

[170] Die Wirkung von Kundenbindung illustriert ein Experte aus dem Bereich Herstellung von Kfz und Motoren (K3): „Ist z. B. Audi zu teuer, dann weicht man auf VW aus. Man weicht aber nicht aus, wenn VW seine Preise senkt und man mit Audi zufrieden ist und der seine Preise konstant hält.“

[171] Ein Preisverfall, ob durch Überkapazität oder Konzentration im Handel, sorgt für ein „Race-to-the-bottom“. Laut der Experten haben Preiserhöhungen in dieser Situation sehr viel stärkere negative Wirkungen als Preissenkungen positive Wirkungen. Bei Preissenkungen zieht die Konkurrenz aus Auslastungsgründen mit, auch wenn die neuen Preise die gesamten Kosten nicht decken.

Tabelle 19: Preiselastizitäten der Branchen[172]

Branche	Mengenrückgang (ΔPreis: +10%)	n	Mengensteigerung (ΔPreis: -10%)	n	σ
2002					
Uhren	10,4 %	14	10,2 %	13	**1,0**
Büromaschinen	21,7 %	9	11,0 %	10	**1,6**
Kfz	23,8 %	12	13,4 %	11	**1,9**
Schuhe	23,3 %	12	16,7 %	12	**2,0**
Möbel	31,0 %	13	9,4 %	14	**2,0**
Konstruktionsteile	28,9 %	14	16,9 %	15	**2,3**
Chemie	30,8 %	15	23,1 %	15	**2,7**
Molkerei	35,9 %	17	21,2 %	18	**2,9**
Fleischverarbeitung	34,1 %	11	31,3 %	10	**3,3**
Stahl	54,3 %	15	27,9 %	15	**4,1**
Insgesamt	*30,3 %*	*74*	*18,6 %*	*75*	**2,4**

Aus den beiden genannten Mittelwerten berechnet sich die Preiselastizität.[173] Die Berücksichtigung sowohl des Rückgangs als auch der Zunahme des Mengenabsatzes bereinigt σ um Verzerrungen, die aus kurzfristigen konjunkturellen Einflüssen resultieren (siehe dazu 5.2). Ein paarweiser Abgleich der zehn Branchen mittels des U-Tests nach Mann und Whitney[174] (vgl. Bühl/Zöfel 2005, S. 294ff.) offenbart für σ signifikante Unterschiede zwischen den einzelnen Branchen. Die Preiselastizität liegt in der Uhren-Branche mit σ=1,0 signifikant (auf 5% Niveau) niedriger als in allen anderen Branchen mit Ausnahme der Büromaschinen (σ=1,6). In der Branche Stahl erreicht σ mit 4,1 einen signifikant höheren Wert als in allen anderen Branchen mit Ausnahme von Fleischverarbeitung (σ=3,3). Damit sind zumindest drei unterschiedliche Bereiche

172 Die Werte der Preiselastizitäten haben in den beiden Branchen Molkerei und Büromaschinen zwischen 1987 und 2002 um 25% beziehungsweise um zehn Prozent zugenommen. Im Jahr 1987 betrug σ somit 2,3 beziehungsweise 1,5.

173 Die Preiselastizität berechnet sich aus der Mengenänderung in Prozent durch die Preisänderung in Prozent. Da beide Mengenänderungen gleichermaßen einfließen ergibt sich
σ= [{|Mengenrückgang| + |Mengensteigerung|}/10%]/2

174 Da nur vier der zehn Branchen hier eine Normalverteilung aufweisen, findet ein nichtparametrischer Test Anwendung.

statistisch abgesichert: Eine niedrige Preiselastizität bei Uhren, eine hohe bei Stahl und ein mittleres Niveau bei den verbleibenden acht Branchen.[175]

5.6.3 Fixkosten α und variable Kosten β

Die Ausprägungen von α und β beeinflussen die langfristigen Gleichgewichte der Modelle nicht. Allerdings lassen sich über den Zusammenhang

$$(\alpha/\beta x) + 1 = \sigma/(\sigma-1)$$

die Preiselastizitäten σ der einzelnen Branchen überprüfen (siehe dazu Kapitel 3.7). Bedauerlicherweise sind die Ergebnisse der schriftlichen Befragung zu diesem Themenbereich (siehe Anhang H, Frageblock C) überwiegend unbefriedigend.[176] Dies liegt nicht zuletzt daran, dass die „Differenzierung in variable und fixe Kosten [...] als relativ zu bezeichnen ist" und sowohl von der betrieblichen Situation wie auch vom Zeithorizont abhängt (Coenenberg 1999, S. 53ff.): Langfristig können alle Kosten als variabel angesehen werden. Auch existieren innerhalb der Branchen keine einheitlichen Standards. Dies macht es für die Experten unklar, welche Kosten als variabel und welche als fix anzusehen sind. Lediglich die konkreter gestellte Frage nach der Höhe der Investitionen für einen Arbeitsplatz in einem neu zu schaffenden durchschnittlich großen Betrieb (Frage C1), konnte von den Experten – wie die anschließenden Interviews bestätigten – valide beantwortet werden. Da dies allein aber nichts über das Verhältnis zu den variablen Kosten aussagt, muss auf Sekundärdaten des Statistischen

---

175 Da die Interviews aber gezeigt haben, dass die die Preiselastizität zwischen Branchen des mittleren Niveaus wie beispielsweise Kfz und Fleischverarbeitung allein auf Grund der unterschiedlichen Art der Produkte verschieden sind, werden die Simulationen des folgenden Kapitel 6 mit mehr als drei unterschiedlichen Preiselastizitäten arbeiten.

176 Zum einen unterscheiden sich die Branchen bei den Antworten auf C2 und C3 statistisch nicht voneinander (siehe Tabelle 16), was bei so unterschiedlich kapitalintensiven Branchen wie z. B. der „Herstellung von chemischen Grundstoffen" und der „Herstellung von Uhren" unwahrscheinlich erscheint. Zum anderen korrelieren die Werte für C3 und für C2/C1 leicht negativ miteinander (gemessen mit der Rangkorrelation nach Spearman, vgl. Bühl/Zöfel 2005, S. 324). Beide drücken jedoch jeweils das Verhältnis variable Kosten zu Fixkosten aus. Die mangelnde Validität der Ergebnisse zu den Fragen C2 und C3 haben auch die Experteninterviews bestätigt. Es wurde klar, dass die Befragten überwiegend nicht in der Lage waren, Kostenrelationen für die Branche anzugeben. Dies erklärt auch den geringen Anteil gültiger Antworten aus der schriftlichen Befragung. Er liegt je nach Branche lediglich zwischen zehn und 40 Prozent.

Bundesamtes (2004b)[177] zurückgegriffen werden. Die fixen und variablen Kosten der einzelnen Branchen lassen sich über eine Aufteilung der Komponenten des Bruttoproduktionswertes, also des Umsatzes (ohne Umsatzsteuer), der Branchen ermitteln (vgl. für die Aufteilung des Bruttoproduktionswert nach einzelnen Bestandteilen Statistisches Bundesamt 2004b, S. 10). Betrachtet man die Summe aus Fremdkapitalzinsen, Grundrente und Unternehmereinkommen als Kapitalkosten, so lässt sich der Bruttoproduktionswert mit den gesamten Kosten gleichsetzen. Die Abschreibung und Kapitalkosten sind den fixen Kosten α zuzuordnen, während der Materialverbrauch, der Einsatz an Handelsware, die Kosten für Lohnarbeit, das Bruttoeinkommen aus unselbständiger Arbeit, die sonstigen Vorleistungen sowie Steuern und Subventionen als variable Kosten βx gelten (vgl. dazu Coenenberg 1999, S. 52ff.).

Allerdings berücksichtigen die Sekundärdaten nur die Kostenstrukturen von Betrieben mit mehr als 20 sozialversicherungspflichtig Beschäftigten. Dies kann insbesondere in den Branchen mit relativ kleinen durchschnittlichen Betriebsgrößen zu Verzerrungen führen. Ein Abgleich der Fixkosten aus den Sekundärdaten des Statistischen Bundesamtes mit den Fixkosten aus der Primärerhebung soll dies überprüfen: Die schriftlichen gewonnenen Daten der „Investitionen pro neu geschaffenen Arbeitsplatz" wurden in den Interviews bereinigt und führen zu den in Tabelle 20 aufgelisteten Mittelwerten für die einzelnen Branchen[178]. Durch Multiplikation mit den insgesamt sozialversicherungspflichtig Beschäftigten der jeweiligen Branchen im Jahr 2002 (Daten der Bundesanstalt für Arbeit 2003b,d) ergeben sich die „Investitionen insgesamt" (siehe wiederum Tabelle 20). Sie sind ein Proxy für die anfallenden Fixkosten.

Die Werte korrelieren mit einem Korrelationskoeffizienten nach Spearman von 0,952 statistisch hochsignifikant mit den tatsächlichen Fixkosten (Spalte „Fixe Kosten α" in Tabelle 20), die sich als Summe der Abschreibungen und der Unternehmensgewinne (Kapitalkosten) aus Sekundärdaten des Statistischen Bundesamts (2004b) berechnen

[177] Die Daten beziehen sich auf das Jahr 2001. Daten für 2002 liegen nicht vor, da die Fachserie nach 2001 eingestellt wurde.

[178] Die Werte unterscheiden sich zwischen den Branchen statistisch höchst signifikant. Auf die Darstellung der qualitativen Unterfütterung wird an dieser Stelle verzichtet, da die erhobenen Daten lediglich zur Validierung der Sekundärstatistik des Statistischen Bundesamtes dienen und zur Modellsimulation nicht herangezogen werden.

lassen. Diese sehr hohe Korrelation bestätigt eine weitgehende Kongruenz der Primärerhebung mit den Sekundärdaten des Statistischen Bundesamtes.[179]

Tabelle 20: Fixe und variable Kosten der Branchen

Branche	Investitionen pro neuem Arbeitsplatz [1] in €	Investitionen insgesamt[2] in 1000€	Fixe Kosten α Abschreibungen und Gewinn insgesamt [3] in 1.000 €	Variable Kosten βx Material, Vorleistungen, Löhne, Steuern [3] in 1.000 €
2002				
Schuhe	100.000	1.745.400	126.527	2.283.748
Uhren	60.000	305.460	78.858	521.655
Chemie	1.005.000	183.477.825	7.072.465	60.606.910
Kfz	210.000	95.902.800	2.390.207	202.060.323
Molkerei	240.000	8.292.480	954.890	18.419.541
Büromaschinen	65.000	514.670	22.762	987.095
Möbel	130.000	22.768.330	757.225	18.373.231
Konstruktionsteile	100.000	7.278.100	204.848	5.411.178
Stahl	65.000	12.484.160	1.007.233	15.010.862
Fleischverarbeitung	150.000	26.880.150	1.225.684	21.408.773
1987				
Molkerei	120.000	5.457.120	364.311	11.126.576
Büromaschinen	100.000	2.134.300	50.473*	993.758

[1] Eigene Erhebung, Zahlen auf 5.000€ gerundet

[2] Investitionen pro Arbeitsplatz multipliziert mit der Anzahl der sozialversicherungspflichtig Beschäftigten der jeweiligen Branchen 2002

[3] Eigene Berechnungen auf Grundlage von Daten des Statistischen Bundesamtes (2004b, 1989d,e) für das Jahr 2001 und 1987.

* Nur Abschreibungen, da die Unternehmensgewinne Ende der 1980er Jahre negativ waren.

Aus den auf Sekundärdaten basierenden fixen und variablen Kosten α und βx (siehe Tabelle 20) lässt sich der Term $\alpha/(\beta x)+1$ berechnen. Die Werte für $\alpha/(\beta x)+1$ und $\sigma/(\sigma-1)$ der einzelnen Branchen (siehe für σ Tabelle 19 oben) korrelieren mit einem

[179] Unter Einbeziehung der Daten des Jahres 1987 (siehe Tabelle 20) bleibt der Zusammenhang mit einem Korrelationskoeffizienten von Spearman von 0,748 weiterhin hoch und hochsignifikant. Das Absinken der Korrelation ist auf die besondere Situation bei den Büromaschinen zum Ende der 1980er Jahre zurückzuführen. Zu dieser Zeit waren die Unternehmensergebnisse negativ und Fremdkapitalzinsen konnten nicht bedient werden. Dies führte letztlich auch zum massiven Stellenbau in der Branche (siehe dazu Tabelle 11 oben). Aus diesen Gründen bleiben die Zahlen von 2002 maßgeblich.

Korrelationskoeffizienten nach Pearson[180] von 0,725 hoch und statistisch signifikant. Die hohe Korrelation lässt sich zweifach interpretieren: Zum einen belegt sie eine gewisse Reliabilität der erhobenen Daten für die Preiselastizität, und zum anderen ist sie ein Indiz für die Gültigkeit des in den Modellen postulierten Zusammenhanges $\alpha/(\beta x)+1 = \sigma/(\sigma-1)$.

5.6.4 Lohnelastizität η und räumliche Mobilität der Arbeitskräfte

Im Mittelpunkt des Kapitels steht die Erfassung der Branchenparameter für die Lohn-Elastizität des Arbeitskräfteangebotes η. Weiterhin soll die räumliche Mobilität von Arbeitskräften zwischen den Branchen unterschieden werden.

Die Lohnelastizität η

Die Lohnelastizität oder sektorale Mobilität η ist definiert als die prozentuale Zunahme des Arbeitskräfteangebotes in einer Branche auf Grund einer einprozentigen Lohnerhöhung. Das zusätzliche Angebot stammt dabei aus anderen Wirtschaftszweigen, da die Gesamtmenge der Arbeit als konstant angesehen wird (vgl. Puga 1999). Limitierender Faktor des Arbeitskräfteangebotes sind vor allem das branchenspezifische Wissen und die Qualifikation. Sie sind grundlegende Vorraussetzungen für die Ausübung der Tätigkeiten durch die Arbeitnehmer (siehe Kapitel 5.2). Dieses notwendige Qualifikationsniveau erfasst ein Qualifikationsindex (QI), der sich aus den Anteilen der Arbeitskräfte nach ihren Abschlüssen (siehe dazu die Fragen B1a,b,c in Anhang H) und den notwendigen Einarbeitungszeiten für Facharbeiter (Frage B4) zusammensetzt.

Die „Anteile der Beschäftigten nach deren Berufsabschlüssen" in den jeweiligen Branchen sind in Tabelle 21 dargestellt. Auffällig ist das vergleichsweise hohe Qualifikationsniveau in den Branchen Chemie und Kfz. Auf Grund hoher Innovation und Automatisierung ist dort der Anteil der Akademiker und der Facharbeiter an der Gesamtbeschäftigung im am höchsten. Das niedrigste Qualifikationsniveau hinsichtlich der Abschlussart ist in der Schuh-Branche zu finden: „Lediglich 40 bis 50% der Beschäftigten sind Fachpersonal" (S1), was vor allem an der arbeitsteiligen und arbeitsintensiven Produktion liegt. Auch im Wirtschaftszweig Fleischverarbeitung stellt die Fließbandproduktion mit einzelnen wiederkehrenden Arbeitsschritten den Grund

[180] In diesem Fall kann ein parametrischer Test verwendet werden, da die Werte ausreichend normalverteilt sind (vgl. Bühl/Zöfel 2005, S. 322ff.).

für den hohen Anteil an ungelernten Arbeitnehmern dar. Eine Ausnahme bilden Kleinbetriebe, in denen der Anteil von Fachkräften (Metzgern) oftmals höher liegt.

Die Einarbeitungszeiten für Branchenfremde sind zwischen den Branchen statistisch signifikant unterschiedlich (siehe dazu Tabelle 16 oben). Abbildung 38 stellt die Verteilung der Expertenangaben in Form von Boxplottdiagrammen für die einzelnen Branchen dar. Es liegen insgesamt drei statistische Ausreißer vor. Sie werden in den Interviews wie folgt inhaltlich bestätigt:

„o55": In der Kfz-Produktion sind einzelne Arbeitsplätze „schon nach vier Wochen" beherrschbar (K5).

„o80": In der Branche Molkerei und Käserei gibt es „einfache Arbeitplätze, die Einarbeitungszeiten von maximal zwei Monaten benötigen" (M1).

„o160": Um einen Metzger vollwertig zu ersetzen, können „Einarbeitungszeiten von mindestens einem Jahr notwendig" sein (F2).

Abbildung 38: Einarbeitungszeiten branchenfremder Facharbeiter

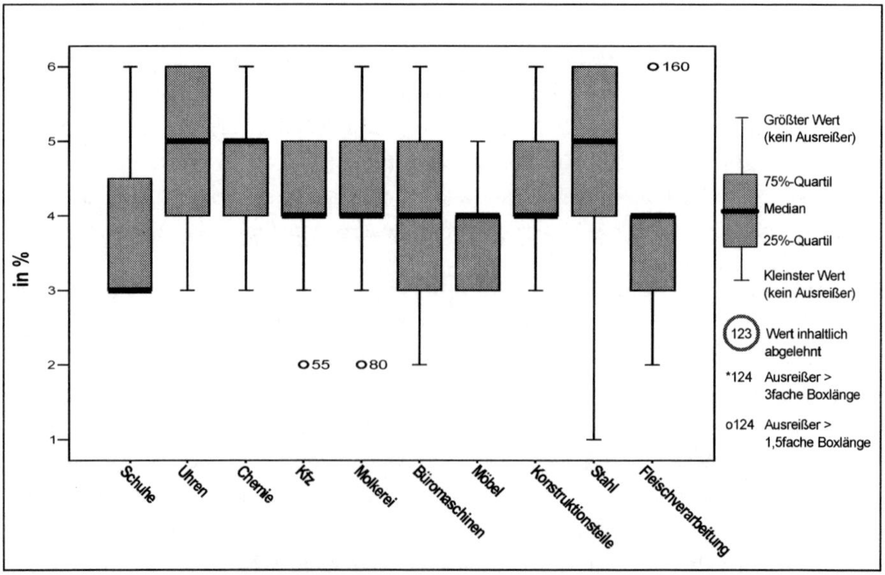

Ordinatenwerte: 1: "kürzer als eine Woche" 2: „1 bis 4 Wochen" 3: „1 bis 2 Monate" 4: „3 bis 6 Monate" 5: „7 bis 12 Monate" 6: „länger als 12 Monate"

Die resultierenden Mittelwerte sind in Tabelle 21 in der Spalte „Anlernzeit in Wochen“ aufgeführt. Sie liegt in den Branchen Chemie mit circa 43 Wochen, Uhren mit 41 Wochen und Stahl mit 39 Wochen deutlich am höchsten.[181] Unterdurchschnittliche Einarbeitungszeit von weniger als 30 Wochen weisen die Branchen Möbel mit 17 Wochen, Schuhe mit 21 Wochen und Fleischverarbeitung mit 23 Wochen auf. Die Experten bestätigen diese Mittelwerte inklusive der relativ niedrigen Einarbeitungszeit im Wirtschaftszweig Kfz (25 Wochen). Zwar entspricht dort das Qualifikationsniveau hinsichtlich des Berufsabschlusses in etwa dem der „Chemie“, allerdings können Kfz-Facharbeiter in erheblich kürzerer Zeit ersetzt werden. Dies liegt an einem höheren Anteil wiederkehrender manueller Tätigkeiten und damit „schnell zu beherrschender Arbeitsplätzen vor allem in Montagebetrieben“ (K5). Insgesamt bestätigen die interviewten Experten die aus der schriftlichen Erhebung gewonnenen Daten. Lediglich den Mittelwert der Anlernzeit in der Branche Molkerei korrigierten alle fünf interviewten Experten einhellig auf 20 Wochen nach unten.[182]

Tabelle 21: Qualifikation der Arbeitskräfte und Lohnelastizität nach Branchen

Branche	Akademiker in %	Facharbeiter in %	Ungelernte in %	Anlernzeit in Wochen	QI	η
Chemie	38	42	20	43	1,19	**1,0**
Kfz	38	40	22	25	0,88	**1,9**
Uhren	23	47	30	41	0,84	**2,0**
Stahl	26	40	33	39	0,75	**2,1** *
Büromaschinen	31	39	30	30	0,74	**2,6**
Konstruktionsteile	26	38	36	32	0,58	**4,3**
Molkerei	27	39	34	20	0,48	**5,1** *
Fleischverarbeitung	25	34	40	22	0,38	**8,2** *
Möbel	26	38	36	17	0,36	**8,9** *
Schuhe	20	37	44	21	0,22	**28,8**
Insgesamt	*28*	*39*	*32*	*29*	*0,63*	***6,5***

*: η um 20% reduziert

[181] Die nach oben offene Angabe „Einarbeitungszeit länger als zwölf Monate“ wurde brancheneinheitlich mit 78 Wochen (18 Monaten) gewichtet.

[182] Die Antworten auf die Trichterfrage nach den Umständen, die einer Anwerbung Branchenfremder entgegenstehen können (siehe Anhang H, Frage B3), stützen die gewonnenen Mittelwerte der Anlernzeiten. Die Experten aus den Branchen Chemie, Stahl und Uhren nannten die Kategorien „fehlende Qualifikation“ und „zu lange Anlernzeiten“ zweimal häufiger, als die Experten der Branchen Möbel, Schuhe und Fleischverarbeitung.

Der QI fasst sowohl die Anteile der Arbeitskräfte nach Berufsabschlüssen als auch die Einarbeitungszeiten der Facharbeiter in einer Maßzahl zusammen (siehe Tabelle 21, Spalte „QI"). In den Index gehen additiv ein: der zweifach gewichtete Anteil der Akademiker, der mit den „normierten Einarbeitungszeiten" gewichtete Anteil der Facharbeiter sowie der Anteil der Ungelernten, der einfach negativ gewichtet wird. Die „normierten Einarbeitungszeiten" berechnen sich durch Division der absoluten Einarbeitungszeiten in den einzelnen Branchen mit dem Mittelwert aus allen zehn Branchen. Theoretisch kann bei einem 100%igen Anteil Ungelernter ein Indexwert von minus eins auftreten. Nach oben ist der Index offen.

Mit einem QI von 1,19 weist die Herstellung von chemischen Grundstoffen die mit Abstand höchsten Anforderungen an die Qualifikation ihrer Arbeitskräfte auf. Auf Grund der niedrigen durchschnittlichen Anlernzeiten steht die Kfz-Branche mit großem Abstand (QI=0,88) an zweiter Stelle, obwohl sich das Qualifikationsniveau hinsichtlich der Abschlüsse kaum von dem der Chemie unterscheidet. In der Uhren-Branche ist der Anteil der Facharbeiter am höchsten. Wegen der langen Anlernzeit von 41 Wochen erreicht der QI mit 0,84 dort den dritthöchsten Wert. In der Branche Stahl machen längere Einarbeitungszeiten den geringeren Anteil an Akademikern gegenüber den „Büromaschinen" wett. Längere Einarbeitungszeiten sind auch der Grund, weswegen der QI im Wirtschaftszweig Konstruktionsteile deutlich höher liegt als in der Branche Molkerei. Die niedrigsten Werte nimmt der Index in den Branchen Möbel (0,38), Fleischverarbeitung (0,36) sowie – mit Abstand – Schuhe (0,22) an. Ursächlich dafür sind sowohl die jeweils hohen Anteile an Ungelernten als auch die kurze Einarbeitungszeiten.[183] Auch die Werte des QI unterscheiden sich zwischen den Branchen signifikant. Sie liegen im Vergleich der Branchen bei Chemie und Kfz signifikant höher und bei Schuhen signifikant niedriger.[184]

Seit Mitte der 1980er Jahre konstatieren die Experten der Branche Molkerei und Käserei einen Anstieg der Ansprüche an die Qualifikation des Personals. Dieser resultiert sowohl aus einer komplexer gewordenen Prozesstechnik, einem gestiegen Automatisationsgrad als auch aus strengeren Hygienevorschriften. Deshalb „brauchte man in

[183] Die Werte des QI korrelieren stark (Korrelationskoeffizient nach Spearman: 0,732) und statistisch signifikant mit den Branchenwerten des Standortfaktors „Verfügbarkeit von Fachpersonal". Letztere sind in Tabelle 17 oben aufgeführt. Dies belegt die Annahme, dass das Arbeitskräfteangebot aus anderen Wirtschaftszweigen – und damit η – von den Qualifikationsanforderungen der „suchenden" Branche abhängt.

[184] U-Test nach Mann und Whitney. Die Variablen B1a,b,c und B4 aus den jeweiligen Fragebögen wurden eigens dazu zusammengefasst.

den Achtzigern nur die Hälfte der Anlernzeit“ (M1) und „es werden [heute] immer weniger Ungelernte eingesetzt“ (M3). In der Branche Herstellung und Reparatur von Büromaschinen hat sich die Qualifikation von der Mechanik zur Elektronik verschoben. Die Experten gehen überwiegend davon aus, dass die Anforderungen dadurch komplexer und die Anlernzeiten etwas länger geworden sind.

Die Experteninterviews machten deutlich, dass die Wirtschaftszweige mit den höchsten QI keine ungelernten Arbeitskräfte mehr einstellen. In diesen Branchen ist die intersektorale Mobilität vollkommen eingeschränkt. In den Wirtschaftszweigen mit einem niedrigen QI bereitet dagegen die Beschäftigung von Arbeitskräften aus anderen Branchen keine Probleme. Der Einfluss des Qualifikationsniveaus auf den Branchenzugang und somit die Lohnelastizität ist damit reziprok und überproportional. Diese Relation kommt in der Gleichung $\eta=1/(QI)^2$ zum Ausdruck.[185] Die so aus dem QI berechneten Branchenwerte der Variable η korrelieren hoch und statistisch hochsignifikant (Korrelationskoeffizient nach Pearson[186]: 0,776) mit der Häufigkeit der Antworten der Kategorien „fehlende Qualifikation“ und „Anlernzeiten zu lang“ der offen gestellten Frage B3 (siehe Anhang H) nach den Umständen, die einer Anwerbung Branchenfremder entgegen stehen können.

In den Wirtschaftszweigen Stahl, Molkerei, Möbel und Fleischverarbeitung häufen sich Antworten auf die Frage B3, die auf die Kategorien „unattraktive Arbeitsbedingungen“, „fehlende Motivation der Arbeitssuchenden“, und – spezifisch für den Wirtschaftszweig Fleischverarbeitung – „schlechtes Image“ fallen. Dies ist ein deutlicher Hinweis auf eine unterdurchschnittliche Attraktivität dieser Branchen für Arbeitnehmer, was auch die Experteninterviews bestätigen. Eine Reduzierung der sektoralen Mobilität η um 20% in diesen Branchen trägt den das Arbeitsangebot vermindernden Faktoren Rechnung (siehe Tabelle 21).

Aus den in den Experteninterviews gewonnenen Einsichten über die Veränderung des Qualifikationsniveaus der Arbeitnehmer zwischen 1987 und 2002 resultiert ein Rückgang der sektoralen Lohnelastizität um 45% in der Branche Molkerei und Käserei und um 20% in der Branche Herstellung von Büromaschinen. Für das Jahr 1987 ergeben sich damit Werte für η von 9,2 (Molkerei) und 3,2 (Büromaschinen).

---

[185] Zusätzlich wurden die Werte von η normiert, so dass der minimale Branchen-Wert (Herstellung von chemischen Grundstoffen) eins erreicht. Die relativen Abstände zwischen Branchen bleiben erhalten.

[186] Die Werte sind ausreichend normalverteilt.

Die räumliche Mobilität der Arbeitskräfte

Die räumliche Mobilität der Arbeitskräfte hat in Deutschland seit 1980 auf allen regionalen Ebenen zugenommen (vgl. Haas 2000, 2002). Im Vergleich mit den USA bleibt sie jedoch gering: Eichengreen (1993) schätzt die Lohnelastizität interregionaler Migration für die USA 25-mal höher ein als für Großbritannien. Eine Relation die für Deutschland mindestens gilt (vgl. Mion 2003, S. 11). Flächentarifverträge nivellieren regionale Lohnunterschiede. Zusätzlich reduziert bei Arbeitslosigkeit ein relativ dichtes soziales Netz die Anreize zum Ortswechsel. Wie sich die untersuchten Branchen hinsichtlich der räumlichen Mobilität des generell relativ statischen Arbeitsmarkts differenzieren, zeigt Tabelle 22. Dort sind die Einschätzungen der Experten aus der schriftlichen Befragung bezüglich der Möglichkeit regionsfremde Fachkräfte anzuwerben (siehe Anhang H, Frage B5) aufgeführt. Dies gestaltet sich in den Branchen Kfz, Büromaschinen, Stahl, Uhren und Konstruktionsteile „weder leicht noch schwierig". Dagegen ist in den Wirtschaftszweigen Chemie, Schuhe, Molkerei und Möbel eine Anwerbung „schwierig"[187].

Tabelle 22: Ausgleich eines Arbeitskräftemangels durch regionsfremde Facharbeiter nach Branchen

	Kfz	Büro-maschinen	Stahl	Uhren	Konstruk-tionsteile	Fleischver-arbeitung	Chemie	Schuhe	Molkerei	Möbel	*insg.*
Mittelwert	2,80	2,92	3,06	3,21	3,29	3,50	3,73	3,75	3,84	3,93	*3,42*
n	15	12	18	14	17	14	15	16	19	14	*154*

1: „sehr leicht möglich"2: „leicht möglich" 3: „weder noch" 4: „schwierig" 5: „sehr schwierig"

Eine Einteilung in zwei Branchengruppen mit unterschiedlicher Möglichkeit scheint hier sinnvoll, was auch der U-Test nach Mann und Whitney belegt. Er weist signifikante Unterschiede zwischen den drei Branchen mit der höchsten Mobilität und den vier Branchen mit der niedrigsten Mobilität auf. Die Interviews untermauern dieses Ergebnis zusätzlich. Sie bestätigen die relativ hohe Mobilität in den Branchen Kfz, Büromaschinen und Stahl. Dort seien Betriebs- und Ortswechsel vor allem bei Höherqualifizierten normal und üblich. Damit bilden genannte Branchen die Gruppe mit relativ hoher Mobilität.

Die zweite Gruppe mit relativ niedriger Mobilität setzt sich aus den verbleibenden Branchen zusammen. Die Experten aus der Branche Herstellung von Uhren widerspre-

[187] Die Branche Fleischverarbeitung liegt mit einem Mittelwert von 3,5 genau zwischen den beiden Kategorien.

chen einstimmig dem relativ niedrigen Mittelwert aus der schriftlichen Befragung. Die handwerklich geprägten Uhrmacher sind „sehr ortsgebunden“ (U1, U2), „traditionell bodenständig“ (U3) und nur „direkt nach der Lehre mobil“ (U5). Auch in der ebenfalls handwerklich geprägten Branche Konstruktionsteile gilt ein Ortswechsel wegen regionaler Bindungen und der ausgeglichenen „Lohn und Gehaltstruktur“ (H4) als „ausgeschlossen“ (H5). Die gleichen Gründe sprechen im Wirtschaftszweig Schlachten und Fleischverarbeitung gegen eine Umzugsbereitschaft der Fachkräfte. Auch in der „sehr konservativen Branche“ (C2) Herstellung von chemischen Grundstoffen ist ein Umzug nur bei Hochqualifizierten denkbar – und bleibt auch dort die Ausnahme. Dies liegt vor allem an den durch die Verbundstandorte vorhandenen „Alternativen in der Region“ (C1) sowie an dem firmenspezifischen Know-how. Nicht firmenspezifische, sondern regionsspezifisches Know-How geben die Experten der Branchen Möbel und Molkerei als Gründe für die interregionale Immobilität ihrer Arbeitnehmer an. Den Arbeitskräften der beiden Branchen sowie denen des Wirtschaftszweiges Herstellung von Schuhen bescheinigen die Experten zudem Ortsverbundenheit und Bodenständigkeit. Seit 1987 verzeichnen Molkereien und Käsereien sowie die Herstellerbetriebe von Büromaschinen gleichermaßen ein Ansteigen der räumlichen Flexibilität der Arbeitnehmer.[188]

5.6.5 Transportkosten T

„Die Absatzmarktnähe ist nicht relevant, weil das Material sowieso bewegt werden muss. Eine Tonne bleibt eine Tonne, fast egal wohin sie transportiert werden muss.“

Experte C4 aus der Branche Herstellung von chemischen Grundstoffen

Die Transportkosten des Produzierenden Gewerbes unterliegen verschiedenen Faktoren. Für die Experten stellen die Trichterfragen nach den Kostentreibern und der Distributionssituation (siehe Anhang H, Fragen D1, D2, D3) notwendige Vorüberlegungen dar, um die Höhe der Transportkosten in Bezug zum Warenwert abschätzen zu können.

[188] „Die regionalen Mobilitätsanteile bei Facharbeitern, Angestellten und den höheren Qualifikationsgruppen“ entwickelten sich in den 1990er Jahren in Deutschland überdurchschnittlich (Haas 2000, S. 6). Aus den Anteilen dieser Arbeitnehmergruppen (siehe Tabelle 21 oben) die regionale Mobilität der einzelnen Branchen ableiten zu wollen, greift, wie die Experteninterviews zeigen, jedoch zu kurz.

Tabelle 23 gibt die drei in der schriftlichen Befragung am häufigsten genannten Kostentreiber der jeweiligen Branchen wieder. Zusätzlich zeigt sie das Verhältnis des Warenwertes zum Warengewicht in € pro 1 Kilogramm (eigene Berechnung auf Grundlage von Zahlen des Statistischen Bundesamtes 2004a). Die am häufigsten genannten Kategorien sind „Lkw-Transport" und „lange Strecken", Kosten für „Verpackung" sowie ein „ungünstiges Verhältnis des Warenwertes zum Gewicht oder Volumen". Wie die Spalte „Warenwert in €/1kg" zeigt, ist das Warenwert-Gewicht-Verhältnis produktabhängig. Es reicht von 0,99€/kg für Molkereiprodukte bis zu 133,64€/kg für Uhren und Uhrenteile. Als weitere Kostentreiber wurden „Kleinchargen", „Leerfahrten" oder „Feindistribution" von den Experten genannt. Sie weisen auf den Einfluss der Art der Nachfrage hin. Mit zunehmender Liefermenge, Planbarkeit und Regelmäßigkeit sinkt der relative Distributionsaufwand. Er ist bei Großabnehmern wie dem Handel, dem Staat oder den Industrieunternehmen potenziell am geringsten. Dagegen verursacht eine direkte und normalerweise einmalige Belieferung von Endverbrauchern mit kleinen Lieferchargen höhere Kosten.

Tabelle 23: Kostentreiber des Transportes nach Branchen

Branche	Warenwert in €/ 1 kg	1. Kostentreiber	n	2. Kostentreiber	n	3. Kostentreiber	n
Schuhe	26,07	Hohes Packungsvolumen	7	Termingerechte Lieferung	2	Kleine Versandeinheiten	2
Uhren	133,64	Versicherung	9	Post- und Versandgebühren	7	Verpackung	3
Chemie	2,26	Lkw-Transport und lange Strecken	9	Sicherheitsvorschriften und Versicherung	6	Verpackung, Kühlung, Reinigung	4
Kfz	10,34	Lkw-Transport und lange Strecken	9	Hohes Volumen und Gewicht	5	Be- und Entladevorgang	3
Molkerei	1,02	Kleinchargen, Feindistribution und Lkw-Kosten	10	Volumen und Gewicht zum Warenwert	3	Verpackung und Kühlung	2
Büromaschinen	61,48	Speditionen	3	Verpackung	2	Volumen	2
Möbel	4,28	Lkw-Transport u. Leerfahrten	10	Hohes Packungsvolumen	7	Verpackung	3
Konstruktionsteile	0,99	Lkw-Transport u. Leerfahrten	7	Volumen und Gewicht zum Warenwert	6	Sicherheit und Verpackung	5
Stahl	3,81	Volumen und Gewicht	9	Verpackung und Oberflächenschutz	4	Lkw-Transport und Schwertransporte	4
Fleischverarbeitung	1,84	Kleinchargen, Feindistribution und Lkw-Kosten	10	Packungsvolumen	5	Kühlung	2

Warenwert in €/1kg: Eigene Berechnung nach Zahlen des Statistischen Bundesamtes (2004a)
n: Anzahl der Nennungen in der schriftlichen Befragung (eigene Erhebung)

Folgende Tabelle 24 zeigt die in der schriftlichen Befragung genannte prozentuale Häufigkeit der Hauptabnehmer in den einzelnen Branchen. Wegen ihrer individuell zugeschnittenen Produkte liefern vor allem die Branchen Stahl und Konstruktionsteile direkt an die Endverbraucher. Dies trifft auch auf die Branche Büromaschinen zu. Dort treten auch der „Einzelhandel“, der „Großhandel“, die „Industrieunternehmen“ und der „Staat“ als unregelmäßig belieferte Endverbraucher auf

Tabelle 24: Direktbelieferte Nachfrager nach Branchen

Branche	Endverbraucher	Einzelhandel	Großhandel	Industrieunternehmen	Staat	Insg.
			Nennungen in %			
Konstruktionsteile	28,0	26,0	16,0	22,0	8,0	*100,0*
Stahl	27,9	9,3	11,6	34,9	16,3	*100,0*
Büromaschinen	12,1	21,2	30,3	15,2	21,2	*100,0*
Uhren	11,1	28,9	33,3	20,0	6,7	*100,0*
Kfz	10,8	18,9	13,5	27,0	29,7	*100,0*
Möbel	10,8	40,5	24,3	10,8	13,5	*100,0*
Fleischverarbeitung	7,5	28,3	26,4	24,5	13,2	*100,0*
Chemie	7,4	3,7	22,2	63,0	3,7	*100,0*
Schuhe	5,9	38,2	32,4	11,8	11,8	*100,0*
Molkerei	3,4	27,1	27,1	35,6	6,8	*100,0*

Abbildung 39 zeigt die Angaben aus der schriftlichen Expertenbefragung bezüglich der Transportkosten innerhalb Deutschlands relativ zum Herstellerabgabepreis. Die statistischen Ausreißer in den Boxplottdiagrammen der einzelnen Branchen wurden in den Interviews verifiziert. Die daraufhin gegebenenfalls korrigierten Mittelwerte sind in Tabelle 25 aufgeführt[189].

In den einzelnen Branchen stellt sich die Transportkostensituation wie folgt dar:

Herstellung von Schuhen

Die Branche operiert deutschland- bis europaweit. Zur Auslieferung nutzen die Herstellerunternehmen bei größeren Chargen Fremdspediteure und für die Feindistribution, das heißt die Versendung von kleineren Mengen oder Einzelpaaren, Paketdienste. Beliefert werden vor allem der Groß- und der Einzelhandel (siehe dazu Tabelle 24 oben). Kostentreiber sind das hohe Packungsvolumen der Schuhkartons, die termingerechte Lieferung des Schuhs als „Modeprodukt“ (S5) sowie die Versendung kleinerer Mengeneinheiten. Trotzdem bestätigen alle befragten Experten die im Branchenver-

[189] Tabelle 25 enthält zusätzlich die durchschnittlichen Transportkosten EU-weit und weltweit. Auf die detaillierte Darstellung der Verteilung der Expertenantworten analog zu Abbildung 39 wird verzichtet, da die Angaben lediglich zu vergleichenden Zwecken dienen.

gleich niedrigen Vertriebskosten von knapp sechs Prozent des Warenwertes innerhalb Deutschlands (vgl. Tabelle 25), die, „egal ob nach Berchtesgaden oder Kiel“, immer gleich hoch sind (S2).

Abbildung 39: Transportkosten innerhalb Deutschlands in Prozent des Warenwertes nach Branchen

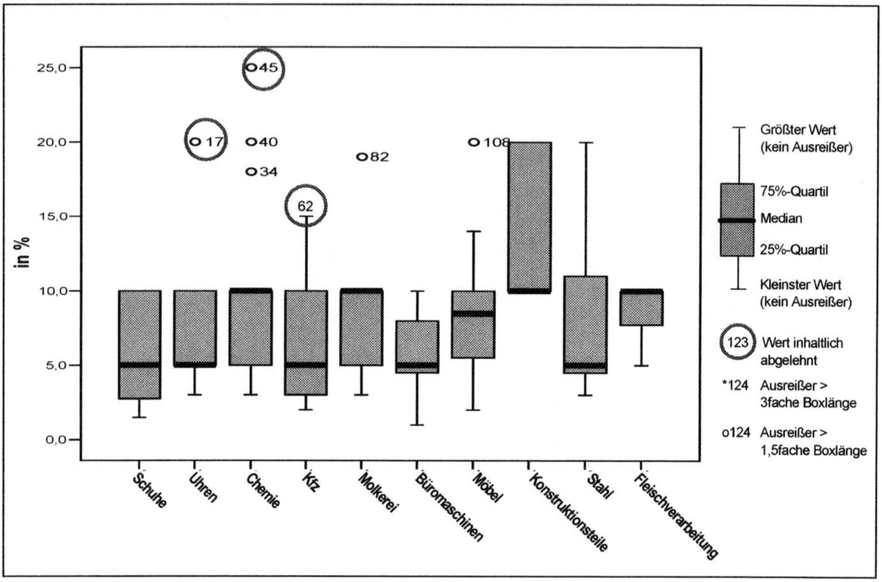

Herstellung von Uhren

Der Vertrieb der Uhren-Branche nutzt Paketdienste und arbeitet in der Regel national bis international. Einzelne Hersteller von Großuhren (zum Beispiel Kuckucksuhren) oder Produzenten von Uhrenteilen liefern ausschließlich regional und dann selbst aus. Nach Streichung des Ausreißers „o17“ aus Abbildung 39[190] liegen die Transportkosten bei deutschlandweit 6,7% vom Warenwert (siehe Tabelle 25). Trotz des günstigsten Warenwert-Gewicht-Verhältnisses aller Branchen (siehe Tabelle 24 oben) sind die

[190] Auch bei den Transportkosten EU-weit und den Transportkosten weltweit (siehe Anhang H, Frage D5 und D6) wichen die Antworten des gleichen Teilnehmers der schriftlichen Befragung extrem von den restlichen Ergebnissen ab. Die interviewten Experten identifizierten diese Werte inhaltlich ebenfalls als Ausreißer. Sie wurden gestrichen und gehen in die Mittelwerte in Tabelle 25 nicht ein.

Transportkosten damit etwas höher als in der Schuh-Branche. Dies liegt nicht an höheren Versand- und Versicherungsgebühren[191] – vor allem Erstere sind eher niedriger als bei den großvolumigeren Schuhkartons – sondern an einem größeren Verschickungsaufwand, der von aufwändigeren Verpackungen und kleineren Versandgrößen verursacht wird. Das günstige Verhältnis des Warenwerts zum Volumen und Gewicht sorgt allerdings dafür, dass die Kosten bei der Verschickung der Pakete ins Ausland weniger stark steigen als in der Schuh-Branche (siehe Tabelle 25).

Herstellung von chemischen Grundstoffen

Die Betriebe dieser Branche benötigen spezielle Transportfahrzeuge zur Auslieferung ihrer Produkte. Beliefert werden meist Unternehmen des nationalen und internationalen Marktes. Innerhalb Deutschlands beziehungsweise bis zu einer Entfernung von rund 400 Kilometern werden dabei Lkw eingesetzt. „Darüber hinaus wäre der Frachtkostenanteil zu hoch." (C3) Beim europa- und weltweiten Transport finden vor allem Binnen- und Seeschiffe Verwendung, da sie größere Chargen aufnehmen können. Allerdings zieht der damit verbundene Wechsel der Transportsysteme Umladevorgänge nach sich, die die Transportkosten erhöhen (siehe Tabelle 25). Innerhalb Deutschlands treiben die Einstufung der meisten Produkte als Gefahrengut, besondere Anforderungen an die Fahrzeuge und Schiffe sowie der niedrige Warenwert bei hohem Volumen die Kosten nach oben. Dabei sind Transportkosten von mehr als 20% jedoch die „absolute Obergrenze. Sie sind in der Wertschöpfung nicht drin" (C5). Der Wert „o45" aus Abbildung 39 wird deshalb gestrichen[192]. Damit ergibt sich für die Transportkosten in Deutschland ein Durchschnittswert von 9,3%.

Herstellung von Kfz und Motoren

Die Branche liefert mindestens europaweit aus. Auch bei größeren Distanzen werden vor allem Lkws genutzt. Seltener geschieht die Warendistribution „abhängig von Anschlusslage und Verschickungsmenge mit der Bahn oder per Schiff" (K5)[193]. Zwar

---

[191] Die häufige Nennung von „Versicherung" und „Post- und Versandgebühren" als Kostentreiber in Tabelle 23 oben ist nicht auf absolut hohe Kosten, sondern vermutlich auf zum Zeitpunkt der Befragung aktuelle Preiserhöhungen der Post- und Paketdienste zurückzuführen.

[192] Auch bei den Transportkosten innerhalb der EU und den Transportkosten weltweit waren die Antworten des gleichen Teilnehmers statistische Ausreißer. Da die interviewten Experten auch diese inhaltlich als unplausibel identifizierten, wurden sie ebenfalls gestrichen.

[193] So nutzt ein großer Automobilhersteller aus Köln seine Lagegunst und verschifft 50% seiner Produkte über den Rhein.

treiben das hohe Volumen und Gewicht der Produkte die Transportkosten absolut nach oben, aber das Verhältnis Warenwert zu Warengewicht liegt mit 10,34€/kg noch relativ günstig (siehe Tabelle 23 oben). Den Ausreißer von 15% Transportkosten innerhalb Deutschlands aus Abbildung 39[194] bewerten die Experten als inhaltlich „klar daneben geschossen" (K4). Er wird gestrichen. Insgesamt betragen die Transportkosten 5,3% des Herstellerabgabepreises. Dies ist der geringste Wert aller zehn Branchen (Tabelle 25) und findet eine klare Unterstützung bei den interviewten Experten.

Molkerei und Käserei

Mit steigender Unternehmensgröße gehen Molkereien und Käsereien von einer regionalen auf eine nationale Auslieferung über. Einige große Käsereien liefern auch europaweit. Für alle Unternehmensgrößen gilt: „Feindistribution kostet Geld. Je mehr Produkte man hat, desto teurer wird es wegen Kommissionierung und schlechter Auslastungen [der Lkw]" (M3). Dazu kommt ein sehr niedriges Warenwert-Gewicht-Verhältnis von 0,99€/kg (siehe Tabelle 23 oben): „Bei Milch ist sehr viel Wasser drin" (M3). Zudem sind Milch und Käse oftmals Frischeprodukte, die eine geschlossene Kühlkette bei der Auslieferung benötigen. Trotz der Kühlung ist die Auslieferungszeit durch die Mindestrestlaufzeiten für den Handel begrenzt, was eine Belieferung über die Grenzen der EU hinweg problematisch macht. Aus genannten Gründen können in Ausnahmefällen – „man muss dann den Kunden schon ziemlich lieb haben" (M5) – auch hohe Transportkosten von 20% des Warenwerts vorkommen (siehe „o82" in Abbildung 39). Der überwiegende Teil der interviewten Experten bestätigt die Mittelwerte der Transportkosten von 8,3% (siehe Tabelle 25). Laut ihren Angaben haben sie sich seit 1987 nicht fundamental verändert: „Es hielten sich unterschiedliche Entwicklungen die Waage" (M2). Auf der einen Seite sind die Kosten für (Logistik)-Personal, Diesel und Verpackungen gestiegen. Auch die Zunahme der Anzahl der Artikel in der Branche zieht einen größeren Kostenaufwand bei der Kommissionierung nach sich. Andererseits gingen Feindistribution und Frischedienste zurück, die Distribution wurde an professionelle Logistiker ausgelagert und Lieferungen an die Zentrallager des Einzelhandels nahmen zu. Diese Faktoren sorgten für eine insgesamt ausgeglichene Transportkostenbilanz.

---

[194] Zwar liegt hier kein statistischer, wohl aber ein inhaltlicher Ausreißer vor. Dies trifft auch auf die Angaben des gleichen Experten bezüglich der europa- und weltweiten Transportkosten zu. Auch diese wurden gestrichen.

Herstellung und Reparatur von Büromaschinen

Die deutschlandweiten Transportkosten liegen in der Branche bei 5,8% des Herstellerpreises und damit im Branchenvergleich an zweitniedrigster Stelle (siehe Tabelle 25). Wie oben stehende Tabelle 24 zeigt, ist die Häufigkeit n, mit der Kostentreiber genannt werden, die mit Abstand niedrigste. Experte Ü2 kommentiert dies so: „Beim reinen Warenversand gibt es keinen Kostentreiber. Die anhängenden Dienstleistungen sind aber zusätzlich zu betrachten". Zwar liefern die wenigen in Deutschland verbliebenen großen Unternehmen europaweit aus, aber die für die Branche repräsentativen klein- und mittelständischen Unternehmen operieren innerhalb eines bestimmten Radius, „weil Service bei [ihren] singulären Produkten eine große Rolle spielt und der ortsnah vorhanden sein muss" (Ü5). Nicht nur der After-Sales-Service muss hier zu den in Tabelle 25 angegebenen Transportkosten addiert werden, sondern auch der Aufwand, der zur Installation und Entwicklung eines auf den Kunden zugeschnittenen Produktes außerhalb des eigenen Betriebes anfällt. Diese Kosten umfassen vor der Fertigung die Anwesenheit von Technikern vor Ort, etwa um dessen Betriebsabläufe zu analysieren. Nach der eigentlichen Fertigung erfolgt dann die Installation der Produkte durch Servicepersonal. Ein wichtiger Teil der Wertschöpfung (siehe Kapitel 5.6.6) machen zudem Wartung und After-Sale-Service aus, bei denen zum Teil ebenfalls Servicepersonal vor Ort sein muss. Diese Kosten müssen zu den 5,8% reinen Transportkosten addiert werden, was die Experten Ü1, Ü2, Ü4, Ü5 bestätigen.[195] Diese Kosten betragen im Schnitt zehn Prozent des Warenwertes (Ü1, Ü3, Ü4). Auch ohne Berücksichtigung der Servicekosten sind bei Lieferungen in das europäische Ausland „die reinen Frachtkosten das Wenigste. Die Vertriebskosten sind dagegen sehr hoch: Sprachbarrieren, Handbücher, Landesspezifika und Vorschriften treiben die Kosten" (Ü1). Seit 1987 haben die relativen Transportkosten insgesamt zugenommen. Ursache dafür sind gesunkene Produktpreise und eine Bedeutungszunahme des mit dem Produkt verbundenen Vor-Ort-Service: „Die [Servicekräfte] fahren 60.000 Kilometer im Jahr." (Ü3).

Herstellung von Möbeln

Die deutschen Möbelproduzenten liefern bis auf wenige kleine Hersteller mindestens deutschlandweit aus. Sie bedienen vor allem den Einzelhandel und Einzelhandelsverbände. Dazu nutzen sie spezielle Lkw, die noch zum Teil in eigenen Flotten organisiert

195 Großunternehmen, die Standardprodukte produzieren, kommen ohne beziehungsweise mit weit weniger Dienstleistungen vor Ort aus. Allerdings produzieren sie nicht mehr in Deutschland.

sind. „Fremdspeditionen sind zu unzuverlässig weil sie kein Fachpersonal bei Beladung und Transport haben“ (Ö2). Dies führt zu Transportschäden und teuren Reklamationen. Leerfahrten und hohes Packungsvolumen (siehe Tabelle 24 oben) der oftmals nicht stapelbaren Möbel sind die Hauptkostentreiber in der Branche. Verschickungskosten innerhalb Deutschlands von maximal 20% (siehe Ausreißer „ o108“ in Abbildung 39) „können vorkommen, wenn Möbel fertig montiert geliefert werden. Dann wird viel Luft transportiert“ (Ö5). Dies gilt allerdings für Einzelfahrten, deren Kosten weit außerhalb der Bandbreiten liegt, die die Experten veranschlagen. Sie betragen 3 bis 6% für Premiumanbieter und 7 bis 12% für Massenhersteller (Ö1, Ö2). Der Mittelwert von 7,7% Transportkosten für die gesamte Branche wird insgesamt von allen Experten als „für die Branche realistisch“ (Ö5) bestätigt. Bei einer Auslieferung ins europäische Ausland steigen die Kosten nur moderat. Dafür sind längere Fahrzeiten sowie in selteneren Fällen aufwändigere Anforderungen an die Produktsicherheit und die Bedienungsanleitungen verantwortlich. Eine Verschickung nach Übersee zieht teure Umladungen auf und aus den Schiffscontainern nach sich. Dies macht sicherere und kostspieligere Verpackungen notwendig. Zudem erhöhen Vermarktung, Papiere und Zölle die Kosten immens, so dass „eine Verdopplung [im Vergleich zu den Transportkosten innerhalb Deutschlands] passt“ (Ö5) (siehe Tabelle 25).

Herstellung von Konstruktionsteilen aus Holz

Die Unternehmen der Branche liefern vor allem an „Endverbraucher und die Industrie“ (H2) (siehe Tabelle 24 oben). Kleinere Unternehmen beliefern mit dem eigenen Lkw Kunden bis zu 200 Kilometer Entfernung. Die größeren, mittelständischen Unternehmen der Branche vertreiben ihre Produkte deutschlandweit und nutzen dafür Fremdspeditionen. Wie in der Branche Herstellung von Möbeln haben diese Schwierigkeiten mit der Termintreue und verursachen häufig Transportschäden. Auch Leerfahrten und Verpackung sind „erstaunlich teuer“ (H1). Für die gesamte Branche ergeben sich vor allem wegen der Eigenauslieferung, der Leerfahrten, des niedrigen Verhältnisses von Warenwert zu Gewicht (siehe Tabelle 23 oben) beziehungsweise Volumen hohe durchschnittliche Transportkosten von 13,2%. Ähnlich wie in der Branche Herstellung und Reparatur von Büromaschinen müssen zu diesen reinen Transportkosten die Kosten für die anschließende Montage addiert werden. Zumindest „bei Kleinbetrieben ist die Montage mittlerweile die Regel“ (H3), und auch traditionell sind die Anzahl und der Umfang der Fertigungen vor Ort „im Holzbau immer sehr hoch“ (H4). Dieser Anteil macht branchenweit etwa zehn Prozent des Auftragwertes aus (H3). Von der Montage abgesehen, steigen die Kosten bei Aufträgen ins europäische Ausland nur wegen der größeren Distanzen an. Anders sieht es bei Lieferungen in

Länder außerhalb der EU aus. Kostensteigerungen ergeben sich dort durch fehlende Vertriebswege, mehr Reklamationen, geringe Auslastungen der Lkw, anspruchsvollere Verpackungen sowie durch Übersetzungen und das Ausfüllen von Papieren.

Stahl- und Leichtmetallbauteile

Die Herstellerunternehmen beliefern hauptsächlich Endverbraucher und die Industrie mit individuell zugeschnittenen Produkten. Häufige „Neuverträge“ erhöhen den Vertriebsaufwand gegenüber den Branchen, die regelmäßig den Einzelhandel beliefern können (S4). Kleine Unternehmen suchen sich ihre Kunden überwiegend regional in einem Radius von circa 100 Kilometer. Im Mittelstand liefern Fremdspeditionen deutschland- bis weltweit aus. Zusätzlich zu den Fremdspeditionen gibt es in der Branche eigene Lkw, teilweise auch Spezialfahrzeuge, die eingesetzt werden, um flexibel zu sein. Abgesehen von der Beachtung der Termintreue ist der Transport anspruchslos. Die einzigen Kostentreiber sind Leerfahrten sowie die Ausmaße und das Gewicht der Produkte (siehe auch Warenwert-Gewicht-Verhältnis in Tabelle 23 oben): Die „Bauteile werden so groß wie möglich angeliefert, was die Montagezeit vor Ort verringert. Das macht den Transport aber teuer“ (S4). Die Montagetätigkeiten vor Ort sind in der Branche viel geringer als bei „Konstruktionsteilen aus Holz“ und werden auf 5% geschätzt (H4).[196] „Je mehr im Werk zusammengesetzt werden kann, desto besser. Dort geht's dreimal schneller und billiger als auf der Baustelle. Da nimmt man auch einen Schwertransport in Kauf. Sonst müssen Mannkraft, Kräne usw. zur Baustelle transportiert werden.“ (S5) Die Experten bestätigen ausnahmslos die aus der schriftlichen Befragung ermittelten durchschnittlichen Transportkosten ohne Montageanteil innerhalb Deutschlands von 8,3% (siehe Tabelle 25). Auf dem EU-Festland kommen nur wenige Kosten durch längere Strecken dazu. Es sei egal „ob man von Hamburg nach München oder von Köln nach Paris fahre“ (S1). Dagegen verdoppeln bis verdreifachen sich die Kosten auf etwa 20 bis 25% bei Lieferungen nach Übersee durch den zweimaligen Umschlag in den Seehäfen (S2, S3, S4).

[196] Der Befragte kennt beide Branchen, da er einen Mischbetrieb leitet.

Schlachten und Fleischverarbeitung

Kleine Unternehmen beschränken sich auf lokale und regionale Auslieferung. Sie vertreiben ihre Waren zusätzlich in den den Betrieben angeschlossenen Verkaufsläden. Mittelständler und Großbetriebe beliefern vor allem den Groß- und Einzelhandel sowie weiterverarbeitende Unternehmen der Lebensmittelbranche (siehe dazu auch Tabelle 24 oben). Sie verschicken ihre Produkte deutschland- und europaweit „bis 500 Kilometer“ (F5). Abgepackte Wurst wird allerdings auch weltweit verschifft. Die Unternehmen nutzen bei der Auslieferung innerhalb Deutschlands sowohl fremde als auch eigene Speditionen. Dabei bestehen hohe Anforderung an die Logistik: Verfallsdaten, Feindistribution, Leerfahrten, gekühlte Lkws und die notwendigen Reinigungen nach Ablieferung steigern die Vertriebskosten. Trotzdem sind die sich Experten einig, dass die gesamten Kosten innerhalb Deutschlands knapp unter zehn Prozent liegen, was den schriftlich gewonnenen Branchenmittelwert von 8,9% inhaltlich bestätigt. Beim Transport innerhalb Europas steigen die Kosten durch Transportpapiere, Veterinärbescheinigungen sowie „protektionistische Maßnahmen“ (F5) – wie zum Beispiel „Importschutz durch Hygieneanforderungen“ (F3) – stärker, als in den meisten anderen Branchen (siehe Tabelle 25).

Tabelle 25 führt die durchschnittlichen Transportkosten innerhalb Deutschlands (TPK D), innerhalb der EU (TPK EU) und weltweit (TPK Welt) auf.

Tabelle 25: Transportkosten nach Branchen

Branche	TPK D	TPK EU	TPK Welt	DL vor Ort	**T-1**
		in %			in %
Kfz	5,3	6,1	9,6		**5,3**
Schuhe	5,9	10,3	19,2		**5,9**
Uhren	6,7	10,3	14,2		**6,7**
Möbel	7,7	11,3	18,4		**7,7**
Molkerei	8,3	13,0	20,3		**8,3**
Fleischverarbeitung	8,9	12,8	25,4		**8,9**
Chemie	9,3	14,6	19,9		**9,3**
Stahl	8,3	11,4	20,6	5,0	**13,3**
Büromaschinen	5,8	8,6	15,0	10,0	**15,8**
Konstruktionsteile	13,2	20,5	33,1	10,0	**23,2**
Mittelwert	*7,9*	*11,9*	*19,6*		***10,4***

TPK D: Durchschnittliche Transportkosten innerhalb Deutschlands
TPK EU: Durchschnittliche Transportkosten außerhalb Deutschlands aber innerhalb der EU
TPK Welt: Durchschnittliche Transportkosten für Länder außerhalb der EU
DL vor Ort: Dienstleistungsanteil, der beim Kunden vor Ort anfällt

alle Angaben in % des Herstellerabgabepreises

Entscheidend für die Berechnung der Branchenparameter der Variable T ist sind die Werte der Spalte „TPK D".[197] Für diese offenbart der U-Test nach Mann und Whitney (vgl. Bühl/Zöfel 2005, S. 294ff.) statistisch signifikante Unterschiede zwischen den Wirtschaftszweigen: Die Branchen Kfz, Büromaschinen, Schuhe und Uhren bilden die Gruppe mit den niedrigsten Transportkosten. Mittlere Transportkosten liegen in den Branchen Möbel, Stahl, und Molkerei vor. Hohe Transportkosten weisen die Branchen Chemie und Fleischverarbeitung auf. Mit sehr hohen Transportkosten setzt sich die Branche Konstruktionsteile aus Holz signifikant nach oben ab. Allerdings müssen zur Ermittlung von T (beziehungsweise T-1) in den Branchen Büromaschinen, Stahl und Konstruktionsteile zu den jeweiligen TPK D die Dienstleistungsanteile addiert werden, die sich aus der mit der Produktion verbundenen Montage- oder Serviceleistungen beim Kunden vor Ort ergeben (siehe Spalte „DL vor Ort" in Tabelle 25).

5.6.6 Wertschöpfungskette und Anteil der Zwischenprodukte μ

Die Variable μ steht für den Anteil der Zwischenprodukte aus Betrieben der gleichen Branche. Ihre korrekte Erfassung setzt eine zu den Dreistellern der WZ93 und der WS73 kongruente Branchenabgrenzung voraus (siehe dazu Kapitel 5.2). Wie sich in den Interviews herausstellte, haben viele der schriftlich befragten Experten nicht auf die im Fragebogen als relevant gekennzeichneten Brancheneinteilungen geachtet. Aus diesem Grund muss auf die Ergebnisse der schriftlichen Erhebung an dieser Stelle verzichtet werden. Stattdessen dienen Sekundärdaten und die Ergebnisse der Expertengespräche zur Ermittlung des Anteils der Zwischenprodukte μ. Die verwendeten Sekundärdaten stammen aus der Material- und Wareneingangsrechnung des Statistischen Bundesamtes (2005b, 1988a). In dieser Fachserie werden für alle Dreisteller (und Viersteller) die Anteile der Vorprodukte am Umsatz wiederum nach Dreistellern differenziert.[198] Die erste Spalte in Tabelle 26 beziffert für die einzelnen Branchen die Werte aller eingekauften Roh-, Hilfs- und Betriebsstoffe (im Folgenden „Vorprodukte") in Relation zum gesamten Branchenumsatz. Die zweite Spalte der Tabelle gibt die

---

[197] Die Branchenwerte von TPK D, TPK EU und TPK Welt korrelieren nach Pearson – sie sind ausreichend normalverteilt – hochsignifikant. Der Korrelationskoeffizient zwischen TPK D und TPK EU liegt bei 0,971 und zwischen TPK D und TPK Welt bei 0,913.

[198] Die Abgrenzung der hier untersuchten Branchen hat sich in der WZ 2003 gegenüber der WZ 1993 beziehungsweise der WS 1973 nicht geändert. Lediglich die Bezeichnungen variieren und die Branche „331 Herstellung und Reparatur von Büromaschinen" der WS73 wird in der WZ03 und 1993 als Viersteller geführt.

Anteile der Vorprodukte am Umsatz an, die aus der eigenen Branche stammen. Die Daten beider Spalten beziehen sich auf das Jahr 2002 sowie für Molkerei und Käserei und Herstellung und Reparatur von Büromaschinen zusätzlich auf das Jahr 1986[199]. Die gesamte Wertschöpfung einer Branche (Spalte „Wertschöpfung insgesamt") lässt sich aus den ersten beiden Spalten berechnen und ergibt sich aus dem gesamten Umsatz minus dem Anteil der Vorprodukte, der *nicht* in der jeweiligen Branche hergestellt wurde.

Tabelle 26: Vorprodukte, Wertschöpfung und die Variable μ

Branche	Vorprodukte insgesamt (1)	Vorprodukte aus der eigenen Branche (2)	**μ: Vorprodukte aus der eigenen Branche in D.** (3)	Wert-schöpfung insgesamt 100-(1)+(2)	Wert-schöpfung in D. (5)
	alle Angaben in %			in %	
2002					
Schuhe	59,5	35,5	**3,5**	76,0	44,0
Uhren	45,3	22,8	**10,0**	77,5	64,7
Chemie	49,6	30,1	**17,5**	80,5	67,9
Kfz	71,8	17,7	**13,3**	45,9	41,5
Molkerei	77,6	24,0	**22,8**	46,4	45,2
Büromaschinen	46,2	10,5	**1,0**	64,3	54,8
Möbel	51,3	7,3	**3,1**	56,0	51,8
Konstruktionsteile	46,0	7,5	**6,2**	61,5	60,2
Stahl	43,7	9,2	**8,4**	65,5	64,7
Fleischverarbeitung	69,3	35,5	**27,1**	66,2	57,8
1986					
Molkerei	86,6	18,3	**17,4**	31,7	30,8
Büromaschinen	47,2	13,5	**6,2**	66,3	59,0

Spalte (1) und (2): Eigene Berechnung auf Grundlage von Daten des Statistischen Bundesamtes (2005b; 1988a)

Spalte (3) bzw. Spalte (5): Eigene Berechnungen auf Grundlage von Daten des Statistischen Bundesamtes (2005c; 2004a; 1988b) und eigener Erhebung.

Leider unterscheidet das Statistische Bundesamt an dieser Stelle nicht zwischen inländischer Produktion und Importen. Hier helfen die Experteninterviews weiter. Mit ihrer Hilfe lassen sich die Wertschöpfungsketten und Lieferbeziehungen in den einzelnen Branchen schematisch darstellen. Zusammen mit weiteren Sekundärdaten des Statistischen Bundesamtes[200] kann damit der Anteil deutscher brancheneigener Vorprodukte μ

[199] Da die Material- und Wareneingangsrechnung nur in unregelmäßigen Abständen erhoben wird, liegen für das Jahr 1987 keine Daten vor.

[200] Dies ist zum einen die Input-Output-Rechnung des Statistischen Bundesamtes (2005c). Sie differenziert die brancheneigenen Vorprodukte nach deutschen Produktion und Importen, allerdings nur

(Spalte 3) respektive die Wertschöpfung innerhalb Deutschlands abgeschätzt werden (Spalte „Wertschöpfung in D“).

Die Situation stellt sich in den einzelnen Brachen wie folgt dar:

Herstellung von Schuhen

In diesem Wirtschaftszweig macht die Summe der Wareneingänge im Jahr 2002 knapp 59,5% des Umsatzes aus. Mehr als die Hälfte davon – insgesamt 35,5% des Umsatzes – stammen aus der Branche selbst, woraus die relativ hohe „Wertschöpfung insgesamt“ von 76,0% resultiert (siehe Tabelle 26). In der Wertschöpfungskette (siehe Abbildung 40) unterscheiden die Experten „Schäftefertigung und Montage“ (S2). Es ist zwar prinzipiell möglich, innerhalb eines Betriebes die gesamte Wertschöpfungskette der Branche zu haben, allerdings werden „Schäfte […] in Deutschland nicht mehr gefertigt“ (S3). Wegen kleiner Serien durch verschiedene Schuhgrößen und schnell wechselnde Modelle lassen sich Schuh-Schäfte nicht maschinell herstellen. Aus diesem Grund haben die deutschen Schuhproduzenten mit Ausnahme weniger Nischenhersteller ihre (Schäfte)-Produktion in Länder mit niedrigen Lohnkosten verlagert. Die weiteren für die Endmontage eines Schuhs notwendigen Einzelteile – wie Sohle, Leder, Ösen, Schnürsenkel, Futter etc. – liefern auch deutsche Anbieter. Diese Zulieferer stammen aber aus Branchen, „die zwar auch Schuhfirmen beliefern, aber nicht ausschließlich“ (U2), und „die zwar teilweise dem Schuhverband angeschlossen sind, aber nicht unter Schuhfirmen beim Statistischen Bundesamt firmieren, sondern sich zum Beispiel Kunststoffverarbeiter usw. nennen“ (U5). Am eigentlichen Endprodukt „Schuh“ ist dann nur ein deutscher Betrieb der Branche beteiligt (Betriebstyp „B1“ in Abbildung 40). Der Anteil brancheneigener Vorprodukte liegt mit 35,5% zwar relativ hoch (siehe Tabelle 26 oben), stammt aber zum überwiegenden Teil (90%)[201]

auf Ebene der Abteilungen (Zweisteller). Zum anderen hilft die Außenhandelsstatistik des Statistischen Bundesamtes (2004e) weiter. Sie bildet den Import und den Export einzelner Warengruppen ab. Welche der beiden Statistiken besser geeignet ist, den Anteil deutscher brancheneigener Vorprodukte wiederzugeben, hängt von der Repräsentativität der Zahlen der Zweisteller für die zehn Branchen auf Dreistellerebene, aber auch von den Lieferbeziehungen und den Schemata der Wertschöpfungsketten ab.

[201] Die Input-Output-Rechnung des Statistischen Bundesamtes (2005c) beziffert den deutschen Anteil brancheneigener Vorprodukte für die der Herstellung von Schuhen (DC 193) übergeordneten Abteilung „DC 19 – Ledergewerbe“ im Jahr 2002 auf 36,1% (eigene Berechnung). Dieser Prozentsatz resultiert aber aus den stärker miteinander verflochtenen Wirtschaftsgruppen Ledererzeugung (DC191) und Lederverarbeitung – ohne Schuhe (DC192) (vgl. dazu die Zahlen des Statistischen Bundesamtes 2005b, S. 49), so dass der Anteil deutscher brancheneigener Vorprodukte bei der Herstellung von Schuhen auf circa zehn Prozent geschätzt wird.

aus ausländischer Produktion. Daraus resultieren ein nur geringer Zuliefereranteil deutscher Schuhhersteller und ein niedriger Wert für μ von 3,5%.

Abbildung 40: Schematisierte Lieferbeziehungen: Herstellung von Schuhen

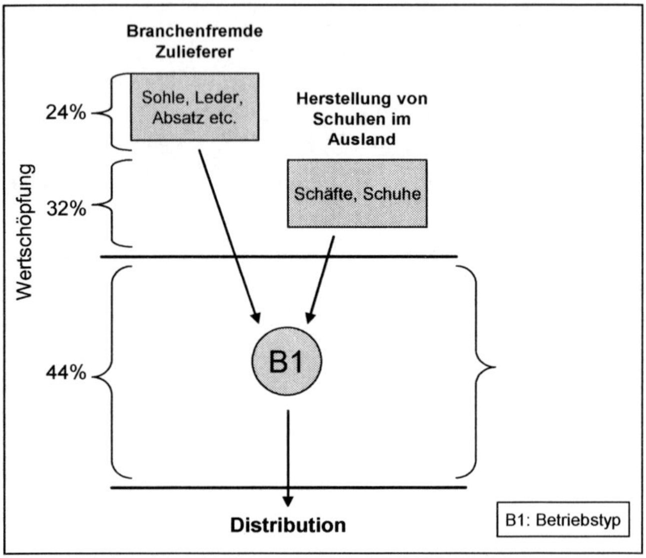

Herstellung von Uhren

Die Branche weist mit insgesamt 77,5% (siehe Tabelle 26 oben) einen ebenfalls relativ hohen Wertschöpfungsanteil auf. Die Anteile der Vorprodukte insgesamt und aus der eigenen Branche (45,3% und 22,5% vom Umsatz) sind jedoch geringer als bei der Herstellung von Schuhen. Eine Uhr wird aus etwa sieben bis zehn Bauteilen, die auch von „bis zu zehn verschiedenen Lieferanten" kommen, zusammengesetzt (U5). Dabei gilt: „Keine Firma macht und kann alles. Ein Zukauf ist immer dabei" (U1), denn eine „Firma kann eigentlich nur eine Sache gut machen" (U3). Somit ist die „Struktur wie in der Automobilindustrie" (U1, U2). Wie viel ein Uhrmacherbetrieb selbst in Deutschland herstellt, ist dabei höchst unterschiedlich. Der Betrieb vom Typ „B1" in Abbildung 41 steht für einen Zulieferbetrieb der deutschen Uhren-Branche, der ausschließlich Uhrenteile (Vorprodukte) herstellt.

Seit der Krise der Branche in den 1980er Jahren existieren nur noch wenige Uhren-Hersteller, die wie Betriebstyp „B2", ihre Komponenten von ausschließlich deutschen Zulieferern beziehen. Außer für Großuhren findet eine Produktion von Uhrwerken in

Deutschland fast nicht mehr statt. Mechanische Werke kommen vor allem aus der Schweiz. Elektronische und andere Bauteile stammen überwiegend aus Asien. Die meisten Produzenten – Betriebstyp „B3" – beziehen sowohl Teile aus Deutschland als auch aus dem Ausland. Sie fertigen nur ein oder zwei Teile selbst, die in Einzelfällen auch an andere Unternehmen verkauft werden. Allerdings gibt es besonders zwischen Marken-Produzenten keine Lieferbeziehungen und Zusammenarbeit. Die Experten konstatieren der gesamten Branche „Tüftlermentalität" und sprechen von „Einzelkämpfern" (U1). Der Betriebstyp „B4" repräsentiert Konfektionäre. Dies sind Uhrenhersteller, die im Auftrag für eine Fremd-Marke produzieren. Diese Betriebe beziehen ihre Teile vor allem aus Asien, „setzen dann nur zusammen und nennen es trotzdem ‚Made in Germany'" (U4). Da „sehr viele Uhrenteile in Asien gekauft" (U2) beziehungsweise „im Ausland hergestellt werden" (U4), ist davon auszugehen, dass weniger als die Hälfte[202] der brancheneigenen Vorprodukte (insgesamt 10,0%; siehe Tabelle 26 oben) aus deutschen Betrieben stammt.

Abbildung 41: Schematisierte Lieferbeziehungen: Herstellung von Uhren

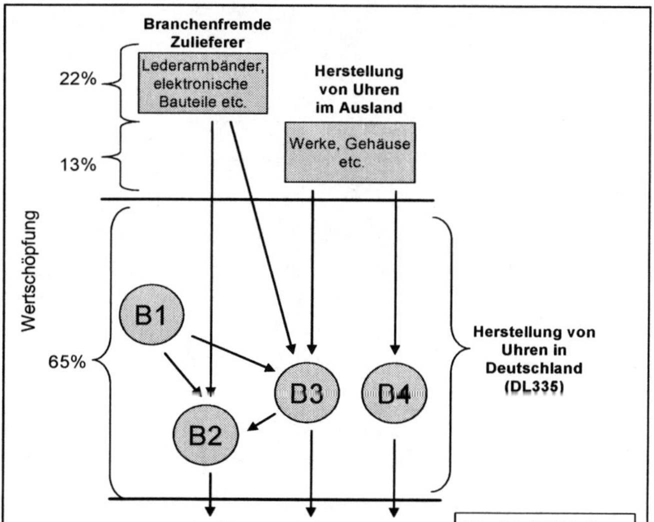

[202] Dies entspricht dem Anteil deutscher brancheneigener Vorleistungen der übergeordneten Abteilung der WZ93 „DL33 – Medizin-, Mess-, Steuer- und Regelungstechnik, Optik" von 44,3% im Jahr 2000 (eigene Berechnung auf Grundlage Zahlen des Statistischen Bundesamtes 2005c).

Herstellung von chemischen Grundstoffen

In diesem Wirtschaftszweig liegt die durchschnittliche Wertschöpfung mit 80,5% im Vergleich der Branchen am höchsten (siehe Tabelle 26 oben). Ein einzelner Betrieb ist im Prinzip in der Lage, bis zu 100% der gesamten brancheneigenen Wertschöpfung zu realisieren. Dann würden lediglich 19,5% des Herstellerabgabepreises für die branchenfremden „Vorprodukte" Rohstoffe und Energie aufgewendet. Der hohe Wertschöpfungsanteil der Branche resultiert aus den für eine kontinuierliche Fertigung ausgelegten Anlagen. Normalerweise macht ein Betrieb aber nicht alles allein. Beispielsweise erzeugt „ein Cracker (siehe „B1" in Abbildung 42) mehr Vorprodukte, als am Ort weiterverarbeitet werden können" (C4).

Abbildung 42: Schematisierte Lieferbeziehungen: Herstellung von chemischen Grundstoffen

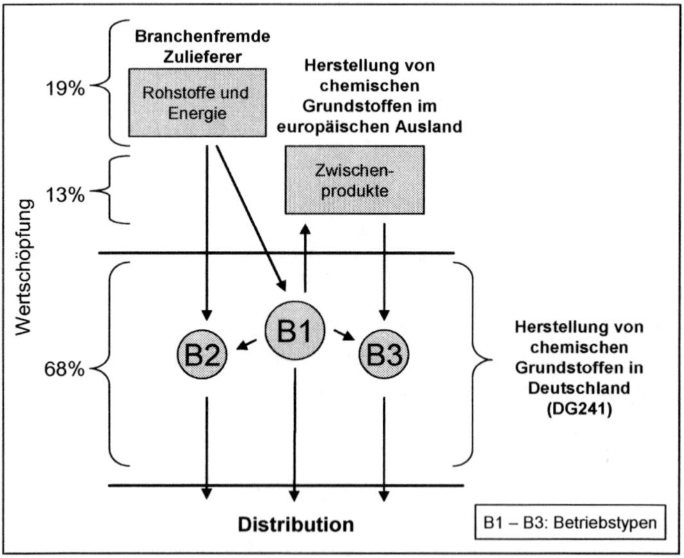

Die Wertschöpfungskette ist in „bis zu fünf Veredelungsstufen" (C1) und „normalerweise vier marktfähige Zwischenprodukte" (C4) unterteilt. „Etwa 40% [der Produkte] gehen wieder in die Chemie" (C3), um unter anderem Farbstoffe, Lacke und Pigmente herzustellen. Insgesamt beträgt der Anteil der Vorprodukte aus der eigenen Branche 30,1% (siehe Tabelle 26 oben). Die Branche operiert dabei mindestens national und bei Nicht-Großprodukten europaweit (siehe „B2" und „B3" in Abbildung 42). Die Importquote von chemischen Vorerzeugnissen des Jahres 2002 beträgt 42,3% (eigene

Berechnung auf Grundlage von Zahlen des Statistischen Bundesamts 2004a, S. 27). Mit ihr lässt sich der Anteil deutscher Hersteller an den brancheneigenen Vorprodukten abschätzen[203]. So ergibt sich ein Umsatzanteil von 17,5%[204], der für brancheneigene Vorprodukte aus heimischer Produktion μ aufgewendet wird.

Herstellung von Kfz und Motoren

Mit 71,8% des Umsatzes weisen die Vorprodukte in der Kfz-Branche nach dem Wirtschaftszweig Molkerei den zweithöchsten Wert auf (siehe Tabelle 26 oben). Gleichzeitig ist mit 17,7% der Anteil der Vorprodukte aus der gleichen Branche relativ gering, woraus mit 45,9% des Umsatzes der niedrigste Wertschöpfungsanteil aller Branchen resultiert. Bei Nutzfahrzeugen oder sehr kleinen Produzenten liegt dieser Wert höher, bei Volumenherstellern niedriger. Für die gesamte Branche sind die bis zu 300 Zulieferer, die zum Teil für mehrere Hersteller produzieren, von großer Bedeutung. Auf sie entfallen 54,1% des Umsatzes (71,8% minus 17,7%; siehe wiederum Tabelle 26 oben oder Abbildung 43). Dies stellt den mit Abstand höchsten Wert aller branchenfremden Zulieferer dar. Innerhalb des Wirtschaftszweiges Kfz „werden Motoren, Fahrwerke und Gehäuse oft in verschiedenen Werken produziert“ (K1), so dass etwa zwei bis fünf Betriebe aus der Branche an der Produktion eines Autos beteiligt sind. Der Betriebstyp „B2“ in Abbildung 43 stellt einen reinen Teile- und Motorenhersteller dar. Er beliefert sowohl den Montagebetrieb „B3“, der selbst Komponenten entwickelt und weitergibt, als auch den reinen Montagebetrieb „B1“, der sich alle notwendigen Bauteile liefern lässt. Insgesamt spielen brancheneigene Vorprodukte ausländischer Produzenten mit einem Anteil von 4,4% des Umsatzes[205] eine relativ geringere Rolle. Damit liegt die Wertschöpfung der Branche in Deutschland bei 41,5% und μ bei 13,3%.

---

[203] Die Importquote ist hier wie folgt definiert: Importquote = Importe/(Exporte + Importe). Sie liegt zwar auch für die Branchen „Uhren“ und „Schuhe“ vor, da es sich dabei aber um Enderzeugnisse handelt, kann die Importquote in diesen Wirtschaftszweigen nicht mit dem Anteil der *Vorprodukte* aus dem Ausland gleichgesetzt werden.

[204] 17,5%=30,1% * (100% – 42,3%)

[205] Der Anteil deutscher brancheneigener Vorleistungen der übergeordneten Abteilung der WZ93 „DM 34 Fahrzeugbau“ beträgt 75,0% im Jahr 2000 (eigene Berechnung auf Grundlage von Daten des Statistischen Bundesamtes 2005c).

Abbildung 43: Schematisierte Lieferbeziehungen: Herstellung von Kfz und Motoren

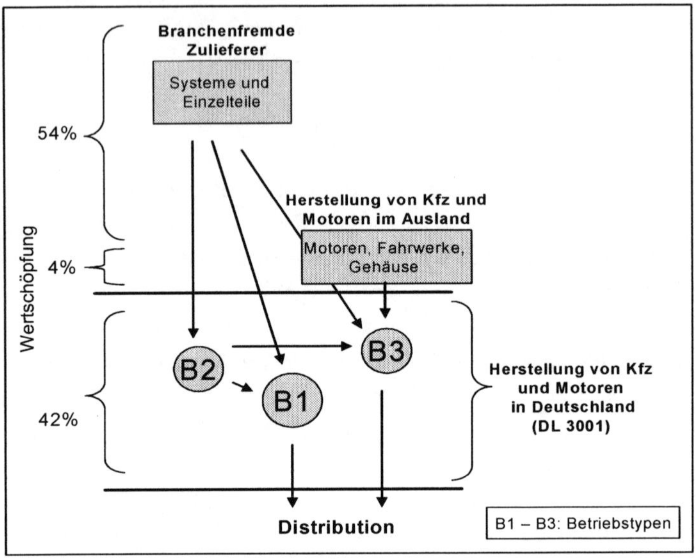

Molkerei und Käserei

Der Wirtschaftszweig weist im Branchenvergleich mit 77,6% (1986: 86,6%,) den höchsten Anteil der Vorprodukte am Umsatz auf. Die Vorprodukte aus der eigenen Branche haben zwischen 1986 und 2002 von 18,3% auf 24,0% zwar zugenommen (siehe Tabelle 26 oben), aber noch immer müssen 53,6% des Umsatz für den Einkauf branchenfremder Vorprodukte – vor allem Rohmilch – aufgewendet werden. Damit verbleiben 46,4% des Umsatzes als Wertschöpfung in der Branche selbst (1986: 31,7%). Einige Betriebe decken die gesamte Wertschöpfung von der Milch bis zum veredelten Käse ab (in Abbildung 44 sind sie durch den Betriebstyp „B1" repräsentiert). Dies war Ende der 1980er Jahre noch die Regel. Zu dieser Zeit „waren Molkereibetriebe auch Produktionsbetriebe, die ein volles Produktspektrum hatten" (M3). Lediglich spezielle Veredelungsbetriebe nutzten Molkereiprodukte als Vorprodukte (siehe „B3" in Abbildung 44 links). Seitdem haben die Betriebsgrößen so stark zugenommen, dass mittlerweile „bis zu tausend Bauern" (M2) eine Molkerei mit Milch vorsorgen. Weiterhin haben sich die Betriebe auf meist ein oder zwei der Veredelungsstufen „Milch", „Butter", „Joghurt", „Quark" und „Käse" am Standort spezialisiert, so dass „die Wertschöpfungskette nicht mehr unter einem Dach geschieht" (M5). Produktionsbetriebe („B2" in Abbildung 44 rechts) stellen standardisierte Produkte wie zum Beispiel Käse oder Joghurt her. Diese sind wiederum Vorprodukte für reine Spezialitätenhersteller beziehungsweise Veredelungsbetriebe („B3"). Seit Mitte der 1980er Jahre ist in der Branche die „Zusammenarbeit und die Bereitschaft dazu gestiegen" (M2). Molkereien tauschen mittlerweile Produktionsspitzen aus. Ausländische Zulieferbetriebe für Molkereien und Käsereien spielen und spielten – im Gegensatz zum Import von Endprodukten – keine Rolle. „Deutschland ist schon immer Milchexporteur" (M2). Diese Faktoren spiegeln sich in einem im Jahr 2002 auf 22,8% gestiegenen Anteil brancheneigener deutscher Vorprodukte am Umsatz wider (1986: 17,4)[206]. Die Ausweitung des Wertschöpfungsanteils deutscher Betriebe auf 45,2% (1986: 30,8%; siehe Tabelle 26 oben) ist auf neue, aufwändigere und teurere Produkte zurückzuführen. Sie ging aber auch zu Lasten der Milchbauern.

Abbildung 44: Schematisierte Lieferbeziehungen: Molkerei und Käserei

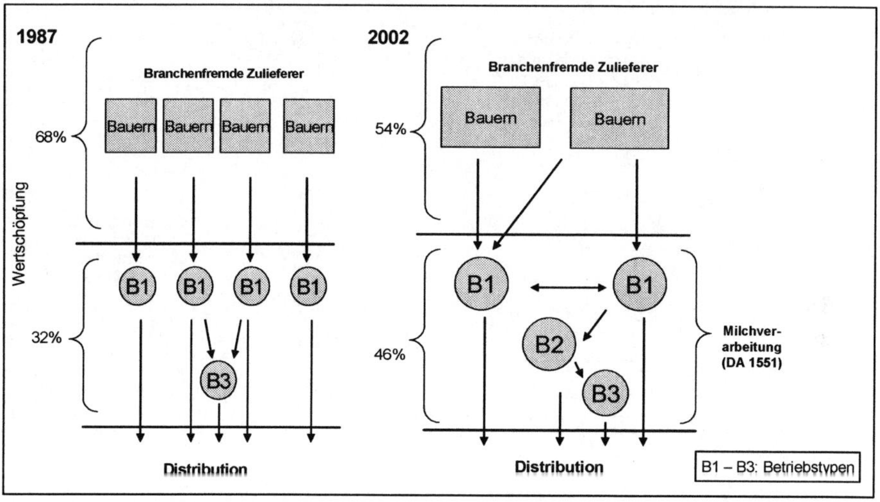

[206] Von den 24,0% der Vorprodukte aus der eigenen Branche (siehe Tabelle 26 oben) stammen 95% aus Deutschland (eigene Schätzung). Zum Vergleich: Der Anteil deutscher brancheneigener Vorleistungen der gesamten übergeordneten Abteilung der WZ93 „DA15 – Ernährungsgewerbe und Tabakverarbeitung" beträgt 76,4% im Jahr 2000 (eigene Berechnung auf Grundlage von Zahlen des Statistischen Bundesamtes 2005c).

Herstellung und Reparatur von Büromaschinen

In diesem Wirtschaftszweig haben sich die Produkte und Produktionsprozesse seit den 1980er Jahren stark verändert. Der Anteil brancheneigner Vorprodukte ist zwischen 1986 und 2002 zwar nur moderat gesunken (von 13,5% auf 10,5%; siehe Tabelle 26 oben), aber deutsche Produzenten haben daran beinahe keinen Anteil mehr, während „Anfang der 1980er Jahre [...] noch alles hier [in Deutschland] produziert" wurde (Ü1). Zu dieser Zeit belieferten sich einige Büromaschinenhersteller untereinander mit Teilen (siehe Betriebstypen „B1" und „B2 in Abbildung 45).

Abbildung 45: Schematisierte Lieferbeziehungen: Herstellung und Reparatur von Büromaschinen

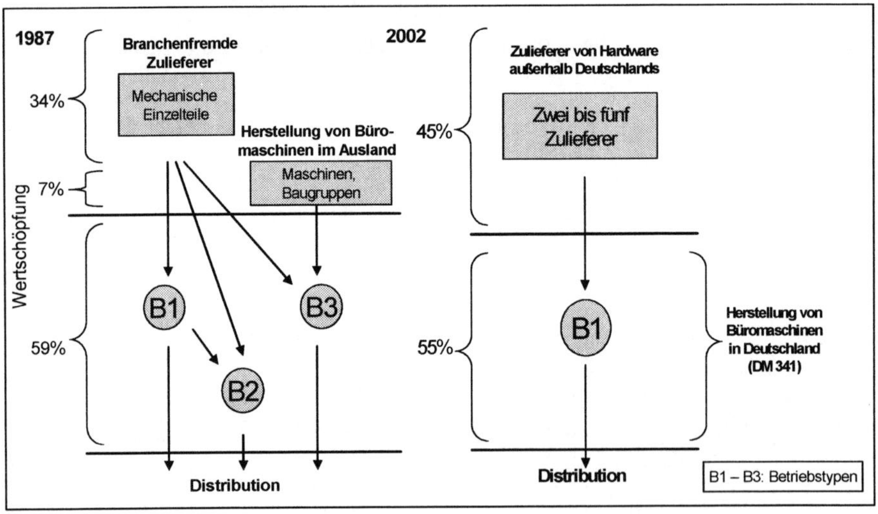

Mit dem Technologiewechsel von Mechanik zu Halbleitern, der bereits in den 1970er Jahren begann, ist die Produktion von Elektronik nach Asien abgewandert. Es existieren nur noch wenige Vorprodukte, die in Deutschland produziert werden, und die stammen nicht von Herstellern für Büromaschinen. „Heute bestellen Deutsche in Fernost" und setzen die dort produzierten Hardwareteile bestenfalls zusammen (Ü5). Insgesamt ist die Fertigungstiefe stark zurückgegangen. Wegen des faktischen Wegfalls deutscher Büromaschinen-Zulieferer (Rückgang von μ=6,2% im Jahr 1986[207] auf μ=1,0% im Jahr 2002; siehe Tabelle 26 oben) ging auch der Wertschöpfungsanteil der Branche in Deutschland zwischen 1986 und 2002 von 59,0% auf 54,8% zurück. Diese Entwicklung wurde durch eine leichte Zunahme der mit den Produkten verbundenen Serviceleistungen wie System-Konfiguration, Wartung und Installation begrenzt (siehe dazu auch Kapitel 5.6.5).

Herstellung von Möbeln

Die Betriebe der Branche verwenden 51,3% ihres Jahresumsatzes für den Einkauf von Vorprodukten (siehe Tabelle 26 oben). Diese stammen von „15 bis 20 Zulieferunternehmen" vor allem anderer Branchen (Ö2). Auf die branchenfremden Vorprodukte entfallen insgesamt 44% des Umsatzes (siehe Abbildung 46). In der Regel bearbeitet ein einziger Möbelbetrieb die eingekauften Materialien und setzt sie dann zu einem Möbelstück zusammen (siehe dazu Betriebstyp „B1" in Abbildung 46). Dabei übernimmt ein Möbelproduzent „bis zu 100% der brancheneigenen Wertschöpfung" selbst (Ö1). Obwohl die „Wertschöpfungstiefe in der Branche gesunken ist" (Ö4), entwickeln die Möbelhersteller einen großen Teil ihrer Komponenten noch selbst. Daneben gibt es „einige Hersteller, die gemeinsam ein Möbelstück produzieren" (Ö3). Auch bei Systemmöbeln, wie zum Beispiel Küchen, kommt es vor, dass Vorprodukte anderer Möbelproduzenten eingekauft werden (siehe Betriebstyp „B2"). Dass beides Ausnahmefälle sind, bestätigt der niedrige Wert von 7,3% der brancheneigenen Vorprodukte am Umsatz. Im Gegensatz zur branchenfremden Zulieferindustrie kooperieren Möbelhersteller selten miteinander, denn „dafür ist der Wettbewerb zu groß" (Ö2). Vor allem lohnkostenintensive Komponenten und Möbelstücke niedriger bis durchschnittlicher Qualität werden im Ausland produziert. Nicht zuletzt daraus resultiert ein relativ niedriger Anteil deutscher brancheneigener Vorprodukte mit μ=3,1%.[208]

[207] Der Anteil brancheneigener Zulieferer wird für 1987 auf 46% geschätzt und orientiert sich an der Relation der Exporte zu den Importen von Büromaschinen des gleichen Jahres (eigene Berechnung auf Grundlage von Zahlen des Statistischen Bundesamtes 1988b).

[208] Die Exportquote von Möbeln beträgt 43,0% für das Jahr 2002 (eigene Berechnung auf Grundlage von Daten des Statistischen Bundesamtes 2004e, S. 28). Sie dient als Richtwert für den Anteil deutscher brancheneigener Vorprodukte an den gesamten brancheneigenen Vorprodukten. Die Quote der übergeordneten Abteilung der WZ93 „DN36 – Herstellung von Möbeln, Schmuck, Musikinstrumenten, Sportgeräten, Spielwaren und sonstigen Erzeugnissen" liegt mit 32,7% (eigene Berechnung auf Grundlage von Daten des Statistischen Bundesamtes 2005c) etwas niedriger, ist aber auf Grund der Heterogenität dieser Abteilung der WZ93 wenig repräsentativ für die Möbel-Branche.

Abbildung 46: Schematisierte Lieferbeziehungen: Herstellung von Möbeln

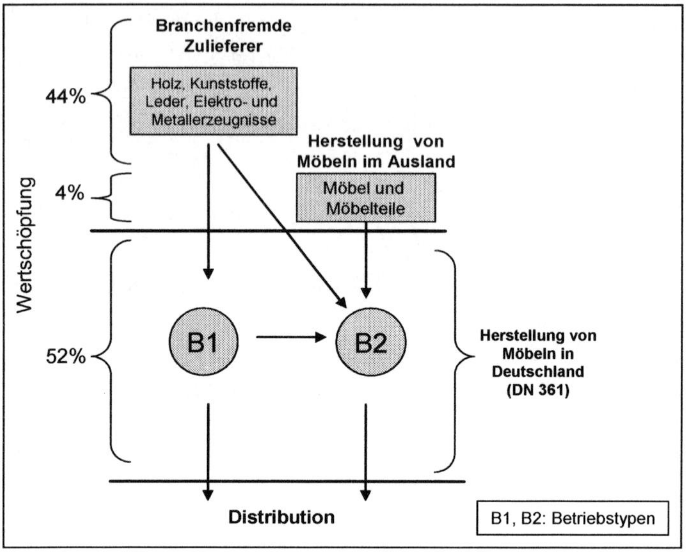

Herstellung von Konstruktionsteilen aus Holz

Für die Betriebe aus der Branche gilt die Regel: „Alles, was mit Holz zu tun hat, macht man eher selbst. Den Rest kauft man zu". (H5) Der Anteil zugekaufter branchenfremder Vorprodukte beträgt dabei 38,5% des Branchenumsatzes. Mit 7,5% liegt der Zukauf brancheneigener Produkte so niedrig wie in der Möbel-Branche (siehe Tabelle 26 oben). Auch die Wertschöpfungsketten der beiden Branchen ähneln sich (siehe Abbildung 46 und Abbildung 47). Normalerweise sorgt ein einziger Betrieb für die gesamte Branchenwertschöpfung. Er kauft mehr oder weniger vorbearbeitetes Holz ein, bearbeitet es weiter und verbindet es mit ebenfalls eingekauften Zulieferteilen. Die Beschaffung von Vorprodukten aus der gleichen Branche resultiert vor allem aus der Weitergabe von Unteraufträgen, der großen Herstellerunternehmen (siehe Betriebstyp „B1" in Abbildung 47) oder aus der Montagetätigkeit, die teilweise zu Fremdfirmen ausgelagert wird („B2"). Ausländische Produzenten spielen bei der Beschaffung brancheneigener Vorprodukte mit gut einem Prozent des Umsatzes eine zu vernachlässigende und sehr viel geringere Rolle als in der Möbelindustrie[209]. Der Umsatzanteil

[209] Dies belegen die Zahlen der übergeordneten Abteilung der WZ93 „DD20 – Holzgewerbe (ohne Möbel), wonach 82,2% aller brancheneigenen Vorprodukte aus deutschen Unternehmen stammen (eigene Berechnung auf Grundlage von Zahlen des Statistischen Bundesamtes 2005c).

brancheneigener Vorprodukte aus Deutschland μ beläuft sich damit auf 6,2%, die Wertschöpfung der gesamten Branche im Inland beträgt 60,2% (siehe Tabelle 26 oben).

Abbildung 47: Schematisierte Lieferbeziehungen: Herstellung von Konstruktionsteilen aus Holz

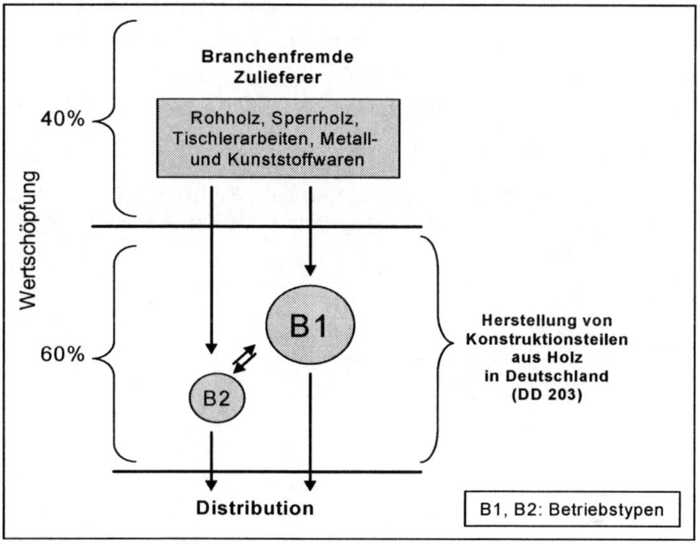

Stahl- und Leichtmetallbauteile

Im Vergleich der Branchen weist Stahl mit 43,7% den niedrigsten Umsatzanteil auf, der zum Einkauf von Vorprodukten aufgewendet werden muss (siehe Tabelle 26 oben). Insgesamt 34,5% des Bruttoproduktionswertes der Branche (siehe Abbildung 48) wird für den Einkauf branchenfremder Vorprodukte verwendet, für die „zehn bis zwanzig Lieferanten" notwendig sind (L4, L5). Da „viel handwerklich gearbeitet wird" (L4), kann je nach „Projekt" (L1) und Produkt der Anteil der brancheneigenen Wertschöpfung in einem Betrieb 100% betragen (siehe Betriebstyp „B1" in Abbildung 48). Trotzdem entfallen auf die Beschaffung brancheneigener Vorprodukte noch 9,2% des gesamten Umsatzes. Die betriebsintere Wertschöpfungskette unterscheidet bei der Produktion „Stanzen, Biegen und Walzen, Schweißen, Lasern und Verzinken" (L2). Nur der letzte Schritt, das heißt der Oberflächenschutz, ist teilweise räumlich ausgegliedert. Zusätzlich kann es bei größeren Aufträgen durch die Beteiligung von Subunternehmen zu einem Fremdbezug brancheneigener Produkte kommen (Siehe

Betriebstyp „B2“ in Abbildung 48). Wie im Wirtschaftszweig Konstruktionsteile ist auch in dieser Branche die Montagetätigkeit beim Kunden ein Teil der Wertschöpfungskette. Die Arbeiten außerhalb der Betriebe fallen allerdings geringer aus und seltener an, da zur Stahlbearbeitung schwere, im Betrieb fest installierte Maschinen notwendig sind (siehe dazu auch Kapitel 5.6.5). Insgesamt erwirtschaftet der Wirtschaftszweig mit 64,7% einen im Branchenvergleich hohen Anteil des Gesamtumsatzes in Deutschland (siehe Tabelle 26 oben). Der Anteil brancheneigener Vorprodukte aus Deutschland μ macht knapp 8,4% des gesamten Umsatzes aus, während der Zulieferanteil von Stahl-Betrieben aus dem Ausland mit weniger als einem Prozent zu vernachlässigen ist.[210]

Abbildung 48: Schematisierte Lieferbeziehungen: Stahl- und Leichtmetallbau

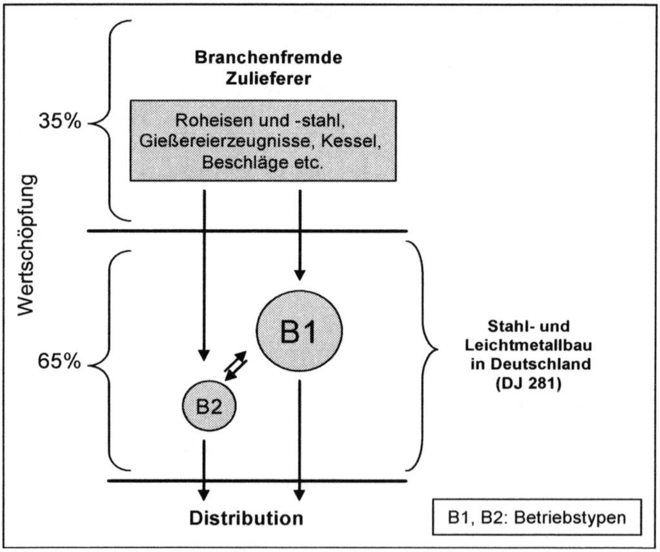

[210] Dies belegen die Zahlen der übergeordneten Abteilung der WZ93 „DJ28 – Herstellung von Metallerzeugnissen“, wonach 90,8% aller brancheneigenen Vorprodukte aus deutschen Unternehmen stammen (eigene Berechnung auf Grundlage von Zahlen des Statistischen Bundesamtes 2005c).

Schlachten und Fleischverarbeitung

In diesem Wirtschaftszweig ist mit 69,3% ein hoher Anteil an Vorprodukten zur Produktion notwendig (siehe Tabelle 26 oben). Davon stammt knapp die Hälfte aus der Branche selbst. Dieser hohe Verflechtungsgrad resultiert aus dem „klassische[n] Schnitt“ des Wertschöpfungsprozesses (F4). Er trennt Schlachten und Zerlegen (siehe „B1“ in Abbildung 49) von der Weiterverarbeitung zu Wurst („B2“). Die Vorgänge sind betrieblich und damit räumlich getrennt, denn „gleichzeitig Wurstmachen und Vieheinkaufen verträgt sich nicht. Das Wissen ist zu spezialisiert“ (F2). Im Gegensatz zu dem Wirtschaftszweig Schuhe, in dem der Anteil brancheneigener Vorprodukte aus dem In- und Ausland mit 35,5% genauso hoch ausfällt (siehe Tabelle 26 oben), stammen die Vorprodukte in der Fleischverarbeitung zu gut drei Vierteln aus deutscher Produktion[211]. Daraus resultiert mit 27,1% der im Branchenvergleich höchste Wert für μ.

Abbildung 49: Schematisierte Lieferbeziehungen: Schlachten und Fleischverarbeitung

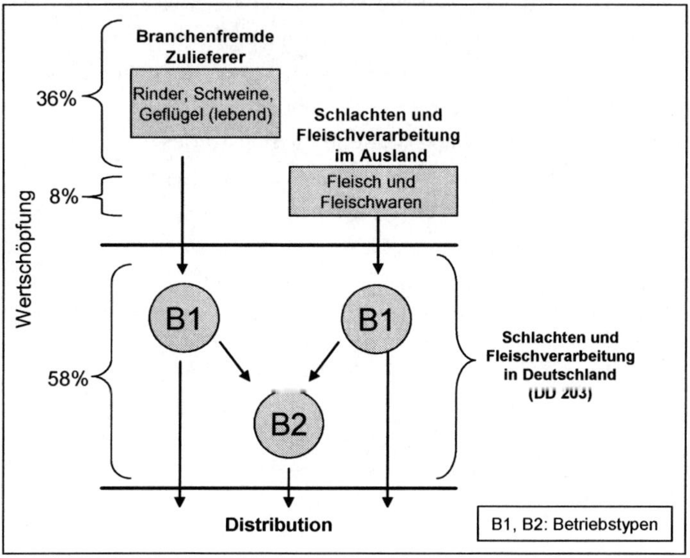

[211] Hier dienen die Zahlen der übergeordneten Abteilung der WZ93 „DA15 – Ernährungsgewerbe“ zur Orientierung. Danach stammen 76,4% aller brancheneigenen Vorprodukte aus deutschen Unternehmen (eigene Berechnung auf Grundlage von Daten des Statistischen Bundesamtes 2005c).

5.6.7 Ausgabenanteil für Industriegüter π

Der Ausgabenanteil für Industriegüter π lässt sich über Sekundärdaten berechnen. Er entspricht dem Anteil des inländischen Umsatzes des deutschen Produzierenden Gewerbes am „Gesamtumsatz" der Volkswirtschaft. Der Gesamtumsatz wird durch den Bruttoproduktionswert, also der Bruttowertschöpfung inklusive der Vorleistungen, repräsentiert (vgl. Statistisches Bundesamt 2002a).

Im Jahr 2002 betrug der Bruttoproduktionswert des Produzierenden Gewerbes in Deutschland 821,9 Milliarden €. Er wurde von 6,21 Millionen Beschäftigten erwirtschaftet. Allerdings erfasst das Statistische Bundesamt keine Betriebe mit weniger als 20 Beschäftigten. Auch Bau- und Versorgerunternehmen sind in den genannten Zahlen nicht enthalten (vgl. Statistisches Bundesamt 2002b). Dies erklärt die Differenz zu den Zahlen der Bundesanstalt für Arbeit (2003a), wonach im gesamten Produzierenden Gewerbe in Deutschland im Jahr 2002 insgesamt 9,43 Millionen Menschen sozialversicherungspflichtig beschäftigt waren. Unter der Annahme, dass die Betriebe aus den Bereichen Versorger und Bau ähnliche Umsätze erzielen und der Inlandsumsatz pro Arbeitnehmer in einem Betrieb unter 20 Beschäftigten, dem eines Betriebes mit mindestens 20 Beschäftigten entspricht, lässt sich der gesamte Bruttoproduktionswert des Produzierenden Gewerbes berechnen. Er lag im Jahr 2002 bei 1.247,8 Milliarden €, was 33,4% des gesamten deutschen Bruttoproduktionswertes von 3.733,1 Milliarden € entspricht. Im Jahr 1987 lag der Anteil mit einem Inlandsumsatz des Produzierenden Gewerbes von 758,7 Milliarden €[212] und einem Bruttoproduktionswert von 2.457,0 Milliarden € noch bei 30,1%. Damit ist π für das Jahr 2002 mit 0,334 und für das Jahr 1987 mit 0,301 bestimmt (eigene Berechnung auf Grundlage von Zahlen des Statistischen Bundesamtes 2002a,b; 1989a; 1987 und der Bundesanstalt für Arbeit 2003a,d).

---

[212] Im Jahr 1987 erwirtschafteten 7,055 Millionen sozialversicherungspflichtig Beschäftigte in Betrieben mit mindestens 20 Beschäftigten einen Inlandsumsatz des Produzierenden Gewerbes (ohne Bau und Versorger) von 530,9 Mrd. €. Da 1987 im Produzierenden Gewerbe insgesamt 10,082 Millionen Personen sozialversicherungspflichtig beschäftigt waren, erhöht sich – unter dem oben getroffenen Annahmen – der Umsatzwert auf 758,7 Mrd. €.

6 Modell-Simulationen

„To conduct analytical work on economic geography, however, it is necessary to cut through the complexities of the real world and focus on a more limited set of forces."

Paul Krugman (1998, S. 8)

6.1 Vorgehensweise

Mit den in Kapitel 5 bestimmten Parametern der exogenen Modellvariablen (für eine Übersicht siehe Anhang J) sind die Gleichgewichte der hier ausgewählten Modelle vollständig bestimmt. Im Modell von Helpman (1998) lassen sich die Ausprägungen der langfristigen Gleichgewichte über den Umweg der kurzfristigen Gleichgewichte finden. Mittels iterativ-numerischer Lösungen der Gleichung H13 (siehe Kapitel 3.5.3) für eine ausreichend große Zahl von verschiedenen Werten für λ ist der Graph der kurzfristigen Gleichgewichte bestimmt.[213] Sein Verlauf bestimmt die Art der langfristigen Gleichgewichte und die zugehörigen Bruch- und Erhaltepunkte des Helpman-Modells (siehe Abbildung 14 oben). In den Modellen von Krugman (1991) und Puga (1999) mit mobilen Arbeitskräften können für gegebene exogene Modellvariablen die jeweiligen Bruchpunkte direkt berechnet (siehe dazu Gleichungen K22 in Kapitel 3.4.5 beziehungsweise P13 in Kapitel 3.6.4 oben) sowie die jeweiligen Erhaltepunkte numerisch bestimmt werden (siehe Gleichungen K20 beziehungsweise P14). Im Puga-Modell mit immobilen Arbeitskräften (1999) sind aus der quadratischen Gleichung P15 bis zu zwei Bruchpunkte ableitbar (siehe Kapitel 3.6.5). Dagegen lassen sich die Erhaltepunkte nicht analytisch berechnen (vgl. Puga 1999, S. 325).

Zwar bestimmen die exogenen Variablen die Gleichgewichte der Modelle (für die jeweils relevanten Variablen siehe Tabelle 14 oben), aber für realitätsnahe Werte sind die Gleichgewichtsbedingungen der Modellen nicht ausgelegt. Beispielsweise arbeitet Helpman (1998, S. 43) in seinen Simulationen mit Transportkosten in Höhe von 500% (T=6).[214] Nur ab dieser Höhe wird der sensible Bereich seines Modells erreicht und eine partielle Agglomeration (siehe dazu zum Beispiel Abbildung 5 D oben) überhaupt möglich. Das Modell benötigt ceteris paribus sogar noch weitaus höhere Transportkos-

---

[213] Die Simulation erfolgte in Excel mittels der Funktion „Zielwertsuche", beziehungsweise „Solver". Die Gleichung H13 wurde für jeweils 100 gegebene Werte von λ zwischen 0 und 1, mit $\Lambda\lambda$=0,01 gelöst.

[214] Mit den Variablen σ=2,0 und π=(1-β)=0,6.

ten um eine absolute Agglomeration (siehe dazu Abbildung 5 B) darzustellen. Selbst im internationalen Warenverkehr sind Transportkosten von über 100% auch unter Einbeziehung der Zölle – sie belaufen sch im Durchschnitt auf 7,6% auf Industriegüter (vgl. Vereinigte Wirtschaftsdienste 2005) – nicht realistisch (siehe dazu auch Tabelle 25 oben). Die Modelle der NÖG aus diesem Grund als empirisch falsch verwerfen zu wollen, greift jedoch viel zu kurz.[215] Es ist kein primäres Anliegen der Theoretiker Krugman, Helpman und Puga ihre Gleichungen auf möglichst realitätsnahe und zudem modellübergreifende, einheitliche Variablenwerte zu gründen.[216]

Entscheidend sind die Modellzusammenhänge. Sie lassen sich nicht durch eine einzige Kombination der Werte der exogenen Modellparameter darstellen. Um die Wirkungsweisen der Modelle zu verstehen, ist die Veränderung der „eingespeisten" Variablenwerte zu betrachten. Die Bifurkationen (siehe Abbildung 7 oben) machen dies deutlich: Die Zusammenhänge und langfristigen Gleichgewichte erschließen sich ceteris paribus nicht bei einem einzigen Wert der Variable *T*, sondern nur für das Kontinuum ihrer Werte von 1 bis unendlich. Auch mit einem Kontinuum der anderen die Gleichgewichte beeinflussenden exogenen Modellvariablen lassen sich Bifurkationen darstellen (vgl. dazu auch Brakman/Garretsen/van Marrewijk 2001, die dies für das Modell von Krugman 1991 durchführen). Ein Modell gilt als relevant, wenn seine Bifurkation durch die Verteilung der einzelnen Branchen belegt werden kann. Dafür ist es zulässig, die Parameter der Branchenvariablen unter Beibehaltung ihrer Relationen zueinander auf dem Kontinuum der Werte „zu verschieben".

Auch in dieser Arbeit sind nicht die absoluten Parameter einer einzigen Branche Grundlage der Modellprüfung. Der hier gewählte Forschungsansatz erfasst die Parameter verschiedener Branchen. Zur Kalibrierung der Modelle sind zwei Vorgehensweisen denkbar. Zum einen ist es möglich in die entsprechenden Modellgleichungen ausgleichende Konstanten einzufügen. Dies führt idealerweise zu einer Verschiebung der Bifurkation in die Nähe der erfassten Variablenwerte. Einfacher ist die andere Möglichkeit, denn die absoluten Werte der erfassten Variablen können so transformiert werden, dass sie die jeweiligen modellinhärenten möglichen Gleichgewichtszustände und Wirkungsweisen auch prinzipiell erreichen können. Sie werden mit anderen Worten auf den Gültigkeitsbereich der Bifurkation verschoben. Um die Daten

---

[215] Auch Krugman (1991) und Puga (1999) arbeiten mit „realitätsfernen" Werten (siehe Kapitel 6.2 und Kapitel 6.4).

[216] Dafür hätten sie vor der Entwicklung ihrer Modelle die Variablen zuerst erheben und sich danach auf gemeinsame Werte einigen müssen.

nicht zu verfälschen und um eine bewusste oder unbewusste Beeinflussung der Ergebnisse zu vermeiden, sollen dabei folgende Regeln gelten:

A. Die für die Branchen insgesamt erhobenen Mittelwerte der Modellvariablen dienen zur Kalibrierung der Modelle.

B. Der erhobene Mittelwert der Transportkosten soll im „sensiblen Bereich" des Modells liegen.

C. Die relativen Abstände zwischen den Branchen müssen für alle Variablen erhalten bleiben.

D. Das Modell muss sowohl für die Mittelwerte als auch für die einzelnen Branchenwerte definiert und die Kein-Schwarzes-Loch-Bedingung (für das Modell von Helpman 1998 die „Keine-Zentrifuge-Bedingung") muss erfüllt sein.

In Kapitel 6.2 werden die Regeln A bis D anhand der Kalibrierung des Modells von Krugman (1991) erläutert, bevor die Modellprognosen dargestellt werden. In den anschließenden Kapiteln 6.26.3 und 6.4 werden analog dazu das Vorgehen und die Ergebnisse der Simulationen der Modelle von Helpman (1998) und Puga (1999) beschrieben.

6.2 Kalibrierung und Prognosen des Modells von Krugman 1991

Aus dem Ausgabenanteil π=0,334 und der durchschnittlichen Preiselastizität der Nachfrage σ=2,4 (siehe Anhang J) resultiert im Modell von Krugman der Bruchpunkt T(B)=4,16 und der Erhaltepunkt T(S)=6,15 (siehe Abbildung 50 links und rechts). Zwischen diesen beiden Transportkostenniveaus befindet sich der sensible Bereich des Modells. In ihm ist – mit sich ceteris paribus änderndem T – ein Umschwung von Gleichverteilung zu Agglomeration und umgekehrt möglich. Allerdings liegen T(B)-1 und T(S)-1 mit 316% und 515% des Herstellerabgabepreises weit über den durchschnittlichen Transportkosten von T-1=10,4%, die in den zehn deutschen Branchen gelten (siehe dazu wiederum Anhang J). Eine multiplikative Transformation der Variable σ stellt sicher, dass die einzelnen Transportkostenniveaus der Branchen den sensiblen Modellbereich prinzipiell erreichen können, aber nicht müssen. Dieser sensible Bereich entspricht dem Overlap zwischen T(B) und T(S): Erst ab T>T(B)=4,16 ist eine Gleichverteilung überhaupt möglich und nur für T>T(S)=6,15 kann eine bestehende Agglomeration zusammenbrechen (für σ=2,4 und π=0,334; siehe dazu Abbildung 51). Durch diese Transformation wird das Modell erst in die Lage versetzt, für die einzelnen Branchen verschiedene Gleichgewichtszustände prognostizieren zu können.

Abbildung 50: Nutzendifferenzen im Modell von Krugman 1991

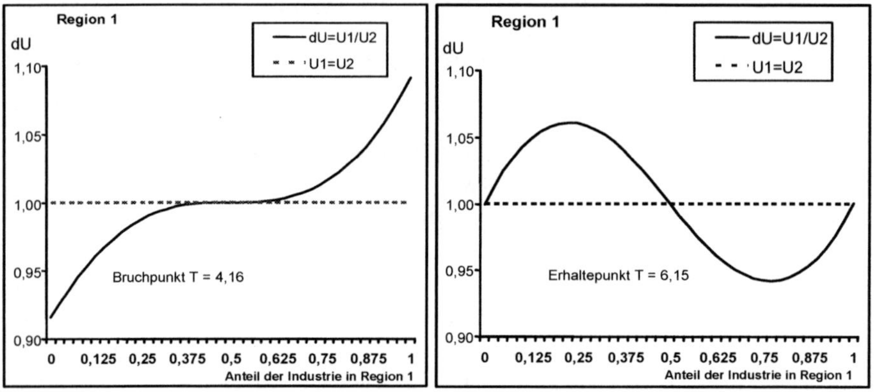

mit σ=2,4 und π=0,334

Zur Kalibrierung der Modelle dienen die Durchschnittswerte der erhobenen Variablen (Regel A). Dies ist deshalb sinnvoll, weil die untersuchten Branchen sich in gleichem Maße aus sehr stark räumlich konzentrierten und stark gleichverteilten Wirtschaftszweigen zusammensetzen. Ihr Mittelwert muss somit zwischen Gleichverteilung und Agglomeration, eben im sensiblen Bereich des Modells liegen. Es bietet sich für das Krugman-Modell an, die Preiselastizitäten aller Branchen so zu „transponieren", dass der zentrale Punkt des sensiblen Bereiches (dies ist das Transportkostenniveau T(Z) in Abbildung 51) auf das erhobene durchschnittliche Transportkostenniveau T=1,104 fällt (Regel B). Dies ist der Fall für σ_{trans}=16,3 (mit π=0,334). Bei diesem Wert liegt T=1,104 genau auf halber Strecke zwischen T(B) und T(S). Abbildung 51 stellt das Gabeldiagramm des Krugman Modells dar. Es zeigt T(B), T(Z) und T(S) sowohl für den ursprünglichen Wert von σ=2,4 als auch für den transponierten Wert σ_{trans}=16,3.[217]

[217] Es sei angemerkt, dass mit der Transformation der Mittelwerte auf den sensiblen Modellbereich kein „Data-Fitting" betrieben wird. Die einzelnen Branchenparameter unterscheiden sich weiterhin und führen je nach Ausprägung zu Ergebnissen, die auch weit außerhalb des sensiblen Modellbereiches liegen können.

Damit es durch die Transformation der erhobenen Variablenwerte nicht zu Verzerrungen der Modellprognosen kommt, müssen die relativen Abstände der transformierten Variablen – hier der Preiselastizität σ – zwischen den Branchen erhalten bleiben (Regel C). Eine Multiplikation der einzelnen Branchenwerte σ mit dem Verhältnis *Mittelwert der Variablen nach Transformation* zum *Mittelwert der Variablen vor Transformation* (16,3/2,4=6,792) stellt dies sicher.

Abbildung 51: Transformation der Preiselastizität und der Transportkosten im Modell von Krugman 1991

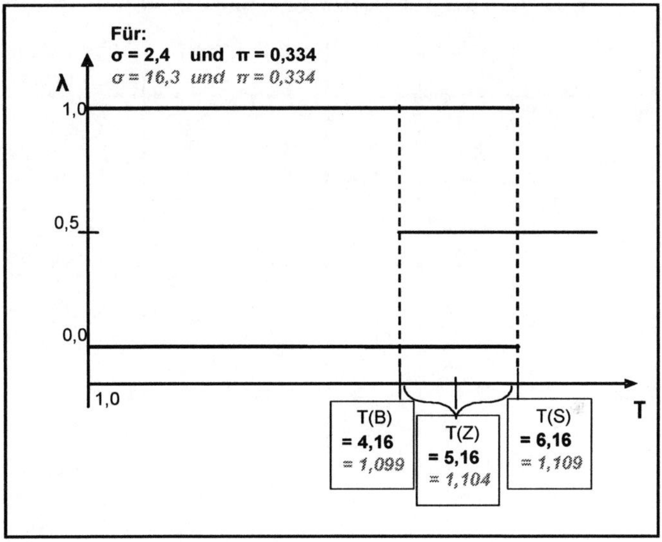

Weiterhin ist die Kein-Schwarzes-Loch-Bedingung sowohl für die erhobenen Mittelwerte als auch die einzelnen Branchen zu erfüllen (Regel D): Die Bedingung in Krugmans Modell lautet $\sigma(1-\pi)>1$ (siehe dazu Kapitel 3.4.6 oben). Dazu schreiben Fujita, Krugman und Venables (1999, S. 58): „We in general are not interested in economies in which increasing returns are that strong, if only because [...] in such economies the forces working toward agglomeration always prevail, and the economies tends to collapse into a point". Ist die Kein-Schwarzes-Loch-Bedingung verletzt, entsteht für alle Werte T zwischen 1 und unendlich immer das langfristige Gleichgewicht der Agglomeration. Um dies zu vermeiden muss für die Preiselastizität gelten: $\sigma > 1{,}502$ (mit $\pi=0{,}334$). Für diesen Wertebereich ist das Modell in der Lage, seine ihm inhärenten Mechanismen arbeiten zu lassen und zu verschiedenen Gleichgewichtslösungen zu kommen (Bedingung D). Die multiplikative Transformation von σ mit dem

Faktor 6,792, der aus der Transformation des Durchschnittswertes der Preiselastizität resultiert, stellt die Erfüllung der Kein-Schwarzes-Loch-Bedingung für alle Branchen sicher[218].

Tabelle 27 fasst die Ergebnisse der Simulationen für die einzelnen Branchen zusammen. Dabei werden in der Spalte „σ_{trans}" die transformierten Werte der Preiselastizität aufgeführt, die zusammen mit den Werten für π die Transportkostenniveaus T(B)-1 und T(S)-1 determinieren.

Tabelle 27: Ergebnisse der Simulation des Modells von Krugman 1991

	σ_{trans}	T-1 (in %)	T(B)-1 (in %)	T(S)-1 (in %)	Modell-Prognose
2002 (π = 33,4%)					
Schuhe	13,70	5,9	12,1	13,4	Abs. Agglomeration
Uhren	6,85	6,7	29,7	37,7	Abs. Agglomeration
Chemie	18,49	9,3	8,5	9,4	Abs. Aggl. oder Gleichv.
Kfz	13,01	5,3	44,0	50,9	Abs. Agglomeration
Molkerei	19,86	8,3	7,9	8,7	Abs. Aggl. oder Gleichv.
Büromaschinen	10,96	15,8	15,9	17,7	Abs. Agglomeration
Möbel	13,70	7,7	12,1	13,4	Abs. Agglomeration
Konstruktionsteile	15,75	23,2	10,3	11,3	Gleichverteilung
Stahl	28,08	13,3	5,4	5,9	Gleichverteilung
Fleischverarbeitung	22,60	8,9	6,8	7,7	Gleichverteilung
1987 (π = 30,1%)					
Molkerei	15,75	8,3	9,1	9,9	Abs. Agglomeration
Büromaschinen	10,27	10,0	15,2	16,6	Abs. Agglomeration

Mit T(B) und T(S) sind die folgenden drei Transportkostenbereiche bestimmt (siehe dazu Abbildung 51 oben):

1. T<T(B) 2. T>T(S) 3. T(B)≤T≤T(S).

Je nachdem, in welchen dieser drei Bereiche die erhobenen Transportkosten T-1 fallen, prognostiziert das Krugman-Modell verschiedene, langfristige Gleichgewichtszustände. In den Branchen Schuhe, Uhren, Kfz und Büromaschinen (2002 und 1987) sowie

[218] Den niedrigsten Wert weist die Branche Herstellung von Uhren mit σ=1,03 auf (siehe Anhang J). Nach Multiplikation mit dem Faktor 6,792 ist die Kein-Schwarzes-Loch-Bedingung erfüllt: 1,03 * 6,792>1,502. Es sei an dieser Stelle noch einmal erwähnt: Nicht die absoluten Ausprägungen der Variablen sind in den Modellen entscheidend, sondern ihre Veränderung beziehungsweise Relation zueinander.

Molkerei und Käserei (1987) gilt: T-1<T(B)-1. Für diesen Bereich prognostiziert das Modell absolute Agglomeration. Zwischen T(B)-1 und T(S)-1 ist ein multiples Gleichgewicht mit Gleichverteilung und absoluter Agglomeration möglich. Dies trifft auf die Wirtschaftszweige Chemie und Molkerei (2002) zu. In den Branchen Konstruktionsteile, Stahl und Fleischverarbeitung überschreiten die Transportkosten T den Erhaltepunkt T(S). Das Modellergebnis lautet für diese Wirtschaftszweige „langfristige Gleichverteilung".

6.3 Kalibrierung und Prognosen des Modells von Helpman 1998

Im Helpman-Modell (1998) ist mit den Durchschnittswerten der Preiselastizität und dem Ausgabenanteil für Industriegüter (σ=2,4; π=0,334) die „Keine-Zentrifuge-Bedingung" $\sigma(1-\pi)<1$ verletzt. Eine divisive Transformation der Variable σ lässt – wegen der Bedingung[219] $\sigma>1$ – zu wenig Spielraum für die Aufrechterhaltung der Relationen zwischen den einzelnen Branchenwerten. Aus diesem Grund wird π transformiert. Für π_{trans}=0,800 und σ=2,4 befinden sich das Transportkostenniveau, bei dem sich eine Gleichverteilung auflöst, bei T(B)=1,506 und der Erhaltepunkt bei T(S)=2,307 (siehe Abbildung 52 links und rechts).[220]

Wieder begrenzen T(B) und T(S) den sensiblen Bereich des Modells, in dessen Mitte T(Z)=1,907 liegt. Dies macht eine zweite Transformation und zwar der erhobenen Transportkosten notwendig.[221] Für Transportkostenniveaus zwischen T(B) und T(S) sind partielle Agglomerationen möglich (siehe Abbildung 53). Im Gegensatz zum Krugman-Modell findet der Übergang zwischen vollständiger Agglomeration und Gleichverteilung graduell statt. Für T<T(B)=1,506 herrscht Gleichverteilung, während

---

[219] In der Marktform der Monopolistischen Konkurrenz liegt die Preiselastizität der Nachfrage bei $\sigma>1$ (vgl. Dixit/Stiglitz 1977). Für Werte $\sigma\leq1$ sind die Modelle der NÖG deshalb nicht definiert (siehe Kapitel 2.3.3 oben).

[220] Der transformierte Wert π_{trans} für das Jahr 1987 berechnet sich wie folgt: π_{trans}=0,301 * 0,800/0,334=0,721.

[221] Dazu werden die reinen Transportkosten T-1 mit 1,907/0,104=18,337 multipliziert. So bleiben die relativen Abstände zwischen den Branchen erhalten und der Mittelwert der transponierten Werte fällt auf T(Z)=1,907.

sich die Industrie für T>T(S)=2,307 langfristig vollständig in einer der beiden Regionen konzentriert.

Abbildung 52: Nutzendifferenzen im Modell von Helpman 1998

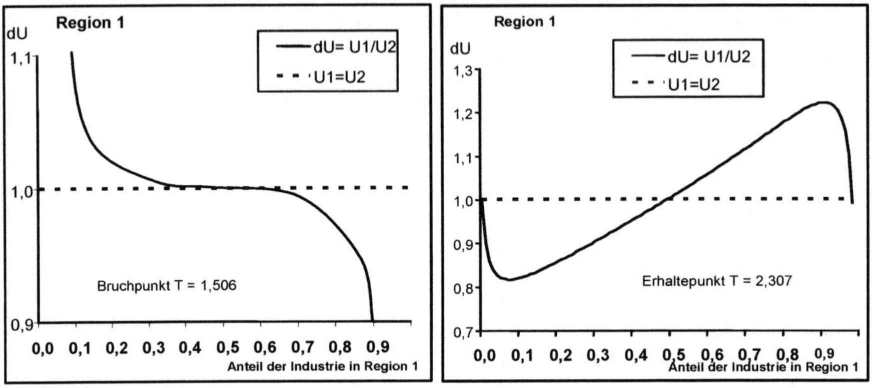

mit σ=2,4 und π_{trans}=0,8

Tabelle 28 fasst die Ergebnisse der Simulation zusammen: Gleichverteilung liegt in den Branchen Schuhe, Uhren, Kfz, Molkerei (2002 und 1987), Möbel sowie Büromaschinen (1987) vor. Dort gilt T_{trans}<T(B). Wegen T_{trans}>T(S) prognostiziert das Helpman Modell für die Branchen Konstruktionsteile und Büromaschinen (2002) absolute Agglomeration. Die transformierten Transportkosten der Wirtschaftszweige Chemie, Stahl und Fleischverarbeitung befinden sich im Modellbereich der partiellen Agglomeration.

Abbildung 53: Transformation des Ausgabenanteils und der Transportkosten im Modell von Helpman 1998

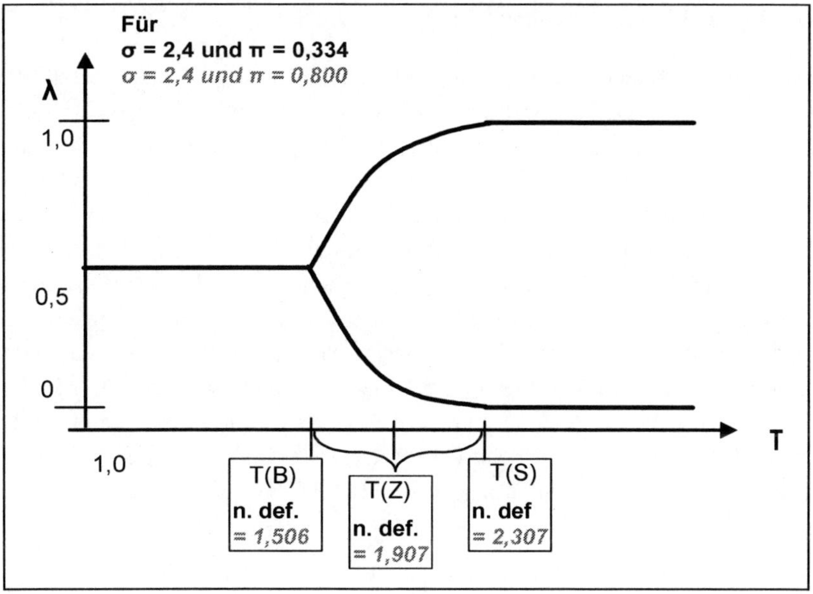

Tabelle 28: Ergebnisse der Simulation des Modells von Helpman 1998

	σ	T_{trans}	T(B)	T(S)	Modell-Prognose
2002 (π_{trans}= 80%)					
Schuhe	2,0	1,00	1,49	2,37	Gleichverteilung
Uhren	1,0	1,22	1,63	3,14	Gleichverteilung
Chemie	2,7	1,70	1,53	2,29	Partielle Agglomeration
Kfz	1,9	0,97	1,49	2,39	Gleichverteilung
Molkerei	2,9	1,52	1,55	2,29	Gleichverteilung
Büromaschinen	1,6	2,89	1,50	2,50	Absolute Agglomeration
Möbel	2,0	1,41	1,49	2,37	Gleichverteilung
Konstruktionsteile	2,3	4,24	1,50	2,32	Absolute Agglomeration
Stahl	4,1	2,43	1,91	2,70	Partielle Agglomeration
Fleischverarbeitung	3,3	1,62	1,61	2,33	Partielle Agglomeration
1987 (π_{trans} = 72,1%)					
Molkerei	2,3	1,52	2,11	4,17	Gleichverteilung
Büromaschinen	1,5	1,83	1,94	4,46	Gleichverteilung

6.4 Kalibrierung und Prognosen des Modells von Puga 1999

6.4.1 Regional mobile Arbeitskräfte

Puga (1999) unterscheidet zwischen den Modellfällen „inter-regionale Mobilität“ und „inter-regionale Immobilität“ der Arbeitnehmer. Bei mobilen Arbeitnehmern stellt das Puga-Modell eine Erweiterung des Modells von Krugman (1991) mit den Variablen μ und η dar. Setzt man die Verflechtungsbeziehungen und die sektorale Mobilität außer Kraft (mit μ=0 und η=0), entsprechen die Gleichgewichtsbedingungen und damit die Simulation exakt denen von Krugman (siehe Kapitel 3.6.4). Für die erhobenen Mittelwerte der Variablen (siehe Anhang J) ist die Kein-Schwarzes-Loch-Bedingung des Puga-Modells nicht erfüllt.[222] Da die Bifurkation der langfristigen Gleichgewichte die gleiche Form wie bei Krugman (1991) aufweist, können die transformierten Werte der Preiselastizitäten aus der Kalibrierung des Krugman-Modells verwendet werden[223]. Um den Einfluss der Mittelwerte der Variablen μ=0,113 und η=6,5 in der Kalibrierung auszugleichen, wird π von 0,334 auf 0,241 reduziert.[224] Damit fällt das mittlere Transportkostenniveau T=1,104 auf den zentralen Bereich T(Z) des Modells (siehe dazu Abbildung 54).[225]

Tabelle 29 fasst die Ergebnisse der Simulationen zusammen. Für die Branchen Schuhe, Uhren, Chemie, Kfz, Molkerei (2002 und 1987), Möbel, Fleischverarbeitung und Büromaschinen (1987) prognostiziert das Modell absolute Agglomeration. Bei Büromaschinen (2002), Konstruktionsteilen und Stahl liegt laut Modellergebnis eine Gleichverteilung als langfristiges Gleichgewicht vor. Ein multiples Gleichgewicht mit T(B)≤T≤T(S) zeigt das Modell für keine der Branchen an.

---

222 Sie lautet: $(1-\pi)(\sigma(1-\pi)(1-\mu)-1)-\pi^2\eta>0$ (siehe dazu Kapitel 3.6.4). Mit σ=2,4; π=0,334; μ=11,3; η=6,5 gilt: $(1-\pi)(\sigma(1-\pi)(1-\mu)-1)-\pi^2\eta$= -0,447<0.

223 Für den transformierten Mittelwert σ=16,3 ist die Kein-Schwarzes-Loch-Bedingung erfüllt: Es gilt: $(1-\pi)(\sigma(1-\pi)(1-\mu)-1)-\pi^2\eta$=5,022>0, mit σ=16,3; π=0,334; μ=11,3; η=6,5.

224 Für das Jahr 1987 leitet sich daraus π_{trans}=0,301*0,241/0,334=0,217 ab.

225 Die Graphen der kurzfristigen Gleichgewichte bei T(B) und T(S) entsprechen denen aus Abbildung 50 oben, weshalb an dieser Stelle auf sie verzichtet wird.

Abbildung 54: Transformation der Preiselastizität und des Ausgabeanteils im Modell von Puga 1999 mit mobilen Arbeitnehmern

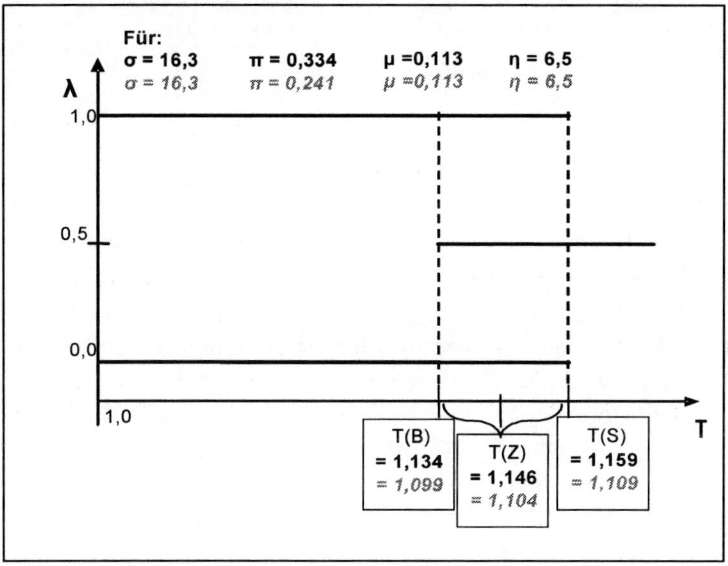

Tabelle 29: Ergebnisse der Simulation des Modells von Puga 1999 mit mobilen Arbeitskräften

	σ_{trans}	μ (in %)	η	T-1 (in %)	T(B)-1 (in %)	T(S)-1 (in %)	Modell-Prognose
2002 (π_{trans} = 24,1%)							
Schuhe	13,7	3,5	28,8	5,9	11,2	12,0	Absolute Agglomeration
Uhren	6,8	10,0	2,0	6,7	28,6	32,0	Absolute Agglomeration
Chemie	18,5	17,5	1,0	9,3	9,7	11,1	Absolute Agglomeration
Kfz	13,0	13,3	1,9	5,3	13,4	14,9	Absolute Agglomeration
Molkerei	19,9	22,8	5,1	8,3	10,3	12,1	Absolute Agglomeration
Büromaschinen	11,0	1,0	2,6	15,8	11,5	12,1	Gleichverteilung
Möbel	13,7	3,1	8,2	7,7	9,7	10,3	Absolute Agglomeration
Konstruktionsteile	15,8	6,2	4,3	23,2	8,8	9,6	Gleichverteilung
Stahl	28,1	8,4	2,1	13,3	4,6	5,2	Gleichverteilung
Fleischverarbeitung	22,6	27,1	8,9	8,9	9,8	12,0	Absolute Agglomeration
1987 (π_{trans} = 21,7%)							
Molkerei	15,8	17,4	9,2	8,3	11,3	12,7	Absolute Agglomeration
Büromaschinen	10,3	6,2	3,2	10,0	13,5	14,3	Absolute Agglomeration

6.4.2 Immobile Arbeitskräfte

"Comparative statics on these critical values of trade costs are much more difficult [...]. However, numerical exploration suggests that the ranges of trade costs in which the symmetric equilibrium is stable shrink, and the range in which agglomeration is sustainable expands with higher values of η, μ and γ [in dieser Arbeit π] or with lower values of σ."

Diego Puga (1999, S. 325)

Im Modellfall mit regional immobilen Arbeitskräften sind die Zusammenhänge komplexer und die Bifurkation unterscheidet sich erheblich von der des Modells mit mobilen Arbeitskräften. Wegen der quadratischen Gleichung P15 (siehe Kapitel 3.6.5) existieren einige Wertebereiche der exogenen Variablen, in denen das Modell nicht definiert ist. Auch für die erhobenen Mittelwerte der exogenen Variablen (siehe Anhang J) liefert die Modell-Simulation keine Lösungen. Wiederum ist eine Transformation notwendig. Die Durchschnittswerte der exogenen Variablen μ und η werden auf μ_{trans}=0,3 und auf η_{trans}=1.810 erhöht.[226] Dies gewährleistet, dass das Modell sowohl für die Mittelwerte als auch für die Einzelwerte aller Branchen definiert ist.[227] Die Variablen σ und π bleiben unverändert. Der sensible Bereich des Modells ist begrenzt durch die beiden Bruchpunkte T(B)u=1,002 und T(B)o=3,501, in deren Mitte liegt T(Z) bei 2,251[228]. Dies ist der zur Kalibrierung des Modells notwendige neue Durchschnittswert, den die Transportkosten in den einzelnen Branchen nach ihrer Transponierung bilden müssen.[229] Sowohl die transformierten Mittelwerte der erhoben Variablen als auch die transformierten Werte der einzelnen Branchen führen zu einer Bifurkation mit stetigen Übergängen, wie sie in Abbildung 55 dargestellt ist.[230]

---

[226] Wiederum bleiben die relativen Abstände zwischen den Branchen durch die Multiplikation der Einzelwerte erhalten (mit μ_{trans}=0,3/0,113=2,655 und η_{trans}=1810/6,49=278,891).

[227] In den Branchen, in denen das Modell auch für eine geringere Transformation von η definiert ist, ändern sich die Prognosen der langfristigen Gleichgewichte nicht. Dies bestätigen probeweise durchgeführte Simulationen mit alternativen Transformationswerten.

[228] Die Verläufe der Graphen der kurzfristigen Gleichgewichte bei T(B)u und T(B)o entsprechen denen der Abbildung 52 links (oben), weshalb auf eine erneute Grafik an dieser Stelle verzichtet wird.

[229] Dazu werden die reinen Transportkosten *T*-1 mit 2,153/0,104=20,702 multipliziert. So bleiben die relativen Abstände zwischen den Branchen erhalten, und der Mittelwert der transponierten Werte fällt auf T(Z)=2,153.

[230] Für die Durchschnittswerte und meisten Branchenwerte vor der Transformation liefert die Gleichung P15 keine Lösung. Trotzdem entsprechen die Relationen dieser Parameter zueinander denen, die Puga (1999, S. 323) benutzt, um eine Bifurkation mit kontinuierlichen Übergängen darzustellen.

Abbildung 55: Transformation des Anteils der Zwischenprodukte und der sektoralen Lohnelastizität im Modell von Puga 1999 mit immobilen Arbeitnehmern

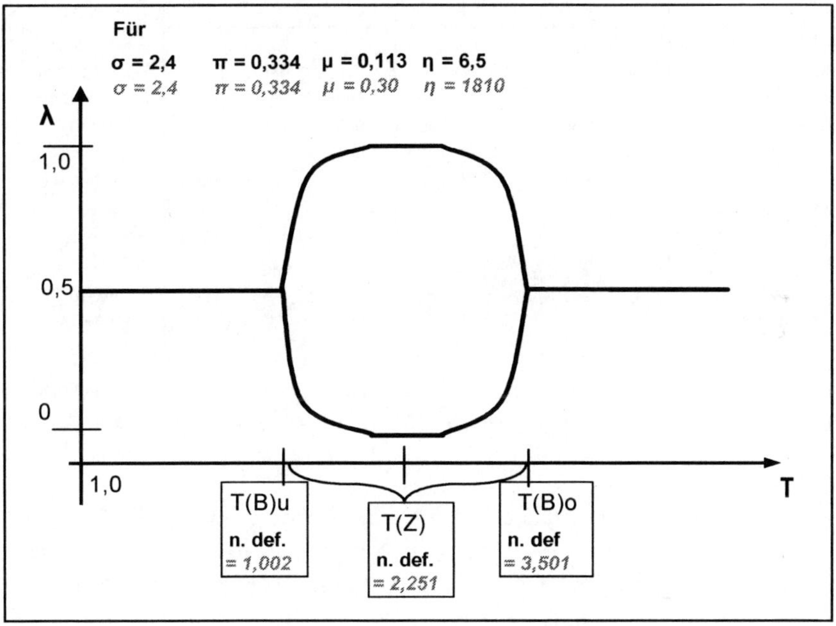

In Kapitel 3.6.5 wurde bereits darauf eingegangen, dass die Ungleichungen P16 und P17 notwendige, aber keine hinreichenden Bedingungen für die Existenz eines stabilen symmetrischen Gleichgewichts darstellen. Wenn P16 erfüllt ist – und nur dann – bleibt das Gleichgewicht für die Lösungen der Gleichung P15 stabil. Nur dann zeigen T(B)u und T(B)o die Grenzen einer stabilen Gleichverteilung an. Sie ist für Transportkosten T gegeben, für die gilt: $1<T\leq$T(B)u oder T(B)o$\leq T<\infty$. Ist dagegen die Ungleichung P17 erfüllt, bleibt das symmetrische Gleichgewicht nur für die Werte T stabil, für die gilt: $1<T\leq$T(B)u. Die Agglomerationskräfte sind in diesem Fall so groß, dass der obere Bruchpunkt T(B)o keine Rolle mehr spielt. Dann bleibt auch für Transportkosten oberhalb T(B)o eine Agglomeration bestehen (vgl. Puga 1999, S. 325).

Tabelle 30 fasst die Ergebnisse der Simulationen zusammen. Da in allen Branchen P16 erfüllt ist, zeigen die beiden Bruchpunkte T(B)u und T(B)o, jeweils die Grenzen zu einer stabilen Gleichverteilung an.

Tabelle 30: Ergebnisse der Simulation des Modells von Puga 1999 mit immobilen Arbeitskräften

	σ	μ_{trans} (in %)	η_{trans}	T_{trans}	T(B)u	T(B)o	T_{trans}	Modell-prognose	AM
2002 (π = 33,4%)									
Schuhe	2,0	9,4	8034	1,543	1,002	1,764	1,383	Agglomeration	0,42
Uhren	1,0	26,7	567	1,748	1,009	n.def.	_	Agglomeration	_
Chemie	2,7	46,4	284	2,437	1,005	5,459	3,232	Agglomeration	-0,36
Kfz	1,9	35,4	524	1,390	1,005	19,437	10,221	Agglomeration	-0,96
Molkerei	2,9	60,6	1418	2,182	1,001	11,531	6,266	Agglomeration	-0,78
Büromaschinen	1,6	2,5	735	4,136	1,160	1,172	1,166	Gleichverteilung	495,05
Möbel	2,0	8,3	2275	2,016	1,007	1,641	1,324	Gleichverteilung	2,18
Konstruktionsteile	2,3	16,4	1211	6,074	1,005	2,032	1,519	Gleichverteilung	8,87
Stahl	4,1	22,3	578	3,482	1,070	1,399	1,235	Gleichverteilung	13,66
Fleischverarbeitung	3,3	72,1	2473	2,320	1,001	n.def.	_	Agglomeration	_
1987 (π_{trans} = 30,1%)									
Molkerei	2,3	46,1	2564	1,790	1,001	12,503	6,752	Agglomeration	-0,86
Büromaschinen	1,5	16,6	892	2,156	1,001	552,496	276,749	Agglomeration	-0,996

Das Modell liefert für die Parameter der Wirtschaftszweige Uhren und Fleischverarbeitung lediglich den Bruchpunkt T(B)u. Bei Uhren verursacht σ=1,03 und bei Fleischverarbeitung μ_{trans}=0,721 sehr hohe Agglomerationskräfte.[231] In beiden Branchen nimmt der obere Bruchpunkt T(B)o den Wert unendlich an und ist nicht definiert. Damit bleibt die Gleichverteilung nur für die Transportkostenniveaus stabil, für die gilt: $1<T\leq$T(B)u.[232] Das Modell prognostiziert für die Branchen Schuhe, Uhren, Chemie, Kfz, Molkerei (2002 und 1987), Fleischverarbeitung und Büromaschinen (1987) Agglomeration als langfristiges Gleichgewicht. Die Transportkosten T_{trans} der Branchen Büromaschinen (2002), Möbel, Konstruktionsteile und Stahl überschreiten T(B)o und befinden sich in der Bifurkation des Modells rechts vom „U". Diese Wirtschaftszweige sind laut Modellprognose langfristig gleichverteilt.

---

[231] Mit steigenden Werten von μ, η und π beziehungsweise mit sinkenden Werten von σ nehmen die Agglomerationskräfte zu (vgl. Puga 1999, S. 325).

[232] Für die Parameter der beiden Branchen verschwindet in der Bifurkation die rechte Seite des „U". Die Bifurkation gleicht in dieser Konstellation der des Modells von Helpman (siehe dazu Abbildung 53 oben).

7 Ableitung der Ergebnisse

„There will, surely, be important policy implications from the new economic geography, but we want the field on a solid theoretical and empirical footing before it begins speculating about potential interventions."

Masahisa Fujita, Paul Krugman und Anthony J. Venables (1999, S. 349)

Kapitel 7.1 vergleicht die Modellergebnisse (Soll) mit der wahren räumlichen Konzentration der Branchen (Ist). Dadurch lassen sich Rückschlüsse auf die empirische Relevanz der NÖG ziehen. Dies geschieht in Kapitel 7.2. Darauf aufbauend beschäftigt sich Kapitel 7.3 mit politischen Handlungsempfehlungen. Schließlich fasst Kapitel 7.4 die wichtigsten Ergebnisse dieser Arbeit anhand der in Kapitel 1.2 formulierten Forschungsfragen zusammen.

7.1 Soll-Ist-Vergleich

7.1.1 Statische Betrachtung

In der statischen Betrachtung ist von einem validen Modell zu erwarten, dass es für die in Deutschland räumlich am stärksten konzentrierten Branchen Schuhe, Uhren, Chemie und Kfz ein langfristiges Gleichgewicht der Form absoluter oder partieller Agglomeration voraussagt (siehe für die jeweiligen G_a der Branchen Tabelle 10 oben). Umgekehrt muss ein gültiges Modell die räumlich disperse Verteilung der Wirtschaftszweige Fleischverarbeitung, Konstruktionsteile, Stahl und Möbel bestätigen. In Abbildung 56 werden die Ergebnisse der Simulationen von Krugman (1991), Helpman (1998), Puga (1999) mit mobilen Arbeitskräften und Puga (1999) mit immobilen Arbeitskräften anhand der jeweiligen Gabeldiagramme gegenübergestellt. Die Position der einzelnen Branchensymbole bestimmt sich aus der Relation der branchenspezifischen Transportkosten T zum jeweils zentralen Modellbereich. Dieser liegt in den Bifurkationen bei Krugman (1991) und Puga (1999) mit mobilen Arbeitskräften bei T(S)+T(B)/2 und in den Diagrammen von Helpman (1998) und Puga (1999) mit mobilen Arbeitskräften bei T(Z). Die Art der Branchensymbole gibt weiterhin Auskunft, ob der Soll-Ist-Vergleich positiv ausfällt oder nicht.

Abbildung 56: Vergleich der statischen Modellergebnisse

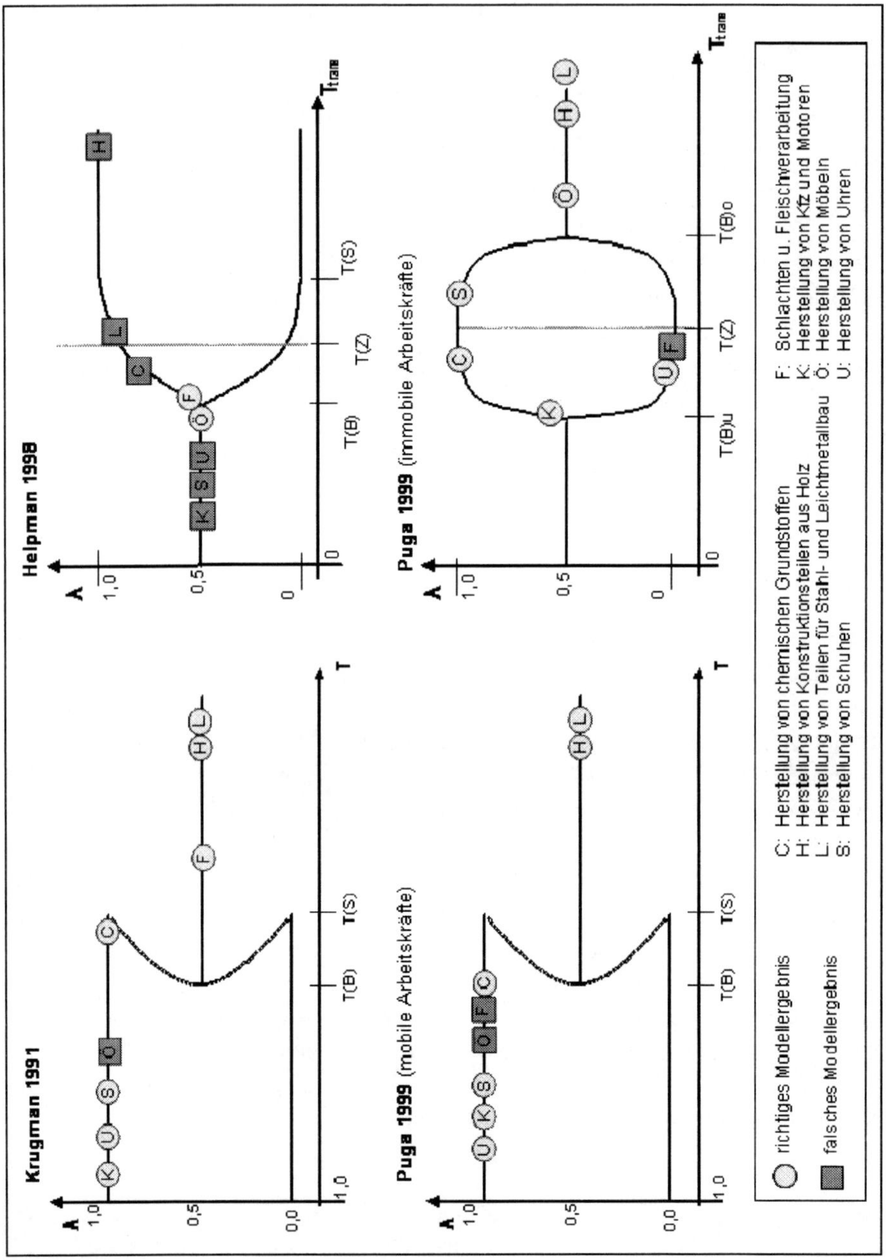

Wie in der Bifurkation des Modells von Krugman (1991) zu sehen ist (siehe Abbildung 56 A), treffen sieben von acht der Prognosen aus oben stehender Tabelle 27 zu. Das Modellergebnis „absolute Agglomeration" stimmt in den Branchen Kfz (K), Uhren (U), und Schuhe (S) mit deren tatsächlicher räumlicher Verteilung überein. Dabei liegt Kfz am weitesten vom sensiblen Modellbereich entfernt.[233] Auch im Wirtschaftszweig Chemie irrt sich Krugman (1991) nicht. Dort zeigt das Modell ein multiples langfristiges Gleichgewicht an. Sowohl Gleichverteilung als auch absolute Agglomeration sind in Abhängigkeit vom Entwicklungspfad der Branche möglich.[234] Zutreffend ist die Prognose „Gleichverteilung" für die Wirtschaftszweige Fleischverarbeitung (F), Konstruktionsteile (H) und Stahl (L).[235] Lediglich bei der in Deutschland gleichverteilten Branche Herstellung von Möbeln (Ö) liegt das Modellergebnis mit „absoluter Agglomeration" (siehe Tabelle 27 oben) falsch.

Das Modell von Puga (1999) mit mobilen Arbeitskräften stellt eine Erweiterung von Krugman (1991) um die exogenen Variablen η und μ dar. Die Wirkung der Einbeziehung dieser beiden Parameter wird durch den Vergleich der beiden Gabeldiagramme der Modelle (A und C in Abbildung 56) deutlich. Die Prognosen für die konzentrierten Branchen Schuhe, Uhren und Kfz sowie für die gleichverteilten Branchen Konstruktionsteile und Stahl stimmen weiterhin mit dem Ist-Zustand überein. Lediglich die Positionen von Schuhe und Uhren haben sich gegenüber der Bifurkation des Krugman-Modells vertauscht. Dagegen sagt das Puga-Modell für die Herstellung chemischer Grundstoffe nun eine absolute Agglomeration als langfristiges Gleichgewicht voraus. Dies resultiert aus den relativ starken Verflechtungsbeziehungen innerhalb der Branche mit μ=0,175 (siehe Tabelle 29 oben). In der Fleischverarbeitung liegt μ mit 0,271 im Branchenvergleich am höchsten, weshalb dort die Modellprogno-

---

233 Das Verhältnis von T zu T(Z)=T(S)+T(B)/2 beträgt 0,11=0,053/{(0,509+0,440)/2} und liegt damit niedriger als in den Wirtschaftszweigen Uhren (0,20) und Schuhe (0,46; siehe für die jeweiligen Werte von T, T(B) und T(S) Tabelle 27 oben).

234 Die Branche ist auf Grund der Entwicklung aus wenigen großen Unternehmen und aus Verbundstandorten (C2, C5) traditionell stark räumlich konzentriert. Im Jahr 1987 weist der Wirtschaftszweig Herstellung chemischer Grundstoffe mit G_a=0,9735 die höchste räumliche Konzentration aller Branchen des Produzierenden Gewerbes auf (siehe Anhang E). Es bleibt nachfolgenden Arbeiten vorbehalten, historische exogene Variablen zu erheben, um zu testen, ob das Krugman-Modell für die Chemie einen Entwicklungspfad über den Gleichgewichtszustand „absolute Agglomeration" hin zu einem multiplem Gleichgewicht, wie er heute vorliegt, bestätigen kann.

235 Fleischverarbeitung befindet sich relativ nah am sensiblen Modellbereich, mit T/T(Z)=1,22. Das Verhältnis beträgt bei den Konstrukteilen 2,15 und bei Stahl 2,36 (berechnet mit den Werten aus Tabelle 27 oben).

se ebenfalls „absolute Agglomeration" lautet. Damit fällt ein zweiter Soll-Ist-Vergleich negativ aus, denn auch das Modellergebnis für die in Deutschland gleichverteilte Möbel-Branche lautet weiterhin „absolute Agglomeration" (siehe wiederum Tabelle 29 oben).

Das Gabeldiagramm des Helpman-Modells (siehe Abbildung 56 B) spiegelt die Ergebnisse der Modelle von Puga (mobile Arbeitskräfte) und Krugman. Von acht Prognosen treffen nur zwei zu – die für die Branchen Möbel und Fleischverarbeitung[236]. Dies sind die beiden Wirtschaftszweige für die Puga und – nur für Möbel – Krugman falsche Modellergebnisse liefern. Dagegen sagt Helpmans Modell für die restlichen Branchen der Realität widersprechende langfristige Gleichgewichte voraus.

In der Bifurkation des Modells von Puga (1999) mit immobilen Arbeitskräften sind die Erhaltepunkte T(S)u und T(S)o nicht aufgeführt (siehe Abbildung 56 D). Da sie sich nicht berechnen lassen (vgl. Puga 1999, S. 325), bleibt es für die einzelnen Branchen unklar, ob und – wenn ja – bei welchem Transportkostenniveau eine partielle Agglomeration in eine absolute übergeht. Dies trifft auch für die langfristigen Gleichgewichte „Agglomeration" aus oben stehender Tabelle 30 zu. Aus diesem Grund ist dort ein zusätzliches Agglomerationsmaß (AM) zu finden. Es handelt sich um ein reines Distanzmaß und bestimmt – ähnlich wie bereits oben genannte Relation *T*/T(Z) – für die einzelnen Branchen die relative Nähe von T_{trans} zum jeweiligen zentralen Bereich des Modells.[237] Im vorliegenden Modell sind die Agglomerationskräfte bei T(Z) am stärksten, da dieses Transportkostenniveau auf halber Strecke zwischen den beiden branchenspezifischen Bruchpunkten und somit am Scheitelpunkt der jeweiligen U-Kurven liegt.[238] Bei einem langfristigen Gleichgewicht „Agglomeration" liegt T_{trans} zwischen T(B)u und T(B)o und AM nimmt Werte zwischen -1 und +1 an. Bei T_{trans}=T(Z) sind die zentrifugalen Kräfte am schwächsten und AM ist gleich null. Gilt AM≤-1 oder AM≥1, herrscht Gleichverteilung (siehe dazu Tabelle 30 oben). Mit einem AM von -0,36 und +0,42 liegen die Werte der Branchen Chemie und Schuhe

---

[236] Das Ergebnis für die Branche Fleischverarbeitung (F) wird als richtig interpretiert, da das Helpman-Modell dort eine nur geringe partielle Agglomeration nahe am Bruchpunkt T(B) und links des zentralen Bereiches T(Z) anzeigt. Umgekehrt fällt die Interpretation des Soll-Ist-Vergleiches für den Wirtschaftszweig Chemie (C) negativ aus, da die in Deutschland räumlich konzentrierte Branche vom Modell ebenfalls links von T(Z) eingeordnet wird (siehe dazu Tabelle 28 oben).

[237] Mit AM={T_{trans}-T(Z)}/{T(B)o-T(B)u}/2

[238] Ob es sich bei den jeweiligen Scheitelpunkten um eine absolute oder nur partielle Agglomeration handelt, kann AM allerdings nicht klären. Aus diesem Grund bleibt ein Vergleich der Branchen bezüglich ihres Agglomerationsgrades problematisch.

relativ nahe an T(Z), während Kfz mit AM=0,96 direkt rechts vom unteren Bruchpunkt T(B)u zu finden ist. Mit AM>1 sind alle gleichverteilten Branchen in der Bifurkation rechts des „U“ zu finden. In den Wirtschaftszweigen Schuhe und Fleischverarbeitung nimmt der obere Bruchpunkt den Wert „unendlich“ an. Die rechte Hälfte der Bifurkation ab *T*>T(Z) entfällt. Es existiert für steigende Transportkosten kein Entwicklungspfad zurück zur Gleichverteilung mehr. Das Gabeldiagramm gleicht in den beiden Branchen dem des Helpman-Modells. Die Branchensymbole sind in der unteren Hälfte des „U“ eingezeichnet. Das Modellergebnis „Agglomeration“ in der Fleischverarbeitung ist die einzige falsche von insgesamt acht Modellprognosen.

7.1.2 Dynamische Betrachtung

Auch in Abbildung 57 werden die Bifurkationen der vier Modelle gegenübergestellt. Die Symbole der Branche Büromaschinen der Jahre 1987 und 2002 ($Ü_{87}$ und $Ü_{02}$) finden sich aus Gründen der Übersichtlichkeit in den oberen Hälften der Bifurkationen, die der Branche Molkerei (M_{87} und M_{02}) in der unteren. Beide Wirtschaftszweige weisen im Jahr 2002 eine beinah identische räumliche Konzentration auf (Molkerei: G_a=0,8872; Büromaschinen: G_a=0,8870). Zwar liegen die Werte über dem ungewichteten Jahresdurchschnitt 2002 aller Branchen (G_a=0,7844), sie sind aber nicht extrem genug, um als „absolute Agglomeration“ interpretiert werden zu können. Auch die Branche Molkerei und Käserei des Jahres 1987 kann nicht eindeutig dem langfristigen Gleichgewicht „Gleichverteilung“ zugeordnet werden: Der G_a unterschreitet mit 0,7881 nur knapp den Jahresdurchschnitt von 0,7993. Einzig die räumliche Verteilung der Büromaschinen 1987 weicht extrem vom Durchschnitt ab. Die Branche lag 1987 in der Rangfolge der konzentriertesten Wirtschaftszweige mit einem G_a von 0,9452 auf Platz neun. Nur hier, und dies unter Vorbehalt[239], lassen sich die Modellprognosen wie im vorherigem Kapitel 7.1.1 statisch interpretieren: Die Modelle von Krugman und Puga liefern für $Ü_{87}$ richtige Prognosen (siehe Abbildung 57 A, C und D), wohingegen Helpman (siehe Abbildung 57 B) irrt.

Entscheidend zur Beurteilung der dynamischen Qualität eines Modells ist seine Fähigkeit, die tatsächliche Entwicklungsrichtung der räumlichen Konzentration der beiden untersuchten Branchen nachzeichnen zu können: Im Wirtschaftszweig Molkerei hat

[239] Die Modellvariablen des Jahres 1987 sind wegen ihrer nachträglichen Erfassung weniger „sicher“ als die des Jahres 2002. Aus diesem Grund sind die Modellergebnisse für Büromaschinen qualitativ schwächer einzuschätzen als die für die acht Branchen der WZ93.

die räumliche Konzentration zwischen 1987 und 2002 zugenommen (ΛG_a= +0,0991; siehe Anhang E), während sie bei den Büromaschinen zurückgegangen ist (ΛG_a= -0,0582). Die Modelle von Krugman (1991) (siehe Abbildung 57 A) und Puga (1999) mit mobilen Arbeitskräften (siehe Abbildung 57 C) zeigen für beide Branchen eine Entwicklung der Konzentration in Richtung Gleichverteilung an.[240] Dies ist für Büromaschinen korrekt, aber für Molkerei falsch. In der – sieht man von den kontinuierlichen Übergängen ab – spiegelbildlichen Bifurkation Helpmans bewegen sich beide Wirtschaftszweige im Zeitablauf in Richtung Agglomeration (siehe Abbildung 57 B). Dies entspricht nur in der Branche Molkerei der Realität. Schließlich liefert das Modell von Puga (1999) mit immobilen Arbeitskräften für beide Wirtschaftszweige ein richtiges Ergebnis: Molkerei bewegt sich entlang des „Us" in Richtung Scheitelpunkt und nimmt somit an Konzentration zu. Die Bewegung bei den Büromaschinen geht – ebenfalls ausgehend von einem agglomerierten Gleichgewicht in der Nähe von T(B)u – weiter und zwar bis zur langfristigen Gleichverteilung rechts der U-Kurve (siehe Abbildung 57 D).[241]

---

[240] Wiederum dienen die Verhältnisse *T*/T(Z) als Indikatoren zur Platzierung auf der Bifurkation.

[241] Die Bewegung erfolgte in der Realität nicht entlang der Kurve. Wegen des Strukturbruches in der Branche – durch die Umstellung von Mechanik auf Elektronik – kam es zu einer schnellen und massiven Änderung der Branchenparameter. Daraus resultierte ein komplett neues Gleichgewicht. Dies ist nicht mit einem katastrophalen Zusammenbruch – wie er zum Beispiel in der Bifurkation des Modells von Puga (1999) mit mobilen Arbeitskräften möglich wäre – zu verwechseln. Bei katastrophalen Zusammenbrüchen sorgen infinitesimal kleine Parameteränderungen für eine plötzliche Veränderung der Art des langfristigen Gleichgewichtes.

Abbildung 57: Vergleich der dynamischen Modellergebnisse

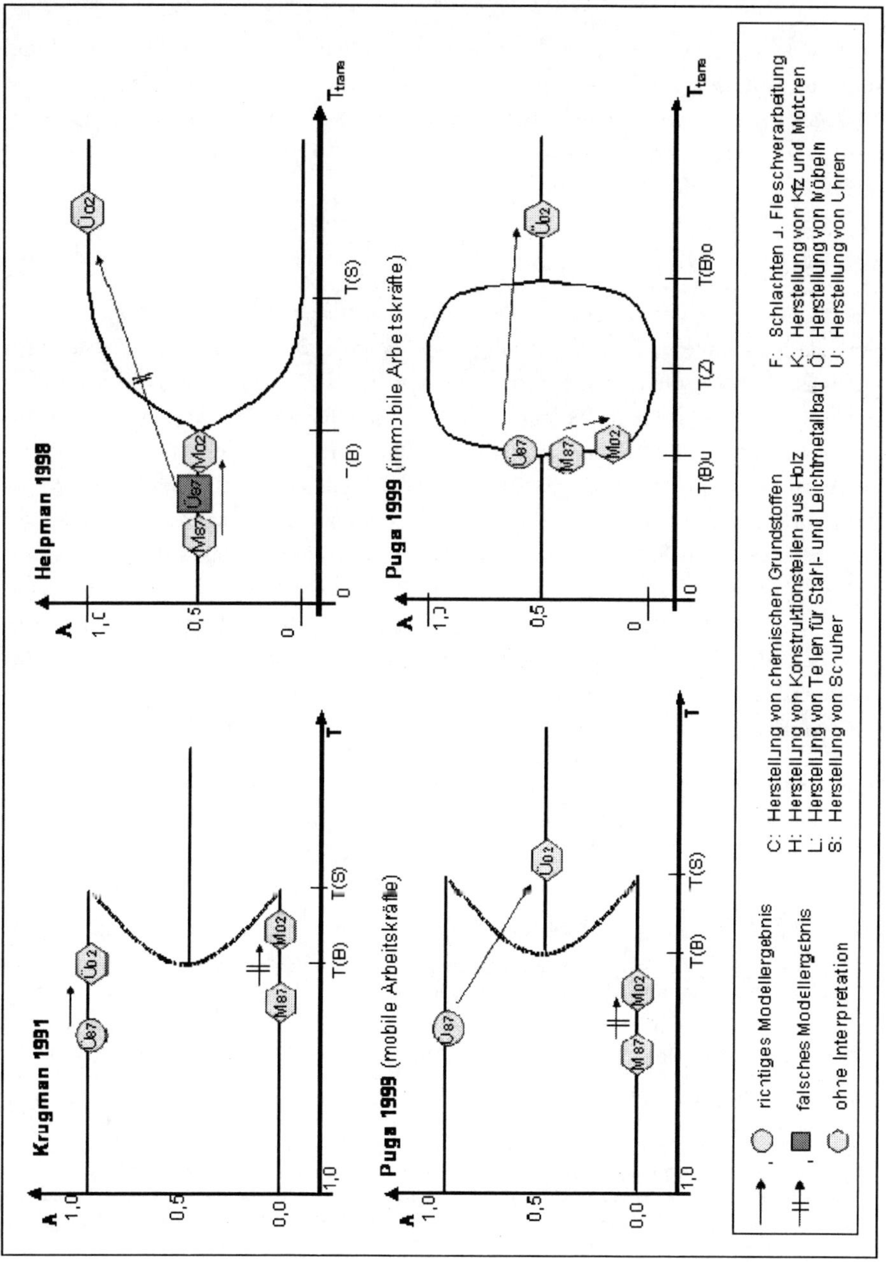

7.2 Bewertung der Ergebnisse

Eine Beurteilung der Güte der Modellprognosen und ihrer Eignung zur Ableitung konkreter politischer Handlungsanleitungen, setzt die Beantwortung der in Kapitel 2.7.2 gestellten Fragen voraus. Dies soll anhand des hier gewählten Unsuchungsgegenstandes, der zehn ausgewählten Branchen in Deutschland im Jahre 2002 beziehungsweise 1987, geschehen.

1. Welches Modell ist das richtige?

Was die Modellergebnisse betrifft, lässt sich oben stehende Frage[242] zumindest in einem relativen Sinne leicht und eindeutig beantworten: Mit nur zwei von neun richtigen Ergebnissen in der statischen Betrachtung stellen sich die Vorhersagen des Modells von Helpman (1998) als ungeeignet dar. Zumindest für den hier gewählten Untersuchungsgegenstand bleibt das Helpman-Modell von ausschließlich theoretischem Interesse. Im Gegensatz dazu schneiden die Prognosen der Modelle von Krugman und Puga gut ab. Dass gerade diese beiden Modelle überwiegend richtige Ergebnisse liefern, ist nicht verwunderlich, da Puga (1999) eine Erweiterung des Ansatzes von Krugman (1991) darstellt. Die Modelle von Krugman (1991) und Puga (1999) mit immobilen Arbeitskräften stehen dabei am besten da. Unter Einbeziehung der Ergebnisse der Branche Büromaschinen (1987) treffen sie acht richtige von neun möglichen Prognosen. Etwas schlechter sind die statischen Ergebnisse des Modells von Puga (1999) mit mobilen Arbeitskräften. Es liegt bei sieben von neun Prognosen richtig.

Insgesamt schneidet das Puga-Modell mit immobilen Arbeitskräften am besten ab.[243] Es liefert im dynamischen Vergleich als einziges Modell zwei richtige Ergebnisse und

---

[242] Ihre Beantwortung ist Voraussetzung zur Klärung der weiteren Fragen. Aus diesem Grund steht sie hier im Gegensatz zu Kapitel 2.7.2 an erster Stelle.

[243] Die Arbeitnehmer sind innerhalb Deutschlands weder vollkommen mobil noch vollkommen immobil (vgl. Gangl 2003; Haas 2000). Aus diesem Grund ist die Annahme der Mobilität oder Immobilität der Arbeitnehmer kein Kriterium zur „Richtigkeit" der Modelle. Dies bestätigt auch eine Differenzierung des Soll-Ist-Vergleiches nach der Mobilität der Arbeitskräfte in den einzelnen Branchen (siehe dazu Kapitel 5.6.4, in dem die Unterschiede der räumlichen Arbeitnehmer-Mobilität zwischen den Branchen erfasst wurden). Auch bei einer Aufteilung der Wirtschaftszweige mit „mittlerer" Mobilität auf die Modelle von Krugman (1991), Helpman (1998) und den Modell-Fall von Puga (1999), die alle mit räumlich mobilen Arbeitskräften arbeiten, und der Branchen mit „geringer" Mobilität auf das Puga-Modell (1999) mit immobilen Arbeitskräften, bleiben die Ergebnisse des Soll-Ist-Vergleiches unverändert.

damit insgesamt zehn korrekte von elf möglichen Branchenprognosen. Die Antwort auf Frage 1 lautet deshalb:

Das Modell von Puga (1999) mit immobilen Arbeitskräften liefert für den gewählten Untersuchungsgegenstand die besten Ergebnisse.

2. Sind die Wirkungszusammenhänge der NÖG empirisch relevant?

Vor der Beantwortung dieser Frage, sollen die Ursachen für die Fehlprognosen aus Kapitel 7.1 diskutiert werden. Sieht man von der generellen Ungültigkeit eines Modells ab, können falsche Ergebnisse für einzelne Branchen auf eine unzureichende Kalibrierung des Modells, eine fehlerhafte Erhebung der exogenen Variablen oder auf nicht berücksichtigte Branchenbesonderheiten zurückzuführen sein. Im statischen Soll-Ist-Vergleich (siehe Abbildung 57 oben) fällt auf, dass die Ergebnisse für die Branchen Herstellung von Möbeln (Ö) sowie Schlachten und Fleischverarbeitung (F) in den Modellen von Helpman (1998) und Puga (1999) mit mobilen Arbeitskräften jeweils konträr zu denen der restlichen Wirtschaftszweige ausfallen. Auch die Bifurkationen von Krugman (1991) und Puga (1999) mit immobilen Arbeitskräften liefern jeweils für eine der beiden Wirtschaftszweige ein falsches Ergebnis.

Die erste Fehlerquelle – eine mangelhafte Kalibrierung der Modelle – lässt sich am leichtesten ausschließen. Die hier vorgenommene multiplikative Kalibrierung wahrt die relativen Unterschiede zwischen den exogenen Variablen und beeinflusst die Abfolge der Branchen innerhalb der vier Bifurkationen nicht. Versuchte man die Ergebnisse der Modelle für die Branchen Möbel und Fleischverarbeitung zu „optimieren", indem man T(B) und T(S) willkürlich nach links oder rechts verschöbe, ginge dies immer zu Lasten vormals korrekter Branchenprognosen.

Die zweite mögliche Fehlerquelle – eine falsche Erfassung der exogenen Variablen – ausschließen zu wollen, wäre auch angesichts der Fallzahlen der befragten Experten vermessen. Trotzdem erscheint es am wahrscheinlichsten, dass die „Probleme" der Modelle auf Besonderheiten der beiden Branchen Schlachten und Fleischverarbeitung und Herstellung von Möbeln zurückzuführen sind, die mit der Klassifikation der Wirtschaftzweige (WZ93) zusammenhängen:

Die Branche Schlachten und Fleischverarbeitung ist „zweigeteilt" (siehe Kapitel 5.6.1 und Kapitel 5.6.5): Den mittelständischen Unternehmen steht eine große Zahl von Kleinmetzgern gegenüber. Letztere schlachten und verarbeiten auch Fleisch, aber ein nicht unerheblicher Teil ihrer Existenzgrundlage liegt im Einzelhandel, sprich im lokalen Ladenverkauf der Produkte. Diese Betriebe mit hohem Einzelhandelsanteil, sind räumlich disperser verteilt, als der Anteil der Branche, der ausschließlich oder zum überwiegenden Teil schlachtet und Fleisch verarbeitet. Allerdings weist die Systematik der Wirtschaftszweige diese Zweiteilung der Branche nicht aus. Dies berücksichtigend müssten zu den reinen Eisberg-Transportkosten der Branche auch die „Transportkosten der Verbraucher", das heißt der Aufwand, um zum lokalen Metzger zu gelangen, addiert werden. Dies sorgt in den Bifurkationen aller Modelle (siehe Abbildung 57 oben) für eine Verschiebung des Branchensymbols nach „rechts". Die Prognose von Krugman (1991) und der beiden Modellfälle von Puga (1999) stimmen dann auch für diese Branche mit der Realität überein.

In der Branche Herstellung von Möbeln liegt der G_a zwar relativ niedrig, aber die Experteninterviews machten deutlich, dass die Unterbranchen (Viersteller der WZ93) – insbesondere „Polstermöbel" und „Küchenmöbel" – des Wirtschaftszweiges verschiedene regionale Schwerpunkte bilden. Deren sektorale Aggregation bringt eine niedrige räumliche Konzentration mit sich (siehe dazu Kapitel 4.5.2). Es ist davon auszugehen, dass dieser statistische Effekt in der Möbel-Branche auf Grund ihrer räumlich dispers verteilten „Unterbranchencluster" stärker ausfällt als in anderen Wirtschaftszweigen. Diese Vermutung lässt sich mit den Daten der Bundesanstalt für Arbeit (2003a,b) allerdings nicht überprüfen, da sie nur aggregiert auf Ebene der Dreisteller vorliegen.

Selbst wenn die genannten oder andere Branchenbesonderheiten nicht ursächlich für die Fehlprognosen sein sollten, ist die Anzahl der richtigen Prognosen sowohl durch das Modell von Puga (1999) als auch durch das von Krugman (1991) – wenn auch kein Beweis – zumindest ein sehr starkes Indiz für die Gültigkeit der Wirkungszusammenhänge in diesen für die NÖG repräsentativen Modellen (siehe zur Repräsentativität 3.3 oben). Die genannten Modelle können nicht als falsifiziert betrachtet werden. Damit wird oben stehende Frage wie folgt beantwortet:

Die Wirkungszusammenhänge der NÖG sind für den weit überwiegenden Teil des Untersuchungsgegenstands empirisch relevant.

3. Wo im Modell befinden wir uns?

In den Modellbifurkationen sind die Positionen der Branchen abhängig von den Parametern der exogenen Variablen. Für deren singuläre Erfassung in nur einer Branche kann die oben stehende Frage nicht beantwortet werden. Weil die Modelle nicht den Anspruch erheben, mit allgemein gültigen Parameterwerten zu arbeiten, ist eine Positionsbestimmung für eine einzige Wertekombination der exogenen Modellvariablen unmöglich. Nur über die Erhebung der Parameter für mehrere Branchen beziehungsweise verschiedene Zeiträume lassen sich die Positionen innerhalb einer Bifurkation relativ zueinander bestimmen.

Ob der komplette U-förmige Zusammenhang des Puga-Modells gilt, kann anhand der hier untersuchten Branchen nicht abschließend geklärt werden. Der Zusammenhang „Gleichverteilung bei hohen Transportkosten und Agglomeration bei niedrigen Transportkosten“ wird durch die Bifurkationen der Modelle von Krugman (1991) und Puga (1999) bestätigt. Dagegen gibt es – wie die Bifurkation von Puga (1999) mit immobilen Arbeitskräften (siehe Abbildung 57 D oben) zeigt – keine gleichverteilte Branche, deren Transportkosten so niedrig liegen, dass sie sich „links“ von T(B)u befindet. Ein, wenn auch kleines, Indiz für die Gültigkeit der gesamten U-Kurve stellt die Branche Herstellung von Kfz und Motoren dar. Sie weist den geringsten G_a der vier am stärksten konzentrierten Branchen auf (siehe Tabelle 10 oben) und befindet sich sehr nahe an T(B)u (siehe wiederum Abbildung 57 D). Trotzdem bleibt insgesamt offen, ob – ceteris paribus – bei einem Absinken der Transportkosten die räumliche Konzentration der Branchen Kfz, Chemie und Uhren abnimmt. Theoretisch müsste eine Gleichverteilung zu Stande kommen, sobald die Fixkosten die Transportkosten dauerhaft unterschreiten. Dann wäre es vorteilhaft in jeder Region einen Betrieb zu eröffnen, um Transportkosten einzusparen (vgl. zu dieser Argumentation Krugman 1991a, S. 21). Die Gültigkeit des kompletten U-förmigen Zusammenhanges zu belegen, bleibt eine Aufgabe für an diese Arbeit anschließende Forschungsvorhaben. Dazu müssen die Konzentration und die exogenen Parameter der hier untersuchten Branchen über einen längeren Zeitraum einem Monitoring unterzogen werden oder weitere Branchen – vor allem mit niedrigen Transportkosten – erfasst werden.[244] Die Antwort auf oben stehende Frage lautet:

Die Position in der Bifurkation ist branchenabhängig. Die Position einer Branche kann nur relativ zu der Position weiterer Wirtschaftszweige bestimmt werden. Die Sicherheit und Genauigkeit der Positionsbestimmung steigt mit der Anzahl der Vergleichswerte.

[244] Wobei ersterer Ansatz vielversprechender erscheint. Bei der Erfassung weiterer und damit weniger extrem verteilter Branchen wird die Gleichsetzung der jeweiligen G_a mit den Gleichgewichtszuständen „Gleichverteilung“ oder „Agglomeration“ problematisch (siehe dazu Kapitel 7.1.2).

7.3 Politische Implikationen

„Das eigentliche Ziel der Ökonomen ist es nicht, die miserable Wirklichkeit zu erklären, sondern zu verbessern."

August Lösch (1940, S. 2)

Die Relevanz ökonomischer Modelle kann zwischen unterschiedlichen Zeiten und Räumen variieren. Für den hier gewählten Untersuchungsgegenstand liefert das Modell von Puga (1999) mit immobilen Arbeitskräften valide Ergebnisse. Natürlich abstrahiert das Modell stark von der Wirklichkeit: Bei der Ableitung von Politikempfehlungen ist zu beachten, dass eine einzige partielle oder absolute Agglomeration in nur einer Region in der Realität nicht vorkommt. Selbst in den stark räumlich konzentrierten Branchen finden sich immer mehrere sektoral-räumliche Cluster (siehe Abbildung 29 oben). Auch die räumlich dispersen Branchen sind nicht völlig gleichverteilt (siehe Abbildung 30 oben). Es existieren also immer mehrere mit einander konkurrierende Cluster und Peripherien. Dies gilt sowohl innerhalb Deutschlands, als auch auf europäischer und weltweiter Ebene.

Zumindest für die hier ausgewählten Branchen in Deutschland sind die Prognosen des Puga-Modells empirisch weitgehend gesichert. Davon ausgehend sind Schlüsse auch auf andere regionale Ebenen möglich. Allerdings steht eine empirische Unterstützung der „linken Seite des U" noch aus. Es ist nicht klar, ob die Agglomerationsrenten in einer Branche durch das Absinken der Transportkosten unter T_2 (siehe Abbildung 8 B oben) negativ werden, so dass es zu einer erneuten Gleichverteilung kommt. Entscheidend dafür ist zudem nicht die Höhe der Agglomerationsrente allein: Der Etablierung eines neuen Betriebes in der Peripherie können limitierende Standortfaktoren entgegenstehen, wie etwa die Nicht-Verfügbarkeit von qualifizierten Arbeitskräften oder unzureichende Infrastruktur (sieh für die variierende Bedeutung dieser und anderer Standortfaktoren zwischen den hier untersuchten Branchen Tabelle 17 oben).

Eine weitere notwendige – aber nicht hinreichende – Vorraussetzung zur Erreichung einer Gleichverteilung „links des U" sind regional differenzierte Löhne: „[W]ages must respond flexibilty to changes in industrial employment, or the peripherie will never be able to catch up" (Puga 1999, S. 326). Nur wenn eine Peripherie den Vorteil niedrigerer Lohnkosten aufweist, ist sie für eine Standortverlagerung aus der Agglomeration wirtschaftlich interessant. Dies gilt besonders für die von den Zentren entfernter gelegenen Peripherien. Sie stehen im Gegensatz zum Umland der Zentren nicht im Blickpunkt einer mögliche Standortverlagerung (siehe zum dezentralen Konzentrationsprozess des Produzierenden Gewerbes in Deutschland Kapitel 4.5.2). Die deutsche Besonderheit der Flächentarifverträge, aber auch relativ hohe Sozialleistungen, vermindern die Attraktivität der abgelegen Peripherien innerhalb Deutschlands für Unternehmer in erhöhtem Maße. Zusätzlich sinken durch den integrierten Europäischen Binnenmarkt die Transportkosten zwischen den Mitgliedsstaaten. Kommt es zu einem Auflösen industrieller Ballungen – wir befinden uns wegen der sinkenden Transportkosten links von T(Z) (siehe Abbildung 57 D oben) – stellen mittel- und osteuropäische EU-Länder auf Grund der dort vorhandenen Lohndifferenzen zu den deutschen Regionen mit Industriekonzentration das attraktivere „Hinterland" dar. In der Folge gehen deutsche Peripherien, wie sie zum Beispiel große Teile der Neuen Länder darstellen, bei der Neuansiedlungen von Betrieben leer aus.

Um die räumliche Konzentration von Branchen zu initiieren, zu beschleunigen, zu stoppen oder aufzulösen, stehen Regionalpolitikern direkte und indirekte Instrumente zu Verfügung.

Direkte Instrumente beziehen sich auf die unmittelbare Veränderung der Nutzenfunktionen von Wirtschaftssubjekten durch Steuern, Subventionen, öffentliche Güter, Marktaufsicht, Marketingmaßnahmen oder die Beseitigung limitierender Standortfaktoren. Falls in einer Volkswirtschaft keine regionalen Lohndifferenzen bestehen, können die Zusammenhänge des Puga-Modells (1999) mit immobilen Arbeitskräften nicht wirken. Eine Gleichverteilung bei niedrigen Transportkosten kommt nicht zu Stande. In diesem Fall müssen direkte Politikmaßnahmen, zum Beispiel in Form von dauerhaften Lohnsubventionen, die fehlenden regionalen Lohnunterschiede ausgleichen.

Indirekte Instrumente beeinflussen die Parameter der exogenen Modellvariablen und verändern darüber die Höhe der Agglomerationsrente (siehe Abbildung 8 oben). Zu den indirekten Instrumenten gehören auch Maßnahmen, die sich auf die branchenspezifischen Transportkosten auswirken. Sie führen zu einer Verschiebung der Position des jeweiligen Wirtschaftszweiges in der Modell-Bifurkation (siehe Abbildung 57 oben). Dagegen bewirkt eine Beeinflussung der exogenen Variablen μ, η, π und σ eine Verschiebung der Erhalte- und Bruchpunkte innerhalb der Bifurkation, während die Transportkosten der Branche konstant bleiben (siehe für eine Übersicht der die Gleichgewichte beeinflussenden Variablen Tabelle 14 oben). Beispielsweise ließe sich durch eine politisch gesteuerte Erhöhung der Werte von μ, η und π sowie eine Senkung der Werte von σ die räumliche Konzentration einer Branche initiieren oder erhalten (vgl. dazu Puga 1999, S. 325). In diesen Fällen nehmen die Abstände zwischen T_2 und

T_2* (siehe Abbildung 8 B oben) beziehungsweise zwischen T(B)u und (TB)o (siehe Abbildung 57 D oben) zu. Der „U-Bereich", in dem eine Agglomeration stabil bleibt, wächst, und damit wird für ein gegebenes *T* die Agglomerationsrente größer.

Nach diesen Vorbemerkungen sollen anhand der von Puga (2002) postulierten sechs „key implications" (siehe Kapitel 2.7.3) mögliche Maßnahmen zur Beeinflussung von Raumstrukturen erörtert werden:

1. Zum Einfluss impliziter Regionalpolitik („regional side effects")

Politiker aus den verschiedensten Fachbereichen können regionale Strukturen unbewusst beeinflussen. Bei den direkten Maßnahmen ist die Gefahr unbewusster und damit unbeabsichtigter Folgen weitaus geringer als bei Maßnahmen, die sich indirekt auf die Raumstruktur auswirken. Zudem liegen die Beeinflussung der exogenen Modellvariablen nicht allein in den Händen des Bundesministeriums für Verkehr, Bau und Stadtentwicklung[245], sondern bei unterschiedlichen Fachressorts der Politik, wie folgende Beispiele zeigen:

Wettbewerbspolitik: Die Preiselastizität der Nachfrage σ kann durch die Veränderung von Markteintrittsbarrieren beeinflusst werden. Sie steigt – von anderen Einflussfaktoren einmal abgesehen – mit der Anzahl der im Markt vorhandenen Anbieter. Entschließt sich etwa das Kartellamt oder eine sonstige Marktaufsichtsbehörde den Marktzugang für Unternehmen aus dem Ausland oder aus anderen Branchen zu erleichtern, nimmt der Wettbewerb in diesem Wirtschafszweig und damit σ zu. Dies hat zur Folge, dass die Bruchpunkte T(B)u und T(B)o aus Abbildung 57 D näher an T(Z) heranrücken. Der Bereich, in dem eine Agglomeration stabil bleibt, nimmt ab und die Agglomerationsrenten sinken im gesamten verbleibenden Transportkostenbereich, in dem sich eine Industriekonzentration erhält. Eine weitere denkbare Maßnahme, die in die entgegengesetzte Richtung führt, ist zum Beispiel die Vereinfachung des Registrierungsverfahrens für Chemikalien. Diese stärkt vor allem die kleinen und mittelständischen Unternehmen der Branche Herstellung von chemischen Grundstoffen (vgl. Verband der Chemischen Industrie e.V. 2005) und erleichtert so den Marktzugang für neue Wettbewerber. Ein Absinken von σ ist die Folge. Über diesen Weg könnte für mehr Gleichverteilung des Wirtschaftszweiges gesorgt und die An-

[245] Sie ist die oberste Bundesbehörde für Verkehr, Bauwesen, Städtebau und Raumordnung (vgl. Bundesministerium für Verkehr, Bau und Stadtentwicklung 2005).

siedlung neuer Betriebe in der Peripherie beispielsweise in den Neuen Bundesländern vorangetrieben werden.[246]

Finanz- und Sozialpolitik: Durch steigende Steuern und Abgaben für die Sozialversicherungssysteme steigen die Brutto-Löhne. Dadurch werden Dienstleistungen im Vergleich zu Industriegütern überproportional teuer. Der Ausgabenanteil für Industrieprodukte π sinkt. Dies führt zu einer Abnahme der Agglomerationskräfte, woraufhin die Agglomerationsrenten abnehmen und das „U" schrumpft. Davon könnte auch die deutsche Automobilindustrie betroffen sein. Da sie relativ nah am unteren Bruchpunkt platziert ist (siehe T(B)u in Abbildung 57 D oben), kann bereits ein geringer Rückgang der Ausgaben im heimischen Markt zu einem Auflösen der deutschen Cluster führen.

Handels- und Umweltpolitik: Bilaterale Handelsabkommen, die fortschreitende Integration des europäischen Binnenmarktes, das Absinken der EU-Außenzölle, die Abschaffung technischer Vorschriften und die Einführung europa- beziehungsweise weltweiter Standards führen tendenziell dazu, dass sich industrielle Vorprodukte aus dem Ausland verbilligen. Der Zulieferanteil lokaler Unternehmen beziehungsweise der Parameter μ sinkt. Dies verringert die Agglomerationskräfte. Umgekehrt können in sensiblen Branchen wie der Holz- und Lederverarbeitung strengere Umweltvorschriften- und Kontrollen dafür sorgen, dass einheimische Zulieferunternehmen, die mit höheren Standards arbeiten, gestärkt werden. Dies führt beispielsweise in der Möbel- und Schuhindustrie zu einer Verstärkung existierender Clusteransätze, weil sich durch die Maßnahme der obere Bruchpunkt (siehe T(B)o in Abbildung 57 D oben) nach rechts verschiebt.

Bildungspolitik: Eine fundierte allgemeine Ausbildung, die Vermittlung der Notwendigkeit zu lebenslangem Lernen und flächendeckende Weiterbildungs- und Umschulungsmaßnahmen machen es Arbeitnehmern leichter, zwischen Branchen zu wechseln. Dies führt zu einer höheren Flexibilität und Zunahme der sektoralen Lohnelastizität des Arbeitskräfteangebotes η. Daneben können spezialisierte, auf bestimmte Branchen zugeschnittene Fortbildungsmaßnahmen, das sektorale Arbeitskräfteangebot gezielt anheben. Dies hat zum Beispiel in den Branchen Kfz und Chemie eine Stärkung der existieren Cluster zur Folge: Das „U" wächst, und die Branchensymbole K

---

[246] Da sich die Branche Herstellung von chemischen Grundstoffen in Abbildung 57 D oben zwischen T(B)u und T(Z) und damit auf der linken Seite des Us befindet, sind regionale Lohndifferenzen innerhalb Deutschlands eine der Voraussetzung dafür, dass periphere deutsche Regionen auch ohne direkte Politikmaßnahmen von einer Tendenz zur Gleichverteilung profitieren können.

und C liegen dadurch näher an T(Z), wo die Agglomerationskräfte am stärksten sind (siehe Abbildung 57 D oben).

Verkehrs- und Europapolitik: Mit dem Ausbau der Verkehrsinfrastruktur sinken die Transportkosten T – wenn auch uneinheitlich – in praktisch allen Wirtschaftszweigen. Die Branchensymbole aus Abbildung 57 D verschieben sich entsprechend mehr oder weniger nach links. Problematisch könnte dies für die in Deutschland Beschäftigten der räumlich konzentrierten Branchen Kfz, Uhren, Chemie und Schuhe (in dieser Reihenfolge) werden: Die neuen Gleichgewichte der Branchen liegen dann links von T(B)u und damit bei einer langfristigen Gleichverteilung. Allerdings ist Deutschland kein isolierter Staat und die deutschen Industriebranchen sind zu einem nicht unerheblichen Teil durch Im- und Exporte mit dem Ausland verflochten (vgl. für die Außenhandelsdaten der hier untersuchten Branchen Statistisches Bundesamt 2004a). Durch den Ausbau transeuropäischer Verkehrsnetze sinken auch die Transportkosten zwischen europäischen Ländern (vgl. Europäische Kommission 2005). Bei einem Auflösen der Cluster in den genannten Branchen kann es für deutsche Produzenten attraktiver sein, ihre Betriebe wegen niedrigerer Lohnkosten in den Mittel- und Osteuropäischen Ländern dorthin zu verlagern und die deutschen Peripherien zu umgehen. Die Gefahr des Abwanderns industrieller Arbeitsplätze aus Deutschland wird durch die Einschränkung der Arbeitnehmerfreizügigkeit zusätzlich verstärkt, weil sie das Lohngefälle zwischen alten und neuen Mitgliedsstaaten der EU zementiert. Nur bei vollkommen mobilen Arbeitnehmern und der Beseitigung von Lohndifferenzen zwischen Ländern oder Regionen bleiben die – vor allem in Deutschland – existierenden sektoral-räumlichen Cluster auch bei sehr niedrigen Transportkosten erhalten. Dagegen führt die Erhöhung der Mineralölsteuer und die Einführung der Lkw-Maut zu einer Verschiebung der Branchensymbole nach rechts (siehe wiederum Abbildung 57 D oben). In der Kfz-Branche als einer der Branchen, die in besonderem Maße auf Lkw-Transporte angewiesen ist, bewirkt dies eine Stärkung der Agglomerationskräfte und damit der bestehenden Cluster.

Die aufgeführten Beispiele verdeutlichen die Notwendigkeit, in den Fachressorts ein Bewusstsein für die regionalen Wirkungen ihres Handelns zu schaffen. Wegen der Vielfalt der Einflüsse und der Komplexität der Zusammenhänge kann dies nicht dezentral geschehen. Es ist ratsam eine zentrale Stelle, zum Beispiel im Bundesministerium für Verkehr, Bau und Stadtentwicklung, zu schaffen. Sie muss Ministerien und Behörden auf allen regionalen Ebenen bezüglich der impliziten Wirkungen ihrer Fachressorts beraten, überwachen und koordinieren.

2. Zum Einfluss der Höhe der Handelsliberalisierung beziehungsweise der Transportkosten („trade interaction effects")

Die Wirksamkeit direkter regionalpolitischer Maßnahmen hängt von der Höhe der branchenspezifischen Transportkosten *T* relativ zu den „zentralen" Transportkosten T(Z) ab (siehe Kapitel 2.7.3). Bei einem räumlich gleichverteilten Wirtschaftszweig ist der Nutzen der Wirtschaftssubjekte in allen Regionen identisch, eine Agglomerationsrente existiert nicht. Daher reichen bereits geringe Subventionszahlungen oder Steuererleichterung aus, um Unternehmen zum Umzug zu bewegen. Eine geringe, regional differenzierte Subventionierung der räumlich gleichverteilten Branchen ist damit eine kostengünstige Maßnahme zur Stärkung der industriellen Basis in Ostdeutschland (siehe Anhang C, in dem die Branchen nach der Höhe des G_a geordnet sind). Sie muss allerdings von Dauer sein. Umgekehrt wird die Neuschaffung oder Verlagerung von Clustern der räumlich konzentrierten Branchen teuer. Die direkten staatlichen Transfers müssen in diesen Wirtschaftszweigen die zukünftigen abdiskontierten Agglomerationsrenten der Unternehmen mehr als kompensieren.

3. Zum Einfluss der Schwellenwerte („threshold effects")

Wenn Regionalpolitik mittels indirekter Maßnahmen eine Konzentration von räumlich dispersen Branchen herbeiführen möchte, muss sie sicherstellen, dass die Instrumente ausreichend stark sind. Nur wenn die Transportkosten *T* der jeweiligen Branche infolge der Maßnahmen zwischen den Schwellenwerten T(B)u und T(B)o liegen (siehe Abbildung 57 D oben), kann sich eine räumliche Konzentration einstellen. Fällt *T* nicht in den U-Bereich der Bifurkation, verpuffen die politischen Aktivitäten ohne Wirkung. Mit der Differenz der Transportkosten einer Branche zu dem nächst gelegenen der beiden Bruchpunkte, steigt die notwendige Intensität politischer Maßnahmen an (siehe Abbildung 8 oben). Zudem muss die politische Einflussnahme permanent sein oder eine dauerhafte Veränderung der exogenen Parameter bewirkt haben, wenn ein einmal künstlich herbeigeführtes Agglomerationsniveau dauerhaft gehalten werden soll. Andernfalls stellt sich die ursprüngliche Gleichverteilung wieder ein.

Bei den Branchen innerhalb des „Us", in denen eine zumindest partielle Agglomeration vorliegt (siehe Abbildung 57 D oben), führen bereits marginale Veränderung der exogenen Variablen, inklusive der Transportkosten, zu einer direkten Anpassung des Agglomerationsniveaus (siehe dazu auch Abbildung 5 C oben). Die Veränderung der exogenen Parameter muss allerdings auch hier von Dauer sein, um das angestrebte Agglomerationsniveau zu halten. Laufen die Maßnahmen aus und die exogenen Parameter nehmen wieder ihre ursprünglichen Werte an, stellen sich auch in diesen Branchen die vormaligen Verteilungen wieder ein.

4. Zum Einfluss des Anfangsvorteils („selection effects")

Durch die Pfadabhängigkeit in den Modellen kann eine zeitlich begrenzte und sogar einmalige Regionalpolitik dauerhaft festlegen, welche Region das Zentrum bekommt. Entscheidend ist bei fallenden Transportkosten der Moment, in dem der Parameter T einer Branche auf dem Bruchpunkt T(B)o liegt. Diese Situation kann zum Beispiel in der Möbel-Branche bereits durch eine geringe Senkung ihrer branchenspezifischen Transportkosten herbeigeführt werden (siehe Abbildung 57 D oben, die die relative Nähe der Branche zum Schwellenwert T(B)o offenbart). Die Verminderung der Kfz-Steuer für Möbelspediteure wäre eine dafür geeignete Maßnahme. Dann verschiebt sich das Branchensymbol „Ö" bei unverändertem T(B)o nach links. Auch eine Ausweitung des Agglomerationsbereichs „U" durch entsprechende Beeinflussung der exogen Parameter σ, π, μ oder η ist denkbar. Dadurch verschiebt sich der obere Bruchpunkt nach rechts und nähert sich dem konstant gebliebenen Transportkostenniveau der Branche an. Welche der Maßnahmen auch angewendet wird, sobald T=T(B)o gilt, ist bereits ein marginaler Unterschied zwischen den Regionen entscheidend dafür, wo sich die Branche bei weiter fallenden Transportkosten T konzentrieren wird.

Es muss das Ziel einer gestalterischen Regionalpolitik sein, diesen entscheidenden Moment zu erkennen, ihn gegebenenfalls herbeizuführen und dann mit wenigen – eventuell sogar kostenneutralen – Maßnahmen den gewünschten Standort einer Branche zu bestimmen. Dazu ist allerdings ein permanentes Monitoring der exogenen Parameter des Wirtschaftszweiges und ihrer Veränderung unabdingbar.

5. Zum Einfluss der Pfadabhängigkeit („lock-in effects")

Bei der Etablierung eines Anfangsvorteils bei T(B)o (ausgehend von weiter sinkenden Transportkosten) oder bei T(B)u (bei steigenden Transportkosten) müssen weit weniger Mittel aufgewendet werden als für die Verlagerung einer bereits existierenden Branchen-Konzentration. Um die Industrie aus einem etablierten Zentrum zu „stehlen", muss der staatliche Transfer die jeweilige Agglomerationsrente der Branche im Zentrum übersteigen. Die Höhe der Zahlung nimmt mit der Nähe der brancheneigenen Transportkosten zum Scheitelpunkt des „U" zu. Dort ist die Agglomerationsrente am höchsten und eine Standortverlagerung betriebswirtschaftlich am teuersten (siehe Abbildung 8 B oben). Wenn es staatlicher Förderung etwa durch die Zahlung von

Subventionen jedoch einmal gelungen ist, eine Industriekonzentration in einer ehemaligen Peripherie herbeizuführen, können die Transfers vermindert und langfristig eingestellt werden. Die Absenkung der Subvention kann der Höhe der entstehenden Agglomerationsrenten im neuen Cluster entsprechen, ohne dass sich dieser wieder auflöst. Aus diesem Grund müssen Subventionen für existierende sektoral-räumliche Cluster – auch in den Neuen Bundesländern[247] – zeitlich begrenzt werden. Die freien Mittel können dann zur Etablierung neuer Cluster aus der gleichen oder aus anderen Branchen eingesetzt werden. Allerdings muss dies in Wirtschaftszweigen geschehen, die zu räumlicher Konzentration neigen. In per se gleichverteilten Branchen entstehen keine oder sogar negative Agglomerationsrenten. Dort müssen Subventionen dauerhaft fließen, um eine Branchenkonzentration zu erhalten.

6. Zum Einfluss der Erwartungen („coordination effect“)

In den untersuchten Branchen liegen wegen der stetigen Übergänge zwischen den Gleichgewichten keine „Overlaps“ (Baldwin et al. 2003), das heißt multiple Gleichgewichte, vor. Die Erwartungen der Wirtschaftssubjekte spielen nur in den Situationen eine Rolle, in denen gilt: *T*=T(B)u oder *T*=(T(B)o. Dann entscheidet sich kurzfristig, welchen Pfad eine Region einschlägt und ob sie sich zum Zentrum oder zur Peripherie entwickelt. In diesem Moment können auch von der Politik geweckte Erwartungen – etwa durch Marketing-Strategien, Imagekampagnen oder bloße Absichtserklärungen – den Anfangsvorteil ausmachen.

Aber auch in den räumlich konzentrierten Branchen spielen Erwartungen eine Rolle: Dort sind mehrere sektoral-räumliche Cluster zu finden (siehe Karte 3 bis Karte 6 oben). Bei einer Zunahme der Agglomerationskräfte findet eine Auslese der Cluster statt. Betriebe aus der Peripherie suchen sich den für sie optimalen Standort innerhalb eines der Branchen-Zentren, und Unternehmen wechseln von einer räumlichen Ballung in diejenige, die ihnen höhere Agglomerationsrenten verspricht. In dieser Situation kann Regionalpolitik die unternehmerischen und privaten Standortentscheidungen manipulieren. Durch die Beeinflussung der Erwartungen, welcher der bestehenden Cluster eine positive Entwicklung nehmen wird, kann sie wenige ausge-

[247] In den Neuen Ländern sind innerhalb der hier untersuchten Branchen folgende sektoral-räumliche Cluster zu finden (siehe dazu auch Kapitel 4.8 oben): Kreis Löbau-Zittau (Herstellung von Schuhen), Wartburgkreis und Weißeritzkreis (jeweils Herstellung von Uhren), Kreis Merseburg-Querfurt (Herstellung von chemischen Grundstoffen) und Stadtkreis Eisenach (Herstellung von Kfz und Motoren).

suchte Regionen fördern. Unter der Vorraussetzung, dass die Wirtschaftssubjekte den Aussagen der Politik vertrauen, erfüllen Unternehmen und Arbeitnehmer durch ihre entsprechende Standortentscheidung die Prophezeiung der Politik selbst.

Die wichtigsten Schlussfolgerungen für Regionalpolitik lassen sich damit wie folgt zusammenfassen:

- Nur wenn periphere Regionen keine limitierenden Standortfaktoren aufweisen und gleichzeitig Lohnunterschiede zum Zentrum möglich sind, können sie einen Entwicklungsrückstand aufholen. Ist dies nicht der Fall, müssen direkte Politik-Maßnahmen für einen dauerhaften Ausgleich sorgen.

- Es sind vor allem die Fachressorts der Politik, die die Raumstrukturen über die exogenen Variablen (indirekte Maßnahmen) beeinflussen. Sie sind regionalpolitisch zu beraten, zu überwachen und zu koordinieren.

- Die Wirksamkeit der Instrumente variiert mit den Branchencharakteristika und mit der Position des Wirtschaftszweiges in der Bifurkation.

- In den räumlich konzentrierten Branchen existieren mehrere Cluster und Peripherien, die im Wettbewerb zueinander stehen. Dieser Wettbewerb ist nicht auf deutsche Regionen beschränkt.

- In den räumlich konzentrierten Branchen genügt – um die Raumstrukturen umzudrehen – eine einmalige hohe Subvention, die über der momentanen Agglomerationsrente liegt. Dann können Cluster in vormals peripheren Regionen entstehen. Bei räumlich gleichverteilten Branchen müssen Subventionen permanent fließen, um eine dauerhafte Branchenkonzentration hervorzurufen.

- Entscheidend ist die Kenntnis der Position der einzelnen Branchen in der Bifurkation, beziehungsweise des Niveaus ihrer Bruch- und Erhaltepunkte. Nur dann kann Regionalpolitik effizient und effektiv ansetzten. Dazu ist ein permanentes Monitoring der exogenen Modellparameter nach Wirtschaftszweigen notwendig.

7.4 Zusammenfassung und Beantwortung der Forschungsfragen

Diese Arbeit hat die Prognosefähigkeit von Modellen der NÖG anhand von zehn Branchen des Produzierenden Gewerbes in Deutschland zwischen 1987 und 2002 empirisch überprüft. Die wichtigsten Ergebnisse werden in Form von Antworten auf die in Kapitel 1.2 gestellten Forschungsfragen zusammengefasst.

Ist die NÖG für die räumliche Verteilung von Branchen des Produzierenden Gewerbes in Deutschland empirisch relevant?

Die NÖG gibt es nicht. Stattdessen existiert eine Reihe von Modellen, die zwar über gemeinsame Eigenschaften verfügen, sich aber in punkto Annahmen und Wirkungsmechanismen unterscheiden. Auch wenn die Modelle auf einen bestimmten raumzeitlichen Kontext übertragbar sind, können aus marginalen Unterschieden vollkommen widersprüchliche Modellergebnisse bezüglich der gleichgewichtigen Raumstrukturen resultieren. Dies kommt in drei prinzipiell unterschiedlichen Bifurkationsdiagrammen zum Ausdruck: Agglomeration bei hohen Transportkosten, Agglomeration bei mittleren Transportkosten und Agglomeration bei niedrigen Transportkosten.

Der Abgleich der Simulationsergebnisse mit der tatsächlichen räumlichen Verteilung der einzelnen Branchen zeigt, dass zwei der drei ausgewählten Modelle überwiegend korrekte Ergebnisse liefern. Wegen der Repräsentativität der Modelle für die NÖG kann die oben stehende Frage deshalb positiv beantwortet werden. Allerdings gilt dies nur für die a priori ausgewählten Branchen in Deutschland im Jahr 2002 beziehungsweise zwischen 1987 und 2002. Eine Verallgemeinerung der Modellergebnisse setzt weitere Tests in verändertem raum-zeitlichem Kontext oder mit anderen Branchen voraus.

Welche Branchen sind zum empirischen Test der NÖG geeignet?

Zum empirischen Test der NÖG sind „footloose“ Branchen geeignet, die ihre Standortentscheidungen auf Grund von Standortfaktoren „zweiter Natur“ treffen. Zudem müssen die Branchen relativ homogen sein, damit ihre exogenen Variablen ermittelt werden können. Weiterhin muss die Branche über eine Mindestzahl von Unternehmen verfügen, um die Annahme der Marktform der Monopolistischen Konkurrenz aufrechterhalten zu können. Schließlich muss die Branche über transportierbare Produkte mit ermittelbaren Transportkosten verfügen.

Für den statischen Vergleich erfüllten die genannten Anforderungen die räumlich konzentrierten Branchen „Herstellung von Schuhen", „Herstellung von Uhren", „Herstellung von Kfz und Motoren" und „Herstellung von chemischen Grundstoffen" sowie die räumlich dispers verteilten Branchen „Herstellung von Möbeln", „Herstellung von Konstruktionsteilen aus Holz", „Herstellung von Metallerzeugnissen: Stahl- und Leichtmetallbau" und „Schlachten und Fleischverarbeitung". Für den dynamischen Vergleich zwischen 1987 und 2002 konnten die Branchen „Herstellung und Reparatur von Büromaschinen" – ihre räumliche Konzentration nahm stark ab – und „Molkerei und Käserei" – ihre räumliche Konzentration nahm stark zu – herangezogen werden.

Wie lässt sich die räumliche Verteilung der Branchen in Deutschland messen und wie stellt sie sich dar?

Die räumliche Konzentration wirtschaftlicher Aktivitäten lässt sich mit dem „räumlichen Gini-Koeffizienten" messen. Diese in der vorliegenden Arbeit neu entwickelte Maßzahl ist für den Vergleich von Branchen auf konstanter sektoraler und räumlicher Aggregationsebene anderen Maßzahlen überlegen. Es zeigt sich, dass die Dreisteller sowohl des Produzierenden Gewerbes als auch der Dienstleistungen stärker räumlich konzentriert sind, als die jeweils aggregierten Sektoren und die Gesamtwirtschaft. Offenbar sind die von den Modellen der NÖG genutzten Agglomerationskräfte innerhalb der einzelnen Branchen des Produzierenden Gewerbes bedeutsamer, als die zwischen verschiedenen Branchen oder innerhalb ganzer Sektoren.

Zwischen 1987 und 2002 hat die räumliche Konzentration der Branchen insgesamt leicht abgenommen. Allerdings verlief die Entwicklung zwischen den einzelnen Wirtschaftszweigen äußerst uneinheitlich und auch aktuell variiert die räumliche Konzentration in den einzelnen Branchen – nicht nur des Produzierenden Gewerbes – beträchtlich.

Ein eigens entwickelter Cluster-Index offenbart, dass in Branchen mit hoher räumlicher Konzentration die Tendenz und das Ausmaß zur Bildung sektoral-räumliche Cluster sehr viel stärker ausgeprägt ist als in den Branchen, deren räumlicher Gini-Koeffizient niedrige Werte annimmt. Auf Basis der 327 westdeutschen beziehungsweise der 439 gesamtdeutschen Stadt- und Landkreise identifiziert der Index in den zehn ausgewählten Wirtschaftszweigen jeweils zwischen 0 und 26 sektoral-räumliche Cluster. Diese erstrecken sich meist über einen, in Ausnahmefällen auch über bis zu fünf Stadt- und Landkreise.

Welches Modell ist zur Prognose der Raumstruktur der Branchen des Produzierenden Gewerbes in Deutschland geeignet?

Von den untersuchten Modellen liefert das von Puga (1999) mit immobilen Arbeitskräften die besten Ergebnisse. Auch die Modellvariante mit mobilen Arbeitskräften und das Modell von Krugman (1991) zeigen gute Prognosen.

Welche Variablen sind zur Simulation der Modelle zu erheben? Wie stellen sich die Parameter der Variablen in den einzelnen Branchen dar?

Zur Berechnung der Modellgleichgewichte sind der „Ausgabenanteil für Industriegüter“, die „Preiselastizität der Nachfrage“, die „Transportkosten“ sowie „Fixkosten und variable Kosten“ zu erheben. Die Fixkosten und die variablen Kosten beeinflussen die Gleichgewichte der Modelle allerdings nur mittelbar über die Preiselastizität der Nachfrage, so dass ihre gesonderte Erhebung zur Berechnung der Gleichgewichte nicht notwendig ist. Das Modell von Puga (1999) arbeitet zusätzlich mit den Variablen „Anteil der Zwischenprodukte in der Produktionsfunktion“ und „sektorale Mobilität der Arbeitskräfte“. Bis auf den „Ausgabenanteil für Industriegüter“ sind alle Variablen branchenspezifisch. Die zum Teil erheblichen und – dort wo statistische Tests durchführbar waren – signifikanten Unterschiede zwischen den Branchen, untermauern die Richtigkeit des hier gewählten Forschungsansatzes, der davon ausgeht, dass eine empirische Prüfung der NÖG differenziert nach Wirtschaftszweigen erfolgen muss.

Welche Gleichgewichte liefern die Modelle für die einzelnen Branchen?

Die Gleichgewichte der einzelnen Branchen bestätigen zumindest eine Bifurkation der Form „Agglomeration bei niedrigen Transportkosten, Gleichverteilung bei hohen Transportkosten“. Zwar sind Anzeichen vorhanden, dass sich bei sehr niedrigen Transportkosten wiederum eine Gleichverteilung einstellen kann, aber es bleibt weiteren Tests vorbehalten, eine solche „U-Form“ vollständig zu belegen.

Welche konkreten politischen Implikationen lassen sich aus den Modellen ableiten?

Konkrete und effektive Maßnahmen zur Beeinflussung der räumlichen Verteilung der einzelnen Wirtschaftszweige lassen sich nur ableiten, wenn die Bifurkation eines Modells für einen bestimmten raum-zeitlichen Kontext empirisch gesichert ist und zweitens die Position der jeweiligen Branche in der Bifurkation des Modells bekannt ist. Dazu ist ein permanentes Monitoring sowohl der exogenen Parameter als auch der räumlichen Verteilung mehrerer Branchen im Zeitablauf notwendig. In dieser Arbeit konnte die empirische Relevanz zumindest der rechten Hälfte der Bifurkation des Puga-Modells (1999) mit immobilen Arbeitskräften belegt werden. Die Kenntnis der aktuellen Bruchpunkte der ausgewählten Branchen machte es möglich, die tendenzielle Wirksamkeit direkter oder indirekter politischer Instrumente angesichts der Einflüsse impliziter Regionalpolitik, der Höhe der Transportkosten, der Schwellenwerte, des Anfangsvorteils, der Pfadabhängigkeit und der Erwartungen der Wirtschaftssubjekte abzuschätzen. Um die konkrete Höhe der Veränderungen der exogenen Variablen oder der zu zahlenden Subventionen, die zur Beeinflussung der Raumstruktur einer Branche notwendig sind, angeben zu können, müssen in den räumlich konzentrierten Branchen die Agglomerationsrenten und in den gleichverteilten Branchen die Standortverlagerungskosten bekannt sein. Deren empirische Erfassung bleibt zukünftigen Arbeiten vorbehalten.

Neben den genannten offenen Fragen, bieten sich für dieser Arbeit nachfolgende Forschungsvorhaben zwei prinzipielle Alternativen an. Zum einen ist es notwendig, die Aussagekraft der bereits getesteten Modelle in einem veränderten raum-zeitlichen Kontext zu überprüfen und so beispielsweise auch die Bedeutsamkeit der linken Seite des „U“ in der Bifurkation des Modells von Puga (1999) mit immobilen Arbeitskräften zu erfassen. Zum anderen ist es wünschenswert, mit den hier – unter nicht unerheblichem Aufwand – erhobenen Daten, weitere Modelle zu simulieren, um so deren empirische Relevanz auch im Vergleich zu den bereits getesteten Modellen abgleichen zu können.

Anhang A: Bezeichnung der Variablen in den Modellen von Krugman 1991, Helpman 1998 und Puga 1999

Variable	Bedeutung	Krugman	Helpman	Puga
A	Index der Landwirtschaft	A	_	A
$c(h)$	Nachfrage nach einer Produktvariante	c_i	x(j)	x(h)
C_A	konsumierte Agrargüter oder Wohnraum	C_A	h	_
C_M	konsumierte Industriegüter	C_M	d	_
G	Gewinn eines Unternehmens	_	_	π
h	Index der Produktvarianten bzw. Unternehmen	i	j	h
I	Preisindex	I	P	q
$i = 1$ oder 2	Index der Regionen	E oder W	i =1 oder 2	i oder j
K	Ausstattung mit immobilen Faktoren	L_A	H	K
L	Anzahl der Arbeitskräfte insgesamt	L	N	L
L_A	Anzahl der Arbeitskräfte in der Landwirtschaft	L_A	_	_
L_M	Anzahl der Arbeitskräfte in der Industrie	L_M	_	_
M	Index der Industrie	M	_	_
n	Anzahl der Unternehmen bzw. der Produktvarianten	n	n	n
p	Preis	p	p	p
PK	Produktionskosten des Endprodukts	L_M	_	C
q	Preisverhältnis der regionalen Industriegüter	_	q	_
r	Landrente	_	_	r
$T(B)$	Bruchpunkt (Breakpoint)	_	$\underline{t}$	τ_S
$T(S)$	Erhaltepunkt (Sustainpoint)	_	_	τ_A
$T-1$	Transportkosten in %	T-1	t-1	τ-1
U	Nutzen	U	u	V
U_1/U_2	Nutzenverhältnis zwischen Regionen	_	v	_
w	Lohn	w	w	w
w_1/w_2	Lohnverhältnis zwischen Regionen	_	q	_
w_R	Reallohn	_	_	_
$x(h)$	Produktionsmenge eines Unternehmens	x_M	x	x(h)
Y	Einkommen bzw. Ausgaben	Y	E	_
α	Fixkosten	α	a	α
β	variable Kosten	β	1	β
η	Lohnelastizität der Arbeitskräfte zwischen den Sektoren	_	_	η
θ	Anteil der Arbeitskräfte in der Agrarproduktionsfunktion	1	_	θ
λ	Anteil der Industrie in Region 1	_	f	_
μ	Anteil der Zwischenprodukte in der Produktionsfuktion	_	_	μ
π	Ausgabenanteil für Industriegüter	π	1-β	γ
πY	Gesamtausgaben für Industriegüter	_	_	e
ρ	Substitutionsparameter	_	α	_
σ	Preiselastizität der Nachfrage	σ	ε	σ
τ	Anteil ankommender Industrieprodukte	τ	_	_

_ : nicht vorhanden

Anhang B: Anzahl und Ginis der Beschäftigten und Betriebe der Gruppen der WZ93 im Jahr 2002

	Beschäftigte					Betriebe	
	absolut	G_a Kreise	G_{STD} Kreise	$G_{SÖ}$ Kreise	G_a ROR	absolut	G_a Kreise
Landwirtschaft	*332.611*	*0,4320*	*0,4401*	*0,4912*	*0,3624*	*65.242*	*0,3593*
Ver. Gewerbe	*9.420.825*	*0,6275*	*0,4173*	*0,1649*	*0,4972*	*471.029*	*0,5275*
Dienstleistungen	*17.817.711*	*0,6883*	*0,4893*	*0,0993*	*0,5899*	*1.582.757*	*0,6174*
Gesamt-Wirtschaft	*27.571.147*	*0,6596*	*0,4445*	*0,1715*	*0,5514*	*2.120.398*	*0,5923*
Bevölkerung	*82.259.300*	*0,5826*	*0,3823*		*0,5131*		
Gruppen der WZ 93							
AA011	88.566	0,5070	0,4855	0,2974	0,4002	18.271	0,4865
AA012	31.146	0,5996	0,6762	0,5241	0,4965	7.810	0,4403
AA013	68.418	0,6057	0,6886	0,4982	0,5120	17.225	0,3685
AA014	120.475	0,5890	0,4690	0,2874	0,4911	17.113	0,5479
AA015	51	0,9878	0,9832	0,9883	0,9256	22	0,9884
AA020	21.412	0,5959	0,5942	0,6134	0,3917	3.983	0,4903
BA050	2.543	0,9278	0,8454	0,8788	0,6905	818	0,8355
CA101	43.068	0,9877	0,9837	0,9847	0,9789	56	0,9748
CA102	19.866	0,9801	0,9838	0,9836	0,9565	40	0,9681
CA103	1.985	0,9798	0,9803	0,9758	0,9418	112	0,9752
CA111	3.421	0,9748	0,9796	0,9765	0,9423	63	0,9575
CA112	2.033	0,9916	0,9929	0,9944	0,9731	47	0,9804
CA120	5	0,9984	0,9991	0,9991	0,9999	2	0,9995
CB131	102	0,9941	0,9958	0,9942	0,9791	9	0,9919
CB132	1.596	0,9958	0,9892	0,9923	0,9486	26	0,9849
CB141	20.020	0,7789	0,7496	0,7621	0,5781	1.287	0,7005
CB142	20.892	0,7165	0,6738	0,6716	0,4841	1.598	0,6128
CB143	8.291	0,9894	0,9868	0,9890	0,9595	39	0,9816
CB144	3.375	0,9946	0,9903	0,9920	0,9730	26	0,9834
CB145	4.505	0,9319	0,9068	0,9119	0,7650	230	0,8469
DA151	179.201	0,5679	0,4447	0,4137	0,4041	14.738	0,5073
DA152	9.775	0,9881	0,9639	0,9710	0,9178	251	0,9521
DA153	25.648	0,8473	0,8118	0,8266	0,5968	634	0,7138
DA154	6.424	0,9727	0,9670	0,9629	0,9241	90	0,9410
DA155	41.540	0,8785	0,8207	0,8279	0,6124	602	0,7401
DA156	14.253	0,8753	0,8029	0,8147	0,6596	820	0,6408
DA157	11.493	0,9064	0,8860	0,8846	0,8081	337	0,7993
DA158	334.698	0,6081	0,4401	0,3289	0,4906	19.099	0,4947
DA159	80.482	0,7320	0,6226	0,6093	0,5841	2.368	0,6216
DA160	10.251	0,9912	0,9795	0,9822	0,9446	55	0,9648
DB171	17.455	0,9527	0,9178	0,9271	0,8302	238	0,8960
DB172	21.217	0,9407	0,9136	0,9143	0,8200	426	0,9032
DB173	17.111	0,9122	0,8712	0,8685	0,7854	630	0,7986
DB174	15.537	0,8416	0,7898	0,7860	0,6711	933	0,7475
DB175	32.005	0,8773	0,8446	0,8441	0,7015	1.018	0,7856
DB176	13.885	0,9409	0,9260	0,9296	0,8565	521	0,8909
DB177	3.927	0,9648	0,9562	0,9588	0,8414	107	0,9313
DB181	1.743	0,9481	0,9313	0,9361	0,7994	159	0,9062
DB182	60.916	0,8203	0,7579	0,7181	0,6707	3.187	0,6833
DB183	1.037	0,8902	0,8411	0,8305	0,6935	286	0,8677
DC191	4.172	0,9813	0,9689	0,9702	0,9107	93	0,9297

Anhang B: Anzahl und Ginis der Beschäftigten und Betriebe der Gruppen der WZ93 im Jahr 2002 (Fortsetzung)

Gruppe	Beschäftigte					Betriebe	
	absolut	G_a Kreise	G_{STD} Kreise	$G_{SÖ}$ Kreise	G_a ROR	absolut	G_a Kreise
DC192	8.095	0,9176	0,8391	0,8452	0,6714	685	0,8138
DC193	17.454	0,9614	0,9195	0,9395	0,8073	590	0,8722
DD201	31.773	0,7302	0,7108	0,6916	0,5125	2.475	0,5448
DD202	19.426	0,9493	0,9223	0,9218	0,7680	251	0,8594
DD203	72.781	0,6226	0,6074	0,5662	0,4707	8.981	0,6222
DD204	9.896	0,8450	0,7851	0,7711	0,6833	631	0,7270
DD205	24.830	0,7657	0,7372	0,7295	0,5556	2.044	0,6574
DE211	65.301	0,8709	0,8246	0,8176	0,6496	650	0,7862
DE212	78.267	0,7627	0,7223	0,6743	0,5644	1.547	0,6909
DE221	160.577	0,8237	0,7575	0,6140	0,7408	7.145	0,7454
DE222	211.826	0,7304	0,6233	0,4636	0,5912	13.110	0,6985
DE223	4.364	0,9456	0,9629	0,9666	0,9059	189	0,9145
DF231	1.130	0,9990	0,9979	0,9986	0,9999	4	0,9967
DF232	27.439	0,9736	0,9674	0,9585	0,9436	186	0,9122
DF233	889	0,9939	0,9941	0,9939	0,9776	8	0,9912
DG241	182.565	0,9587	0,8722	0,8331	0,8085	1.341	0,7344
DG242	3.300	0,9927	0,9883	0,9882	0,9475	34	0,9715
DG243	45.775	0,9193	0,8596	0,8438	0,7369	591	0,7942
DG244	117.242	0,9121	0,8692	0,8534	0,7677	1.067	0,7796
DG245	43.386	0,9379	0,8961	0,8742	0,8421	578	0,7936
DG246	57.933	0,9020	0,8364	0,8193	0,7259	922	0,7667
DG247	27.325	0,9711	0,9658	0,9659	0,8955	127	0,9378
DH251	72.930	0,8532	0,8467	0,8185	0,7291	1.309	0,6791
DH252	321.387	0,6251	0,5688	0,5019	0,4534	7.688	0,5514
DI261	65.165	0,8951	0,8154	0,8305	0,6334	1.172	0,7379
DI262	38.011	0,9207	0,8799	0,8982	0,7660	917	0,7255
DI263	4.090	0,9836	0,9816	0,9844	0,9334	56	0,9649
DI264	16.182	0,8684	0,8194	0,8380	0,5952	418	0,7442
DI265	11.215	0,9471	0,9313	0,9350	0,7429	138	0,8882
DI266	73.393	0,6316	0,5384	0,5365	0,3836	3.430	0,5104
DI267	24.284	0,5680	0,4759	0,4489	0,4242	4.252	0,5198
DI268	12.226	0,9106	0,8949	0,8957	0,7525	272	0,8528
DJ271	105.136	0,9555	0,9272	0,9050	0,8939	513	0,8680
DJ272	21.574	0,8952	0,8227	0,8280	0,6599	570	0,7769
DJ273	56.636	0,8615	0,8245	0,8006	0,7662	1.384	0,7573
DJ274	65.603	0,9121	0,8859	0,8720	0,8029	756	0,8109
DJ275	85.541	0,8429	0,7981	0,7567	0,6715	1.084	0,7865
DJ281	192.064	0,6017	0,4907	0,4277	0,4365	11.894	0,5042
DJ282	21.029	0,8509	0,8590	0,8637	0,6596	521	0,7634
DJ283	7.562	0,9429	0,8848	0,9009	0,7444	242	0,8890
DJ284	37.025	0,9339	0,9011	0,8877	0,8185	516	0,8833
DJ285	206.706	0,6215	0,5448	0,3691	0,5575	19.959	0,5553
DJ286	109.337	0,8920	0,8222	0,7528	0,7671	3.035	0,8125
DJ287	205.844	0,7504	0,6785	0,5880	0,6105	6.018	0,6325
DK291	211.346	0,9017	0,7427	0,7144	0,6086	2.667	0,6842
DK292	204.327	0,7474	0,6568	0,5342	0,6220	5.371	0,6308
DK293	55.309	0,8453	0,7202	0,6988	0,5475	3.737	0,4220

Anhang B: Anzahl und Ginis der Beschäftigten und Betriebe der Gruppen der WZ93 im Jahr 2002 (Fortsetzung)

Gruppe	Beschäftigte					Betriebe	
	absolut	G_a Kreise	G_{STD} Kreise	$G_{SÖ}$ Kreise	G_a ROR	absolut	G_a Kreise
DK294	213.636	0,7435	0,6632	0,5651	0,6155	5.451	0,6603
DK295	295.390	0,7725	0,6354	0,5532	0,5777	5.940	0,6303
DK296	6.461	0,9898	0,9794	0,9802	0,9363	107	0,9436
DK297	72.564	0,9201	0,8931	0,8672	0,7609	748	0,7705
DL300	52.975	0,9169	0,8951	0,8660	0,7786	1.106	0,7662
DL311	140.535	0,9438	0,8718	0,8033	0,7874	1.369	0,6982
DL312	77.832	0,8739	0,8038	0,7450	0,6945	1.484	0,6979
DL313	32.049	0,9199	0,8873	0,8790	0,7615	511	0,8011
DL314	10.618	0,9677	0,9539	0,9534	0,8755	133	0,9059
DL315	43.637	0,9132	0,8923	0,8616	0,7813	789	0,7845
DL316	122.432	0,9132	0,8368	0,7998	0,7117	1.891	0,6974
DL321	93.032	0,9293	0,8635	0,8298	0,7311	1.241	0,7707
DL322	76.379	0,9255	0,8847	0,8558	0,7749	1.250	0,7865
DL323	32.299	0,9513	0,9057	0,9116	0,7745	660	0,8049
DL331	138.458	0,7156	0,5863	0,4721	0,6007	11.331	0,6476
DL332	214.232	0,8105	0,7305	0,6293	0,6862	5.392	0,6758
DL333	14.553	0,9459	0,9027	0,8750	0,8453	510	0,8058
DL334	36.191	0,8689	0,8237	0,7822	0,7230	2.232	0,7554
DL335	5.091	0,9832	0,9785	0,9777	0,9532	190	0,9725
DM341	456.680	0,9639	0,9578	0,9451	0,8844	357	0,8536
DM342	44.120	0,8007	0,7586	0,7570	0,5733	1.335	0,6503
DM343	209.631	0,8681	0,8025	0,7803	0,6916	1.014	0,7407
DM351	27.996	0,9800	0,9537	0,9573	0,9073	644	0,9167
DM352	24.924	0,9706	0,9431	0,9532	0,8440	179	0,9075
DM353	70.089	0,9665	0,9633	0,9550	0,9465	309	0,8643
DM354	14.758	0,9468	0,9285	0,9318	0,8850	236	0,8957
DM355	8.576	0,9404	0,9036	0,8928	0,7405	349	0,8336
DN361	175.141	0,6386	0,6222	0,5537	0,4913	12.666	0,5317
DN362	14.845	0,9290	0,8868	0,8721	0,8420	2.005	0,8215
DN363	7.260	0,8801	0,8627	0,8636	0,7364	769	0,7871
DN364	3.589	0,9587	0,9044	0,9387	0,7207	232	0,8534
DN365	14.828	0,9436	0,9205	0,9281	0,8072	551	0,8349
DN366	28.984	0,8782	0,8263	0,8113	0,7096	1.177	0,8098
DN371	7.369	0,8341	0,7384	0,7767	0,5898	727	0,7049
DN372	30.376	0,7769	0,6572	0,6391	0,5678	1.906	0,6286
EA401	185.666	0,7913	0,6265	0,5242	0,6001	2.779	0,5450
EA402	25.649	0,9114	0,8660	0,8067	0,7979	480	0,7579
EA403	8.869	0,9538	0,9242	0,9146	0,8460	223	0,8593
EA410	35.111	0,8756	0,7552	0,7377	0,7026	974	0,6223
FA451	36.208	0,6890	0,5694	0,5667	0,5410	4.702	0,6154
FA452	879.962	0,5637	0,3517	0,2962	0,4125	73.523	0,4924
FA453	594.767	0,6008	0,3915	0,2562	0,5110	82.998	0,5552
FA454	363.966	0,5642	0,3710	0,2359	0,4691	66.679	0,5329
FA455	5.672	0,8516	0,7540	0,7410	0,6706	678	0,7175
GA501	156.987	0,7479	0,5844	0,4110	0,5933	13.926	0,6357
GA502	363.569	0,5986	0,3682	0,2299	0,4571	39.419	0,5137
GA503	81.081	0,7595	0,5820	0,4395	0,5786	7.840	0,6248

Anhang B: Anzahl und Ginis der Beschäftigten und Betriebe der Gruppen der WZ93 im Jahr 2002 (Fortsetzung)

Gruppe	Beschäftigte					Betriebe	
	absolut	G_a Kreise	G_{STD} Kreise	$G_{SÖ}$ Kreise	G_a ROR	absolut	G_a Kreise
GA504	12.419	0,7189	0,5872	0,4528	0,6099	2.707	0,6104
GA505	51.735	0,6207	0,4126	0,2430	0,5110	10.961	0,6010
GA511	314.453	0,7350	0,6306	0,3983	0,6651	42.476	0,6400
GA512	41.460	0,6867	0,6243	0,5998	0,5237	4.075	0,5794
GA513	208.626	0,7099	0,5738	0,4069	0,5996	12.169	0,6498
GA514	306.415	0,7599	0,6703	0,4710	0,6931	19.427	0,7157
GA515	299.497	0,6905	0,5351	0,3360	0,5889	19.176	0,6419
GA516	113.415	0,7643	0,6909	0,4849	0,6948	8.870	0,6958
GA517	92.762	0,8487	0,7816	0,6332	0,7698	7.399	0,7885
GA521	663.079	0,6332	0,4268	0,1659	0,5355	42.924	0,5308
GA522	148.405	0,6613	0,4622	0,3155	0,5570	28.784	0,5942
GA523	250.911	0,6535	0,4312	0,1472	0,5483	34.599	0,5811
GA524	927.240	0,6746	0,4587	0,1556	0,5454	145.578	0,6086
GA525	13.925	0,8016	0,7049	0,6209	0,6653	3.674	0,7361
GA526	92.329	0,8331	0,6983	0,5706	0,6929	8.971	0,6244
GA527	30.143	0,7426	0,5525	0,3941	0,5905	6.622	0,6402
HA551	218.507	0,6572	0,5450	0,4733	0,5216	21.895	0,5226
HA552	28.043	0,6331	0,6790	0,6921	0,5656	4.035	0,5446
HA553	426.058	0,6770	0,4818	0,1824	0,5808	102.603	0,6125
HA554	40.704	0,7726	0,6624	0,4716	0,7210	13.789	0,7491
HA555	82.304	0,7684	0,6601	0,4009	0,6813	8.655	0,6642
IA601	129.924	0,8504	0,7887	0,6539	0,7021	3.364	0,6034
IA602	407.928	0,6751	0,5075	0,2401	0,6318	46.918	0,6040
IA603	774	0,9838	0,9677	0,9772	0,8909	50	0,9595
IA611	18.176	0,9773	0,9775	0,9700	0,9720	1.124	0,9603
IA612	8.860	0,9226	0,8737	0,8337	0,8325	1.263	0,8597
IA621	27.046	0,9819	0,9805	0,9849	0,9304	382	0,9747
IA622	1.452	0,9694	0,9610	0,9429	0,9392	135	0,9223
IA623	250	0,9981	0,9987	0,9990	0,9967	2	0,9984
IA631	77.226	0,8479	0,7729	0,7153	0,7590	2.278	0,7114
IA632	82.029	0,9625	0,9518	0,8794	0,8846	1.365	0,7970
IA633	80.129	0,7708	0,6637	0,3214	0,7140	11.901	0,6773
IA634	388.765	0,6926	0,5394	0,3486	0,6278	23.863	0,6261
IA641	208.152	0,7172	0,5392	0,2958	0,5846	11.310	0,5151
IA642	93.178	0,8405	0,7825	0,6020	0,6795	3.038	0,6658
JA651	713.677	0,7404	0,5632	0,2235	0,6038	17.062	0,5015
JA652	29.343	0,9562	0,9510	0,8694	0,9091	1.402	0,8466
JA660	238.246	0,9178	0,9172	0,7992	0,8368	4.279	0,8118
JA671	20.883	0,9162	0,8728	0,6676	0,8298	3.254	0,7314
JA672	74.097	0,7557	0,6004	0,2300	0,6818	24.827	0,6040
KA701	30.552	0,7719	0,6431	0,4100	0,6670	6.449	0,6825
KA702	76.000	0,7618	0,6643	0,4039	0,7661	20.005	0,7340
KA703	142.969	0,7965	0,6946	0,3502	0,7274	32.653	0,7240
KA711	16.810	0,7943	0,7543	0,5476	0,7558	2.131	0,7046
KA712	4.870	0,8277	0,7650	0,7457	0,7197	882	0,7326
KA713	19.366	0,7559	0,6611	0,5328	0,6304	2.809	0,6451
KA714	24.429	0,8007	0,7232	0,5592	0,7293	3.760	0,6674

Anhang B: Anzahl und Ginis der Beschäftigten und Betriebe der Gruppen der WZ93 im Jahr 2002 (Fortsetzung)

Gruppe	Beschäftigte					Betriebe	
	absolut	G_a Kreise	G_{STD} Kreise	$G_{SÖ}$ Kreise	G_a ROR	absolut	G_a Kreise
KA721	12.901	0,8971	0,8637	0,7777	0,7923	1.138	0,7961
KA722	259.149	0,8259	0,7842	0,5420	0,7639	20.887	0,7411
KA723	72.779	0,8823	0,8491	0,7024	0,7881	3.316	0,7344
KA724	1.270	0,9737	0,9623	0,9675	0,9207	79	0,9574
KA725	16.973	0,8691	0,8500	0,7398	0,7794	1.150	0,7725
KA726	9.011	0,9268	0,9072	0,8725	0,8607	798	0,8445
KA731	134.387	0,8894	0,8546	0,7531	0,7683	3.214	0,7895
KA732	9.505	0,9472	0,9380	0,8910	0,8566	555	0,8931
KA741	727.009	0,7699	0,6389	0,2439	0,6952	97.804	0,7002
KA742	343.205	0,7347	0,5795	0,2630	0,6268	53.831	0,6561
KA743	54.636	0,7816	0,6939	0,4452	0,7111	4.209	0,6728
KA744	118.167	0,8122	0,7508	0,4225	0,7846	18.663	0,7316
KA745	312.902	0,7832	0,6888	0,4918	0,6596	8.004	0,7563
KA746	119.838	0,8293	0,7532	0,5472	0,7361	4.216	0,6909
KA747	394.313	0,7628	0,6293	0,3109	0,6681	23.978	0,6429
KA748	222.770	0,7698	0,6556	0,3876	0,6939	28.521	0,6834
LA751	1.197.188	0,6458	0,4030	0,1803	0,4990	22.449	0,4572
LA752	225.265	0,7740	0,6170	0,5012	0,5352	4.310	0,6223
LA753	290.911	0,7858	0,6679	0,3814	0,6635	6.466	0,6095
MA801	277.497	0,6178	0,4519	0,3219	0,5629	21.412	0,5255
MA802	322.006	0,7239	0,5459	0,4560	0,5525	11.455	0,5561
MA803	218.449	0,8980	0,8830	0,8351	0,7404	698	0,8223
MA804	232.495	0,7571	0,5767	0,4587	0,6176	17.487	0,6308
NA851	1.942.671	0,6795	0,4582	0,1616	0,5441	168.804	0,6268
NA852	16.625	0,6472	0,5025	0,3993	0,4990	5.301	0,5255
NA853	1.089.855	0,6434	0,4302	0,1863	0,5439	36.087	0,6155
OA900	150.608	0,7018	0,5624	0,4017	0,6298	5.381	0,4994
OA911	93.859	0,8481	0,7817	0,6113	0,6779	6.381	0,7836
OA912	12.483	0,8885	0,8905	0,7592	0,8219	981	0,8093
OA913	373.783	0,7620	0,6072	0,3380	0,6497	38.355	0,6352
OA921	38.841	0,8779	0,8787	0,6304	0,8672	3.428	0,8073
OA922	62.071	0,9534	0,9523	0,9018	0,9041	901	0,8208
OA923	80.561	0,8232	0,7728	0,5931	0,7202	6.740	0,7170
OA924	9.134	0,9323	0,9152	0,8371	0,8985	1.313	0,8565
OA925	37.282	0,8637	0,8092	0,6602	0,7534	1.868	0,7254
OA926	61.434	0,7121	0,5415	0,2931	0,6086	13.147	0,6106
OA927	45.416	0,7557	0,6291	0,4579	0,6843	8.046	0,6736
OA930	285.299	0,6431	0,4220	0,1685	0,5462	63.001	0,6171
PA950	36.075	0,6906	0,5317	0,3641	0,5762	30.154	0,6780
QA990	27.840	0,9630	0,9347	0,9557	0,8484	1.149	0,9742
99XXX	2.050	0,7973	0,7285	0,6579	0,7450	1.370	0,7722

Anhang C: Gruppen des Produzierenden Gewerbe der WZ93 geordnet nach räumlicher Konzentration im Jahr 2002

	Gruppe	Bezeichnung	G_a n=Betriebe; n max = 439	Beschäftigte absolut	Betriebe absolut
1	DM351	Schiffbau	0,9800	27.996	644
2	DA152	Fischverarbeitung	0,9791	9.775	251
3	DC193	H. Schuhen	0,9614	17.454	590
4	DL335	H. Uhren	0,9611	5.091	190
5	DG241	H. chem. Grundst.	0,9587	182.565	1.341
6	DK296	H. Waffen u. Mun.	0,9577	6.461	107
7	DM341	H. Kfz u. Motoren	0,9555	456.680	357
8	DJ271	Erz. v. Roheisen, Stahl usw.	0,9555	105.136	513
9	DM353	Luft- und Raumfahrzeugbau	0,9524	70.089	309
10	DL323	H. Rundf.- u. Fern.ger.	0,9513	32.299	660
11	DL333	H. industrie. Prozeßst.	0,9459	14.553	510
12	DL311	H. Elektromotoren usw.	0,9438	140.535	1.369
13	DN365	H. Spielwaren	0,9436	14.828	551
14	DB176	H. gewirk. u. gest. St	0,9409	13.885	521
15	DB172	Weberei	0,9389	21.217	426
16	DG245	H. Seifen usw.	0,9379	43.386	578
17	DF232	Mineralölverarbeitung	0,9374	27.439	186
18	DJ284	H. Schmiedeteilen usw.	0,9339	37.025	516
19	DL321	H. elektron. Bauelement	0,9293	93.032	1.241
20	DN362	H. Schmuck usw.	0,9290	14.845	2.005
21	DA160	Tabakverarbeitung	0,9285	10.251	55
22	DM352	Schienenfahrzeugbau	0,9276	24.924	179
23	CB132	NE-Metallerzbergbau	0,9273	1.596	26
24	DL322	H. nachrichtentech Ger.	0,9255	76.379	1.250
25	DM355	Fahrzeugbau	0,9250	8.576	349
26	DN364	H. Sportgeräten	0,9217	3.589	232
27	DI262	Keramik (o. Ziegelei)	0,9207	38.011	917
28	CA112	Erbr. v. Dienstlst. b. Erdöl-	0,9203	2.033	47
29	CA103	Torfgewinn. und -veredlung	0,9202	1.985	112
30	DK297	H. Haushaltsgeräten	0,9201	72.564	748
31	DL313	H. isolierten Kabeln	0,9199	32.049	511
32	DG243	H. Anstrichmitteln usw.	0,9193	45.775	591
33	DC192	Lederverarbeitung	0,9176	8.006	605
34	DL300	H. Büromaschinen usw.	0,9169	52.975	1.106
35	DL316	H. elektrischen Ausr.	0,9132	122.432	1.891
36	DL315	H. elektrischen Lampen	0,9132	43.637	789
37	DB171	Spinnstoffaufbereitung usw.	0,9126	17.455	238
38	DB173	Textilveredlung	0,9122	17.111	630
39	DJ274	Erz. u. 1. Bearb. v. NE-Met.	0,9121	65.603	756
40	DG244	H. pharmaz. Erzeug.	0,9121	117.242	1.067
41	EA402	Gasversorgung	0,9114	25.649	480
42	DD202	Furnier-, Sperrholzwerke	0,9113	19.426	251
43	DC191	Ledererzeugung	0,9111	4.172	93
44	EA403	Fernwärmeversorgung	0,9089	8.869	223
45	CB144	Gewinnung von Salz	0,9056	3.375	26
46	DG242	H. Schädlingsbek.Mit.	0,9034	3.300	34
47	DG246	Herst v so. chem. Erzeug.	0,9020	57.933	922
48	CA101	Steinkohlenberg., -briketther.	0,9019	43.068	56
49	DK291	H. Maschinen f. mech E.	0,9017	211.346	2.667

Anhang C: Gruppen des Produzierenden Gewerbe der WZ93 geordnet nach räumlicher Konzentration im Jahr 2002 (Fortsetzung)

	Gruppe	Bezeichnung	G_a n=Betriebe; n max = 439	Beschäftigte absolut	Betriebe absolut
50	DM354	H. Krafträdern, Fahrr.	0,9008	14.758	236
51	DG247	H. Chemiefasern	0,8995	27.325	127
52	DJ283	H. Dampfkesseln	0,8963	7.562	242
53	DJ272	H. Rohren	0,8952	21.574	570
54	DI261	Herst. u. Verarb. v. Glas	0,8951	65.165	1.172
55	DL314	H. Akkumulatoren usw.	0,8930	10.618	133
56	DJ286	H. Schneidwaren usw.	0,8920	109.337	3.035
57	DN363	H. Musikinstrumenten	0,8801	7.260	769
58	DA155	Milchverarbeitung	0,8785	41.540	602
59	CB143	Bergb. a. chem. u. Düngem.	0,8784	8.291	39
60	DN366	H. so. Erzeug.	0,8782	28.984	1.177
61	DA157	H. Futtermitteln	0,8780	11.493	337
62	DB175	Sonstiges Textilgewerbe	0,8773	32.005	1.018
63	EA410	Wasserversorgung	0,8756	35.111	974
64	DA156	H. Stärke usw.	0,8753	14.253	820
65	DL312	H. Elektrizitätsvert.	0,8739	77.832	1.484
66	DE223	Vervielf. v. bespielten Tontr.	0,8732	4.364	189
67	DE211	H. Holz., Zellstoff usw	0,8709	65.301	650
68	CB145	Gew. von Steinen u. Erden	0,8697	4.505	230
69	DI263	Herst. von keram. Fliesen	0,8695	4.090	56
70	DL334	H. optisch. Geräten usw	0,8689	36.191	2.232
71	DM343	H. Kfz-Teilen u. Zub.	0,8681	209.631	1.014
72	DA154	H. pflanz. u. tier. Öl	0,8655	6.424	90
73	DI264	Ziegelei, Herst.von so. Bauk.	0,8617	16.182	418
74	DJ273	So. . Bearb. v. Eisen usw.	0,8615	56.636	1.384
75	DB181	H. Lederbekleidung	0,8560	1.743	159
76	DI268	H. so. Mineralerzeug.	0,8556	12.226	272
77	DB177	Herst v gewirk. u. gest. FE	0,8546	3.927	107
78	DF231	Kokerei	0,8543	1.130	4
79	DH251	H. Gummiwaren	0,8532	72.930	1.309
80	FA455	Vermiet. v. Baumaschinen	0,8516	5.672	678
81	DJ282	Kessel- und Behälterbau	0,8509	21.029	521
82	DA153	Obst- und Gemüseverarb.	0,8473	25.648	634
83	DK293	H. land- u. forstw. M.	0,8453	55.309	3.737
84	DD204	H. Verpackungsmittln	0,8450	9.896	631
85	DJ275	Gießereiindustrie	0,8429	85.541	1.084
86	DB174	H. konfektion. Textilw.	0,8416	15.537	933
87	DN371	Recycling v. Schrott	0,8341	7.369	727
88	DB183	Zuricht. u. Färben von Fell	0,8313	1.037	286
89	DI265	H. Zement, Kalk usw.	0,8310	11.215	138
90	DE221	Verlagsgewerbe	0,8237	160.577	7.145
91	CA111	Gew. v. Erdöl u. Erdgas	0,8220	3.421	63
92	DB182	H. Bekleidung	0,8203	60.916	3.187
93	DL332	H. Meßinstrumenten usw.	0,8105	214.232	5.392
94	DM342	H. Karosserien usw.	0,8007	44.120	1.335
95	EA401	Elektrizitätsversorgung	0,7913	185.666	2.779
96	CB141	Gewinnung von Natursteinen	0,7789	20.020	1.287
97	DN372	Recycling v. Nichtmetallen	0,7769	30.376	1.906
98	CA102	Braunkohlenberg., -briketther.	0,7769	19.866	40
99	DK295	H. Masch. f. so. Wz.	0,7725	295.390	5.940

Anhang C: Gruppen des Produzierenden Gewerbe der WZ93 geordnet nach räumlicher Konzentration im Jahr 2002 (Fortsetzung)

	Gruppe	Bezeichnung	G_a n=Betriebe; n max = 439	Beschäftigte absolut	Betriebe absolut
100	DD205	H. Holzwaren	0,7657	24.830	2.044
101	DE212	Papier-, Kartonverarb. usw.	0,7627	78.267	1.547
102	DJ287	H. sonstigen Eisenwaren	0,7504	205.844	6.018
103	DK292	H. so. Maschinen	0,7474	204.327	5.371
104	DK294	H. Werkzeugmasch.	0,7435	213.636	5.451
105	DA159	Getränkeherstellung	0,7320	80.482	2.368
106	DE222	Druckgewerbe	0,7304	211.826	13.110
107	DD201	Säge-, Hobelwerke usw.	0,7302	31.773	2.475
108	CB142	Gewinn.von Kies, Sand, Ton	0,7165	20.892	1.598
109	DL331	H. medizin. Geräten	0,7156	138.458	11.331
110	FA451	Vorbereitende Baustellenarbeit	0,6890	36.208	4.702
111	CB131	Eisenerzbergbau	0,6787	102	9
112	DN361	H. Möbeln	0,6386	175.141	12.666
113	DI266	H. Erzeug. a. Beton usw	0,6316	73.393	3.430
114	DH252	H. Kunststoffwaren	0,6251	321.387	7.688
115	DD203	H. Konstruktionsteilen	0,6226	72.781	8.981
116	DJ285	Oberflächenveredlung usw.	0,6215	206.706	19.959
117	DF233	Herst. u. Verarb. v. Baustoff.	0,6191	889	8
118	DA158	Sonst. Ernährungsgewerbe	0,6081	334.698	19.099
119	DJ281	Stahl- und Leichtmetallbau	0,6017	192.064	11.894
120	FA453	Bauinstallation	0,6008	594.767	82.998
121	DI267	Be- und Verarb. v. Naturstein	0,5680	24.284	4.252
122	DA151	Schlachten u. Fleischverarb.	0,5679	179.201	14.738
123	FA454	Sonstiges Baugewerbe	0,5642	363.966	66.679
124	FA452	Hoch- und Tiefbau	0,5637	879.962	73.523
125	CA120	Bergb. a. Uran- u. Thoriumerz	0,4899	5	2

Falls die Anzahl der Betriebe in einer Gruppe unter der der 439 Kreise liegt, wird bei der Berechnung des G_a die Anzahl der Merkmalsträger n auf die Anzahl der Betriebe reduziert (mit $n \leq 439$).

Anhang D: Räumliche Konzentration im Jahr 2002 der Gruppen der WZ93 im Produzierenden Gewerbe mit weniger als 439 Betrieben

Gruppe		Betriebe	Beschäftigte		
				G_a	G_a
		absolut	absolut	n=Betriebe	n=439
CA101	Steinkohlenberg., -briketther.	56	43.068	0,9019	0,9877
CA102	Braunkohlenberg., -briketther.	40	19.866	0,7769	0,9801
CA103	Torfgewinnung und -veredlung	112	1.985	0,9202	0,9798
CA111	Gew. v. Erdöl u. Erdgas	63	3.421	0,8220	0,9748
CA112	Erbr. v. Dienstlst. b. Erdöl-	47	2.033	0,9203	0,9916
CA120	Bergb. a. Uran- u. Thoriumerz	2	5	0,4899	0,9984
CB131	Eisenerzbergbau	9	102	0,6787	0,9941
CB132	NE-Metallerzbergbau	26	1.596	0,9273	0,9958
CB143	Bergb. a. chem. u. Düngem.	39	8.291	0,8784	0,9894
CB144	Gewinnung von Salz	26	3.375	0,9056	0,9946
CB145	Gew. von Steinen u. Erden	230	4.505	0,8697	0,9319
DA152	Fischverarbeitung	251	9.775	0,9791	0,9881
DA154	Herst. v. pflanz. u. tier. Öl	90	6.424	0,8655	0,9727
DA157	Herst. v. Futtermitteln	337	11.493	0,8780	0,9064
DA160	Tabakverarbeitung	55	10.251	0,9285	0,9912
DB171	Spinnstoffaufbereitung usw.	238	17.455	0,9126	0,9527
DB172	Weberei	426	21.217	0,9389	0,9407
DB177	Herst v gewirk. u. gest. FE	107	3.927	0,8546	0,9648
DB181	Herst. v. Lederbekleidung	159	1.743	0,8560	0,9481
DB183	Zuricht. u. Färben von Fell	286	1.037	0,8313	0,8902
DC191	Ledererzeugung	93	4.172	0,9111	0,9813
DD202	Furnier-, Sperrholzwerke usw.	251	19.426	0,9113	0,9493
DE223	Vervielf. v. bespielten Tontr.	189	4.364	0,8732	0,9456
DF231	Kokerei	4	1.130	0,8543	0,9990
DF232	Mineralölverarbeitung	186	27.439	0,9374	0,9736
DF233	Herst. u. Verarb. v. Baustoff.	8	889	0,6191	0,9939
DG242	Herst. v. Schädlingsbek.Mit.	34	3.300	0,9034	0,9927
DG247	Herst. v. Chemiefasern	127	27.325	0,8995	0,9711
DI263	Herst. von keram. Fliesen	56	4.090	0,8695	0,9836
DI264	Ziegelei, Herst.von so. Bauk.	418	16.182	0,8617	0,8684
DI265	Herst. v. Zement, Kalk usw.	138	11.215	0,8310	0,9471
DI268	Herst. v. so. Mineralerzeug.	272	12.226	0,8556	0,9106
DJ283	Herst. v. Dampfkesseln	242	7.562	0,8963	0,9429
DK296	Herst. v. Waffen u. Mun.	107	6.461	0,9577	0,9898
DL314	Herst. v. Akkumulatoren usw.	133	10.618	0,8930	0,9677
DL335	Herst. v. Uhren	190	5.091	0,9611	0,9832
DM341	Herst. v. Kfz u. Motoren	357	456.680	0,9555	0,9639
DM352	Schienenfahrzeugbau	179	24.924	0,9276	0,9706
DM353	Luft- und Raumfahrzeugbau	309	70.089	0,9524	0,9665
DM354	Herst. v. Krafträdern, Fahrr.	236	14.758	0,9008	0,9468
DM355	Fahrzeugbau	349	8.576	0,9250	0,9404
DN364	Herst. v. Sportgeräten	232	3.589	0,9217	0,9587
EA403	Fernwärmeversorgung	223	8.869	0,9089	0,9538
Durchschnitt		*161*	*21.408*	*0,8759*	*0,9645*

Anhang E: Veränderung der räumlichen Konzentration der Wirtschaftszweige der WS73 im Produzierenden Gewerbe von 1987 bis 2002

Wirtschaftszweige (WS73)	G_a Besch. 1987	Besch. absolut 1987	G_a Besch. 2002	Besch. absolut 2002	Betr. absolut 2002	Δ G_a % 1987 - 2002	Δ Bes. % 1987 - 2002
040 Energiewirtschaft	0,7412	250.996	0,7409	201.301	3.654	-0,03	-19,80
050 Steinkohlenbergbau	0,9757	161.992	0,9844	42.937	48	0,89	-73,49
051 Braunkohlenbergbau	0,9882	18.474	0,9877	9.450	14	-0,04	-48,85
060 Erzbergbau	0,9883	2.114	0,9948	91	6	0,66	-95,70
070 Erdoel, Erdgas	0,9737	8.532	0,9857	5.620	80	1,23	-34,13
080 Kali-,Salzbergbau	0,9730	28.445	0,9789	15.528	208	0,60	-45,41
090 Herst.chem.Grundstoffe	0,9735	233.470	0,9719	162.007	667	-0,16	-30,61
091 Kunststoff-,Kautschukherst.	0,9414	18.630	0,9460	17.390	212	0,49	-6,66
092 Farbstoffherstellung	0,9942	14.404	0,9737	1.836	33	-2,06	-87,25
093 Duengemittelherstellung	0,9765	5.765	0,9862	1.973	30	0,99	-65,78
094 Lacke,Farbenherstellung	0,8920	34.581	0,8978	37.587	445	0,65	8,69
Chem.Spezialerzeugnisse	0,8678	40.023	0,8822	40.585	572	1,66	1,40
096 Hst.v.Pharmazeutika	0,9299	135.918	0,9085	129.936	842	-2,30	-4,40
097 Hst.v.Kosmetika	0,9493	55.974	0,9323	41.377	464	-1,79	-26,08
098 Hst.sonst.chem.Erzeugn.	0,9477	30.411	0,9279	14.670	305	-2,09	-51,76
099 Kohlenwertstoffindustrie	0,9935	1.834	0,9982	954	5	0,47	-47,98
100 Chemiefaserherstellung	0,9803	26.635	0,9779	14.341	79	-0,25	-46,16
110 Mineraloelverarbeitung	0,9584	25.918	0,9685	22.123	160	1,05	-14,64
120 Kunststoffverarbeitung	0,6558	259.600	0,5979	307.129	6.954	-8,83	18,31
130 Gummiwarenherstellung	0,9020	57.868	0,8957	42.716	491	-0,70	-26,18
131 Hst.v.Bereifungen	0,9801	35.467	0,9792	21.335	65	-0,10	-39,85
132 Vulkanisierung	0,9064	7.710	0,8906	6.516	425	-1,74	-15,49
133 Asbestverarbeitung	0,9652	6.231	0,9748	2.985	52	0,99	-52,09
140 Gewinnung v.Natursteinen	0,5809	32.843	0,5311	27.763	4.017	-8,56	-15,47
141 Gewinnung v.Sand und Kies	0,7162	16.736	0,7270	14.694	1.169	1,52	-12,20
142 Zementherstellung	0,9472	10.871	0,9566	8.657	88	1,00	-20,37
143 Gewinnung sonst.Steine	0,8554	16.646	0,8233	14.227	512	-3,75	-14,53
144 Ziegelei	0,8260	12.434	0,8788	10.133	284	6,39	-18,51
145 Hst.v.Grobkeramik	0,9567	12.817	0,9542	6.701	115	-0,26	-47,72
146 Hst.v.Kalksandstein,Beton	0,6483	75.116	0,6452	59.672	2.889	-0,49	-20,56
150 Porzellanherstellung	0,9739	22.288	0,9772	10.554	288	0,34	-52,65
151 Hst.v.Steing.,Toepferwaren	0,9416	10.292	0,9524	5.973	317	1,14	-41,96
152 Hst.v.Kacheln,Keramik	0,9166	31.712	0,8917	24.956	336	-2,72	-21,30
160 Flachglasherstellung	0,9794	13.192	0,9660	8.640	75	-1,36	-34,51
161 Hohlglasherstellung	0,9728	32.008	0,9767	22.044	101	0,41	-31,13
162 Glasfaserherstellung usw.	0,8708	23.804	0,8679	25.689	739	-0,34	7,92
170 Hochoefen,Stahlwerke	0,9646	177.760	0,9649	85.949	226	0,04	-51,65
171 Schmiedewerke	0,9797	9.877	0,9799	7.634	85	0,01	-22,71
180 NE-Metallhuetten	0,9416	25.942	0,9586	18.553	230	1,81	-28,48
181 NE-Metallhalbzeugwerke	0,9610	35.225	0,9560	30.561	224	-0,52	-13,24
190 Eisen-,Stahlgiesserei	0,8743	73.631	0,8572	51.912	654	-1,96	-29,50
191 NE-Metallgiesserei	0,8832	33.124	0,8954	29.032	487	1,38	-12,35
200 Kaltwalzwerke,Zieherei	0,9025	53.303	0,9041	37.695	474	0,18	-29,28
210 Stahlverformung	0,8517	119.584	0,8161	115.781	4.187	-4,19	-3,18
211 Oberflaechenveredelung	0,8315	29.372	0,7787	44.600	1.863	-6,36	51,85

Anhang E: Veränderung der räumlichen Konzentration der Wirtschaftszweige der WS73 im Produzierenden Gewerbe von 1987 bis 2002 (Forts.)

Wirtschaftszweige (WS73)	G_a Besch. 1987	Besch. absolut 1987	G_a Besch. 2002	Besch. absolut 2002	Betr. absolut 2002	ΔG_a % 1987 - 2002	Δ Bes. % 1987 - 2002
220 Schlosserei,Schweisserei	0,6190	63.985	0,5818	84.915	10.613	-6,01	32,71
221 Schmiederei	0,6869	9.860	0,6712	8.310	1.577	-2,28	-15,72
230 Leichtmetall-,Stahlbau	0,7321	109.630	0,6250	124.005	7.903	-14,62	13,11
231 Kesselbau	0,9296	50.825	0,8765	26.736	568	-5,72	-47,40
240 Wagenbau	0,9715	26.728	0,9747	13.941	139	0,32	-47,84
250 Mont.,Rep.v.Lueft.anlagen	0,6627	144.740	0,5749	147.281	16.855	-13,26	1,76
260 H.v.Metallbearb.masch.	0,8059	202.081	0,7489	178.733	4.350	-7,07	-11,55
261 Hst.v.Schwermaschinen	0,8401	147.976	0,8120	122.385	2.277	-3,34	-17,29
262 Hst.v.Landwirtsch.Masch.	0,8926	47.162	0,9030	31.133	766	1,17	-33,99
263 Rep.v.Landmaschinen	0,6057	21.576	0,5608	18.588	2.601	-7,41	-13,85
264 Masch.f.Nahrungsindustrie	0,7944	109.494	0,7599	100.753	1.968	-4,35	-7,98
265 Hst.v.Textilmaschinen	0,9502	55.855	0,9528	28.420	308	0,27	-49,12
266 Hst.v.Holzbearbeit.Masch.	0,9390	18.767	0,9393	18.457	254	0,03	-1,65
267 Hst.v.Papier-,Druckereima.	0,9598	50.522	0,9673	44.714	350	0,79	-11,50
268 Hst.v.Waeschereimaschinen	0,9814	6.472	0,9831	2.386	79	0,17	-63,13
270 Zahnraederherstellung	0,9695	79.667	0,9539	73.109	561	-1,61	-8,23
271 Sonst.Maschinenbauerzeug.	0,7962	270.889	0,7302	252.238	5.869	-8,29	-6,89
280 Hst.v.Kraftwagen, Motoren	0,9664	443.130	0,9640	424.480	276	-0,26	-4,21
281 Hst.v.Kraftfahrzeugteilen	0,9222	214.931	0,9024	201.808	737	-2,15	-6,11
282 Hst.v.Karosserien,Anhaeng.	0,8717	40.728	0,8741	41.913	1.070	0,27	2,91
290 Hst.v.Kraftraedern,Motoren	0,9908	3.737	0,9926	3.635	32	0,18	-2,73
291 Hst.v.Fahrraedern,Kinderw.	0,9586	7.895	0,9641	4.262	97	0,57	-46,02
292 Hst.v.Gespannfahrzeugen	0,9190	551	0,9241	496	74	0,55	-9,98
300 Kfz.-Reparaturen	0,6284	285.913	0,5914	285.962	28.285	-5,89	0,02
301 Lackierung Kfz.usw.	0,6647	13.228	0,6259	16.173	2.390	-5,84	22,26
310 Schiffbau	0,9839	37.685	0,9849	18.239	167	0,10	-51,60
311 Boots-,Jachtbau	0,9211	2.831	0,9430	3.299	317	2,38	16,53
320 Luftfahrzeugbau	0,9645	56.663	0,9537	70.360	287	-1,13	24,17
331 Hst./Rep.v.Bueromaschinen	0,9452	21.343	0,8870	7.918	413	-6,16	-62,90
332 Hst./Rep.v.EDV-Einrichtung	0,9576	61.151	0,9109	44.615	1.183	-4,88	-27,04
340 Allgem.Elektrotechnik	0,9620	139.756	0,9577	106.654	1.222	-0,45	-23,69
341 Hst.v.Batterien, Akku	0,9728	12.033	0,9709	8.189	85	-0,19	-31,95
342 Hst.v.Starkstromausruest.	0,8754	194.447	0,8867	183.649	2.041	1,29	-5,55
343 Hst.v.Grossgeneratoren	0,9284	81.232	0,8876	51.836	662	-4,39	-36,19
344 Hst.v.Draehten,Kabeln	0,9375	52.249	0,9043	31.263	476	-3,54	-40,17
345 Hst.v.Elektr.verbraucherger.	0,9144	91.174	0,9131	76.078	689	-0,15	-16,56
346 Hst.v.Lampen,Leuchten	0,9200	35.145	0,9225	32.139	523	0,27	-8,55
347 Hst.v.Radio-,Fernsehger.	0,9131	112.611	0,9021	55.212	1.084	-1,21	-50,97
348 Mess-,Regeltechnik	0,8465	264.585	0,8033	273.336	5.335	-5,10	3,31
349 Elektrotechnik (Mont./Rep.)	0,7345	70.877	0,7493	65.459	5.915	2,02	-7,64
350 Hst.feinmech.Erzeugnisse	0,7342	142.174	0,6808	147.267	9.588	-7,28	3,58
351 Hst.v.optischen Erzeug.	0,8498	60.102	0,8111	40.824	2.738	-4,55	-32,08
360 Hst.v. Uhren	0,9857	12.587	0,9875	3.413	145	0,17	-72,88
361 Reparatur von Uhren	0,8485	1.618	0,8499	1.053	319	0,16	-34,92
370 Hst.v.Werkzeugen	0,9264	40.422	0,8963	39.012	1.366	-3,25	-3,49

Anhang E: Veränderung der räumlichen Konzentration der Wirtschaftszweige der WS73 im Produzierenden Gewerbe von 1987 bis 2002 (Forts.)

Wirtschaftszweige (WS73)	G_a Besch. 1987	Besch. absolut 1987	G_a Besch. 2002	Besch. absolut 2002	Betr. absolut 2002	Δ G_a % 1987 - 2002	Δ Bes. % 1987 - 2002
371 Schloesser-,Beschlaegehst.	0,9410	44.742	0,9345	42.005	810	-0,69	-6,12
372 Hst.v.Schneidewaren,Messer	0,9956	9.472	0,9947	7.953	276	-0,09	-16,04
373 Hst.v.Waffen,Munition	0,9916	10.407	0,9905	5.270	84	-0,11	-49,36
374 Hst.v.Heiz-,Kochgeraeten	0,9856	15.104	0,9868	8.235	106	0,12	-45,48
375 Hst.v.Blechwaren	0,7146	92.661	0,7069	87.783	3.232	-1,09	-5,26
376 Hst.v.Stahlrohrmoebeln	0,8980	16.079	0,9429	15.473	176	5,00	-3,77
377 Hst.v.Feinblechpackungen	0,9626	11.563	0,9592	8.414	98	-0,36	-27,23
378 Allgem.Metallwarenherst.	0,8083	107.208	0,7935	104.844	2.689	-1,83	-2,21
379 Hst.v.Kfz.teilen,Zubehoer	0,9371	31.776	0,8957	35.674	302	-4,41	12,27
380 Hst.v.Musikinstrumenten	0,8919	9.098	0,8729	5.500	630	-2,12	-39,55
381 Hst.v.Spielwaren	0,9605	15.018	0,9604	11.279	344	-0,01	-24,90
382 Hst.v.Turn-Sportgeraeten	0,9623	3.682	0,9646	2.933	170	0,23	-20,34
390 Hst.v.Schmuck	0,9707	23.813	0,9405	12.256	1.899	-3,11	-48,53
400 Saegewerke,Furnierwerke	0,6055	42.133	0,6656	30.048	2.390	9,93	-28,68
401 Holzspanplattenwerke	0,9362	17.463	0,9392	14.905	143	0,32	-14,65
410 Bautischlerei,Holzbauelem.	0,4551	114.039	0,4376	100.692	13.705	-3,85	-11,70
411 Holzmoebelherstellung	0,7385	116.661	0,7732	84.489	2.830	4,70	-27,58
412 Moebeltischlerei	0,6042	56.316	0,5707	60.171	10.390	-5,55	6,85
420 Verpackungsmittel(Holz)	0,8465	8.434	0,8274	8.104	547	-2,26	-3,91
421 Flechtwaren,Besenherst.	0,7176	28.757	0,7584	21.499	1.299	5,69	-25,24
430 Papierherstellung	0,8812	61.166	0,8855	48.799	323	0,49	-20,22
431 Papierverarbeitung	0,8640	44.375	0,8568	37.706	737	-0,83	-15,03
432 Verpackungmittel(Papier)	0,7784	46.331	0,7615	45.927	810	-2,17	-0,87
433 Buchbinderei	0,8639	9.998	0,8226	8.972	658	-4,78	-10,26
440 Druckerei	0,7377	204.063	0,6984	173.854	9.509	-5,33	-14,80
441 Chemigrafisches Gewerbe	0,8646	16.036	0,8390	14.261	1.712	-2,97	-11,07
450 Gerbereien	0,9478	6.383	0,9647	3.527	108	1,78	-44,74
451 Sattlerwaren,Lederhandsch.	0,8883	23.709	0,8677	11.620	860	-2,32	-50,99
460 Serienfertigung v.Schuhen	0,9619	38.502	0,9778	14.174	240	1,65	-63,19
461 Masschuhmachereien,Rep	0,7644	9.954	0,7175	8.359	2.024	-6,14	-16,02
470 Wollwaescherei	0,9972	1.478	0,9984	418	8	0,12	-71,72
471 Wollspinnerei	0,9761	9.452	0,9918	1.872	26	1,61	-80,19
472 Zwirnerei	0,9942	1.299	0,9880	362	15	-0,62	-72,13
473 Wollweberei	0,9776	8.110	0,9914	2.729	50	1,41	-66,35
474 Woll-Spinnweberei	0,9950	3.138	0,9943	393	13	-0,07	-87,48
480 Baumwollspinnerei	0,9789	19.481	0,9842	4.867	41	0,54	-75,02
481 Baumwollzwirnerei	0,9765	4.360	0,9803	1.498	33	0,39	-65,64
482 Baumwollweberei	0,9493	22.219	0,9887	8.241	149	4,15	-62,91
483 Baumwoll-Spinnweberei	0,9848	15.471	0,9869	3.933	45	0,21	-74,58
490 Verarb.Textil.grundst.(Seide)	0,9690	10.926	0,9681	4.348	75	-0,09	-60,21
500 Verarb.Textil.grundst.(Leinen)	0,9698	4.343	0,9818	2.643	74	1,24	-39,14
510 Seilerei	0,9542	4.350	0,9506	2.237	94	-0,37	-48,57
511 Wirkerei,Strickerei	0,8642	70.210	0,9018	16.071	612	4,35	-77,11
512 Textilveredelung	0,9391	23.089	0,9108	13.302	475	-3,01	-42,39
513 Sonst.Textilgewerbe	0,8357	53.732	0,8475	36.787	1.041	1,41	-31,54

Anhang E: Veränderung der räumlichen Konzentration der Wirtschaftszweige der WS73 im Produzierenden Gewerbe von 1987 bis 2002 (Forts.)

Wirtschaftszweige (WS73)	G_a Besch. 1987	Besch. absolut 1987	G_a Besch. 2002	Besch. absolut 2002	Betr. absolut 2002	Δ G_a % 1987 - 2002	Δ Bes. % 1987 - 2002
520 Herrenoberbekleidung	0,9044	39.805	0,9483	11.954	219	4,86	-69,97
521 Herrenmassschneiderei	0,8448	4.169	0,8930	699	189	5,70	-83,23
522 Damenoberbekleidung	0,7867	81.392	0,9112	23.063	679	15,83	-71,66
523 Damenmassschneiderei	0,7486	6.391	0,8211	2.121	626	9,69	-66,81
524 Serienfert.v.Arbeitskleidung	0,8194	19.944	0,8802	6.296	316	7,42	-68,43
525 Hst.v.Leibwaesche	0,9049	18.984	0,9489	5.929	150	4,86	-68,77
526 Hst.v.Bettwaesche	0,9371	2.582	0,9606	1.243	75	2,51	-51,86
527 Hst.v.Hueten,Muetzen	0,9191	6.839	0,9326	2.003	175	1,47	-70,71
528 Verarb.v.Fellen,Pelzen	0,8721	7.456	0,8671	1.059	276	-0,57	-85,80
529 Hst.v.Bettwaren	0,8001	16.633	0,7863	9.783	1.485	-1,72	-41,18
530 Polsterei,Dekorateurgewerbe	0,6869	19.258	0,6929	17.966	3.024	0,87	-6,71
540 Zuckerindustrie	0,9526	9.354	0,9703	5.286	40	1,86	-43,49
541 Obst-Gemueseverarbeitung	0,8551	19.617	0,8605	19.875	435	0,63	1,32
542 Molkerei	0,7881	45.476	0,8872	34.552	385	12,58	-24,02
543 Fischverarbeitung	0,9851	6.962	0,9900	8.209	197	0,51	17,91
544 Brotindustrie	0,8766	20.464	0,8859	22.714	232	1,06	10,99
545 Baeckerei,Konditorwaren	0,5815	179.263	0,5731	177.382	14.685	-1,43	-1,05
546 Hst.v.Speiseoel,-Fetten	0,9751	8.389	0,9748	6.833	66	-0,04	-18,55
547 Naehrmittelhersteller	0,8646	54.830	0,8454	53.973	935	-2,22	-1,56
548 Mahlmuehlen	0,8413	9.174	0,8633	6.764	636	2,62	-26,27
550 Suesswarenhersteller	0,9254	35.153	0,9149	32.355	334	-1,13	-7,96
551 Dauerbackwaren	0,9464	12.974	0,9506	11.514	101	0,45	-11,25
560 Schlachthaeuser	0,7982	54.551	0,8209	49.762	1.005	2,84	-8,78
561 Kom.Schlachthoefe	0,8801	3.273	0,9532	887	74	8,31	-72,90
562 Fleischerei	0,5619	125.050	0,5263	99.366	12.392	-6,33	-20,54
570 Brauerei,Maelzerei	0,7886	60.516	0,8114	36.450	977	2,90	-39,77
571 Alkoholbrennerei	0,8512	17.125	0,8705	10.961	797	2,27	-35,99
572 Hst.v.Mineralwasser	0,8129	21.652	0,8520	21.507	366	4,82	-0,67
580 Zigarettenherstellung.	0,9874	12.273	0,9940	7.126	17	0,66	-41,94
581 Tabak,Zigarren	0,9766	4.130	0,9837	1.871	29	0,73	-54,70
590 Hoch-,Tiefbau	0,7122	379.678	0,6583	225.519	15.240	-7,56	-40,60
591 Hoch-,Ingenieurbau	0,6443	183.658	0,6092	123.073	12.230	-5,45	-32,99
592 Tief-,Ingenieurbau	0,6383	210.860	0,6279	157.333	8.392	-1,63	-25,39
593 Isolier-.,Schornsteinbau	0,7698	61.035	0,7152	66.959	12.159	-7,08	9,71
594 Stukkateurgewerbe	0,7018	37.062	0,6283	35.489	5.961	-10,47	-4,24
600 Zimmerei	0,4322	48.369	0,4153	55.182	9.117	-3,91	14,09
601 Dachdeckerei	0,6595	61.000	0,6113	61.184	8.485	-7,31	0,30
610 Klempnerei,Installation	0,6736	93.958	0,6405	87.630	14.062	-4,92	-6,73
611 Elektroinstallation	0,6166	128.897	0,6126	151.868	20.272	-0,64	17,82
612 Glasergewerbe	0,7018	15.211	0,6937	14.627	2.529	-1,16	-3,84
613 Maler-,Lackiergewerbe	0,6475	148.020	0,5998	128.008	20.951	-7,36	-13,52
614 Fliesenlegerei	0,6186	40.827	0,5731	49.211	10.563	-7,36	20,54
615 Ofen-,Herdsetzerei	0,8433	2.457	0,8454	2.717	589	0,25	10,58
616 Geruestbau,Fassadenreinig.	0,8316	14.003	0,7655	20.775	2.404	-7,94	48,36
Keine Zuordnung möglich	0,9182	7.724	0,9690	1.559	481	5,53	-79,82

Mit 327 westdeutschen Kreisen (inkl. West-Berlin). Der Stadtkreis und der Landkreis Hannover sind zur Region Hannover zusammengefasst.

Anhang F: Karte der deutschen Kreise und kreisfreien Städte

1 - 440: Schlüssel der Kreise und kreisfreien Städte

Anhang G: Schlüssel und Bezeichnungen der Kreise und kreisfreien Städte

1 SK Flensburg
2 SK Kiel
3 SK Lübeck
4 SK Neumünster
5 LK Dithmarschen
6 LK Herzogtum Lauenburg
7 LK Nordfriesland
8 LK Ostholstein
9 LK Pinneberg
10 LK Plön
11 LK Rendsburg-Eckernförde
12 LK Schleswig-Flensburg
13 LK Segeberg
14 LK Steinburg
15 LK Stormarn
16 SK Hamburg
17 SK Braunschweig
18 SK Salzgitter
19 SK Wolfsburg
20 LK Gifhorn
21 LK Göttingen
22 LK Goslar
23 LK Helmstedt
24 LK Northeim
25 LK Osterode am Harz
26 LK Peine
27 LK Wolfenbüttel
28 SK Hannover
29 LK Diepholz
30 LK Hameln-Pyrmont
31 LK Hannover
32 LK Hildesheim
33 LK Holzminden
34 LK Nienburg (Weser)
35 LK Schaumburg
36 LK Celle
37 LK Cuxhaven
38 LK Harburg
39 LK Lüchow-Dannenberg
40 LK Lüneburg
41 LK Osterholz
42 LK Rotenburg (Wümme)
43 LK Soltau-Fallingbostel
44 LK Stade
45 LK Uelzen
46 LK Verden
47 SK Delmenhorst
48 SK Emden
49 SK Oldenburg
50 SK Osnabrück
51 SK Wilhelmshaven
52 LK Ammerland
53 LK Aurich
54 LK Cloppenburg
55 LK Emsland
56 LK Friesland
57 LK Grafschaft Bentheim
58 LK Leer
59 LK Oldenburg
60 LK Osnabrück
61 LK Vechta
62 LK Wesermarsch
63 LK Wittmund
64 SK Bremen
65 SK Bremerhaven
66 SK Düsseldorf
67 SK Duisburg
68 SK Essen
69 SK Krefeld
70 SK Mönchengladbach
71 SK Mülheim a.d.Ruhr
72 SK Oberhausen
73 SK Remscheid
74 SK Solingen
75 SK Wuppertal
76 LK Kleve
77 LK Mettmann
78 LK Neuss
79 LK Viersen
80 LK Wesel
81 SK Aachen
82 SK Bonn
83 SK Köln
84 SK Leverkusen
85 LK Aachen
86 LK Düren
87 LK Erftkreis
88 LK Euskirchen
89 LK Heinsberg
90 LK Oberbergischer Kreis
91 LK Rheinisch-Bergischer Kreis
92 LK Rhein-Sieg-Kreis
93 SK Bottrop
94 SK Gelsenkirchen
95 SK Münster
96 LK Borken
97 LK Coesfeld
98 LK Recklinghausen
99 LK Steinfurt
100 LK Warendorf
101 SK Bielefeld
102 LK Gütersloh
103 LK Herford
104 LK Höxter
105 LK Lippe
106 LK Minden-Lübbecke
107 LK Paderborn
108 SK Bochum
109 SK Dortmund
110 SK Hagen
111 SK Hamm
112 SK Herne
113 LK Ennepe-Ruhr-Kreis
114 LK Hochsauerlandkreis
115 LK Märkischer Kreis
116 LK Olpe
117 LK Siegen-Wittgenstein
118 LK Soest
119 LK Unna
120 SK Darmstadt
121 SK Frankfurt am Main
122 SK Offenbach
123 SK Wiesbaden
124 LK Bergstraße
125 LK Darmstadt-Dieburg
126 LK Groß-Gerau
127 LK Hochtaunuskreis
128 LK Main-Kinzig-Kreis
129 LK Main-Taunus-Kreis
130 LK Odenwaldkreis
131 LK Offenbach
132 LK Rheingau-Taunus-Kreis
133 LK Wetteraukreis
134 LK Gießen
135 LK Lahn-Dill-Kreis
136 LK Limburg-Weilburg
137 LK Marburg-Biedenkopf
138 LK Vogelsbergkreis
139 SK Kassel
140 LK Fulda
141 LK Hersfeld-Rotenburg
142 LK Kassel
143 LK Schwalm-Eder-Kreis
144 LK Waldeck-Frankenberg
145 LK Werra-Meißner-Kreis
146 SK Koblenz
147 LK Ahrweiler
148 LK Altenkirchen
149 LK Bad Kreuznach
150 LK Birkenfeld
151 LK Cochem-Zell
152 LK Mayen-Koblenz
153 LK Neuwied
154 LK Rhein-Hunsrück-Kreis
155 LK Rhein-Lahn-Kreis
156 LK Westerwaldkreis
157 SK Trier
158 LK Bernkastel-Wittlich
159 LK Bitburg-Prüm
160 LK Daun
161 LK Trier-Saarburg
162 SK Frankenthal

Anhang G: Schlüssel und Bezeichnungen der Kreise und kreisfreien Städte (Fortsetzung)

163	SK Kaiserslautern
164	SK Landau i.d.Pfalz
165	SK Ludwigshafen
166	SK Mainz
167	SK Neustadt a.d.Weinstraße
168	SK Pirmasens
169	SK Speyer
170	SK Worms
171	SK Zweibrücken
172	LK Alzey-Worms
173	LK Bad Dürkheim
174	LK Donnersbergkreis
175	LK Germersheim
176	LK Kaiserslautern
177	LK Kusel
178	LK Südliche Weinstraße
179	LK Ludwigshafen
180	LK Mainz-Bingen
181	LK Südwestpfalz
182	SK Stuttgart
183	LK Böblingen
184	LK Esslingen
185	LK Göppingen
186	LK Ludwigsburg
187	LK Rems-Murr-Kreis
188	SK Heilbronn
189	LK Heilbronn
190	LK Hohenlohekreis
191	LK Schwäbisch Hall
192	LK Main-Tauber-Kreis
193	LK Heidenheim
194	LK Ostalbkreis
195	SK Baden-Baden
196	SK Karlsruhe
197	LK Karlsruhe
198	LK Rastatt
199	SK Heidelberg
200	SK Mannheim
201	LK Neckar-Odenwald-Kreis
202	LK Rhein-Neckar-Kreis
203	SK Pforzheim
204	LK Calw
205	LK Enzkreis
206	LK Freudenstadt
207	SK Freiburg i.Breisgau
208	LK Breisgau-Hochschwarzwald
209	LK Emmendingen
210	LK Ortenaukreis
211	LK Rottweil
212	LK Schwarzwald-Baar-Kreis
213	LK Tuttlingen
214	LK Konstanz
215	LK Lörrach
216	LK Waldshut
217	LK Reutlingen
218	LK Tübingen
219	LK Zollernalbkreis
220	SK Ulm
221	LK Alb-Donau-Kreis
222	LK Biberach
223	LK Bodenseekreis
224	LK Ravensburg
225	LK Sigmaringen
226	SK Ingolstadt
227	SK München
228	SK Rosenheim
229	LK Altötting
230	LK Berchtesgadener Land
231	LK Bad Tölz-Wolfratshausen
232	LK Dachau
233	LK Ebersberg
234	LK Eichstätt
235	LK Erding
236	LK Freising
237	LK Fürstenfeldbruck
238	LK Garmisch-Partenkirchen
239	LK Landsberg a.Lech
240	LK Miesbach
241	LK Mühldorf a.Inn
242	LK München
243	LK Neuburg-Schrobenhausen
244	LK Pfaffenhofen a.d.Ilm
245	LK Rosenheim
246	LK Starnberg
247	LK Traunstein
248	LK Weilheim-Schongau
249	SK Landshut
250	SK Passau
251	SK Straubing
252	LK Deggendorf
253	LK Freyung-Grafenau
254	LK Kelheim
255	LK Landshut
256	LK Passau
257	LK Regen
258	LK Rottal-Inn
259	LK Straubing-Bogen
260	LK Dingolfing-Landau
261	SK Amberg
262	SK Regensburg
263	SK Weiden i.d.OPf.
264	LK Amberg-Sulzbach
265	LK Cham
266	LK Neumarkt i.d.OPf.
267	LK Neustadt a.d.Waldnaab
268	LK Regensburg
269	LK Schwandorf
270	LK Tirschenreuth
271	SK Bamberg
272	SK Bayreuth
273	SK Coburg
274	SK Hof
275	LK Bamberg
276	LK Bayreuth
277	LK Coburg
278	LK Forchheim
279	LK Hof
280	LK Kronach
281	LK Kulmbach
282	LK Lichtenfels
283	LK Wunsiedel i.Fichtelgebirge
284	SK Ansbach
285	SK Erlangen
286	SK Fürth
287	SK Nürnberg
288	SK Schwabach
289	LK Ansbach
290	LK Erlangen-Höchstadt
291	LK Fürth
292	LK Nürnberger Land
293	LK Neustadt/Aisch-Bad Windsh.
294	LK Roth
295	LK Weißenburg-Gunzenhausen
296	SK Aschaffenburg
297	SK Schweinfurt
298	SK Würzburg
299	LK Aschaffenburg
300	LK Bad Kissingen
301	LK Rhön-Grabfeld
302	LK Haßberge
303	LK Kitzingen
304	LK Miltenberg
305	LK Main-Spessart
306	LK Schweinfurt
307	LK Würzburg
308	SK Augsburg
309	SK Kaufbeuren
310	SK Kempten
311	SK Memmingen
312	LK Aichach-Friedberg
313	LK Augsburg
314	LK Dillingen a.d.Donau
315	LK Günzburg
316	LK Neu-Ulm
317	LK Lindau
318	LK Ostallgäu
319	LK Unterallgäu
320	LK Donau-Ries
321	LK Oberallgäu
322	LK Stadtverband Saarbrücken
323	LK Merzig-Wadern
324	LK Neunkirchen

Anhang G: Schlüssel und Bezeichnungen der Kreise und kreisfreien Städte (Fortsetzung)

325	LK Saarlouis
326	LK Saar-Pfalz-Kreis
327	LK Sankt Wendel
328	SK Berlin
329	SK Brandenburg a.d.Havel
330	SK Cottbus
331	SK Frankfurt (Oder)
332	SK Potsdam
333	LK Barnim
334	LK Dahme-Spreewald
335	LK Elbe-Elster
336	LK Havelland
337	LK Märkisch-Oderland
338	LK Oberhavel
339	LK Oberspreewald-Lausitz
340	LK Oder-Spree
341	LK Ostprignitz-Ruppin
342	LK Potsdam-Mittelmark
343	LK Prignitz
344	LK Spree-Neiße
345	LK Teltow-Fläming
346	LK Uckermark
347	SK Greifswald
348	SK Neubrandenburg
349	SK Rostock
350	SK Schwerin
351	SK Stralsund
352	SK Wismar
353	LK Bad Doberan
354	LK Demmin
355	LK Güstrow
356	LK Ludwigslust
357	LK Mecklenburg-Strelitz
358	LK Müritz
359	LK Nordvorpommern
360	LK Nordwestmecklenburg
361	LK Ostvorpommern
362	LK Parchim
363	LK Rügen
364	LK Uecker-Randow
365	SK Chemnitz
366	SK Plauen
367	SK Zwickau
368	LK Annaberg
369	LK Chemnitzer Land
370	LK Freiberg
371	LK Vogtlandkreis
372	LK Mittlerer Erzgebirgskreis
373	LK Mittweida
374	LK Stollberg
375	LK Aue-Schwarzenberg
376	LK Zwickauer Land
377	SK Dresden
378	SK Görlitz
379	SK Hoyerswerda
380	LK Bautzen
381	LK Meißen
382	LK Niederschles. Oberlausitzkr.
383	LK Riesa-Großenhain
384	LK Löbau-Zittau
385	LK Sächsische Schweiz
386	LK Weißeritzkreis
387	LK Kamenz
388	SK Leipzig
389	LK Delitzsch
390	LK Döbeln
391	LK Leipziger Land
392	LK Muldentalkreis
393	LK Torgau-Oschatz
394	SK Dessau
395	LK Anhalt-Zerbst
396	LK Bernburg
397	LK Bitterfeld
398	LK Köthen
399	LK Wittenberg
400	SK Halle (Saale)
401	LK Burgenlandkreis
402	LK Mansfelder Land
403	LK Merseburg-Querfurt
404	LK Saalkreis
405	LK Sangerhausen
406	LK Weißenfels
407	SK Magdeburg
408	LK Aschersleben-Staßfurt
409	LK Bördekreis
410	LK Halberstadt
411	LK Jerichower Land
412	LK Ohre-Kreis
413	LK Stendal
414	LK Quedlinburg
415	LK Schönebeck
416	LK Wernigerode
417	LK Altmarkkreis Salzwedel
418	SK Erfurt
419	SK Gera
420	SK Jena
421	SK Suhl
422	SK Weimar
423	SK Eisenach
424	LK Eichsfeld
425	LK Nordhausen
426	LK Wartburgkreis
427	LK Unstrut-Hainich-Kreis
428	LK Kyffhäuserkreis
429	LK Schmalkalden-Meiningen
430	LK Gotha
431	LK Sömmerda
432	LK Hildburghausen
433	LK Ilm-Kreis
434	LK Weimarer Land
435	LK Sonneberg
436	LK Saalfeld-Rudolstadt
437	LK Saale-Holzland-Kreis
438	LK Saale-Orla-Kreis
439	LK Greiz
440	LK Altenburger Land

LK: Landkreis
SK: Stadtkreis

Anhang H: Fragebogen

Universität zu Köln

Deutsche Forschungsgemeinschaft DFG

Expertenbefragung

zu

Determinanten der räumlichen Ballung deutscher Industriebranchen

Forschungsprojekt der Universität zu Köln

gefördert von der Deutschen Forschungsgemeinschaft (DFG)

UNIVERSITÄT ZU KÖLN
Wirtschafts- und Sozialgeographisches Institut
Prof. Dr. Rolf Sternberg, Diplom-Volkswirt Timo Litzenberger
Albertus-Magnus-Platz
50923 Köln

Telefon: 0221/470-5845 oder -2372
Epost: Litzenberger@wiso.uni-koeln.de
http://www.wiso.uni-koeln.de/wigeo/

Anhang H: Fragebogen (Fortsetzung)

Anleitung zur Bearbeitung des Fragebogens

Sehr geehrte Teilnehmerin, sehr geehrter Teilnehmer,

zunächst möchten wir Ihnen für Ihre Bereitschaft zur Mitarbeit an diesem Forschungsprojekt herzlich danken. Die Bearbeitung des Fragebogens wird nicht länger als 20 Minuten in Anspruch nehmen.

Bitte orientieren Sie sich bei der Beantwortung der Fragen immer an der folgenden Branchendefinition, die der Klassifikation der Wirtschaftszweige (WZ 93) des Statistischen Bundesamtes entspricht:

[An dieser Stelle ist in den versendeten Fragebogen eine Beschreibung der jeweiligen Branche XXX nach der Einteilung der WZ 1993 bzw. der WS 1973 zu finden]

Im Blickpunkt dieses Fragebogens stehen also Angaben zu den *Herstellerunternehmen* der Branche und nicht zum Handel.

Es ist uns durchaus bewusst, dass bei einigen Fragen eine differenzierte Betrachtung nach den einzelnen Teilbereichen Ihrer Branche angemessen wäre. Trotzdem möchten wir Sie als Experten für die Branche [XXX] bitten, o. g. Teilbereiche gedanklich zusammenzufassen und *für die Branche allgemein gültige Antworten* zu geben, um so den *Industriezweig als Ganzes* zu beschreiben.

Auch wenn Sie nicht alle Fragen beantworten können, schicken Sie uns bitte den bearbeiteten Fragebogen im beiliegenden Freiumschlag zurück. Für Fragen und Anmerkungen stehen wir Ihnen natürlich jederzeit gerne zur Verfügung.

Nochmals vielen Dank für Ihre Mitarbeit!

MUSTER
Timo Litzenberger

MUSTER
Prof. Rolf Sternberg

Der nachfolgende Fragebogen wird in gleicher Form zur Erfassung der Eigenschaften von insgesamt zehn Branchen des Verarbeitenden Gewerbes verwandt. Aus Gründen der Vergleichbarkeit können die Frage- und Antwortformulierungen nicht auf die Besonderheiten der individuellen Branchen eingehen.

Anhang H: Fragebogen (Fortsetzung)

-alle Angaben werden streng vertraulich behandelt-

A. Fragen zur Marksituation für die Herstellerunternehmen in Deutschland

A1 **Bitte beurteilen Sie folgende Aussagen bzgl. der Größenstruktur der *Hersteller-unternehmen* in Ihrer Branche in Deutschland:**

	stimmt	stimmt nicht	weiß nicht
Die Branche wird von wenigen Großunternehmen mit mehr als 500 Beschäftigten dominiert	□	□	□
Die Branche ist vor allem von mittelständischen Unternehmen mit 50 bis 500 Beschäftigten geprägt	□	□	□
Die Branche ist durch viele Kleinunternehmen mit weniger als 50 Beschäftigten gekennzeichnet	□	□	□

A2 **Führen Ihrer Meinung nach Preisänderungen eines *einzelnen, durchschnittlich großen* Herstellerunternehmens in Ihrer Branche im Allgemeinen zu Preisreaktionen bei den Konkurrenzunternehmen?**

□ ja □ weiß nicht
□ nein

A3 **Beurteilen Sie den Preissetzungsspielraum eines *einzelnen, durchschnittlich großen* Herstellerunternehmens in Ihrer Branche als...**

hoch	eher hoch	durchschnittlich	eher gering	gering	
1	2	3	4	5	weiß nicht
□	□	□	□	□	□

A4 **Um ungefähr wie viel Prozent würde Ihrer Meinung nach die abgesetzte Produktmenge eines durchschnittlichen Herstellerunternehmens in Deutschland sinken, wenn es die Preise um 10% anhebt?**
Bitte schätzen Sie und umkreisen Sie den Prozentwert entsprechend:

0% 10% 20% 30% 40% 50% 60% 70% 80% 90% 100%

□ die Produktmenge steigt □ weiß nicht

A5 **Um ungefähr wie viel Prozent würde Ihrer Meinung nach die abgesetzte Produktmenge eines durchschnittlichen Herstellerunternehmens in Deutschland steigen, wenn es die Preise um 10% senkt?**
Bitte schätzen Sie und umkreisen Sie den Prozentwert entsprechend:

0% 10% 20% 30% 40% 50% 60% 70% 80% 90% 100%

□ die Produktmenge sinkt □ weiß nicht

Anhang H: Fragebogen (Fortsetzung)

- alle Angaben werden **streng vertraulich** behandelt -

B. Fragen zu den Arbeitskräften der Herstellerunternehmen in Deutschland

B1 **Wie schätzen sie den jeweiligen Anteil der Arbeitskräfte differenziert nach deren Qualifikation in Ihrer Branche im Vergleich zum gesamten Verarbeitenden Gewerbe ein?**

	hoch 1	eher hoch 2	durch-schnitt-lich 3	eher gering 4	gering 5	weiß nicht
Anteil der Fachakademiker (mit branchennahem Hochschul- oder Ingenieursstudium)	□	□	□	□	□	□
Anteil der Facharbeiter (mit branchenspezifischer Berufsausbildung)	□	□	□	□	□	□
Anteil einfacher, angelernter Arbeiter oder Angestellter (ohne branchenspezifischen Ausbildungsberuf)	□	□	□	□	□	□

B2 **Wie bewerten Sie die Möglichkeit, ein Mangel an Facharbeitern in Ihrer Branche mit branchenfremden Facharbeitern auszugleichen?**

sehr leicht möglich 1	leicht möglich 2	weder noch 3	schwierig 4	sehr schwierig 5	weiß nicht
□	□	□	□	□	□

B3 **Welcher Umstand bzw. kann einer Anwerbung branchenfremder Facharbeiter entgegen stehen?**

____

____

□ weiß nicht

B4 **Wie lang ist in etwa die Einarbeitungszeit für einen branchenfremden *Facharbeiter* ?**

□ kürzer als eine Woche
□ 1 bis 4 Wochen
□ 1 bis 2 Monate
□ weiß nicht
□ 3 bis 6 Monate
□ 6 bis 12 Monate
□ länger als 12 Monate

B5 **Wie bewerten Sie die Möglichkeit, einen Arbeitskräftemangel mit branchennahen Facharbeitern aus anderen Regionen Deutschlands auszugleichen?**

sehr leicht möglich 1	leicht möglich 2	weder noch 3	schwierig 4	sehr schwierig 5	weiß nicht
□	□	□	□	□	□

Anhang H: Fragebogen (Fortsetzung)

- alle Angaben werden streng vertraulich behandelt -

B6 **Unter welchen Voraussetzungen sind Ihrer Meinung nach branchennahe Fachkräfte und Facharbeiter zum Umzug bereit?**

____

____

□ weiß nicht

C. Fragen zur Kostenstruktur der Herstellerunternehmen in Deutschland

C1 Bitte schätzen Sie:
Wie hoch sind Ihrer Meinung nach die durchschnittlichen Investitionen zur Schaffung eines Arbeitsplatzes bei der Neugründung eines Herstellerbetriebes in Ihrer Branche?

____________________ **Euro (€)** □ weiß nicht

C2 **Eine durchschnittliche Kapazitätsauslastung vorausgesetzt: Um wie viel Prozent steigen in etwa die Gesamtkosten bei einer Erhöhung der Produktion um 10%?**
Bitte schätzen Sie und umkreisen Sie den Prozentwert entsprechend:

0% 10% 20% 30% 40% 50% 60% 70% 80% 90% 100%

□ die Gesamtkosten sinken □ weiß nicht

C3 Fixe Kosten sind Kosten, die unabhängig von der Produktionsmenge anfallen. Dies sind vor allem Gebäude- oder Verwaltungskosten. Variable Kosten dagegen schwanken mit dem Produktionsvolumen, wie z.B. Material, Lohn- und Energiekosten.

Nehmen wir an, die gesamten Fixkosten eines durchschnittlichen Herstellerunternehmens in Ihrer Branche belaufen sich auf 100€. Wie hoch schätzen Sie dann in die gesamten variablen Kosten ein?

Variable Kosten: ca.____________ € (bei 100 € Fixkosten) □ weiß nicht

D. Fragen zu den Transportkosten der Herstellerunternehmen in Deutschland

D1 **Welche der folgenden Nachfrager werden von den Herstellerunternehmen Ihrer Branche in Deutschland *direkt* (d.h. ohne Zwischenhändler) beliefert?**
(mehrere Antworten möglich)

□ Einzelhandel
□ Industrieunternehmen/ Verarbeitendes Gewerbe
□ Großhandel
□ Staatliche Stellen
□ Endverbraucher (Konsumenten)
□ *Sonstige* (bitte nennen): ____________________

Anhang H: Fragebogen (Fortsetzung)

- alle Angaben werden **streng vertraulich** behandelt -

D2 Die Höhe der Transportkosten wird von verschiedenen Kostentreibern wie z.B. von einem ungünstigen Verhältnis von Volumen oder Gewicht zum Warenwert, von Sicherheitsbestimmungen, Verpackungsaufwand, Versicherungskosten sowie Informations- und Kommunikationskosten bestimmt.

Bitte nennen Sie den größten Kostentreiber beim Warentransport innerhalb Deutschlands in Ihrer Branche:

____

□ weiß nicht

D3 **Wie beurteilen Sie den Aufwand zur Verschickung der Produkte Ihrer Branche innerhalb Deutschlands im Vergleich zum gesamten Verarbeitenden Gewerbe?**

sehr hoch 1	hoch 2	durch-schnittlich 3	gering 4	sehr gering 5	weiß nicht
□	□	□	□	□	□

D4 **Auf wie viel Prozent des durchschnittlichen Herstellerabgabepreises belaufen sich Ihrer Meinung nach die Transportkosten innerhalb Deutschlands ab Werk?**
Bitte schätzen Sie und umkreisen Sie den Prozentwert entsprechend:

0% 10% 20% 30% 40% 50% 60% 70% 80% 90% 100%

□ über 100% □ weiß nicht

D5 **Auf wie viel Prozent des durchschnittlichen Herstellerabgabepreises belaufen sich Ihrer Meinung nach die Transportkosten innerhalb der Eurozone (außerhalb Deutschlands) ab Werk?**
Bitte schätzen Sie und umkreisen Sie den Prozentwert entsprechend:

0% 10% 20% 30% 40% 50% 60% 70% 80% 90% 100%

□ über 100% □ weiß nicht

D6 **Auf wie viel Prozent des durchschnittlichen Herstellerabgabepreises belaufen sich Ihrer Meinung nach die Transportkosten für den Rest der Welt (außerhalb der Eurozone) ab Werk?**
Beachten Sie bitte neben den Entfernungen auch Zölle und Einfuhrbestimmungen.
Bitte schätzen Sie und umkreisen Sie den Prozentwert entsprechend:

0% 10% 20% 30% 40% 50% 60% 70% 80% 90% 100%

□ über 100% □ weiß nicht

 4

Anhang H: Fragebogen (Fortsetzung)

- alle Angaben werden **streng vertraulich** behandelt -

E. Fragen zur Wertschöpfungskette der Herstellerunternehmen in Deutschland

E1 Wie viel Prozent der brancheneigenen Wertschöpfungskette (vom branchenspezifischen Vorprodukt bis zum Endprodukt) deckt ein einzelnes Herstellerunternehmen *maximal* ab?
Bitte schätzen Sie und umkreisen Sie den Prozentwert entsprechend:

0% 10% 20% 30% 40% 50% 60% 70% 80% 90% 100%

□ weiß nicht

E2 Wie viele Herstellerunternehmen sind *durchschnittlich* am Wertschöpfungsprozess innerhalb Ihrer Branche beteiligt?

□ 1
□ 2 bis 5
□ 6 bis 10
□ 11 bis 20
□ 21 bis 50
□ mehr als 50

□ weiß nicht

F. Fragen zu den Standortfaktoren für Herstellerunternehmen in Deutschland

F1 Wie wichtig schätzen Sie folgende Gegebenheiten eines Standortes in Deutschland für die Gründung eines Unternehmens in Ihrer Branche ein?

	sehr wichtig 1	wichtig 2	durchschnittlich 3	unwichtig 4	sehr unwichtig 5	weiß nicht
Nähe zu Zulieferbetrieben	□	□	□	□	□	□
Nähe zum Absatzmarkt/Kunden	□	□	□	□	□	□
Nähe zu Unternehmen aus der gleichen Branche	□	□	□	□	□	□
Verfügbarkeit von Verkehrs- bzw. Transportinfrastruktur	□	□	□	□	□	□
Nähe zu politischen Institutionen und Behörden	□	□	□	□	□	□
Verfügbarkeit von Subventionen und Fördermitteln	□	□	□	□	□	□
Verfügbarkeit günstiger Büro- und Gewerbeflächen	□	□	□	□	□	□
Nähe zu Universitäten und Forschungseinrichtungen	□	□	□	□	□	□
Verfügbarkeit von Fachpersonal	□	□	□	□	□	□
Nähe zu natürlichen Rohstoffen und Ressourcen	□	□	□	□	□	□

Sonstiges (bitte nennen): ____________________

Anhang H: Fragebogen (Fortsetzung)

- alle Angaben werden **streng vertraulich** behandelt -

F. Fragen zu Ihrer Person als Experte

G1 Geschlecht:

☐ männlich ☐ weiblich

G2 Geben Sie bitte Ihre Ausbildungsabschlüsse an:
(Mehrere Angaben möglich)

☐ Ausbildung oder Lehre
☐ Hochschul- oder Fachhochschulabschluss
☐ Meisterprüfung
☐ Promotion
☐ Sonstiger Abschluss (bitte angeben): ____________________

G3 Ausbildungsfach bzw. Studienrichtung:
(z.B. Ingenieurwissenschaften, Jura, BWL, VWL, etc.)

____

G4 Welche Position bzw. Funktion haben Sie derzeit inne?

____

G5 Seit wie vielen Jahren arbeiten Sie bereits in Ihrer Branche?

seit ____________ Jahren

G6 In welchem deutschen Bundesland haben Sie hauptsächlich ihre Branchenerfahrungen gesammelt?
(max. 2 Antworten)

____

☐ Ich habe meine Branchenerfahrungen hauptsächlich im Ausland gesammelt

G7 Wären Sie bereit, in ca. sechs Monaten an einer erneuten Befragung teilzunehmen, bei der Ihnen dann auch die Ergebnisse dieser Befragung präsentiert werden?

☐ ja ☐ nein

Vielen Dank für Ihre Unterstützung!

Benutzen Sie bitte für die Rücksendung den beigelegten Freiumschlag und senden Sie den ausgefüllten Fragebogen möglichst innerhalb der nächsten zwei Wochen an die Universität Köln zurück.

- FB-Nr. (zur Rücklaufkontrolle) -

Anhang I: Verortung des Rücklaufs der Fragebogen und der Experteninterviews

Legende

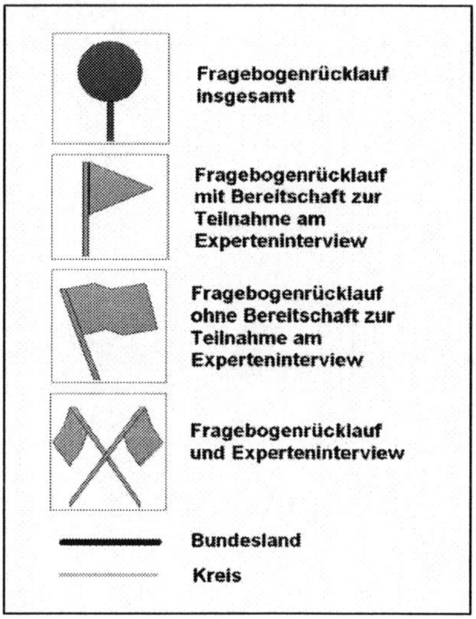

Alle Branchen

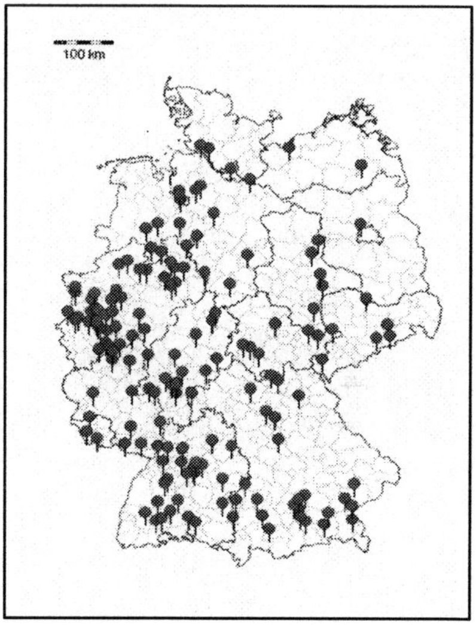

Herstellung von Schuhen (WZ93: DC193)

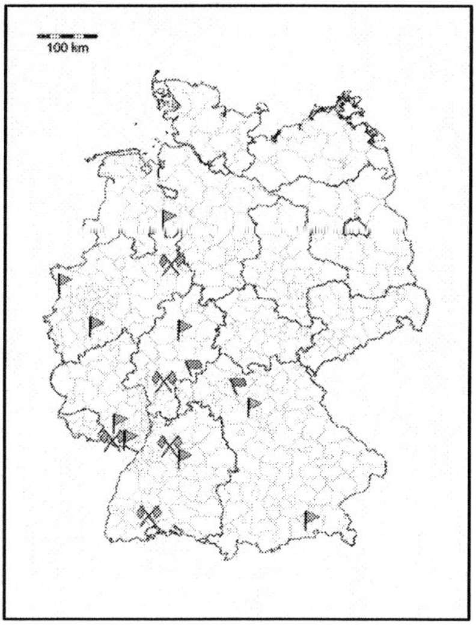

Herstellung von Uhren (WZ93: DL335)

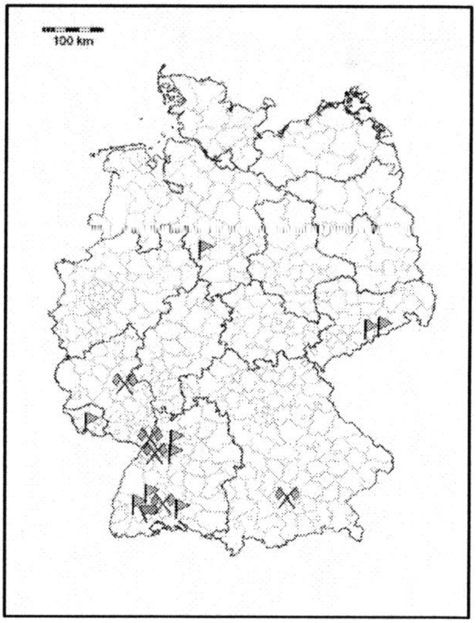

Anhang I: Verortung des Rücklaufs der Fragebogen und der Experteninterviews (Fortsetzung)

Herstellung von chemischen Grundstoffen (WZ93: DG241)

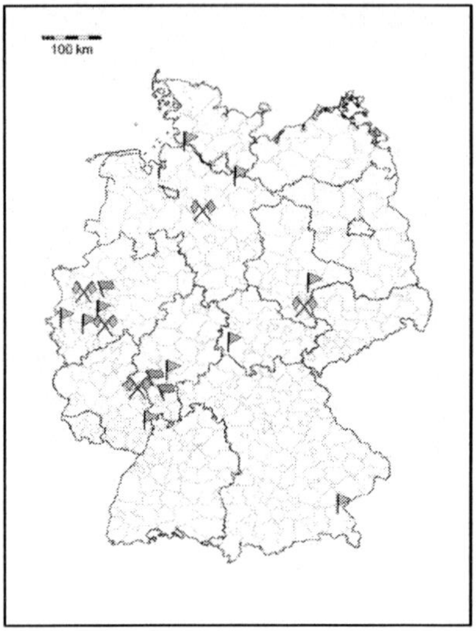

Herstellung von KFZ und Motoren (WZ93: DM341)

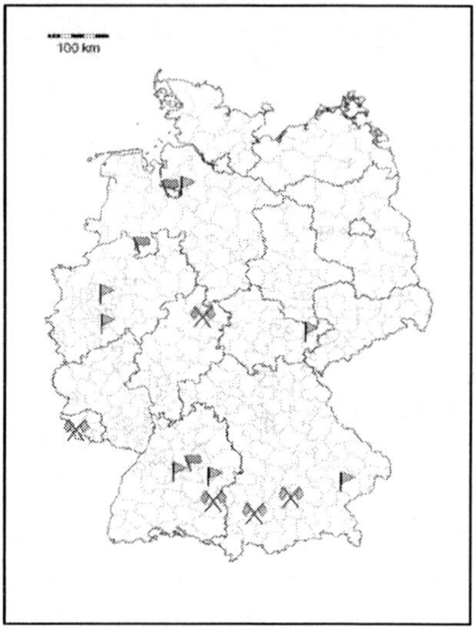

Herstellung von Möbeln (WZ93: DN361)

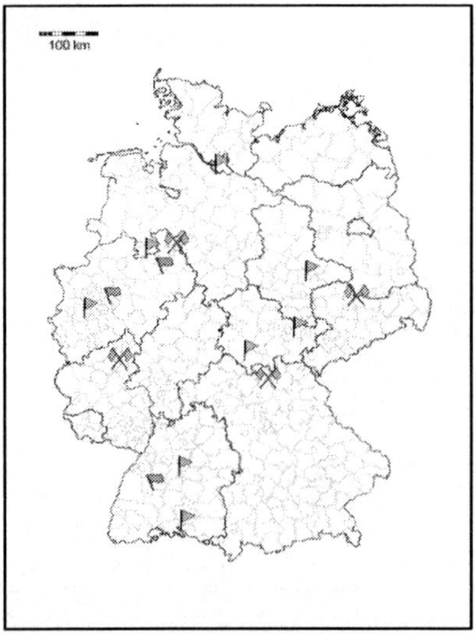

Herstellung von Konstruktionsteilen aus Holz (WZ93: DD203)

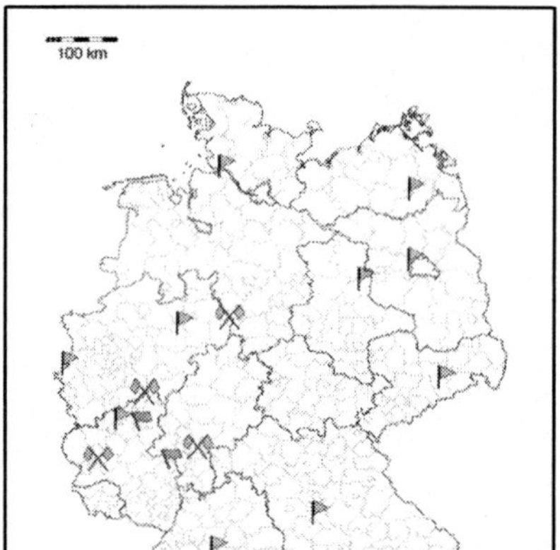

Anhang I: Verortung des Rücklaufs der Fragebogen und der Experteninterviews (Fortsetzung)

Stahl- und Leichtmetallbau (WZ93: DJ281)

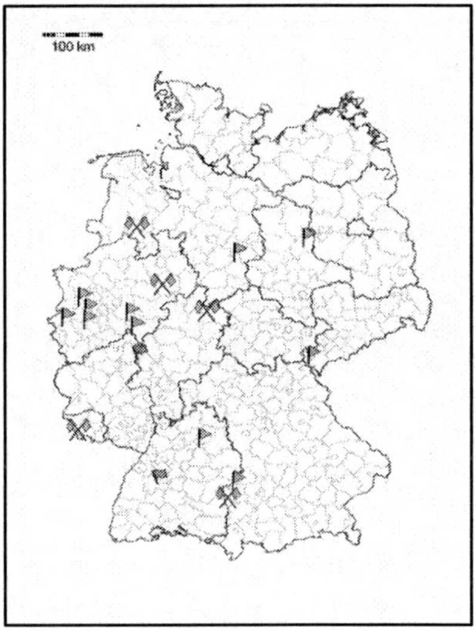

Schlachten und Fleischverarbeitung (WZ93: DA151)

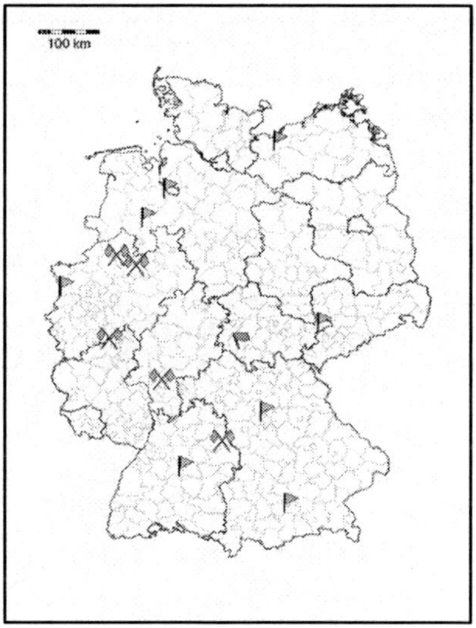

Molkerei und Käserei (WS73: 542)

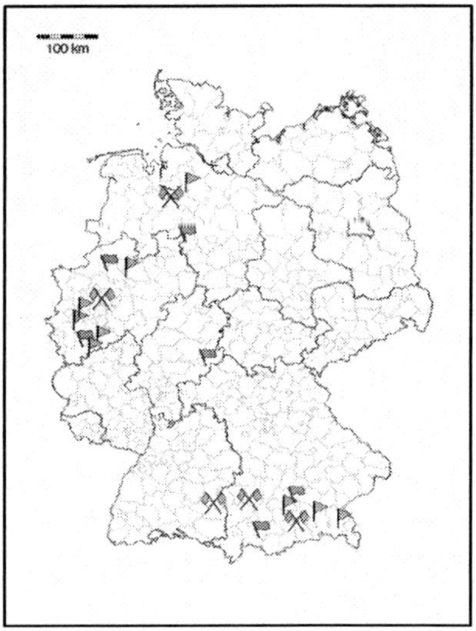

Herstellung und Reparatur von Büromaschinen (WS73: 331)

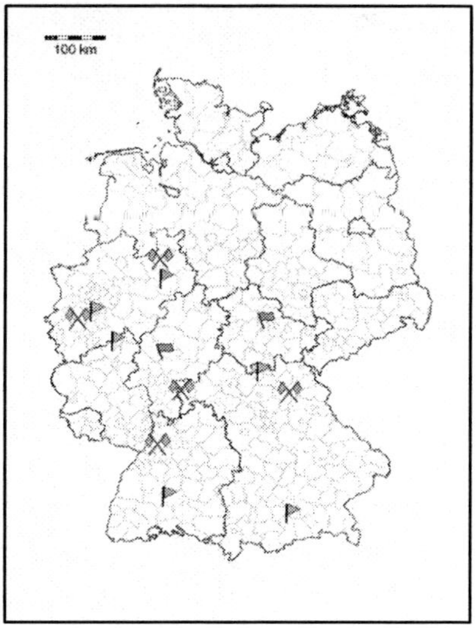

Anhang J: Parameter der exogenen Modellvariablen

Dreisteller	Branchenbezeichnung	σ	(α/βx)+1	T-1 in %	π in %	μ in %	η	reg. Mobil.
2002								
DC193 (WZ93)	H. von Schuhen	2,0	1,055	5,9		3,5	28,8	gering
DL335 (WZ93)	H. von Uhren	1,0	1,151	6,7		10,0	2,0	gering
DG241 (WZ93)	H. chem. Grundst.	2,7	1,117	9,3		17,5	1,0	gering
DM341 (WZ93)	H. Kfz u. Motoren	1,9	1,012	5,3		13,3	1,9	mittel
542 (WS73)	Molkerei	2,9	1,052	8,3	33,4	22,8	5,1	gering
331 (WS73)	Hst./Rep.v.Bueromaschinen	1,6	1,023	15,8		1,0	2,6	mittel
DN361 (WZ93)	H. Möbeln	2,0	1,041	7,7		3,1	8,2	gering
DD203 (WZ93)	H. Konstruktionsteilen aus Holz	2,3	1,038	23,2		6,2	4,3	gering
DJ281 (WZ93)	Stahl- und Leichtmetallbau	4,1	1,067	13,3		8,4	2,1	mittel
DA151 (WZ93)	Schlachten u. Fleischverarbeitung	3,3	1,057	8,9		27,1	8,9	gering
Mittelwert		*2,4*	*1,061*	*10,4*	*33,4*	*11,3*	*6,5*	–
1987								
542 (WS73)	Molkerei	2,3	1,033	8,3	30,1	17,4	9,2	Λ+
331 (WS73)	Hst./Rep.v.Bueromaschinen	1,5	1,051	10,0		6,2	3,2	Λ+

Λ+: Zunahme der regionalen Mobilität zwischen 1987 und 2002

LITERATURVERZEICHNIS

Aiginger, K.; Boeheim, M.; Gugler, K.; Pfaffermayer, M.; Wolfmayr-Schnitzer, Y. (1999): Specialisation and (Geographic) Concentration of European Manufacturing. 1999 Report. Arbeitspapier der Generaldirektion Unternehmen der Europäischen Kommission. Luxemburg: Amt für amtliche Veröffentlichungen der Europäischen Gemeinschaften.

Aiginger, K; Pfaffenmayr, M. (2004): The Single Market and Geographic Concentration in Europe. In: Review of International Economics, Jg. 12, H. 1, S. 1-11.

Alecke, B.; Alsleben, C.; Scharr, F.; Untiedt, G. (2004): New Empirical Evidence on the Geographic Concentration of German Industries: Do High-Tech Clusters Really Matter? In: University of Trollhättan/Uddevalla (Hrsg.): Uddevalla Symposium 2003: Entrepreneurship, Spatial Industrial Clusters and Inter-Firm Networks. Research Reports 04:01. University of Trollhättan/Uddevalla, S. 135-160.

Alonso, W. (1964): Location and Land Use. Cambridge, MA: Harvard University Press.

Amiti, M. (1997): Specialisation Patterns in Europe. CEP Discussion Paper, Nr. 363. London: Centre for Economic Performance (CEP).

Amiti, M. (1998): New Trade Theories and Industrial Location in the EU: A Survey of Evidence. In: Oxford Review of Economic Policy, Jg. 14, H. 2, S. 45-53.

Andaluz, J.; Lanaspa, L. F.; Sanz, F. (2002): Geographical Dynamics: A Sectoral Comparison between the Economic Landscapes of the United States and Europe. In: Regional Studies, Jg. 36, H. 4, S. 321-332.

Anderson, F.; Forslid, R. (1999): Tax Competition and Economic Geography. CEPR Discussion Paper, Nr. 2220. London: Centre for Economic Policy Research (CEPR).

Asilis, C. M.; Rivera-Batiz, L. A. (1994): Geography, Trade Patterns, and Economic Policy. IMF Working Paper Nr. 94/16. Washington, DC: International Monetary Fund (IMF).

Bade, F.-J.; Niebuhr, A.; Schönert, M. (2000): Spatial Structural Change – Evidence and Prospects. HWWA Discussion Paper, Nr. 88. Hamburg: Hamburgisches Welt-Wirtschafts-Archiv (HWWA).

Bahrenberg, G.; Giese, E.; Nipper, J. (1999): Statistische Methoden in der Geographie. Band 1 – Univariate und bivariate Statistik. 4., überarbeitete Auflage. Stuttgart pp.: Teubner.

Baldwin, R. E. (1999): Agglomeration and Endogenous Capital. In: European Economic Review, Jg. 43, H. 2, S. 253-280.

Baldwin, R. E.; Forslid, R.; Haaland, J. I.; Midelfart Knarvik, K. H. (2000): EU Integration and Outsiders. A Simulation of Industrial Location. NHH Discussion Papers Nr. 2/2000. Bergen: Norges Handelshöyskole (NHH).

Baldwin, R. E.; Forslid, R.; Martin, P.; Ottaviano, G. I. P.; Robert-Nicoud, F. (2003): Economic Geography and Public Policy. Princeton, NJ: Princeton Univerity Press.

Baldwin, R. E.; Krugman, P. (2002): Agglomeration, Integration and Tax Harmonization. NBER Working Paper, Nr. 9290. Cambridge, MA: National Bureau of Economic Research (NBER).

Baptista, R. (1998): Clusters, Innovation and Growth: A Survey of the Literature. In: Swann, P. G. M. et al. (Hrsg.): The Dynamics of Industrial Clustering, International Comparisons in Computing and Biotechnology. Oxford pp.: Oxford University Press, S. 13-51.

Barro, R. J. (1990): Government Spending in a Simple Model of Endogenous Growth. In: Journal of Political Economy, Jg. 98, H. 5 (2), S. 103-125.

Barro, R. J.; Sala-i-Martin, X. (1998): Wirtschaftswachstum. Wolls Lehr- und Handbücher der Wirtschafts- und Sozialwissenschaften. München: R. Oldenbourg Verlag.

Bathelt, H; Glückler, J. (2003): Wirtschaftsgeographie, Ökonomische Beziehungen in räumlicher Perspektive. 2. Auflage. Stuttgart: Eugen Ulmer.

BDI, Bundesverband der Deutschen Industrie (Hrsg.) (2004): Sachon-BDI-Einkaufsführer: Die deutsche Industrie. Online im Internet: www.sachon-diedeutscheindustrie.de/cl/sid.php?f_lang=deu [Stand: 01.03.2004].

Békés, G. (2004): Location of Manufacturing FDI in Hungary: How Important are Business-to-business Relationships? Auf der HWWA-Konferenz "New Economic Geography – Closing the Gap between Theory and Empirics" vom 14.-15. Oktober 2004 präsentiertes Arbeitspapier. Online im Internet: www.hwwa.de/Projekte/Forsch_Schwerpunkte/FS/EI/NEG/Bekes1.pdf [Stand: 15.08.2005].

Bellmann, L.; Harhoff, D.; Schulz, N. (1997): Zur Analyse von Gründungen und Schließungen auf Grundlage der Beschäftigtenstatistik. Discussion Papers FS IV 97-46. Berlin: Wissenschaftszentrum für Sozialforschung.

Bergman, E.; Feser, E. J. (1999): Industrial and Regional Clusters: Concepts and Comparative Applications. The Web Book of Regional Science. Online im Internet: www.rri.edu/WebBook/Bergman-Feser/contents.htm [Stand: 08.06.2005].

Bergman, E.; Feser, E. J. (2000): National Industry Cluster Templates: A Framework for Applied Regional Cluster Analysis. In: Regional Studies, Jg. 34, H. 1, S. 1-19.

Braczyk, H.-J.; Cooke, P; Heidenreich, M. (Hrsg.) (1998): Regional Innovation Systems – The Role of Governances in a Globalised World. London: UCL Press.

Brakman, S.; Garretsen, H. (2003): Rethinking the 'New' Geographical Economics. In: Regional Studies, Jg. 37, H. 6-7, S. 637-648.

Brakman, S.; Garretsen, H.; Gigengack, C.; van Marrewijk, C. V.; Wagenvoort, R. (1996): Negative Feedbacks in the Economy and Industrial Location. In: Journal of Regional Science, Jg. 36, H. 4, S. 631-652.

Brakman, S.; Garretsen, H.; Schramm, M. (2002): New Economic Geography in Germany: Testing the Helpman-Hanson Model. HWWA Discussion Paper, Nr. 172. Hamburg: Hamburgisches Welt-Wirtschafts-Archiv (HWWA).

Brakman, S.; Garretsen, H.; Schramm, M. (2005): Putting New Economic Geography to the Test: Freeness of Trade and Agglomeration in the EU Regions. CESifo Working Paper No. 1566. München: CESifo-Gruppe.

Brakman, S.; Garretsen, H.; van Marrewijk, C. V. (2001): An Introduction to Geographical Economics: Trade, Location and Growth. Cambridge University Press: Cambridge.

Braunerhjelm, P.; Borgman, B. (2004): Geographical Concentration, Entrepreneurship and Regional Growth: Evidence from Regional Data in Sweden, 1975-99. In: Regional Studies, Jg. 38, H. 8, S. 929-947.

Braunerhjelm, P; Johannson, D. (2003): The Determinants of Spatial Concentration: The Manufacturing and Service Sectors in an International Perspective. In: Industry and Innovation, Jg. 10, H. 1, S. 41-63.

Brewer, J.; Hunter, A. (1989): Multimethod Research: A Synthesis of Stiles. Newbury Park, CA: Sage.

Brixy, U. (1999): Die Betriebsdatei der Beschäftigtenstatistik der Bundesanstalt für Arbeit. In: Fritsch, M.; Grotz, R. (Hrsg.): Das Gründungsgeschehen in Deutschland – Darstellung und Vergleich der Datenquellen. Heidelberg: Physika, S. 55-77.

Bröcker, J. (1994): Die Lehren der neuen Wachstumstheorie für die Raumentwicklung und die Regionalpolitik. Konzepte zur Lösung regionaler Arbeitsmarktprobleme? In: Blien, U.; Herman, H.; Koller, M. (Hrsg.): Regionalentwicklung und regionale Arbeitsmarktpolitik. Konzepte zur Lösung regionaler Arbeitsmarktprobleme? Beiträge zur Arbeitsmarkt- und Berufsforschung, Bd. 184. Nürnberg: Institut für Arbeitsmarkt- und Berufsforschung (IAB), S. 30-50.

Bröcker, J. (2002): Schlussfolgerungen aus der Theorie endogenen Wachstums für eine ausgleichende Regionalpolitik. In: Raumforschung und Raumordnung, Jg. 2002, H. 3/4, S. 185-194.

Brülhart, M. (1998): Economic Geography, Industry Location and Trade: The Evidence. In: The World Economy, Jg. 21, H. 6, S. 775-801.

Brülhart, M.; Crozet, M.; Koenig, P. (2004): Enlargement and the EU Periphery: The Impact of Changing Market Potential. HWWA Discussion Paper, Nr. 270. Hamburg: Hamburgisches Welt-Wirtschafts-Archiv (HWWA).

Brülhart, M.; Traeger, R. (2003): An Account of Geographic Concentration Patterns in Europe. HWWA Discussion Paper, Nr. 226. Hamburg: Hamburgisches Welt-Wirtschafts-Archiv (HWWA).

Bühl, A.; Zöfel, P. (2005): SPSS 12. Einführung in die moderne Datenanalyse unter Windows. 9. Auflage. München: Pearson Studium.

Bundesamt für Bauwesen und Raumordnung (2002): Aktuelle Daten zur Entwicklung der Städte, Kreise und Gemeinden, Ausgabe 2002, Bd. 14. Bonn: Bundesamt für Bauwesen und Raumordnung.

Bundesamt für Bauwesen und Raumordnung (2005): INKAR – Indikatoren und Karten zur Raumentwicklung, Ausgabe 2004. CD-ROM. Bonn: Bundesamt für Bauwesen und Raumordnung.

Bundesanstalt für Arbeit (1990): Verzeichnis der Wirtschaftszweige für die Statistik der Bundesanstalt für Arbeit (BA), Unveränderter Nachdruck der Ausgabe 1973. Nürnberg: Bundesanstalt für Arbeit.

Bundesanstalt für Arbeit (2003a): Anzahl der Betriebe ab einem sozialversicherungspflichtig Beschäftigten nach Wirtschaftsklassen (WZ93) 1999-2002, Land- und Stadtkreise aggregiert. Unveröffentlichte Zahlen des Referates IIIb5, IIIb5 - 4217 (19).

Bundesanstalt für Arbeit (2003b): Sozialversicherungspflichtig Beschäftigte nach Wirtschaftsklassen (WZ93) 1999-2002, Land- und Stadtkreise aggregiert. Unveröffentlichte Zahlen des Referates IIIb5, IIIb5 - 4217 (19).

Bundesanstalt für Arbeit (2003c): Anzahl der Betriebe ab einem sozialversicherungspflichtig Beschäftigten nach Wirtschaftsklassen (WS73) 1999-2002, Land- und Stadtkreise des früheren Bundesgebietes aggregiert. Unveröffentlichte Zahlen des Referates IIIb5, IIIb5 - 4217 (19).

Bundesanstalt für Arbeit (2003d): Sozialversicherungspflichtig Beschäftigte nach Wirtschaftsklassen (WS73) 1987-2002, Land- und Stadtkreise des früheren Bundesgebietes aggregiert. Unveröffentlichte Zahlen des Referates IIIb5, IIIb5 - 4217 (19).

Bundesministerium für Verkehr, Bau und Stadtentwicklung (2005): Aufgaben des Bundesministeriums für Verkehr, Bau und Stadtentwicklung. Online im Internet: www.bmvbw.de/Das-Ministerium/-,1601/Aufgaben.htm [Stand: 22.12.2005].

Büttner, T. (1999): Agglomeration, Growth, and Adjustment – A Theoretical and Empirical Study of Regional Labor Markets in Germany. ZEW Economic Studies, Bd. 2. Heidelberg pp.: Physica-Verlag.

Camagni, R. (Hrsg.) (1991): Innovation Networks: Spatial Perspectives. London, New York: Belhaven

Chamberlin, E. H. (1933): Theory of Monopolistic Competition. A Reorientation of the Theory of Value. Cambridge, MA: Harvard University Press.

Christaller, W. (1933): Die zentralen Orte in Süddeutschland: eine ökonomisch-geographische Untersuchung über die Gesetzmässigkeit der Verbreitung und Entwicklung der Siedlungen mit städtischen Funktionen. Jena: G. Fischer.

Coenenberg, A. G. (1999): Kostenrechnung und Kostenanalyse. 4., aktualisierte Auflage. Landsberg am Lech: Moderne Industrie.

Cronon, W. (1991): Nature's Metropolis: Chicago and the Great West. New York: Norton.

Crozet, M.; Koenig P. (2005): The Cohesion vs Growth Tradeoff: Evidence from EU (1980-2000). Online im Internet: www.team.univ-paris1.fr/teamperso/crozet/tradeoff_July2005.pdf [Stand 19.10.2005].

Dannenberg, P.; Kinder, S. (2004): Branchencluster in der amtlichen Statistik Nordrhein-Westfalens. In: Petermanns Geographische Mitteilungen, Jg. 148, H. 4, S. 52-55.

Davis, D. R.; Weinstein D. E. (1996): Does Economic Geography Matter for International Specialisation? NBER Working Paper, Nr. 5706. Cambridge, MA: National Bureau of Economic Research (NBER).

Davis, D. R.; Weinstein, D. E. (1999): Economic Geography and Regional Production Structure: An Empirical Investigation. In: European Economic Review, Jg. 43, H. 2, S. 379-407.

Davis, D. R.; Weinstein, D. E. (2004): A Search for Multiple Equilibria in Urban Structure. NBER Working Paper, Nr. 10252. Cambridge, MA: National Bureau of Economic Research (NBER).

De Bruyne, K. (2002): The Location of Economic Activity. Is There a Spatial Employment Structure in Belgium? Arbeitspapier präsentiert auf dem CEPR Workshop with GIIS and NHH on The Economic Geography of Europe: Measuring, Testing and Policy Simulations, Januar 2003. Villars, Schweiz.

De Propris, L. (2005): Mapping Local Production Systems in the UK: Methodology and Application. In: Regional Studies, Jg. 39, H. 2, S. 197-211.

Defever, F. (2004): Functional Specialization and the Location of Multinational Firms in the Enlarged Europe. Auf der HWWA-Konferenz "New Economic Geography – Closing the Gap between Theory and Empirics" vom 14.-15. Oktober 2004 präsentiertes Arbeitspapier. Hamburg: Hamburgisches Welt-Wirtschafts-Archiv (HWWA).

Denzin, N. K. (1978): The Research Act: A Theoretical Introduction to Sociological Methods. 2. Auflage. New York: McGraw-Hill.

Deutsches Verbände Forum (2004): Das Portal der deutschen Verbände. Online im Internet: www.verbaende.com [Stand: 21.01.2004]

Devereux, M.; Griffith, R.; Simpson, H. (1999): The Geographic Distribution of Production Activity in the UK. IFS Working Paper W99/26. London: Institute for Fiscal Studies (IFS).

Dewhurst, J. H.; McCann, P. (2002): A Comparison of Measures of Industrial Specialization for Travel-to-work Areas in Great Britain, 1981-1997. In: Regional Studies, Jg. 36, H. 5, S. 541-551.

Diekmann, A. (1998): Empirische Sozialforschung. Grundlagen, Methoden, Anwendungen. 4. Auflage. Rowohlts Enzyklopädie. Hamburg: Rohwolt Taschenbuch Verlag.

Dixit, A. K.; Stiglitz, J. E. (1977): Monopolistic Competition and Optimum Product Diversity. In: The American Economic Review, Jg. 67, H. 3, S. 297-308.

Dohse, D.; Steude, S. C. (2003): Concentration, Coagglomeration and Spillovers, The Geography of New Market Firms in Germany. 43rd European Congress of the Regional Science Association, ERSA conference papers, Nr. 230. Wien: European Regional Science Association.

Dumais, G.; Ellison, G.; Glaeser, E. L. (1997): Geographic Concentration as a Dynamic Process. NBER Working Paper, Nr. 6270. Cambridge, MA: National Bureau of Economic Research (NBER).

Dümmler, P.; Abegg, C.; Kruse, C.; Thierstein, A. (2004): Standorte der innovativen Schweiz. Räumliche Veränderungsprozesse von High-Tech und Finanzdienstleistungen. Analysen zur Betriebszählung 2001. Neuchâtel: Office fédéral de la statistique (OFS).

Dümmler, P.; Thierstein, A. (2004): Identifying and Managing Clusters – Evidence from Switzerland. In: University of Trollhättan/Uddevalla (Hrsg.): Uddevalla Symposium 2003: Entrepreneurship, Spatial Industrial Clusters and Inter-Firm Networks. Research Reports 04:01. University of Trollhättan/Uddevalla, S. 423-439.

Duranton, G.; Overman, H. (2002): Testing for Localisation Using Micro-Geographic Data. CEP Discussion Paper, Nr. 540. London: Centre for Economic Performance (CEP).

Dymski, G. A. (1996): On Krugman's Model of Economic Geography. In: Geoforum, Jg. 27, H. 4, S. 439-452.

Eichengreen, B. (1993): Labor Markets and European Monetary Unification. In: Masson, P. R.; Taylor, M. P. (Hrsg.): Policy Issues in the Operation of Currency Unions. Cambridge: Cambridge University Press, S. 130-162.

Ellison, G.; Glaeser, E. L. (1997): Geographic Concentration in U. S. Manufacturing Industries: A Dartboard Approach. In: Journal of Political Economy, Jg. 105, H. 5, S. 889-926.

Ellison, G.; Glaeser, E. L. (1999): The Geographic Concentration of Industry: Does Natural Advantage Explain Agglomeration? In: American Economic Review, Jg. 89, H. 2, S. 311-316.

Enright, M. J. (1996): Regional Clusters and Economic Development: A Research Agenda. In: Staber, U. H.; Schaefer, N. V.; Sharma, B. (Hrsg.): Business Networks: Prospects for Regional Development. Berlin: Walter de Gruyter & Co, S. 190-213.

Enright, M. J. (2003): Regional Clusters: What We Know and What We Should Know. In: Bröcker, J.; Dohse, D.; Soltwedel, R. (Hrsg.): Innovation Clusters and Interregional Competition. Berlin, Heidelberg, New York: Springer, S. 99-129.

Europäische Kommission (2002): Regionale Cluster in Europa. Beobachtungsnetz der europäischen KMU 2002, Nr. 3. Brüssel: Europäische Kommission, Generaldirektion Unternehmen.

Europäische Kommission (2005): Transeuropäisches Verkehrsnetz TEN-V – vorrangige Achsen und Projekte 2005. Luxemburg: Amt für amtliche Veröffentlichungen der Europäischen Gemeinschaften.

Fan, W.; Treyz, F.; Treyz, G. (2000): An Evolutionary New Economic Geography Model. In: Journal of Regional Science, Jg. 40, H. 4, S. 671-695.

Farmer, K.; Wendner, R. (1998): Wachstum und Außenhandel. Eine Einführung in die Gleichgewichtstheorie der Wachstums- und Außenhandelsdynamik. Heidelberg: Physica-Verlag.

Fingleton, B. (2004): The New Economic Geography versus Urban Economics: An Evaluation Using Local Wage Rates in Great Britain. European Regional Science Association, Conference Papers, Nr. 638. Online im Internet: www.ersa.org/ersaconfs/ersa04/mnuAuthors.html [Stand: 11.11.2005].

Flick, U. (2000a): Qualitative Forschung. Theorie, Methoden, Anwendung in Psychologie und Sozialwissenschaften. Reinbek: Rowohlt Taschenbuch Verlag.

Flick, U. (2000b): Triangulation in der qualitativen Forschung. In: Flick, U.; von Kardorff, E.; Steinke, I. (Hrsg.): Qualitative Forschung. Ein Handbuch. Reinbek: Rowohlt Taschenbuch Verlag, S. 309-319.

Flick, U.; von Kardorff, E.; Steinke, I. (Hrsg.) (2000): Qualitative Forschung. Ein Handbuch. Reinbek: Rowohlt Taschenbuch Verlag.

Florida, R. (2002): The Economic Geography of Talent. In: Annals of the Association of American Geographers, Jg. 92, H. 4, S. 743-755.

Forslid, R.; Haaland, J. I.; Midelfart Knarvik, K. H. (1999): A U-shaped Europe? A Simulation Study of Industrial Location. NHH Discussion Paper Nr. 19/1999. Bergen: Norges Handelshöyskole (NHH).

Forslid, R.; Haaland, J. I.; Midelfart Knarvik, K. H.; Mæstad, O. (1999): Integration and Transition: Scenarios for Location of Production and Trade in Europe. NHH Discussion Papers Nr. 13/1999. Bergen: Norges Handelshöyskole (NHH).

Forslid, R.; Ottaviano, G. I. P. (2003): An Analytically Solvable Core-Periphery Model. In: Journal of Economic Geography, Jg. 3, H. 3, S. 229-240

Fourastié, J. (1954): Die große Hoffnung des zwanzigsten Jahrhunderts. Köln-Deutz, Frankfurt am Main: Bund-Verlag.

Friedrichs, J. (1990): Methoden der empirischen Sozialforschung. 14. Auflage. Opladen: Westdeutscher Verlag.

Fritsch, M.; Wein, T.; Ewers, H.-J. (2003): Marktversagen und Wirtschaftspolitik. Mikroökonomische Grundlagen staatlichen Handelns. 5., überarbeitete und ergänzte Auflage. München: Franz Vahlen.

Fujita, M.; Hamaguchi, N. (2001): Intermediate Goods and the Spatial Structure of an Economy. In: Regional Science and Urban Economics, Jg. 31, H. 1, S. 79-109.

Fujita, M.; Krugman, P. (1995): When is the Economy Monocentric?: von Thünen and Chamberlin Unified. In: Regional Science and Urban Economics, Jg. 25, H. 4, S. 505-528.

Fujita, M.; Krugman, P.; Mori, T. (1999): On the Evolution of Hierarchical Urban Systems. In: European Economic Review, Jg. 43, H. 2, S. 209-251.

Fujita, M.; Krugman, P.; Venables, A. J. (1999): The Spatial Economy: Cities, Regions, and International Trade. Cambridge, MA pp.: MIT Press.

Fujita, M.; Mori, T. (1996): The Role of Ports in the Making of Major Cities: Self-agglomeration and Hub-effect. In: Journal of Development Economics, Jg. 49, H. 1, S. 93-120.

Fujita, M.; Mori, T. (1997): Structural Stability and Evolution of Urban Systems. In: Regional Science and Urban Economics, Jg. 27, H. 4-5, S. 399-422.

Fujita, M.; Thisse, J.-F. (2002): Economics of Agglomeration. Cities, Industrial Location, and Regional Growth. Cambridge: Cambridge University Press.

Gabler (2000): Gabler-Wirtschafts-Lexikon. 15., vollständig überarbeitete und aktualisierte Auflage. Wiesbaden: Gabler.

Gaebe, W.; Strambach, S.; Halder, G. (2004): Glossar zur „Wirtschaftsgeographie". Institut für Geographie der Universität Stuttgart. April 2004. Online im Internet: www.geographie.uni-stuttgart.de/anthropo/wirtschaft/Glossar_ Wirtschaftsgeographie. pdf [Stand: 01.01.2006].

Gallup, J. L.; Sachs, J. D.; Mellinger, A. D. (1999): Geography and Economic Development. CID Working Paper, Nr. 19. Cambridge, MA: Center for International Development at Harvard University (CID).

Gangl, M. (2003): Arbeitsmarktsituationen und die Struktur von Matchingprozessen im Arbeitsmarkt: Ein deutsch-amerikanischer Vergleich. In: Wirtschaft und Statistik, Bd. 2/2003, S. 140-146.

Garcia Pires, A. J. (2001): Spatial Distribution of Economic Activity in Spain: Estimation of the Structural Parameters of a "New" Economic Geography Model. Arbeitspapier eingereicht für die VIIième Conférence des Jeunes Economistes Européens Paris, April 18-20, 2002. Paris: Université Paris.

Garretsen, H. (2003): From Koopmans to Krugman: International Economics and Geography. Profesorial Inaugural Lecture Utrecht School of Economics, Utrecht University. Online im Internet: www.few.eur.nl/few/people/ vanmarrewijk/geography/pdf%20files/oratie%20harry%20web.pdf [Stand 15.06.2005].

Gläser, J.; Laudel, G. (1999): Theoriegeleitete Textanalyse? Das Potential einer variablenorientierten qualitativen Inhaltsanalyse. Veröffentlichungsreihe der Arbeitsgruppe Wissenschaftstransformation des Wissenschaftszentrums Berlin für Sozialforschung P 99-401. Berlin: Wissenschaftszentrum Berlin für Sozialforschung GmbH.

Gläser, J.; Laudel, G. (2004): Experteninterviews und qualitative Inhaltsanalyse. Wiesbaden: Verlag für Sozialwissenschaften.

Glassmann, U.; Voelzkow, H. (2001): The Governance of Local Economies in Germany. In: Crouch, C. et al. (Hrsg.): Local Production Systems in Europe. Rise or Demise? Oxford: University Press, S. 79-116.

Gordon, I. R.; McCann, P. (2005): Clusters, Innovation and Regional Development. In: Karlson, C.; Johansson, B.; Stough, R. R. (Hrsg.): Industrial Clusters and Inter-Firm Networks. New Horizons in Regional Science. Cheltenham, VK; Northhampton, USA: Edward Elgar, S. 29-57.

Grabher, G. (Hrsg.) (1993): The Embedded Firm. On the Socioeconomics of Industrial Networks. London, New York: Routledge.

Granovetter, M. (1973): The Strength of Weak Ties. In: American Journal of Sociology, Jg. 78, H. 6, S. 1360-1380.

Greulich, M. (2004): Revision von Wirtschaftsklassifikationen bis 2007 – ein Zwischenbericht. In: Wirtschaft und Statistik, Bd. 4/2004, S. 381-390.

Güßefeldt, J. (2002): Zur Modellierung von räumlichen Kaufkraftströmen in unvollkommenen Märkten. In: Erdkunde, Jg. 56, H. 1, S. 351-370.

Güßefeldt, J. (2003a): Empirische Aspekte einiger Modelle der "New Economic Geography" im Kontext jüngerer Entwicklungen des Einzelhandels. In: Die Erde, Jg. 134, H. 1, S. 81-110.

Güßefeldt, J. (2003b): Wie Wirtschaftsgeographen denken: Beispielsweise über die " New Economic Geography". Eine teutonische Betrachtung. Working Paper, Nr. 4.1. Göttingen: Abteilung Wirtschaftsgeographie der Universität Göttingen.

Haaland, J. I.; Kind, H. J.; Knarvik, K. H.; Torstensson, J. (1999): What Determines the Economic Geography of Europe? CEPR Discussion Paper, Nr. 2072. London: Centre for Economic Policy Research (CEPR).

Haas, A. (2000): Arbeitsmarktausgleich: Regionale Mobilität gestiegen. IAB-Kurzbericht Nr. 04/2000. Nürnberg: Institut für Arbeitsmarkt- und Berufsforschung (IAB).

Haas, A. (2002): Arbeitsplatzmobilität nach Abschluss einer dualen Berufsausbildung. Befunde aus der IAB-Historikdatei 1992 bis 1997. IAB-Werkstattbericht Nr. 03/2002. Nürnberg: Institut für Arbeitsmarkt- und Berufsforschung (IAB).

Hahn, F. R. (1993): Neuere Entwicklungen in der Wachstumsökonomie. In: WIFO Monatsberichte, Jg. 66, H. 8, S. 432-437.

Hallet, M. (2000): Regional Specialisation and Concentration in the EU. Economic Papers No. 141, March 2000. Brüssel: Europäische Kommission, Generaldirektion Unternehmen.

Hanson, G. H. (1996): Localization Economies, Vertical Organization and Trade. In: The American Economic Review, Jg. 86, H. 5, S. 1266-1278.

Hanson, G. H. (1997): Increasing Returns, Trade and the Regional Structure of Wages. In: The Economic Journal, Jg.107, H. 440, S. 113-133.

Hanson, G. H. (1998a): Regional Adjustment to Trade Liberalization. In: Regional Science and Urban Economics, Jg. 28, H. 4, S. 419-444.

Hanson, G. H. (1998b): Market Potential, Increasing Returns, and Geographic Concentration. NBER Working Paper, Nr. 6429. Cambridge, MA: National Bureau of Economic Research (NBER).

Hanson, G. H. (2000): Scale Economies and the Geographic Concentration of Industry. NBER Working Paper, Nr. 8013. Cambridge, MA: National Bureau of Economic Research (NBER).

Hartley, J. F. (1994): Case Studies in Organizational Research. In: Cassel, C.; Symon, G. (Hrsg.): Qualitative Methods in Organizational Research. A Practical Guide. London: Sage, S. 208-229.

Hassink, R. (2001): The Learning Region: A Fuzzy Concept or a Sound Theoretical Basis for Modern Regional Innovation Policies? In: Zeitschrift für Wirtschaftsgeographie, Jg. 45, H. 3-4, S. 219-230.

Head, K; Mayer, T. (2005): Regional Wage and Employment Responses to Market Potential in the EU. CEPR Discussion Paper, Nr. 4908. London: Centre for Economic Policy Research (CEPR).

Helmstädter, H. G. (1996): Regionale Struktur und Entwicklung der Industriebeschäftigung: Konzentration oder Dekonzentration. Seminarbericht 37 – Beiträge zum Winterseminar vom 17.-24. Februar 1996 in Matrei/Osttirol. Heidelberg: Gesellschaft für Regionalforschung e.V..

Helpman, E. (1998): The Size of Regions. In: Pines, D.; Sadka, E.; Zilcha, I. (Hrsg.): Topics in Public Economics. Theoretical and Applied Analysis. Cambridge: Cambridge University Press, S. 33-53.

Henderson, J.V. (2005): New Economic Geography. The International Library of Critical Writings in Economics. Cheltenham, UK; Northhampton, MA: Edward Elgar.

Hildebrandt, A.; Wörz, J. (2004): Determinants of Geographical Concentration Patterns in Central and Eastern European Countries. In: Östereichische Nationalbank (OeNB) (Hrsg). Focus on European Economic Integration, Bd. 1/04. Wien: OeNB, S. 70-95.

Hirschman, A. O. (1958): The Strategy of Economic Development. New Haven: Yale University Press.

Holmes, T. J.; Stevens, J. J. (2004): Geographic Concentration and Establishment Size: Analysis in an Alternative Economic Geography Model. In: Journal of Economic Geography, Jg. 4, H. 4, S. 227-250.

Hoover, E. M. (1937): Location Theory and the Shoe and Leather Industries. Cambridge, MA: Harvard University Press.

Hopf, C. (2000): Qualitative Interviews – ein Überblick. In: Flick, U.; von Kardorff, E.; Steinke, I. (Hrsg.): Qualitative Forschung. Ein Handbuch. Reinbek: Rowohlt Taschenbuch Verlag, S. 349-360.

Hoppenstedt Firmeninformationen (2002): Hoppenstedt Firmendatenbank. Auskunfts-CD Firmendatenbank Deutschland 2002. Darmstadt: Hoppenstedt.

Hummels, E. D. (1999): Have International Transportation Costs Declined? NTL Research Paper 7-1999. Washington, DC: U.S. Department of Transportation, National Transportation Library (NTL).

ILMES – Internet-Lexikon der Methoden der empirischen Sozialforschung (2005): Box-and-Whisker-Plot, Boxplot. Online im Internet: www.lrz-muenchen.de/~wlm/ilm_b5.htm [Stand: 01.03.2005].

Institut der Deutschen Wirtschaft (2004): VerbandsForum. Online im Internet: www.verbandsforum.de [Stand: 10.02.2004].

Institut der Deutschen Wirtschaft Köln (2005): Deutschland in Zahlen 2005. Köln: Deutscher Instituts-Verlag.

Isard, W. (1956): Location and the Space Economy. New York: John Wiley.

Kawka, R. (2003): Die New Economic Geography – besser als ihr Ruf. In: Zeitschrift für Wirtschaftsgeographie, Jg. 47, H. 3-4, S. 188-195.

Keilbach, M. (2002): Determinanten der räumlichen Konzentration von Industrie und Dienstleistungsbranchen. Eine empirische Analyse für Westdeutschland. In: Jahrbuch für Regionalwissenschaft, Jg. 22, H. 1, S. 61-79.

Kelle, U.; Erzberger, C. (2000): Qualitative und quantitative Methoden: Kein Gegensatz. In: Flick, U.; von Kardorff, E.; Steinke, I. (Hrsg.): Qualitative Forschung. Ein Handbuch. Reinbek: Rowohlt Taschenbuch Verlag, S. 299-309.

Kim, S. (1995): Expansion of Markets and the Geographic Distribution of Economic Activities: The Trends in U.S. Regional Manufacturing Structure, 1860-1987. In: Quaterly Journal of Economics, Jg. 110, H. 4, S. 881-908.

Klein, C.; Krüger, L. (1998): Regionen in Europa. Schriftenreihe des Zentrums für europäische Studien (ZES), Band 37. Trier: Universität Trier, ZES.

Klein, R. (2004): Die räumliche Branchenkonzentration im verarbeitenden Gewerbe. In: Leibniz-Institut für Länderkunde (Hrsg.): Nationalatlas Bundesrepublik Deutschland. Unternehmen und Märkte. München: Elsevier. S. 42-45.

Knaap, T. (2004): Estimation of Parameters in an Economic Geography Model. Auf der HWWA-Konferenz "New Economic Geography – Closing the Gap between Theory and Empirics" vom 14.-15. Oktober 2004 präsentiertes Arbeitspapier. Online im Internet: www.hwwa.de/Projekte/Forsch_Schwerpunkte/FS/EI/NEG/knaap_rev.pdf [Stand: 15.08.2005].

Koschatzky, K. (2002): Die "New Economic Geography": Tatsächlich eine neue Wirtschaftsgeographie? In: Geographische Zeitschrift, Jg. 90, H. 1, S. 5-19.

Krätke, S.; Scheuplein, C. (2001): Produktionscluster in Ostdeutschland. Methoden der Identifizierung und Analyse. Hamburg: VSA-Verlag.

Krieger-Boden, C. (1995): Neue Argumente für die Regionalpolitik? Zur Fundierung der Regionalpolitik in älteren und neueren regionalökonomischen Theorien. In: Die Weltwirtschaft, Jg. 1995, H. 2, S. 193-215.

Krieger-Boden, C. (1999): Nationale und regionale Spezialisierungsmuster im europäischen Integrationsprozeß. In: Die Weltwirtschaft, Jg. 1999, H. 2, S. 234-254.

Kronthaler, F. (2003): A Study of the Competitiveness of Regions Based on a Cluster Analysis: The Example of East Germany. IWH Diskussionspapier, Nr. 179, August 2003. Halle: Institut für Wirtschaftsforschung (IWH).

Krugman, P. (1979a): Increasing Returns, Monopolistic Competition, and International Trade. In: Journal of International Economics, Jg. 9, H. 4, S. 469-479.

Krugman, P. (1979b): A Model of Innovation, Technology, Transfer and the World Distribution of Income. In: Journal of Political Economy, Jg. 87, H. 2, S. 253-266.

Krugman, P. (1980): Scale Economics, Product Differentiation, and the Pattern of Trade. In: American Economic Review Jg. 70, H. 5, S. 950-959.

Krugman, P. (1983): New Theories of Trade Among Industrial Countries. In: American Economic Review, Jg. 73, H. 2, S. 343-347.

Krugman, P. (1991a): Geography and Trade. Cambridge, MA pp.: MIT Press.

Krugman, P. (1991b): Increasing Returns and Economic Geography. In: Journal of Political Economy, Jg. 99, H. 3, S. 483-499.

Krugman, P. (1991c): History versus Expectations. In: Quarterly Journal of Economics, Jg. 56, H. 2, S. 651-667.

Krugman, P. (1993a): First Nature, Second Nature and Metropolitan Location. In: Journal of Regional Science, Jg. 33, H. 2, S. 129-144.

Krugman, P. (1993b): On the Number and Location of Cities. In: European Economic Review, Jg. 37, H. 2/3, S. 293-298.

Krugman, P. (1993c): The Hub Effect: Or, Threeness in International Trade. In: Neary, J. P. (Hrsg.): Theory Policy and Dynamics in International Trade: Essays in Honor of Ronald Jones. Cambridge, MA: Cambridge University Press, S. 29-37.

Krugman, P. (1998): What's New about the New Economic Geography? In: Oxford Review of Economic Policy, Jg. 14, H. 2, S. 7-17.

Krugman, P. (2000a): Schmalspurökonomie. Die 27 populärsten Irrtümer über Wirtschaft. Frankfurt, New York: Campus Verlag

Krugman, P. (2000b): Where in the World is the "New Economic Geography"? In: Clark, G. L.; Fledman, M. P; Gertler, M. S. (Hrsg.): The Oxford Handbook of Economic Geography. Oxford: Oxford University Press, S. 49-60.

Krugman, P.; Obstfeld, M. (2004): Internationale Wirtschaft: Theorie und Politik der Außenwirtschaft. 6. Auflage. München pp.: Pearson Studium.

Krugman, P.; Venables A. J. (1990): Integration and the Competitiveness of Peripheral Industry. In: Bliss, C.; de Macedo, G. (Hrsg.): Unity with Diversity in the European Community. Cambridge, London: Cambridge University Press/Centre for Economic Policy Research, S. 56-75.

Krugman, P.; Venables, A. J. (1995): Globalization and the Inequality of Nations. In: Quarterly Journal of Economics, Jg. 110, H. 4, S. 857-880.

Krugman, P.; Venables, A. J. (1996): Integration, Specialization and Adjustment. In: European Economic Review, Jg. 40, H. 3-5, S. 959-967.

Küpper, H.-U.; Schweitzer, M. (1998): Systeme der Kosten- und Erlösrechnung. 7. Auflage. München: Vahlen.

Lafourcade, M.; Mion, G. (2003): Concentration, Spatial Clustering and the Size of Plants: Distangeling the Sources of Co-location Externalities. Center of Operations Research and Econometrics (CORE) (Hrsg.): Discussion Papers, Nr. 2003/91. Louvain: Université catholique de Louvain.

Lai, H.; Trefler D. (2002): The Gains from trade with Monopolistic Competition: Specifiction, Estimation, and Mis-Specification. NBER Working Paper, Nr. 9169. Cambridge, MA: National Bureau of Economic Research (NBER).

Lammers, K. (1999): Räumliche Wirkungen der Globalisierung in Deutschland. HWWA Discussion Paper, Nr. 87. Hamburg: Hamburgisches Welt-Wirtschafts-Archiv (HWWA).

Lammers, K.; Stiller, S. (2000): Regionalpolitische Implikationen der Neuen Ökonomischen Geographie. HWWA Discussion Paper, Nr. 85. Hamburg: Hamburgisches Welt-Wirtschafts-Archiv (HWWA).

Lasuén, J. R. (1973): Urbanization and Development. The Temporal Interaction between Geographical and Sectoral Clusters. In: Urban Studies, Jg.10, H. 2, S. 163-188.

Launhardt, W. (1882): Die Bestimmung des zweckmäßigsten Standortes einer gewerblichen Anlage. In: Zeitschrift des Vereins deutscher Ingenieure, Jg. 26, H. 3, S. 107-116.

Lindquist, G.; Malmberg, A.; Sölvell, Ö. (2003): Svenska klusterkartor. En statistisk inventering av kluster i Sverige 2002. CIND Centre for Research on Innovation and Industrial Dynamics Uppsala Universitet. Uppsala: CIND.

Litzenberger, T.; Sternberg, R. (2004): Clusters and Entrepreneurship – Empirical Evidence from German Regions. In: University of Trollhättan/Uddevalla (Hrsg.): Uddevalla Symposium 2003: Entrepreneurship, Spatial Industrial Clusters and Inter-Firm Networks. Research Reports 04:01. University of Trollhättan/Uddevalla, S. 635-668.

Litzenberger, T.; Sternberg, R. (2005): Regional Clusters and Entrepreneurship: Empirical Evidence from German Regions. In: Karlson, C.; Johansson, B.; Stough, R. R. (Hrsg.): Industrial Clusters and Inter-Firm Networks. New Horizons in Regional Science. Cheltenham, VK; Northhampton, USA: Edward Elgar, S. 260-303.

Livas Elizondo, R.; Krugman, P. (1996): Trade Policy and the Third World Metropolis. In: Journal of Development Economics, Jg. 49, H. 1, S. 137-150.

Lösch, A. (1940): Die räumliche Ordnung der Wirtschaft. 2. Auflage. Jena: G. Fischer.

Lucas, R. E. (1988): On the Mechanics of Economic Development. In: Journal of Monetary Economics, Jg. 22, H. 1, S. 3-42.

Lüken, S. (2002): Das derzeitige System der Erwerbstätigenstatistiken. In: Statistisches Bundesamt (Hrsg.): Wirtschaft und Statistik. Bd. 3/2002. Stuttgart: Metzler-Poeschel, S. 165-181.

Maier, G.; Tödtling, F. (2002): Regional- und Stadtökonomik 2. Regionalentwicklung und Regionalpolitik. 2., erweiterte Auflage. Wien, New York: Springer.

Marcon, E.; Puech, F. (2003): Evaluating the Geographic Concentration of Industries Using Distance-based Methods. In: Journal of Economic Geography, Jg. 3, H. 4, S. 409-428.

Markusen, J. R.; Venables, A. J. (1996): The Theory of Endowment, Intra-industry and Multi-national Trade. NBER Working Paper, Nr. 5229. Cambridge, MA: National Bureau of Economic Research (NBER).

Marques, H. (2004): The Skilled U-shaped Europe: Is It Really and on Which Side Does it Stand? Department of Economics Discussion Papers, Nr. 04-06. Leicestershire: Loughborough University.

Marshall, A. (1919): Industry and Trade, a Study of Industrial Technique and Business Organisation. London: Macmillan.

Martin, P. (1998): Can Regional Policies Affect Growth and Geography in Europe? In: The World Economy, Jg. 21, H. 6, S. 757-774.

Martin, P. (1999): Public Policies, Regional Inequalities and Growth. In: Journal of Public Economics, Jg. 73, H. 1, S. 85-105.

Martin, P.; Ottaviano, G.I.P. (1999): Growing Locations: Industry Location in a Model of Endogenous Growth. In: European Economic Review, Jg. 43, H. 2, S. 281-302.

Martin, P.; Rogers, C. (1995): Industrial Location and Public Infrastructure. In: Journal of International Economics, Jg. 39, H. 3/4, S. 335-351.

Martin, R.; Sunley, P. (1996): Paul Krugman's Geographical Economics and Its Implications for Regional Development Theory: A Critical Assessment. In: Economic Geography, Jg. 72, H. 3, S. 259-292.

Martin, R.; Sunley, P. (1998): Slow Convergence? The New Endogenous Growth Theory and Regional Development. In: Economic Geography, Jg. 74, H. 3, S. 201-227.

Martin, R., Sunley, P. (2001): Rethinking the 'Economic' in Economic Geography: Broadening Our Vision or Losing Our Focus? In: Antipode, Jg. 33, H. 2, 148-161.

Martin, R.; Sunley, P. (2003): Deconstructing Clusters: Chaotic Concept or Policy Panacea? In: Journal of Economic Geography, Jg. 3, H. 1, S. 5-35.

Maurel, F.; Sédillot, B. (1999): A Measure of the Geographic Concentration in French Manufacturing Industries. In: Regional Science and Urban Economics, Jg. 29, H. 5, S. 557-604.

Mayer, H. O. (2004): Interview und schriftliche Befragung. 2. Auflage. München, Wien: R. Oldenbourg.

Mayring, P. (2003): Qualitative Inhaltsanalyse. Grundlagen und Techniken. 8. Auflage. Weinheim, Basel: Beltz.

Merkens, H. (1997): Stichproben bei qualitativen Studien. In: Friebertshäuser, B.; Prengel, A. (Hrsg.): Handbuch Qualitative Forschungsmethoden in der Erziehungswissenschaft. Weinheim, München: Juventa, S. 97-106.

Merkens, H. (2000): Auswahlverfahren, Sampling, Fallkonstruktionen. In: Flick, U.; von Kardorff, E.; Steinke, I. (Hrsg.): Qualitative Forschung. Ein Handbuch. Reinbek: Rowohlt Taschenbuch Verlag, S. 288-299.

Meuser, M; Nagel, U. (1991): ExpertInneninterviews – vielfach erprobt, wenig bedacht. Ein Beitrag zur qualitativen Methodendiskussion. In: Garz, D;

Kraimer, K. (Hrsg.): Qualitativ-empirische Sozialforschung. Opladen: Westdeutscher Verlag, S. 441-468.

Meuser, M; Nagel, U. (1997): Das Experteninterview – Wissensoziologische Voraussetzung und methodische Durchführung. In: Friebertshäuser, B.; Prengel, A. (Hrsg.): Handbuch Qualitative Forschungsmethoden in der Erziehungswissenschaft. Weinheim, München: Juventa, S. 481-491.

Midelfart Knarvik, K. H.; Overman, H.G.; Redding, S. J.; Venables, A. J. (2000): The Location of European Industry. European Commission (Hrsg.): Economic Paper, Nr. 142. Brüssel: European Commission.

Mion, G. (2003): Spatial Externalities and Empirical Analysis: The Case of Italy. ZEW Discussion Paper, Nr. 03-38. Mannheim: Zentrum für Europäische Wirtschaftsforschung (ZEW).

Morse, J. M. (1994): Designing Funded Qualitative Research. In: Denzin, N. K.; Lincoln, Y. S. (Hrsg.): Handbook of Qualitative Research. Thousand Oaks, London; New Delhi: Sage, S. 220-235.

Moses, L. (1958): Location and the Theory of Production. In: Quarterly Journal of Economics, Jg. 72, H. 2, S. 259-272.

Myrdal, G. (1957): Economic Theory and Underdeveloped Regions. London: Duckworth.

Neary, J. P. (2001): Of Hype and Hyperbolas: Introducing the New Economic Geography. In: Journal of Economic Literature, Jg. 39, H. 2, S. 536-561.

Nebbeling, S. (1972): Das Preisverhalten der Unternehmer in Baden-Württemberg. Hauptergebnisse einer schriftlichen Befragung. Thübingen: Institut für angewandte Wirtschaftsforschung.

Neumann, C. W. (1983): Allgemeine Wettbewerbstheorie und Preismißbrauchsaufsicht. Neuwied, Damstadt: Herman Luchterhand.

Niebuhr, A. (2000): Räumliche Wachstumszusammenhänge – Empirische Befunde für Deutschland. HWWA Discussion Paper, Nr. 84. Hamburg: Hamburgisches Welt-Wirtschafts-Archiv (HWWA).

Niebuhr, A. (2004): Spatial Effects of European Integration – Do Border Regions Benefit above Average? HWWA Discussion Paper, Nr. 307. Hamburg: Hamburgisches Welt-Wirtschafts-Archiv (HWWA).

Niedersächsischer Landtag (2001): Gesetz über die Region Hannover vom 5. Juli 2001. Online im Internet: www.mi.niedersachsen.de/functions/downloadObject/0,,c666465_s20,00.pdf [Stand: 10.08.2003].

Nitsch, V. (2001): Openness and Urban Concentration in Europe, 1870-1990. HWWA Discussion Paper, Nr. 121. Hamburg: Hamburgisches Welt-Wirtschafts-Archiv (HWWA).

Oeckl, A. (Hrsg.) (2003): Taschenbuch des öffentlichen Lebens – Deutschland 2004. Bonn: Festland-Verlag.

Osmanovic, A. (2000): "New Economic Geography", Globalisierungsdebatte und Geographie. In: Die Erde, Jg. 131, H. 3, S. 241-257.

Ottaviano, G. I. P. (1999): Integration, Geography and the Burden of History. In: Regional Science and Urban Economics, Jg. 29, H. 2, S. 245-256.

Ottaviano, G. I. P. (2003): Regional Policy in the Global Economy: Insights from the New Economic Geography. In: Regional Studies, Jg. 37, H. 6/7, S. 665-675.

Ottaviano, G. I. P.; Puga, D. (1998): Agglomeration in the Global Economy: A Survey of the "New Economic Geography". In: The World Economy, Jg. 21, H. 6, S. 707-731.

Ottaviano, G. I. P.; Tabuchi, T.; Thisse, J. F. (2002): Agglomeration and Trade Revisited. In: International Economic Review, Jg. 43, H. 2, S. 409-436.

Ottaviano, G. I. P.; Thisse, J. F. (2005): New Economic Geography: What about the N ? In: Environment and Planning, Jg. 37, H. 10, S. 1707-1725.

Overman, H. G.; Redding, S.; Venables, A. J. (2001): The Economic Geography of Trade, Production, and Income: A Survey of the Empirics. CEPR Discussion Paper, Nr. 2978. London: Centre for Economic Policy Research (CEPR).

Parr, J. B.; Hewings, G. J. D.; Sohn, J; Nazara, S. (2002): Agglomeration and Trade: Some Additional Perspectives. In: Regional Studies, Jg. 36, H. 6, S. 675-684.

Patton, M. Q. (2002): Qualitative Research and Evaluation Methods. 3. Auflage. Thousand Oaks pp.: Sage.

Peneder, M. (1994): Clusteranalyse und sektorale Wettbewerbsfähigkeit der österreichischen Industrie. Studie im Auftrag der Bundesministerien für öffentliche Wirtschaft und Verkehr sowie für Wissenschaft und Forschung. Wien: Technolgie, Information, Politikberatung (TIP).

Perroux, F. (1955): Note sur la notion de « pôle de croissance ». In: Economique appliquée, Jg. 7, H. 1/2 , S. 307-320.

Perroux, F. (1964): L' Économie du XXe siècle. 2. Auflage. Paris: Pr. Univ. de France.

Pflüger, M. (2004): Economic Geography and Public Policy – A Review Article. In: Journal of Economic Geography, Jg. 4, H. 5, S. 597-603.

Pflüger, M.; Südekum, J. (2005): Die Neue Ökonomische Geographie und Effizienzgründe für Regionalpolitik. In: Vierteljahreshefte zur Wirtschaftsforschung, Jg. 74, H. 1, S. 26-46.

Popper, K. R. (1994): Logik der Forschung. 10. Auflage. Thübingen: Mohr.

Porter, M. E. (1990): The Competitive Advantage of Nations. New York pp.: The Free Press.

Porter, M. E. (1998): On Competition. Boston: Harvard Business School Press.

Porter, M. E. (2000): Location, Competition, and Economic Development: Local Clusters in a Global Economy. In: Economic Development Quaterly, Jg. 14, H. 1, S. 15-34.

Porter, M. E. (2002): Mehr Kunst als Wissenschaft, Interview mit Michael E. Porter. In: McKinsey Wissen, Jg. 2002, H. 1, S. 20-21.

Porter, M. E. (2003): The Economic Performance of Regions. In: Regional Studies, Jg. 37, H. 6/7, S. 549-577.

Puga, D. (1996a): Urbanisation Patterns: European vs. Less Developed Countries. CEP Discussion Paper, Nr. 305. London: Centre for Economic Performance (CEP).

Puga, D. (1996b): The Rise and Fall of Regional Inequalities. CEPR Discussion Paper, Nr. 1575. London: Centre for Economic Policy Research (CEPR).

Puga, D. (1999): The Rise and Fall of Regional Inequalities. In: European Economic Review, Jg. 43, H. 2, S. 303-304.

Puga, D. (2002): European Regional Policies in Light of Recent Location Theories. In: Journal of Economic Geography, Jg. 2, H. 4, S. 373-406.

Puga, D.; Venables, A. J. (1996): The Spread of Industry: Spatial Agglomeration in Economic Development. CEP Discussion Paper, Nr. 279. London: Centre for Economic Performance (CEP).

Puga, D.; Venables, A. J. (1997): Preferential Trading Arrangements and Industrial Location. In: Journal of International Economics, Jg. 43, H. 3/4, S. 347-368.

Redding, S.; Venables, A. J. (2000): Economic Geography and International Inequality. CEPR Discussion Paper, Nr. 2568. London: Centre for Economic Policy Research (CEPR).

Roback, J. (1982): Wages, Rents, and the Quality of Life. In: Journal of Political Economy, Jg. 90, H. 6, S. 1257-1278.

Robert-Nicoud, F. (2005): The Structure of Simple 'New Economic Geography' Models (or, On identical Twins). In: Journal of Economic Geography, Jg. 5, H. 2, S. 201-234.

Rocha, H. O. (2004): Entrepreneurship and Development: The Role of Clusters. In: Small Business Economics, Jg. 23, H. 5, S. 363-400.

Rocha, H. O.; Sternberg, R. (2005): Entrepreneurship: The Role of Clusters. Theoretical Perspectives and Empirical Evidence from Germany. In: Small Business Economics, Jg. 24, H. 3, S. 267-292.

Romer, P. M. (1986): Increasing Returns and Long-Run Growth. In: Journal of Political Economy, Jg. 94, H. 5, S. 1002-1037.

Romer, P. M. (1990): Endogenous Technological Change. In: Journal of Political Economy, Jg. 98, H. 5 (2), S. 71-102.

Roos, M. (2000): Specialized Consumer Services Cause Agglomeration – A Theoretical Model and Some Implications for Regional Policy. Discussion Papers in Economics 00-10. Dortmund: Universität Dortmund, Wirtschafts- und Sozialwissenschaftliche Fakultät.

Roos, M. (2001a): Taugt die "Neue Ökonomische Geographie" zur Politikberatung? Online im Internet: www.wiso.uni-dortmund.de/~gra-miro/NEG.pdf. [Stand: 15.07.2003].

Roos, M. (2001b): Wages and Market Potential in Germany. In: Jahrbuch für Regionalwissenschaft, Bd. 21, S. 171-195.

Roos, M. (2001c): Agglomeration und regionaler Wettbewerb. Discussion Papers in Economics 01-04. Dortmund: Universität Dortmund, Wirtschafts- und Sozialwissenschaftliche Fakultät.

Roos, M. (2002): Ökonomische Agglomerationstheorien – Die Neue Ökonomische Geographie im Kontext. Lohmar, Köln: Josef Eul.

Roos, M. (2003): Internationale Integration und die Neue Ökonomische Geographie. In: Perspektiven der Wirtschaftspolitik, Jg. 4, H. 1, S. 107-121.

Roos, M. (2005): How Important is Geography for Agglomeration? In: Journal of Economic Geography, Jg. 5, H. 5, S. 605-620.

Rosenthal, S. S.; Strange W. C. (2001): The Determinants of Agglomeration. In: Journal of Urban Economics, Jg. 50, H. 2, S. 191-229.

Samuelson, P. A. (1952): The Transfer Problem and Transport Costs: the Terms of Trade When Impediments Are Absent. In: The Economic Journal, Jg. 62, H. 246, S. 278-304.

Sauter, B. (2004): Regionale Cluster. Konzept, Analyse und Strategie zur Wirtschaftsförderung. In: Standort-Zeitschrift für Angewandte Geographie, Jg. 28, H. 2, S. 66-72.

Schamp, E. W. (2000): Vernetzte Produktion. Industriegeographie aus institutioneller Perspektive. Darmstadt: Wissenschaftliche Buchgesellschaft.

Schätzl, L. (1994): Wirtschaftsgeographie 3, Politik. 3. Auflage. Paderborn pp.: Ferdinand Schöningh.

Schätzl, L. (2000): Wirtschaftsgeographie 2, Empirie. 3. Auflage. Paderborn pp.: Ferdinand Schöningh.

Schätzl, L. (2003). Wirtschaftsgeographie 1, Theorie. 9. Auflage. Paderborn pp.: Ferdinand Schöningh.

Scheuplein, C. (2002): Identifizierung und Analyse von Produktionsclustern. Das Beispiel der Filmwirtschaft in Potsdam-Babelsberg. In: Raumforschung und Raumordnung, Jg. 60, H. 2, S. 123-135.

Schmutzler, A. (1999): The New Economic Geography. In: Journal of Economic Surveys, Jg. 13, H. 4, S. 355-379.

Schnell, R.; Hill, P. B.; Esser, E. (2005): Methoden der empirischen Sozialforschung. 7. Auflage. München, Wien: R. Oldenbourg.

Scott, A. J. (1988): New Industrial Spaces: Flexible Production Organization and Regional Development in North America and Western Europe. London: Pion.

Seibt Industrieinformationen (2004): Seibt-Industriedatenbank. Online im Internet: www.industrie.seibt.com [Stand: 16.02.2004].

Seidl, C. (2003): Sozialpolitik und Verteilung. Mitschrift zur Spezialisierungsvorlesung von Prof. Dr. Christian Seidl. Kiel: Christian-Albrechts-Universität zu Kiel, Lehrstuhl für Finanzwissenschaft und Sozialpolitik.

Siebert, H. (2000): Außenwirtschaft. 7. Auflage. Stuttgart: Lucius & Lucius.

Solow, R. M. (1956): A Contribution to the Theory of Growth. In: Quarterly Journal of Economics, Jg. 70, H. 1, S. 65-94.

Statistische Ämter des Bundes und der Länder (Hrsg.) (2005): Statistik regional 2004. Daten für die Kreise und Kreisfreien Städte Deutschlands. CD-ROM. Gemeinschaftsveröffentlichung der Statistischen Ämter des Bundes und der Länder. Stuttgart: Statistisches Landesamt Baden-Württemberg.

Statistisches Bundesamt (1987): Produzierendes Gewerbe. Beschäftigung, Umsatz und Energieversorgung der Unternehmen und Betriebe im Bergbau und im Verarbeitenden Gewerbe. Fachserie 4, Reihe 4.1.1. Stuttgart, Mainz: W. Kohlhammer.

Statistisches Bundesamt (1988a): Produzierendes Gewerbe. Material- und Wareneingangsrechnung im Bergbau und im Verarbeitenden Gewerbe. Fachserie 4, Reihe 4.2.4. Stuttgart, Mainz: Kohlhammer.

Statistisches Bundesamt (1988b): Außenhandel. Zusammenfassende Übersichten für den Außenhandel. Fachserie 7, Reihe 1. Wiesbaden: Kohlhammer GmbH.

Statistisches Bundesamt (1989a): Volkswirtschaftliche Gesamtrechnung. Hauptbericht. Konten und Standardtabellen. Fachserie 18, Reihe 1.3.2. Stuttgart: Metzler-Poeschel.

Statistisches Bundesamt (1989b): Produzierendes Gewerbe. Betriebe, Beschäftigte und Umsatz im Bergbau und im Verarbeitenden Gewerbe nach Beschäftigungsgrößenklassen 1988. Fachserie 4, Reihe 4.1.2. Stuttgart: Metzler-Poeschel.

Statistisches Bundesamt (1989c): Statistisches Jahrbuch 1989 für die Bundesrepublik Deutschland. Stuttgart: Metzler-Poeschel.

Statistisches Bundesamt (1989d): Produzierendes Gewerbe. Kostenstruktur der Unternehmen im Investitionsgüter produzierenden Gewerbe 1987. Fachserie 4, Reihe 4.3.2 Stuttgart: Metzler-Poeschel.

Statistisches Bundesamt (1989e): Produzierendes Gewerbe. Kostenstruktur der Unternehmen im Verbrauchsgüter produzierenden Gewerbe und im Nahrungs- und Genußmittelgewerbe 1987. Fachserie 4, Reihe 4.3.3 Stuttgart: Metzler-Poeschel.

Statistisches Bundesamt (1993): Produzierendes Gewerbe. Betriebe, Beschäftigte und Umsatz im Bergbau und im Verarbeitenden Gewerbe nach Beschäftigungsgrößenklassen 1992. Fachserie 4, Reihe 4.1.2. Stuttgart: Metzler-Poeschel.

Statistisches Bundesamt (1999a): Produzierendes Gewerbe. Betriebe, Beschäftigte und Umsatz des Verarbeitenden Gewerbes sowie des Bergbaus und der Gewinnung von Steinen und Erden nach Beschäftigungsgrößenklassen 1996. Fachserie 4, Reihe 4.1.2. Stuttgart: Metzler-Poeschel.

Statistisches Bundesamt (1999b): Produzierendes Gewerbe. Betriebe, Beschäftigte und Umsatz des Verarbeitenden Gewerbes sowie des Bergbaus und der Gewinnung von Steinen und Erden nach Beschäftigungsgrößenklassen 1997. Fachserie 4, Reihe 4.1.2. Stuttgart: Metzler-Poeschel.

Statistisches Bundesamt (1999c): Produzierendes Gewerbe. Betriebe, Beschäftigte und Umsatz des Verarbeitenden Gewerbes sowie des Bergbaus und der Gewinnung von Steinen und Erden nach Beschäftigungsgrößenklassen 1998. Fachserie 4, Reihe 4.1.2. Stuttgart: Metzler-Poeschel.

Statistisches Bundesamt (2001): Klassifikation der Wirtschaftszweige mit Erläuterung. Ausgabe 1993 (WZ93). Stuttgart: Metzler-Poeschel.

Statistisches Bundesamt (2002a): Volkswirtschaftliche Gesamtrechnung. Hauptbericht. Konten und Standardtabellen. Fachserie 18, Reihe 1.3. Wiesbaden: Metzler-Poeschel.

Statistisches Bundesamt (2002b): Produzierendes Gewerbe. Beschäftigung, Umsatz und Energieversorgung der Betriebe des Verarbeitendenen Gewerbes sowie des Bergbaus und der Gewinnung von Steinen und Erden. Fachserie 4, Reihe 4.1.1. Wiesbaden: Metzler-Poeschel.

Statistisches Bundesamt (2003a): Klassifikation der Wirtschaftszweige, Ausgabe 2003 (WZ 2003). Online im Internet: www.destatis.de/allg/d/klassif/wz93.htm [Stand: 17.07.2003].

Statistisches Bundesamt (2003b): Produzierendes Gewerbe. Betriebe, Beschäftigte und Umsatz des Verarbeitenden Gewerbes sowie des Bergbaus und der Gewinnung von Steinen und Erden nach Beschäftigungsgrößenklassen 2002. Fachserie 4, Reihe 4.1.2. Wiesbaden: Statistisches Bundesamt.

Statistisches Bundesamt (2004a): Außenhandel. Zusammenfassende Übersichten für den Außenhandel. Fachserie 7, Reihe 1. Wiesbaden: Statistisches Bundesamt.

Statistisches Bundesamt (2004b): Produzierendes Gewerbe. Kostenstruktur der Unternehmen des Verarbeitenden Gewerbes sowie des Bergbaus und der Gewinnung von Steinen und Erden 2002. Wiesbaden: Statistisches Bundesamt.

Statistisches Bundesamt (2004c): Statistisches Jahrbuch 2004 für das Ausland. Wiesbaden: Statistisches Bundesamt.

Statistisches Bundesamt (2005a): Leben und Arbeiten in Deutschland. Ergebnisse des Mikrozensus. Presseexemplar. Wiesbaden: Statistisches Bundesamt.

Statistisches Bundesamt (2005b): Produzierendes Gewerbe. Material- und Wareneingangsrechnung im Verarbeitenden Gewerbe sowie im Bergbau und in der Gewinnung von Steinen und Erden. Fachserie 4, Reihe 4.2.4. Wiesbaden: Statistisches Bundesamt.

Statistisches Bundesamt (2005c): Volkswirtschaftliche Gesamtrechnung. Input-Output-Rechnung 2000. Fachserie 18, Reihe 2. Wiesbaden: Statistisches Bundesamt.

Stegmüller, W. (1970): Probleme und Resultate der Wissenschaftstheorie und Analytischen Philosophie. Band 2: Theorie und Erfahrung. Berlin pp.: Springer.

Steinle, C.; Schiele, H. (2002): When Do Industries Cluster? A Proposal on How to Assess an Industry's Propensity to Concentrate at a Single Region or Nation. In: Research Policy, Jg. 3, H. 6, S. 849-858.

Stelder, D. (2002): Geographical Grids in New Economic Geography Models. In: McCann, P. (Hrsg.): Industrial Location Economics. Cheltenham: Edward Elgar, S. 89-103.

Stelder, D. (2005): Where do Cities Form? A Geographical Agglomeration Model for Europe. In: Journal of Regional Science, Jg. 45, H. 4, S. 657-679.

Sternberg, R. (1996): Regionale Spezialisierung und räumliche Konzentration FuE-intensiver Wirtschaftszweige in den Kreisen Westdeutschlands – Indizien für Industriedistrikte. In: Berichte zur deutschen Landeskunde, Jg. 70, H. 1, S. 133-155.

Sternberg, R. (2001): New Economic Geography und Neue regionale Wachstumstheorie aus wirtschaftsgeographischer Sicht. In: Zeitschrift für Wirtschaftsgeographie, Jg. 45, H. 3/4, S. 159-180.

Sternberg, R. (2003): New Firms, Regional Development and the Cluster Approach – What Can Technology Policies Achieve? In: Bröcker, J.; Dohse, D. and Soltwedel, R. (Hrsg): Innovation Clusters and Interregional Competition. Berlin, Heidelberg, New York: Springer, S. 347-371.

Sternberg, R.; Litzenberger, T. (2004): Regional Clusters in Germany: Their Geography and their Relevance for Entrepreneurial Activities. In: European Planning Studies, Jg. 12, H. 6, S. 767-792.

Stiller, S. (2000): Raumdifferenzierende Effekte, Aussagen der Neuen Ökonomischen Geographie. In: WiSt, wirtschaftswissenschaftliches Studium, Jg. 29, H. 10, S. 575-578.

Storper, M. (1992): The Limits to Globalization: Technology Districts and International Trade. In: Economic Geography, Jg. 68, H. 1, S. 60-96.

Südekum, J. (2004): Concentration and Specialisation Trends in Germany since Reunification. HWWA Discussion Paper, Nr. 285. Hamburg: Hamburgisches Welt-Wirtschafts-Archiv (HWWA).

Swan, T. W. (1956): Economic Growth and Capital Accumulation. In: Economic Record, Jg. 32, H. 2, S. 334-361.

Teichmann, U. (2001): Wirtschaftspolitik. 5. Auflage. WiSo Kurzlehrbücher, Reihe Volkswirtschaft. München: Franz Vahlen.

Tichy, G. (2001): Regionale Kompetenzzyklen – Zur Bedeutung von Produktlebenszyklen und Clusteransätzen im regionalen Kontext. In: Zeitschrift für Wirtschaftsgeographie, Jg. 45, H. 3/4, S. 181-201.

Urban, D. M. (2001): The Spatial Economy: One New Economic Geographer's View. In: Journal of Economic Geography, Jg. 1, H. 1, S. 146-152.

van der Linde, C. (2002a): Findings from the Cluster Meta-Study. Online im Internet: http://www.isc.hbs.edu/MetaStudy2002Prz.pdf [Stand: 11.11.2004].

van der Linde, C. (2002b): The Cluster Meta-Study. List of Clusters and Bibliography. Oktober 2002. Online im Internet: www.isc.hbs.edu/MetaStudy2002Bib.pdf [Stand: 11.11.2004].

van der Linde, C. (2003): The Demography of Clusters – Findings from the Cluster Meta-Study. In: Bröcker, J.; Dohse, D.; Soltwedel, R. (Hrsg.): Innovation Clusters and interregional Competition. Berlin, Heidelberg, New York: Springer, S. 130-149.

van Someren, M. W.; Barnard, Y. F.; Sandberg, J. A. C. (1994): The Think Aloud Method. A Practical Guide to Modelling Cognitive Processes. London: Academic Press.

VDMA, Verband Deutscher Maschinen- und Anlagenbauer (2004): VDMA – Wer baut Maschinen in Deutschland. Online im Internet: www.vdma-products.com [Stand: 05.02.2004].

Venables, A. J. (1996): Equilibrium Locations of Vertically Linked Industries. In: International Economic Review, Jg. 37, H. 2, S. 341-359.

Venables, A. J. (1998a): The Assessment: Trade and Location. In: Oxford Review of Economic Policy, Jg. 14, H. 2, S. 1-5.

Venables, A. J. (1998b): The International Division of Industries: Clustering and Comparative Advantage in a Multi-Industry Model. CEPR Discussion Paper, Nr. 1961. London: Centre for Economic Policy Research (CEPR).

Venables, A. J. (1999): Fragmentation and Multinational Production. In: European Economic Review, Jg. 43, H. 4-6, S. 935-945.

Venables, A. J. (2001): Geography and International Inequalities: the Impact of New Technologies. In: Journal of Industry, Competition, and Trade, Jg. 1, H. 2, S. 135-160.

Verband der Chemischen Industrie e.V., VCI (2005): VCI begrüßt Veränderungen bei REACH. Stellungnahme zur politischen Einigung des EU-Ministerrates. Presseinformation vom 13.12.2005. Online im Internet: www.vci.de/default.asp?cmd=shd&docnr=116728&lastDokNr=-1 [Stand: 02.01.2006].

Vereinigte Wirtschaftsdienste – VWD (2005): Russland ebnet mit Handelszugeständnissen Weg zum WTO-Beitritt. Online im Internet: www.vwd.de/vwd/news.htm?id=22740138&navi=home&sektion= topthemen&r=0&awert= [Stand: 28.11.2005].

Vernon, R. (1966): International Investment and International Trade in the Product Cycle. In: Quarterly Journal of Economics, Jg. 80, H. 2, S. 190-207.

von Thünen, J. H. (1826): Der isolirte Staat in Beziehung auf Landwirthschaft und National-Oekonomie. Hamburg: Friedrich Perthes.

Weber, A. (1909): Über den Standort der Industrie. 1. Teil. Reine Theorie des Standortes. Tübingen: Mohr.

Wer liefert Was GmbH (2005): Wer liefert was? Suchmaschinen für Produkte und Dienstleistungen im Business-to-Business. Online im Internet: www.wlw.de/start/DE/de/index.html [09.11.2005].

Wessel, K. (1996): Empirisches Arbeiten in der Wirtschafts- und Sozialgeographie. Paderborn pp: Ferdinand Schöningh.

Wied-Nebbeling, S. (1985): Das Preisverhalten in der Industrie. Institut für Angewandte Wirtschaftsforschung, Tübingen. Schriftenreihe: Band 43. Tübingen: J.C.B. Mohr (Paul Siebeck).

Wied-Nebbeling, S.; Schott, H (2001): Grundlagen der Mikroökonomik. 2., verbesserte. Auflage. Berlin pp.: Springer.

Wooton, I.; Ludema, R. (1997): Regional Integration, Trade and Migration: Are Demand Linkages Relevant in Europe? CEPR Discussion Paper, Nr. 1656. London: Centre for Economic Policy Research (CEPR).